नगरीय समाजशास्त्र

नगरीय समाजशास्त्र

श्रीमती शारदा तिवारी

अर्जुन पब्लिशिंग हाउस

नगरीय समाजशास्त्र

प्रथम संस्करण, 2025

ISBN 81-88775-64-9

प्रकाशक :

अर्जुन पब्लिशिंग हाऊस

4831/24, गोविन्द लेन,

अंसारी रोड, दरियागंज,

नई दिल्ली—110002

फोन : 23272541, 23242541

e-mail : arjunbooks2001@gmail.com

टाइपसेटिंग :

डिम्पल कम्प्यूटर्स

दिल्ली

प्रिन्टर्स :

मिलन इंटरप्राइजेस

दिल्ली

भूमिका

समाजशास्त्र का विकास अनेक चरणों और शाखाओं में हुआ है। आज स्थिति यह है कि सभी विषयों का समाजशास्त्र अपनी जगह बन चुका है। ग्रामीण समाजशास्त्र, नगरीय समाजशास्त्र, साहित्य का समाजशास्त्र, भोजन का समाजशास्त्र, कला का समाजशास्त्र आदि नई ज्ञान शाखाएं है।

समाजशास्त्र की वह शाखा जिसमें खासतौर से नगरीय जीवन, संगठन, संस्थाओं और समस्याओं के साथ-साथ नगरीय जीवन शैली पर आधारित एवं उसके द्वारा विकसित सभ्यता के रूपों का अध्ययन किया जाता है उसे नगरीय समाजशास्त्र कहते हैं। नगरीय समाजशास्त्र आधुनिक नगरीकृत समाजों का वैज्ञानिक अध्ययन करता है और उनमें आने वाली नई प्रवृत्तियों को रेखांकित करता है।

नगरीय समाजशास्त्र उच्चत्तर कक्षाओं के लिए एक जरूरी पुस्तक है। इसमें उन सभी तथ्यों और सूचनाओं को भी समाविष्ट किया गया है जो नगरीय समाजशास्त्र के समकालीन विकास में महत्वपूर्ण भूमिका निभाती है। समाजशास्त्र के विद्यार्थियों और यू.जी.सी तथा नेट की परीक्षाओं के प्रतियोगियों के अलावा यह सामान्य पाठकों के लिए भी लाभदायक होगी। ऐसा मेरा विश्वास है।

इस पुस्तक को तैयार करने में जिन मित्रों और सहयोगियों ने मुझे अमूल्य सहयोग दिया उनके प्रति अपना स्नेह और शुभकांक्षा व्यक्त करती हूँ। अर्जुन पब्लिशिंग हाऊस ने इसे सुंदर और किफायती संस्करण के रूप में प्रकाशित किया इसके लिए मैं उन्हें धन्यवाद देती हूँ।

श्रीमती शारदा तिवारी

विषय-सूची

1

नगरीय समाजशास्त्र

अर्थ एवं अवधारणा

नगरीय समाजशास्त्र, समाजशास्त्र की एक शाखा है। नगरीय जीवन के विभिन्न पहलुओं पर प्रकाश डालने वाले विज्ञान को नगरीय समाजशास्त्र के नाम से जाना जाता है। यह वह विज्ञान है जो नगरीय परिस्थिति का ज्ञान कराने के साथ-साथ नगरीयता की सभी विशेषताओं पर प्रकाश डालता है। आधुनिक सभ्यता को यदि नगरीय सभ्यता कहा जाए तो किसी प्रकार की अतिशयोक्ति नहीं होगी। नगरीय जनसंख्या में निरन्तर वृद्धि होती जा रही है। विशाल जनसंख्या के एक स्थान पर केन्द्रित हो जाने के कारण नगरीय जीवन में अनेक समस्याओं का प्रादुर्भाव होता जा रहा है। इसीलिए नगरीय समाजशास्त्र के अध्ययन में समाजशास्त्रियों व राजनीतिज्ञों की रुचि बढ़ती जा रही है।

नगरीय समाजशास्त्र मानव की सामाजिक क्रियाओं, सामाजिक संबंधों, सामाजिक संस्थाओं एवम् सभ्यता आदि में नगरीय जीवन के प्रभावों को देखता है। यह शास्त्र सामाजिक संबंधों का नगरीय पर्यावरण में अध्ययन करता है। अत: नगरीय समाजशास्त्र वह विज्ञान है जो मानव के व्यवहारों में परिवर्तन करने वाले कारकों का पता लगाता है। विशेषकर नगरीयता के कारकों का अध्ययन ही नगरीय समाजशास्त्र है।

आधुनिक युग भौतिकवादी युग है। भारत में, पश्चिमी देशों की सभ्यता और संस्कृति का अनुसरण किया जा रहा है। व्यक्तिवादी मूल्यों की स्थापनाएं होती जा रही हैं। सामूहिक हित, कल्याण और एकता के स्थान पर वैयक्तिक स्वार्थ आ गए हैं। नगरीय समाज में भौतिकवादी सुख और महत्वाकांक्षाएं व्यक्ति के आर्कषण का केन्द्र बन गए हैं। यहां जीवन का लक्ष्य मात्र भौतिक सुख सुविधाओं तक ही केन्द्रित होकर रह गया है। इन सबके परिणामस्वरूप जाति-जाति में, वर्ग-वर्ग में, सम्प्रदाय-सम्प्रदाय में, संगठन और संस्थाओं में निरन्तर प्रतिस्पर्धा और संघर्ष में निरन्तर वृद्धि होती जा रही है। नगर सुविधाओं का कम और असंख्य समस्याओं का केन्द्र हो गया है। मानवीय संबंधों में यहां तनाव और अलगाव अधिक है, एकता और सौहार्द की भावना कम।

नगरीय समाजशास्त्र की परिभाषाएं

नगरीय समाजशास्त्र को विभिन्न विद्वानों ने परिभाषित करने का प्रयास किया है। कुछ महत्वपूर्ण परिभाषाएं निम्नलिखित हैं –

1. ***इरिक्सन के अनुसार*** – "एक समाज वैज्ञानिक के रूप में वह (नगरीय समाजशास्त्री) उस संपूर्ण परिस्थिति एवम् उन समस्त अन्त:संबंधों में रुचि रखता है जो नगरीय सामाजिक जीवन का निर्माण करता है। वह किसी एक पक्ष में नहीं बल्कि नगरीय सामाजिक संसार के प्रत्येक अंग का विवेचन करता है"।
2. ***ई.ई. बर्गल के अनुसार*** – "नगरीय समाजशास्त्र सामाजिक क्रियाओं, सामाजिक संबंधों, सामाजिक संस्थाओं पर नगरीय जीवन के संधान का और नगरीय जीवन के ढंग पर आधारित और उससे विकसित सभ्यता के प्रकारों का विवेचन करता है"।
3. ***नेल्स एन्डरसन के अनुसार*** – "मुख्य रूप से ग्रामीण तथा नगरीय, दो प्रकार के सामुदायिक समाजशास्त्र हैं और प्रत्येक को उसके अनुशासन से जाना जाता है। ग्रामीण समाजशास्त्र का क्षेत्र ग्रामीण समाज है, जबकि नगरीय समाजशास्त्र का संबंध कस्बों तथा नगरों के आवास से है"।
4. ***स्मिथ के अनुसार*** – "नगरीय समाजशास्त्र नगरों में व्याप्त सामाजिक संबंधों का क्रमबद्ध ज्ञान है"।
5. ***हाउस के अनुसार*** – "नगरीय समाजशास्त्र नगरीय जीवन और समस्याओं का अध्ययन है"।
6. ***लारी नेल्सन के अनुसार*** – "नगरीय समाजशास्त्र, नगरीय पर्यावरण में मनुष्यों के तथा नगरीय समूहों के पारस्परिक संबंधों का अध्ययन है"।

अत: यह पूर्णरूप से स्पष्ट है कि नगरीय पर्यावरण में समाज का अध्ययन करने वाला शास्त्र नगरीय समाजशास्त्र है। नगरीय परिस्थितियों में सामाजिक जीवन का अध्ययन प्रस्तुत करना इस शास्त्र का लक्ष्य है। नगरीय समाजशास्त्र नगर से जुड़ी असंख्य चीजों का अध्ययन करता है। प्रत्येक परिभाषा इस विज्ञान के अध्ययन के क्षेत्रों को कहीं संकीर्ण बनाती है तो कहीं व्यापक। कोई भी परिभाषा नगरीय समाजशास्त्र की पूर्ण परिभाषा नहीं कही जा सकती है। सरल शब्दों में हम यह कह सकते हैं कि "नगरीय समाजशास्त्र वह विशिष्ट विज्ञान है जो मानव के व्यवहारों में परिवर्तन करने वाले कारकों का पता लगाता है। यह भूत व वर्तमान नगरीय जीवन का तुलनात्मक अध्ययन भी करता है। संक्षेप में हम यह भी कह सकते हैं कि नगरीय जीवन की सुविधाओं और समस्याओं के अध्ययन को ही नगरीय समाजशास्त्र कहते हैं"।

नगर में समाज सुधारकों के कार्य क्षेत्र

समाजशास्त्रियों के योगदान के क्षेत्र इस प्रकार हैं –

1. नगरीय समाज के विभिन्न पहलुओं को समझना।
2. नगरीय समाज के विकास के सिद्धांतों के सामान्य विचारों का प्रेक्षण एवम् उनका विश्लेषण करना।
3. नगरीय समाज के वैज्ञानिक अध्ययन के लिए अनुसंधान की नई विधियों का विकास करना।
4. नगरीय जीवन के लिए सार्वजनिक नीति का निर्माण करना।
5. परम्परागत विषय, जैसे – नगरीय समाज की प्रकृति और नगरीय जीवन का सामाजिक दृष्टिकोण, नगरीय समूह और सामाजिक योगदान, रहन-सहन का स्तर, सार्वजनिक प्रतिनिधित्व की योजना का अध्ययन, औद्योगिक क्षेत्र, अधिकार और श्रम शक्ति, नगरीय समुदाय, नगरीय पाठशाला व उच्च शिक्षा, नगरीय स्वास्थ्य और नगरीय समाज सुरक्षा।
6. प्रधानमंत्री की स्वरोजगार योजना के लाभ को जन-जन तक पहुंचाना।
7. रेल व सड़क सुविधाओं का विकास करना।
8. बच्चों के टीकाकरण योजना में योगदान करना।
9. नगरीय व्यापार व्यवसाय की उन्नति हेतु प्रयास करना।
10. गन्दी बस्तियों, पर्यावरण प्रदूषण एवम् बेरोजगारी आदि की समस्याओं को दूर करने के सफल प्रयास करना।

नगरीय समाजशास्त्र की विषय सामग्री

नगरीयकरण के फलस्वरूप नगरों का विकास बढ़ता गया। इस प्रगति के साथ-साथ लोगों का ध्यान नगरों की समस्याओं के अध्ययन एवम् निराकरण के प्रति आकर्षित होता गया। नगरीयकरण ने नगरीयवाद की विचारधारा को जन्म दिया। इस नगरीयवाद में नगरों की समस्याओं पर विचार हुआ। इन विचारों का संकलित एवं संबंधित रूप नगरीय समाजशास्त्र के रूप में प्रकट हुआ। इस प्रकार समाजशास्त्रियों के लिए 'नगर' मानव व्यवहारों के अध्ययन की प्रयोगशाला बन गए। इस दृष्टि से अनेकानेक प्रयोग होने लगे तथा उनका प्रकाशन होने लगा। इससे ग्राम और नगर की सार्वभौम परिभाषाओं का निर्माण, ग्राम और नगरीय जीवन के मध्य अंतर रेखा खींचना तथा ग्रामों एवम् नगरों के बदलते हुए प्रतिमानों का उद्घाटन हुआ। इस प्रकार यह प्रगति की गति निरंतर बढ़ती रही, जो नगरीय समाजशास्त्र के रूप में विकसित होकर प्रकट हुई।

नगरीय समाजशास्त्र के विकास की प्रारम्भिक अवस्था में जो भी समाजशास्त्रीय अधिवेशन हुए उनमें यह निश्चय किया गया कि नगरों का वर्गीकरण, नगरीयता, नगरों का विकास, नगरीय परिस्थितिशास्त्र, नगरीय सामाजिक संस्थाएं, नगरों में सामाजिक विघटन, जनसंख्या की बदलती हुई प्रवृत्तियां, नगरीय सामूहिक जीवन और व्यक्तित्व पर उसके प्रभाव, नगरों में जाति एवम् वर्ग विभेद, नगरीय अभिवृत्तियां, नगरीय

सामाजिक संगठन, आर्थिक एवम् व्यावसायिक प्रवृत्तियां आदि इस शास्त्र की विषय सामग्री निर्धारित की गई। प्रारम्भ में इन विषयों पर ही ग्रंथ प्रकाशित हुए। धीरे-धीरे इन आधारभूत विचारधाराओं के विकसित होने से इन क्षेत्रों में व्याप्त समस्याएं भी विचारकों के सम्मुख प्रकट होने लगी तथा ऐसा आवश्यक समझा जाने लगा कि नगरीय एवम् नगरों से संबंधित तथ्यों एवं सामाजिक मान्यताओं का अध्ययन भी इस शास्त्र की विषय सामग्री के अन्तर्गत किया जाए। अत: जनसंख्या में वृद्धि, अपराधों के विकास के कारण एवम् प्रभाव, गंदी बस्तियों की समस्याएं, नगरों में मानवीय संबंधों में सहयोग एवम् सामूहिकता का प्रभाव, भीड़ मनोविज्ञान, भीड़ के व्यक्तित्व के विकास में प्रभाव, प्राथमिक समूहों के ह्रास का कारण, भिक्षावृत्ति, वैश्यावृत्ति के कारण, युद्ध व संघर्षों के कारण व प्रभाव, यौन रोग, मानसिक रोग, अनैतिकता, वर्ग एवम् जातीय तनाव आदि विभिन्न समस्याओं का वैज्ञानिक विश्लेषण इस शास्त्र की विषय सामग्री बन गया।

इतना ही नहीं समस्याओं के वैज्ञानिक विश्लेषण मात्र से कुछ नहीं होता, उनके निराकरण के उपायों को भी इस शास्त्र की विषय सामग्री में शामिल किया गया है। समाजशास्त्र की यह अद्वितीय प्रकृति होनी चाहिए कि वह समाज में क्या है के आधार पर 'क्या होना चाहिए' का उद्‌घाटन भी करे। इस दृष्टि से नगरीय समाजशास्त्र की विषय सामग्री के अन्तर्गत नगरीय समस्याओं के समाधान भी सम्मिलित किए गए। इन समस्याओं का समाधान करने हेतु परस्पर सहयोग, सहानुभूति, आत्मीयता तथा जीवन में उन्नति के साधनों को जुटाना भी नगरीय समाजशास्त्र का उद्देश्य निर्धारित किया गया।

इसी उद्देश्य से नगरीय पुन: निर्माण के क्षेत्र में कार्य आरंभ हुए, जिनमें नगरीय समाज कल्याण, औद्योगिक केन्द्रों में विविध सुधारात्मक प्रयोग, अवकाश का सदुपयोग, धार्मिक व नैतिक आधारों पर जन समुदाय से वैयक्तिकता के प्रभावों का उन्मूलन, शैक्षणिक तथा सांस्कृतिक क्रियाओं द्वारा मानव व्यवहारों में परिवर्तन, व्यक्तित्व के विकास हेतु सामूहिक जीवन में सुधार, आवास एवम् व्यवसाय की योजना, यातायात की समस्याओं का निराकरण आदि इस शास्त्र की विषय सामग्री निर्धारित की गई।

इस प्रकार अमेरिका के नगरीय जीवन के संदर्भ में ऊपर वर्णित विषय सामग्री निर्धारित की गई। भारतीय नगरीय समाजशास्त्र पर जो भी कार्य हुआ है उसमें भी वही विषय सामग्री निर्धारित की गई है, क्योंकि नगरीयकरण के प्रभावों का स्वरूप यहां भी ऐसा ही है। इस दृष्टि में भारत में नगरीय समाजशास्त्र की यही विषय सामग्री निर्धारित की जा सकती है।

नगरीय समाजशास्त्र के विषय क्षेत्र पर सभी विद्वान एक मत नहीं हैं। इस संबंध में इरिक्सन का स्पष्ट कथन है कि "एक सामाजिक वैज्ञानिक के रूप में नगरीय समाजशास्त्र संपूर्ण जटिल परिस्थिति एवम् उन समस्त अंत:संबंधों में रुचि रखता है जो नगरीय सामाजिक जीवन का निर्माण करते हैं। वह किसी एक पक्ष में नहीं वरन् नगरीय सामाजिक जगत के प्रत्येक पक्ष की व्याख्या करते हैं"।

नगरीय समाजशास्त्र जिन विषयों का अध्ययन करता है उनके संबंध में भी विद्वानों के कुछ विचार निम्न प्रकार हैं –

गार्डन इरिक्सन के अनुसार – "नगरीय समाजशास्त्र में नगर नियंत्रण, नगरीय सामाजिक संरचना, नगरीय सभ्यता एवम् संस्कृति तथा नगरीय सामाजिक संगठन का अध्ययन किया जाता है"।

पार्थ तथा वर्गेस के अनुसार – नगरीय समाजशास्त्र की विषय वस्तु में निम्नलिखित तीन बातों को सम्मिलित किया गया है –

1. ***नगरीय सामाजिक संगठन*** – नगरीय समाजशास्त्र में नगर की आर्थिक, सामाजिक, राजनीतिक, नैतिक तथा सामाजिक स्तरीकरण की सभी संस्थाओं का अध्ययन किया जाता है। इन सबको मिला कर पार्थ तथा वर्गेस ने नगरीय सामाजिक संगठन की संज्ञा दी है। अतएव पार्थ तथा वर्गेस नगरीय सामाजिक संगठन को नगरीय समाजशास्त्र के अध्ययन की विषयवस्तु मानते हैं।

2. ***विघटनात्मक कारक*** – नगरीय समाज में भिक्षावृत्ति, वैश्यावृत्ति, अपराध, बाल अपराध, विवाह-विच्छेद, आदि ऐसी समस्याएं भी पाई जाती हैं जो नगरीय समाज को विघटित करती हैं। अतएव नगरीय समाजशास्त्र की विषय सामग्री में सामाजिक विघटन भी एक प्रमुख तत्व माना गया है।

3. ***परिस्थिति शास्त्र*** – परिस्थितियों के वशीभूत नगरीय समाज में अनेकों परिवर्तन होते रहते हैं अतएव परिस्थिति शास्त्र का सूक्ष्म रूप से अध्ययन करना भी नगरीय समाज की विषय सामग्री में सम्मिलित किया जाता है।

नगरीय समाजशास्त्र की अन्य विषय सामग्री

1. ***भौगोलिक आधारों की विवेचना*** – नगरों के विकास में भौगोलिक तत्वों की प्रमुख भूमिका रही हैं। नगरों की जनसंख्या तथा नगर निवासियों के सामाजिक संबंधों को भौगोलिक तत्व प्रभावित करते हैं अतएव नगरीय समाजशास्त्र के अंतर्गत ऐसे भौगोलिक तत्वों का भी अध्ययन किया जाता है जिसके कारण नगरों की सामाजिक संरचना का निर्माण होता है। इन तत्वों के कारण नगरों के स्वरूप का निर्धारण होता है। अतएव समाजशास्त्रियों ने कहा है कि नगरीय समाजशास्त्र में समाजशास्त्र का भी अध्ययन किया जाता है।

2. ***राजनीतिक तत्वों का अध्ययन*** – राजनीतिक संस्थाएं, राजनीतिक विचार धाराएं, राजनीतिक दल तथा दबाव समूहों का नगर के जीवन पर महत्वपूर्ण प्रभाव पड़ता है अतएव नगरीय समाजशास्त्र में राजनीतिक जीवन को प्रभावित करने वाले तत्वों का भी सूक्ष्म रूप से अध्ययन किया जाता है।

3. ***समाजशास्त्रीय प्रत्ययों का अध्ययन*** – नगरों के प्रतिमानों का निर्धारण समाजशास्त्रीय तत्वों के आधार पर किया जाता है। सामाजिक प्रतिक्रियाएं, सामाजिक

संबंध तथा सामाजिक संस्थाएं आदि ऐसे तत्व हैं जो नगर निवासियों के जीवन को विभिन्न रूपों में प्रभावित करते हैं। इसीलिए नगरीय जीवन का सामाजिक दृष्टिकोण से अध्ययन करना ही नगरीय समाजशास्त्र की मुख्य सामग्री रही है। इस कथन को स्पष्ट करते हुए समाजशास्त्री इरिक्सन का कथन है, एक सामाजिक वैज्ञानिक के रूप में वह सम्पूर्ण जटिल स्थिति एवम् उन समस्त अन्त:संबंधों में रुचि रखता है जो नगरीय सामाजिक जीवन का निर्माण करते हैं। वह किसी एक पक्ष में नहीं वरन् नगरीय सामाजिक जगत के प्रत्येक पक्ष की व्याख्या करता है।

4. ***सामाजिक नियंत्रण के साधन*** – व्यक्ति के व्यवहार को समाज के अनुरूप बनाने के लिए जिन साधनों की आवश्यकता पड़ती है उन्हें हम सामाजिक नियंत्रण के साधनों के नाम से पुकारते हैं। कानून, प्रथा, रीति-रिवाज तथा परम्परा आदि को सामाजिक नियंत्रण के साधनों में सम्मिलित किया जाता है। इन साधनों का अध्ययन करना भी नगरीय समाजशास्त्र की विषयवस्तु माना गया है क्योंकि इन साधनों के माध्यम से ही नगरीय समाज में शांति व सुरक्षा की स्थापना करना संभव है।

5. ***सामाजिक परिवर्तन*** – प्रत्येक समाज में अलग-अलग प्रतिमान तथा रीति-रिवाज व परम्पराएं प्रचलित होती हैं। जब कभी इनमें कोई परिवर्तन होता है तो उस परिवर्तन को हम, सामाजिक परिवर्तन के नाम से पुकारते हैं। इस संबंध में समाजशास्त्र के विद्वान के० डेविस का कथन है, "सामाजिक परिवर्तन का अभिप्राय केवल उन परिवर्तनों से है जो समाज के संगठन अथवा सामाजिक संरचना और प्रकार्यों में घटित होता है।" नगरीय समाज में होने वाले परिवर्तनों का अध्य न भी नगरीय समाजशास्त्र के अध्ययन की सामग्री मानी जाती है।

6. ***नगरीयकरण*** – आधुनिक युग में औद्योगीकरण की प्रक्रिया के कारण आज नगरों का विकास हो रहा है। ग्रामीण समुदाय के लोग ग्रामों को छोड़ कर नगरों की ओर पलायन कर रहे हैं। आज ग्रामीण समुदायों में सामाजिक गतिशीलता उत्कर्ष की चरम सीमा को पार कर रही है। नगरों की ओर जनता की रुचि बढ़ रही है। इसी प्रवृत्ति को नगरीकरण के नाम से पुकारा जाता है। नगरीकरण की प्रवृत्ति के कारण आज नगरों की समस्याओं में वृद्धि हो रही है। अतएव नगरीकरण, उसके कारण तथा उसके प्रभावों का अध्ययन करना भी नगरीय समाजशास्त्र की विषयवस्तु है।

7. ***नगर नियोजन*** – नगरों के समुचित विकास की व्यवस्था करना और नगरों के पुनर्निर्माण की व्यवस्था करना ही नगर नियोजन कहलाता है। नगरीय समाजशास्त्र में उन सभी योजनाओं पर प्रकाश डाला जाता है जिनके कारण नगरों का उचित रूप से विकास करने में सहायता मिलती है।

8. ***नगरीय जीवन के विभिन्न पक्ष*** – नगरीय समाजशास्त्र में नगरीय जीवन के विभिन्न पक्षों का अध्ययन किया जाता है। इनमें आर्थिक, राजनीतिक, सामाजिक तथा धार्मिक जीवन प्रणाली पर विशेष बल दिया जाता है।

—

नगरीय समाजशास्त्र में नगर से संबंधित सभी प्रकार के तत्वों का अध्ययन किया जाता है। इसमें नगर की जनता के रहन-सहन के तरीकों तथा राजनीतिक, आर्थिक व सामाजिक प्रक्रियाओं, सामाजिक विघटन तथा सामाजिक संगठन आदि तत्वों का भी अध्ययन किया जाता है। सारांश में नगरीय समाजशास्त्र द्वारा नगर में सहयोगी तथा असहयोगी दोनों प्रकार की सामाजिक प्रक्रियाओं का अध्ययन किया जाता है।

भारत में नगरीय समाजशास्त्र का अध्ययन

नगरीय समाजशास्त्र का विकास एवम् महत्व एक बड़ी सीमा तक इस बात पर निर्भर होता है कि इस विषय में किन उपागमों को लेकर अध्ययन किया जा रहा है। यह सच है कि भारत में विगत वर्षों में समाजशास्त्र एवम् नगरीय समाजशास्त्र विषय का अध्ययन करने वाले विद्यार्थियों एवम् अनुसंधानकर्ताओं की संख्या में अत्यधिक वृद्धि हुई है लेकिन यह सच है कि केवल संख्या में होने वाली वृद्धि ही उस विषय के विकास का मापदंड नहीं होती। भारत में स्वतंत्रता के पहले एवम् स्वतंत्रता के पश्चात् नगरीय पर्यावरण से संबंधित विभिन्न मानव पहलुओं का अध्ययन अनेक भारतीय एवम् विदेशी विद्वानों द्वारा किया गया है और इन विद्वानों ने प्रयोग करके नगरीय समाजशास्त्र में परिपक्वता लाने के प्रयत्न किए हैं लेकिन आधुनिक परिप्रेक्ष्य में अभी भी बहुत काम करना बाकी है जिससे स्वास्थ्य, शिक्षा, सफाई व रोजगार के क्षेत्र में नगरवासियों का आर्थिक व सामाजिक उन्नति के कार्य शासन की नीति के अनुरूप हो सके।

भारत के समाजशास्त्रियों ने अभी कुछ समय से ही नगरीय समाजशास्त्र को महत्व देना प्रारंभ किया है। बहुत से विश्वविद्यालयों ने स्नातक पाठ्यक्रमों में समाजशास्त्र विषय सम्मिलित किया है और समाजशास्त्र के स्नातकोत्तर पाठ्यक्रम में नगरीय समाजशास्त्र का एक प्रश्न पत्र सम्मिलित किया गया है। दूरदर्शन केन्द्र एवम् अध्ययन केन्द्र, योजना एवम् कार्य संस्था, आकाशवाणी केन्द्र, नगर की सामाजिक संस्थाएं, शहर के नागरिकों से जुड़ी विभिन्न प्रकार की आर्थिक, सामाजिक व स्वास्थ्य संबंधी समस्याओं का अध्ययन करते हैं व उन समस्याओं को दूर करने का उपाय करते हैं। आजकल गांवों से रोजगार की तलाश में शहरों में लोग बसने लगे हैं, उन्हें कई प्रकार की कठिनाइयों का सामना करना पड़ रहा है। अत: जरूरी हो गया है कि हम देश के विभिन्न शहरों में जाकर नागरिकों की समस्याओं का अध्ययन करें ताकि संगठन विरोधी तत्वों का उन्मूलन किया जा सके।

भारतीय नगरीय समाज संक्रमण के काल से गुजर रहा है। पश्चिमी सभ्यता, ऐशो-आराम की सामग्री, शहरी जीवन में हावी हो गई है। इस प्रकार की स्थिति में अनेक प्रकार के अच्छे व खराब परिवर्तन शहरों में देखे जा सकते हैं किन्तु यह विश्वास है कि विज्ञान और शिक्षा के विकास से शहरी समाज में रचनात्मक परिवर्तन अधिक आएंगे जो अन्तत: मानव समाज का निर्माण करेंगे।

प्रत्येक समुदाय में, चाहे वह नगरीय हो या ग्रामीण, परिवार का होना आवश्यक है क्योंकि परिवार के बिना समाज का अस्तित्व व निरन्तरता संभव नहीं है। इसीलिए यह कहा जाता है कि जहां मनुष्य हैं, वही परिवार भी है, यद्यपि इसका स्वरूप अलग-अलग जगह पर भिन्न-भिन्न हो सकता है। नगरीय परिवार की अपनी कुछ विशेषताएं हैं, अपने कुछ रंग व रूप हैं जो कि ग्रामीण परिवार से पर्याप्त अलग ही होते हैं।

नगरीय समाजशास्त्र की प्रकृति

नगरीय समाजशास्त्र की प्रकृति का तात्पर्य इस बात से किया जाता है कि नगरीय समाजशास्त्र एक विज्ञान है अथवा नहीं। इसलिए नगरीय समाजशास्त्र की प्रकृति को समझने के लिए हमें इस बात पर ध्यान देना होगा कि "विज्ञान किसे कहते हैं।" विज्ञान के क्या लक्षण हैं? वे लक्षण नगरीय समाजशास्त्र से कहां तक मापे जाते हैं, इन सभी बातों का ज्ञान प्राप्त करके ही हम नगरीय समाजशास्त्र के विषय में यह निष्कर्ष निकाल सकते हैं कि नगरीय समाजशास्त्र को विज्ञान की श्रेणी में रखा जा सकता है अथवा नहीं।

विज्ञान का अर्थ

किसी वस्तु का सूक्ष्म रूप से अध्ययन करने के उपरांत इस निष्कर्ष पर पहुंचना कि वस्तु क्या है, विज्ञान कहलाता है। दूसरे शब्दों में, विषयवस्तु का सूक्ष्म अध्ययन करके यह जान लेना कि विषयवस्तु क्या है।

विज्ञान की परिभाषाएं

पियरसन – "विज्ञान की एकता केवल उसकी पद्धति में है, उसकी विषय सामग्री में नहीं। इस प्रकार तथ्यों का वर्गीकरण, उन्हें क्रमबद्ध करना तथा विभिन्न तथ्यों को तुलनात्मक महत्व देना ही विज्ञान का प्रमुख कार्य है"।

लुण्डबर्ग – "विज्ञान शब्द किसी क्षेत्र विशेष में उस वस्तु के संदर्भ में आता है जिसका निश्चित सिद्धांतों के अनुसार अध्ययन किया जाता है, अर्थात् वैज्ञानिक पद्धति के अनुसार।"

गिलिन तथा गिलिन – "जिस क्षेत्र का अनुसंधान करना चाहते हैं उसकी एक निश्चित पद्धति ही विज्ञान का चिह्न है।"

स्टुअर्ट चेंज – "विज्ञान पद्धति के साथ चलता है न कि विषय सामग्री के।"

वीसेन्ज तथा वीसेन्ज – "वह पद्धति है न विषय सामग्री जो कि विज्ञान की कसौटी है।"

विज्ञान के लक्षण

किसी भी शास्त्र को विज्ञान मानने के लिए निम्नलिखित बातों का होना आवश्यक है –

1. ***भविष्यवाणी*** – एक वैज्ञानिक अपनी विषयवस्तु के संबंध में सूक्ष्म अध्ययन करने के उपरांत वस्तु के संबंध में यह निश्चित रूप से भविष्यवाणी कर सकता है कि वस्तु का भावी स्वरूप क्या होगा?

2. ***क्या है का वर्णन*** – एक वैज्ञानिक विषयवस्तु का सूक्ष्म रूप से अध्ययन करने के उपरान्त यह बता सकता है कि उसकी अध्ययन वस्तु का निर्माण करने वाले सूक्ष्म तत्व कौन-कौन से हैं? उसके क्या गुण हैं? एक वैज्ञानिक वस्तु के संबंध में यह उद्घोषणा कर सकता है कि वस्तु क्या है? उसका संबंध–इस बात से बिल्कुल भी नहीं है कि क्या होना चाहिए।

3. ***कार्य व कारण का संबंध*** – विज्ञान घटनाओं के घटित होने के कारणों व उनके प्रभावों का वर्णन करता है। एक वैज्ञानिक घटना के संबंध में यह भी बतला सकता है कि घटना किस रूप में घटित हुई है। इस प्रकार विज्ञान में कार्य व कारण का सिद्धांत लागू होता है।

4. ***निष्पक्षता तथा तटस्थता*** – एक वैज्ञानिक अपनी अध्ययन वस्तु का अध्ययन पूर्ण निष्पक्षता के साथ करता है। उस पर किसी भी प्रकार से बाह्य तत्वों का प्रभाव नहीं पड़ता है। वह किसी के कहने में आकर कोई कार्य नहीं करता है बल्कि वह अध्ययन वस्तु के संबंध में जो अवलोकन करता है, उसी के आधार पर वस्तु का निरीक्षण और विश्लेषण करके निष्पक्ष भाव से वस्तु से संबंधित सिद्धांतों का निर्माण कर देता है।

5. ***सिद्धांतों की सर्वव्यापकता*** – विज्ञान के सिद्धांत तटस्थ होते हैं उनमें किसी प्रकार का बदलाव नहीं होता वे सभी स्थानों तथा कालों में समान होते हैं। उन पर न कोई प्रभाव पड़ता है और न उनमें परिवर्तन की संभावना होती है।

6. ***वैज्ञानिक प्रयोगशाला*** – विज्ञान की एक सुसज्जित प्रयोगशाला भी होती है जिसमें बैठ कर वैज्ञानिक अपनी विषयवस्तु का निष्पक्ष भाव से अध्ययन करता है और उसकी आवश्यकता के अनुसार सभी उपकरण व यंत्र प्रयोगशाला में उपलब्ध रहते हैं।

7. ***वैज्ञानिक पद्धतियों का प्रयोग*** – एक वैज्ञानिक अपनी विषयवस्तु का अध्ययन निश्चित वैज्ञानिक पद्धतियों का अनुसरण करते हुए ही कर सकता है। इस संबंध में निम्नलिखित पद्धतियां उल्लेखनीय हैं –

(क) ***प्राकल्पना*** – एक वैज्ञानिक अपनी अध्ययन वस्तु के संबंध में अपने अनुभव के बल पर वस्तु से संबंधित बहुत-सी जानकारियां प्राप्त कर लेता है। इस विधि को प्राकल्पना की संज्ञा दी जाती है।

(ख) ***निष्पक्षता तथा तटस्थता*** – किसी अध्ययन वस्तु के संबंध में प्राकल्पना का निर्माण करके वैज्ञानिक किसी वस्तु का तटस्थता तथा निष्पक्षता के साथ अवलोकन करता है इस पद्धति को तटस्थ अवलोकन कहते हैं।

(ग) ***तथ्यों का विश्लेषण तथा वर्गीकरण*** – अवलोकन के उपरांत एक वैज्ञानिक अपनी अध्ययन वस्तु के अवलोकित तथ्यों का विश्लेषण तथा वर्गीकरण करता है। इस वर्गीकरण में वह समान प्रकृति के तथ्यों को एक एक वर्ग में विभाजित करके अपनी अध्ययन वस्तु का सूक्ष्म रूप से अध्ययन करता है।

(घ) ***सामान्यीकरण*** – अन्त में प्रयोग व परीक्षण आदि के द्वारा एक वैज्ञानिक अपनी अध्ययन वस्तु के संबंध में कोई निश्चित परिणाम निकाल लेता है और कई बार परीक्षण के बाद यदि एक से परिणाम आते हैं तो वे सिद्धांत का रूप धारण कर लेते हैं जिसको हम सामान्यीकरण कहते हैं।

नगरीय समाजशास्त्र विज्ञान है के पक्ष में तर्क

1. *नियमों की सर्वव्यापकता* – नगर के संबंध में जो सिद्धांत या योजना नगरीय समाजशास्त्र में बनाई जाती है, उनका स्वरूप लगभग सभी स्थानों पर जनता की भलाई करना है। अतएव विज्ञान की भांति नगरीय समाजशास्त्र के नियमों में सर्वव्यापकता देखने को मिलती है।

2. *तथ्यों का संग्रह* – नगरों में घटित होने वाली सामाजिक घटनाओं से संबंधित सभी तथ्यों का संग्रह किया जाता है और एक वैज्ञानिक की भांति उन तथ्यों का वर्गीकरण करके नियम निर्माण की प्रक्रिया आरंभ की जाती है।

3. ***वैज्ञानिक पद्धतियों का प्रयोग*** – नगरीय समाजशास्त्र में समस्याओं का अध्ययन करने के लिए अवलोकन, सांख्यिकीय, सामाजिक सर्वेक्षण, व्यक्तिगत जीवन पद्धति, आदि वैज्ञानिक पद्धतियों का प्रयोग किया जाता है।

4. ***क्या है का वर्णन*** – नगरीय समाजशास्त्र में भी विज्ञान की भांति अध्ययन वस्तु के संबंध में यह उद्घोषित किया जाता है कि वस्तु या समस्या क्या है अथवा उसका स्वरूप क्या है?

5. ***कार्य व कारण का संबंध*** – विज्ञान में यह बात स्पष्ट रूप से मानी जाती है कि प्रत्येक समस्या के घटित होने का कारण होता है। यही बात नगरीय समाजशास्त्र के अध्ययन में भी मान्य है। यह माना जाता है कि प्रत्येक नगरीय समस्या के घटित होने का कोई न कोई कारण अवश्य ही होता है। इस प्रकार विज्ञान की भांति नगरीय समाजशास्त्र में भी कार्य व कारण का संबंध दिखाया जाता है, इसी आधार पर नगरीय समाजशास्त्र को एक विज्ञान माना गया है।

6. ***परीक्षा व पुनर्परीक्षा*** – विज्ञान के सिद्धांतों की यदि बार-बार परीक्षा की जाए तो उनके परिणाम भी समान ही मिलते हैं। इस प्रकार नगरीय समाजशास्त्र के सिद्धांत भी बार-बार परीक्षा करने पर समान परिणाम ही देते है, जैसे आर्थिक कारणों से नगरों में अपराध की वृद्धि होती हैं। यह सिद्धांत सभी स्थानों पर समान परिणाम देगा।

7. ***भविष्यवाणी की क्षमता*** – विज्ञान अपनी विषयवस्तु के संबंध में यह भविष्यवाणी कर सकता है कि उसका भावी स्वरूप क्या होगा? इसी प्रकार नगरीय समाजशास्त्र में घटनाओं का अध्ययन करने पर यह भविष्यवाणी की जा सकती है कि घटनाओं के आगामी परिणाम क्या होंगे?

8. ***प्रयोगशाला की व्यवस्था*** – विज्ञान में एक वैज्ञानिक के पास एक सुसज्जित प्रयोगशाला होती है किन्तु नगरीय समाजशास्त्री के लिए अखिल नगरीय समाज ही उसकी प्रयोगशाला है।

नगरीय समाजशास्त्र विज्ञान नहीं है

कुछ विद्वान नगरीय समाजशास्त्र को एक विज्ञान मानने में संकोच करते हैं। वे अपने कथन के पक्ष में निम्मिलिखित तर्क प्रस्तुत करते हैं।

1. ***तटस्थता का अभाव*** – एक वैज्ञानिक निष्पक्ष भाव से अपनी समस्या का अध्ययन करता है किन्तु नगरीय समाजशास्त्री अपने नगरीय पर्यावरण से सदैव ही प्रभावित रहता है। वह अपने निष्कर्षों में तटस्थ तथा निष्पक्ष नहीं रह सकता है। इस तटस्थता के अभाव में नगरीय समाजशास्त्र एक विज्ञान की श्रेणी में नहीं आ सकता है।

2. ***प्रयोगशाला का अभाव*** – एक वैज्ञानिक अपनी सुसज्जित प्रयोगशाला में बैठ कर अपनी अध्ययन वस्तु के विषय में निष्पक्ष भाव से निष्कर्ष निकाल सकता है या नियम बना सकता है। किन्तु नगरीय समाजशास्त्र के पास इस प्रकार की सुसज्जित प्रयोगशाला का अभाव पाया जाता है। नगर की समस्याओं का अध्ययन करने के लिए एक नगरीय समाजशास्त्री को घटना स्थल पर पहुंचना पड़ता है। सुसज्जित प्रयोगशाला के अभाव में नगरीय समाजशास्त्र को एक विज्ञान की श्रेणी में नहीं रखा जा सकता।

3. ***नियमों में सर्वव्यापकता का अभाव*** – विज्ञान के सिद्धांतों पर समय तथा दूरी और पर्यावरण का कोई प्रभाव नहीं पड़ता है। किन्तु नगरीय समाजशास्त्र, नगरीय समाज का अध्ययन करता है। नगरीय समाज के नियम समय के अनुसार परिवर्तित होते रहते हैं अत: नगरीय समाजशास्त्र के नियमों में सर्वव्यापकता का अभाव पाया जाता है। इसीलिए नगरीय समाजशास्त्र एक विज्ञान नहीं हो सकता।

4. ***सफलता की माप में कठिनाई*** – एक वैज्ञानिक अपने उपकरणों की सहायता से अपने कार्य की सफलता का मापदंड निर्धारित कर सकता है किन्तु नगरीय समाजशास्त्री के पास सफलता का मापदंड नापने का ऐसा कोई यंत्र या स्केल नहीं पाया जाता है।

5. *सामाजिक तत्वों की जटिलता* – नगरीय समाजशास्त्र में नगर के समाज की संस्थाओं का अध्ययन किया जाता है। साथ ही साथ नगरीय समाज के संबंधों व उसके स्वरूपों का अध्ययन भी नगरीय समाज के शास्त्र में किया जाता है। उसके द्वारा अध्ययन किए जाने वाले सभी तत्व अमूर्त हैं। इसके अतिरिक्त इनके स्वरूप समय-समय पर बदलते रहते हैं, जिनके संबंध में नियमों की निश्चितता संभव नहीं है। ऐसी परिस्थितियों में नगरीय समाजशास्त्र को विज्ञान नहीं कहा जा सकता।

6. *नगरीय समाजशास्त्र के तथ्यों की परिवर्तनशीलता* – नगरीय समाजशास्त्र में मानवीय संबंधों का भी अध्ययन किया जाता है। ये मानवीय संबंध अपने स्वरूप में परिवर्तनशील हैं। इस परिवर्तनशीलता के कारण नगरीय समाजशास्त्र के तथ्यों के संबंध में निश्चित एवम् स्थिर नियमों का निर्माण संभव नहीं है। इसी कारण नगरीय समाजशास्त्र एक विज्ञान नहीं माना जा सकता।

7. *भविष्यवाणी का अभाव* – एक वैज्ञानिक अपनी अध्ययन वस्तु के संबंध में अपने यंत्रों व उपकरणों के द्वारा यह भविष्यवाणी कर सकता है कि उसकी वस्तु का भावी स्वरूप क्या होगा किन्तु नगरीय समाजशास्त्र में नगर निवासियों के पारस्परिक संबंधों तथा उनकी समस्याओं का अध्ययन किया जाता है जो स्वरूप में परिवर्तनशील हैं। अतएव उनके संबंध में कोई भी भविष्यवाणी करना संभव नहीं है। भविष्यवाणी की क्षमता के अभाव में नगरीय समाजशास्त्र को एक विज्ञान की श्रेणी में रखा जा सकता है।

ऊपर दिए गए वर्णन के आधार पर हम इस निष्कर्ष पर पहुंच सकते हैं कि नगरीय समाजशास्त्र – समाजशास्त्र का ही एक अंग है। जिस प्रकार समाजशास्त्र को विज्ञान नहीं कहा जा सकता है उसी प्रकार नगरीय समाजशास्त्र को भी विज्ञान नहीं कहा जा सकता। इतना अवश्य है कि नगरीय समाजशास्त्र के अध्ययन में वैज्ञानिक पद्धतियों का प्रयोग किया जाता है इसलिए आंशिक रूप से नगरीय समाजशास्त्र एक विज्ञान माना जाता है। इसे भौतिक शास्त्र व रसायन शास्त्र की भांति पूर्ण रूप से विज्ञान की संज्ञा देना, संभव नहीं है और न ही न्यायसंगत है। नगर के कलात्मक विकास के लिए ही नगरीय समाजशास्त्र की उत्पत्ति हुई है।

नगरीय व ग्रामीण जीवन में भेद

शहरी व ग्रामीण जीवन में बड़ा अंतर होता है। शहरों में नल, बिजली, चिकित्सा, सड़कों व शिक्षा की सहूलियतें प्रचुर मात्रा में उपलब्ध होती हैं। साथ ही शहरों में रोजगार व व्यापार के अवसर भी अधिक होते हैं। शहरों में वे लोग जो प्रतिभाओं व कला में सम्पन्न होते हैं, शीघ्र ही आर्थिक उन्नति के शिखर पर पहुंच जाते हैं। कलाकार, गायक, चित्रकार, संगीतकार, मेकेनिक, शिक्षकों की मांग, आदि अधिक होती है और इसीलिए प्रतिभाशाली बच्चे, पुरुष या महिलाएं उचित अवसर की खोज में गांवों से शहरों में आकर अपना उचित स्थान प्राप्त करते हैं। ये प्रतिभाएं वंशानुगत भी होती हैं।

व्यवसाय में भी, शहरों में लेन-देन की मात्रा अधिक होने से शीघ्र आर्थिक समृद्धि प्राप्त करने के अवसर अधिक होते हैं। गांवों में मुख्य रूप से कृषि कार्य होते हैं जो कि मानसून की सफलता पर निर्भर करते हैं जबकि शहरों में निर्माण कार्य वर्ष भर चलते रहते हैं जिससे मशीनी व्यवसायों, व्यापार, उद्योग और नौकरी के अवसर बहुतायत में उपलब्ध हो जाते हैं।

नगरीय व ग्रामीण समाज को स्पष्ट रूप से समझने हेतु सारणी 1.1 में विवरण दिया गया है जो निम्नलिखित अनुसार है –

सारणी 1.1

	नगरीय समाज	*ग्रामीण समाज*
व्यवसाय	1. सभी शहरी निर्माण कार्यो, मशीनी व्यवसायों, व्यापार, उद्योग व नौकरी में लगे हैं।	1. सभी ग्राम निवासी परिवार सहित पृथक् रूप से कृषि कार्य में संलग्न हैं।
	2. कृषि व्यवयाय नहीं करते हैं।	2. कुछ सदस्य कृषि के अलावा अन्य व्यवसाय भी करते हैं।
पर्यावरण	1. प्रकृति से अधिक दूरी है।	1. सामाजिक पर्यावरण पर प्रकृति का आधिपत्य है।
	2. मानव निर्मित पर्यावरण का प्राकृतिक पर्यावरण पर नियंत्रण है।	2. प्रकृति से प्रत्यक्ष संबंध है।
समुदाय का आकार	1. एक समय व क्षेत्र में नगरों का आकार गांवों से बड़ा होता है।	1. बड़े खेत व छोटे समुदाय।
	2. नगरीकरण के साथ-साथ आकार बड़ा होता जाता है।	2. कृषि व समुदाय के आकार का नकारात्मक संबंध है।
जनसंख्या का घनत्व	1. ग्राम समुदाय से अधिक घनत्व है।	1. एक ही समय व देश में जनसंख्या का घनत्व नगरों की तुलना में कम है।
	2. नगरीयता व घनत्व का सकारात्मक संबंध है।	2. जनसंख्या का घनत्व और ग्राम्यता का नकारात्मक संबंध है।
जनसंख्या में समानता और विविधता	1. नगरीय और असमानताओं का सकारात्मक संबंध है।	1. नगरीय समाज की तुलना में ग्राम्य समाज में मनोवैज्ञानिक और प्रजातीय आधार पर आर्थिक समानता है।
	2. गांव की तुलना में अधिक असमानताएं है।	
सामाजिक अंतर और स्तरीकरण	1. गतिशीलता अधिक तीव्र होती है।	1. ग्राम में नगर की तुलना में अंतर व स्तरीकरण कम पाया जाता है।
	2. नगरीयता व गतिशीलता का सकारात्मक संबंध है।	

	नगरीय समाज	ग्रामीण समाज
गतिशीलता	1. गतिशीलता अधिक तीव्र होती है।	1. भौगोलिक व्यावसायिक और अन्य सामाजिक गतिशीलता नगरों की तुलना में कम होती है।
	2. नगरीयता और गतिशीलता का सकारात्मक संबंध है।	2. सामान्यत: ग्रामवासी नगर की ओर प्रवास करते हैं।
	3. केवल सामाजिकता के समय ही नगर से ग्राम को अधिक प्रवास होता है।	
अन्त:क्रिया का स्वरूप	1. अधिक व्यक्तियों से संबंध होता है।	1. प्रति व्यक्ति कम व्यक्तियों से अंत:-क्रिया होती है।
	2. अन्तर्किया का व्यापक क्षेत्र है।	अंत:क्रिया का सीमित क्षेत्र है।
	3. गौण संपर्कों का बाहुल्य है।	3. प्राथमिक संपर्कों का प्रभुत्व है।
	4. अवैयक्तिक व अस्थायी संबंध होते हैं।	4. व्यक्तिगत और घनिष्ट संबंध होते हैं।
	5. जटिल औपचारिक और कृत्रिम संबंध होते हैं।	5. सरल और विश्वसनीय संबंध होते हैं।
	6. सांख्यिक संबंध होते हैं।	6. मानवीय संबंध रहते हैं।

हमारे सामने मुख्य कठिनाई यह आती है कि नगर और गांव में से किसी की भी प्रकृति पूर्णतया स्थायी नहीं है। औद्योगीकरण के फलस्वरूप नगर की सीमाओं से लगे गांव निरन्तर नगर के क्षेत्र में मिलते जा रहे हैं। फलस्वरूप अनेक ग्रामीण तत्वों का नगर में प्रसार हो जाता है और दूसरी ओर लाखों ग्रामीण जब नगर के कारखानों तथा कार्यालयों में कार्य करने के पश्चात् अपने गांव में लौटते हैं तो ग्रामीण समुदाय में नगरीय विशेषताओं का प्रसार हो जाता है। इस दृष्टिकोण से एक ऐसा सर्वमान्य आधार नहीं ढूंढा जा सकता जिसे कसौटी मान कर नगर तथा गांव को एक दूसरे से पूर्णतया पृथक् किया जा सके।

अत: यह स्पष्ट होता है कि ग्रामीण नगरीय समाज की अवधारणा का नगर व गांव के स्पष्ट विभेद से उतना संबंध नहीं है जितना कि इन दोनों समुदायों के बीच निरन्तरता को स्पष्ट करने वाली प्रक्रिया से। वास्तव में यदि नगर और गांव को केवल जीवन की एक विधि माना जाए तो एक प्रतिमान के आधार पर यह एक दूसरे से पृथक् हैं लेकिन परिवर्तन की विभिन्न प्रक्रियाओं के आधार पर इनके बीच कोई स्पष्ट विभेद नहीं किया जा सकता।

भारत में नगरीय समाजशास्त्र के अध्ययन का महत्व

आधुनिक युग में नगरों का विकास बड़ी तेजी के साथ हो रहा है। वास्तव में

औद्योगीकरण के कारण नगरों और उनकी संस्कृति का महत्व बढ़ गया है। इसलिए नगरीय समाजशास्त्र के अध्ययन का महत्व भी आधुनिक युग में बढ़ गया है। इस महत्व को निम्नलिखित वर्णन के आधार पर समझा जा सकता है –

1. ***औद्योगिक क्षेत्र में महत्व*** – उद्योग धंधों का विकास हो जाने से नगरों में औद्योगीकरण की प्रक्रिया विशेष रूप से प्रचलित हुई है और अनेकों विशालकाय कारखानों की स्थापना हुई है. इन कारखानों में श्रमिकों और अन्य कर्मचारियों की भर्ती की गई है उनकी आवश्यकताओं की पूर्ति हेतु अनेकों सांस्कृतिक संस्थाओं तथा मनोरंजन के साधनों का विकास हुआ है। इस विकास के साथ-साथ नगर में अनेकों समस्याओं का भी जन्म हुआ। नगरीय समाजशास्त्र का अध्ययन औद्योगिक क्षेत्र में होने वाले विकास और उससे संबंधित अनेक समस्याओं का अध्ययन करना है, इसीलिए आर्थिक ष्टि से नगरीय समाजशास्त्र का अध्ययन अनिवार्य हो गया है।

2. ***मनोरंजनात्मक साधनों का विकास*** – आधुनिक युग में औद्योगीकरण के कारण नये कारखानों का विकास हुआ है, कार्य करने वाले कर्मचारियों तथा श्रमिकों के मनोरंजन के साधनों का भी विकास हुआ है। चलचित्रों, रेडियो, टेलीविजन, आदि साधनों से कारखानों के कर्मचारियों का मनोरंजन प्रदान करने की व्यवस्था की जाती है। नगरीय समाजशास्त्र के अध्ययन से भी नगरीय समाजशास्त्र एक महत्वपूर्ण भूमिका अदा करता है।

3. ***सामाजिक गतिशीलता में वृद्धि*** – अभी तक ग्राम के लोग अपने ग्रामों को छोड़ कर नहीं जाते थे, किन्तु औद्योगीकरण के बाद गांव के लोग गांव छोड़ कर नगरों की ओर पलायन करने लगे हैं। समाजशास्त्रियों ने इस प्रवृत्ति को नगरीकरण की संज्ञा दी है। नगरीकरण की इस प्रवृत्ति का विस्तृत विवरण नगरीय समाजशास्त्र का अध्ययन करता है। इस दृष्टि से उन्हें पता लगता है कि आधुनिक युग में नगरों की जनसंख्या में वृद्धि क्यों हो रही है और इस वृद्धि के कारण नगरीय जीवन में इस प्रकार के सामायिक परिवर्तन हो रहे हैं।

4. ***नगरीय समस्याओं का समाधान*** – आधुनिक युग में तकनीकी ज्ञान का विकास तीव्र गति से हो रहा है, जिसके कारण औद्योगीकरण और नगरीकरण की अवधारणाएं विकसित हो रही हैं। नगरों की जनसंख्या दिन-प्रतिदिन बढ़ रही है। जनसंख्या की वृद्धि के कारण नगरों में अपराधों की समस्या में वृद्धि हो रही है। ये अपराध वैयक्तिक विघटन तथा सामाजिक विघटन को जन्म देते हैं। इसलिए नगरों में भ्रष्टाचार, गंदी बस्तियों का विकास, मद्यपान, कामुक अपराध जैसे वैश्यावृत्ति, आत्महत्या, चोरी, मद्यपान, बलात्कार, आदि से संबंधित समस्याओं का जन्म हो रहा है। इन समस्याओं का अध्ययन करने में नगरीय समाजशास्त्र विद्वानों की सहायता करता है और साथ ही साथ इन समस्याओं के समाधान के उपायों पर भी प्रकाश डालता है।

5. ***नगरों की नई व्यवस्था का ज्ञान*** – नगरीकरण के कारण नगरों में जनसंख्या का घनत्व दिन-प्रतिदिन बढ़ता जा रहा है, जनसंख्या के घनत्व की वृद्धि के कारण नगरों की प्राचीन सभ्यता व संस्कृति में घोर परिवर्तन हो रहे हैं। सामाजिक नियंत्रण के साधन शिथिल पड़ गए हैं जिससे भारत का सामाजिक ढांचा नये परिवर्तनों की ओर बढ़ रहा है। इस परिवर्तन का तथा इससे संबंधित अनेकों समस्याओं का अध्ययन नगरीय समाजशास्त्र के द्वारा ही संभव है। सामाजिक समस्याओं पर नियंत्रण आदि औद्योगीकरण तथा भौतिकवादी युग के कारण समाज में अनेकों समस्याएं उत्पन्न हो गई हैं। अपराध एक व्यवसाय बन गया है, अपराध अपनी चरम सीमा पर पहुंच गए हैं। प्राचीन परम्पराओं की मान्यता समाप्त हो गई है। नगरीय समाज विघटन के कगार पर खड़ा हुआ है। यदि नगरीय समाज में सुधार न लाया गया तो भारत के नगर भ्रष्टाचार व शोषण के केन्द्र बन जाएंगे और भारत की प्राचीन संस्कृति समाप्त हो जाएगी। इन सब समस्याओं से नगरों को बचाने का एक सरल साधन नगरीय समाजशास्त्र का अध्ययन ही है।

6. ***सभ्यता का विस्तृत ज्ञान*** – यद्यपि भारतवर्ष ग्रामों का देश है, और इसकी अधिकांश जनता ग्रामों में ही निवास करती है, किन्तु भारत के नगर प्राचीनकाल से ही सभ्यता और संस्कृति के केन्द्र रहे हैं। बड़े-बड़े विद्वानों ने नगरों को ही अपनी कर्म-भूमि चुना है। नगरों में ही सभ्यता और संस्कृति का अध्ययन करने के लिए उन्हें नगरीय समाजशास्त्र की शरण में जाना होगा। प्राचीन सभ्यताओं का जन्म नगरों में ही हुआ, सिन्धु घाटी की सभ्यता का इतिहास इस कथन का समर्थन करता है। इसलिए हम भारत की प्राचीन सभ्यता का ज्ञान नगरीय समाजशास्त्र द्वारा प्राप्त कर सकते हैं। एक विद्वान राबर्ट बीचर स्टेर्ड ने लिखा है :

"प्रत्येक सभ्यता के इतिहास में केवल ग्रामों का ही नहीं वरन् उसके नगरों, उपनगरों का भी इतिहास निहित है। सभ्यता का अर्थ नगर है, और नगर का अर्थ सभ्यता" इस कथन से सिद्ध होता है कि नगर की सभ्यता के निर्माता प्राचीन काल से रहे हैं।

7. ***समाज का संपूर्ण ज्ञान*** – वास्तव में वर्तमान समाज के निर्माण में नगरों का एक महत्वपूर्ण योगदान रहा है। सभी सामाजिक व सांस्कृतिक परिवर्तन एवम् कार्यकलापों की रूपरेखा नगरों में ही बनाई जाती है। नगरों से ही नवीन विचारधाराओं का प्रादुर्भाव होता है। इसलिए एक विद्वान ने कहा है कि वर्तमान जटिल व विकसित समाज को समझाने के लिए हमें सबसे पहले नगरों को समझना होगा।

8. ***कुछ महत्वपूर्ण प्रत्ययों का ज्ञान*** – आधुनिक सामाजिक जीवन में, नगरीकरण, नगरीय समुदाय, नगर आयोजन, नगरवाद, आदि शब्दों का प्रयोग होने लगा है। गंदी बस्तियों की संख्या और उनकी समस्या भी नगरों से जुड़ी है। समाज में उत्पन्न

होने वाले अनेक नवीन विचारों का पालन-पोषण नगरों में ही होता है। इसलिए आधुनिक समाज के नवीन प्रत्ययों का ज्ञान प्राप्त करने के लिए नगरीय समाजशास्त्र का अध्ययन सहायक हो सकता है।

9. ***नवीन योजनाओं का ज्ञान*** – औद्योगीकरण तथा नगरीकरण के कारण आज नगरों में निर्धनता, बेकारी, अपराध, गंदी बस्तियां, मद्यपान, आदि बुराइयों का जन्म हो रहा है। इन अवगुणों से समाज को मुक्ति दिलाने के लिए जिन योजनाओं का जन्म होता है, उनकी रूपरेखा नगरों में ही निर्मित होती है। अपराध उन्मूलन योजनाएं, परिवार नियोजन, नारी उत्थान अभियान, आदि योजनाओं का जन्म नगरों में ही हुआ। नगर ही परिवार नियोजन तथा वैश्यावृत्ति की मुक्ति के प्रमुख केन्द्र रहे हैं। इसलिए नगरीय समाजशास्त्र का जन्म विभिन्न सामाजिक संस्थाओं से हुआ है।

10. ***नगरीय सामाजिक संरचना का ज्ञान*** – नगरीय समाजशास्त्र का अध्ययन हमें नगरीय संस्थाओं तथा नगरीय संस्कृतियों तथा नगर से संबंधित अनेकों कार्यक्रम का ज्ञान कराता है, इसलिए नगरीय समाजशास्त्र समाज सुधार योजनाओं को सफल बनाने में भी हमारा सहयोग देता है।

11. ***विभिन्न योजनाओं की सफलता*** – आज भारतवर्ष में भारत की आर्थिक उन्नति के लिए परिवार नियोजन, पंचवर्षीय योजनाएं तथा अन्य समाज सुधार योजनाएं बनाई जा रही हैं। नगरों का विकास करने के लिए प्राधिकरण योजनाएं बनाई गई हैं। इन सभी योजनाओं का ज्ञान नगरीय समाजशास्त्र द्वारा प्राप्त किया जा सकता है।

नगरीय समाजशास्त्र आधुनिक युग के नगरों की समस्याओं को समझने व नवीन योजनाओं को सफल बनाने में सहयोग प्रदान करता है। इसलिए नगरीय समाजशास्त्र का जन्म आधुनिक युग की एक प्रमुख आवश्यकता है।

नगरीय समाजशास्त्र का अध्ययन भी एक महत्व रखता है। किसी भी देश की जीवन विधि का पूर्ण अध्ययन करने के लिए सर्वप्रथम ग्रामीण क्षेत्र का तथा उससे ऊपर नगरीय समाजशास्त्र का अध्ययन भी अपने आप में एक पूर्ण अध्ययन है। सभ्यता और नगरीय जीवन में घनिष्ट संबंध है। आधुनिक समाज को समझने के लिए नगरीय जीवन को समझना अत्यंत आवश्यक है। आधुनिक देशों में नगर आर्थिक, राजनैतिक व सामाजिक क्रांतियों के अग्रदूत के रूप में है। गांवों में बढ़ती हुई बेरोजगारी तथा नगरों में औद्योगीकरण तथा अन्य कारणों से आधुनिक देशों में बड़ी तेजी से नगरीयकरण होता जा रहा है। जिससे नगरों में सामाजिक, आर्थिक व राजनैतिक समस्याएं उत्पन्न होती हैं और उन समस्याओं का अध्ययन ही नगरीय समाजशास्त्र के अंतर्गत होता है। नगर नियोजन और पुनर्निर्माण का अध्ययन भी नगरीय समाजशास्त्र के अन्तर्गत होता है। नगरीय समाजशास्त्र का प्रमुख महत्व निम्नलिखित बिन्दुओं से स्पष्ट किया जा सकता है –

1. ***पारिभाषिक महत्व*** – नगरीय समाजशास्त्र का पारिभाषिक महत्व अत्यधिक है। यह शास्त्र अनेक ऐसे शब्दों की परिभाषा करता है, जिनको अभी तक किसी भी शास्त्र ने नहीं पहचाना था। नगरीय समाजशास्त्र दो शब्दों के मेल नगर व समाजशास्त्र से मिल कर बना है। बर्गल कहते हैं कि नगर के विषय में सब कोई जानते हैं, लेकिन उसकी किसी ने परिभाषा नहीं दी। नगरीय समाजशास्त्र ने नगर शब्द की व्याख्या प्रस्तुत की। दूसरा शब्द नगरीयता है। नगरीयता की व्याख्या सर्वप्रथम बिर्थ ने ही रखी है। उन्होंने उसे एक विशिष्ट जीवन का ढंग बताया है। इसी प्रकार नगरीय परिस्थिति शब्द है। नगरीय परिस्थिति के संबंध में नगरीय समाजशास्त्र ने सबसे प्रथम बताया है। इसी प्रकार 'नगरीयकरण', 'नगरीय समुदाय', गंदी बस्ती, 'नगर नियोजन', आदि भी ऐसे विचारमुक्त नवीन शब्द हैं जिनकी परिभाषा और विचारधारा व्यक्त करने में सर्वप्रथम नगरीय समाजशास्त्र ही अग्रसर हुआ है। इस प्रकार हम देखते हैं कि नगरीय समाजशास्त्र का महत्व पारिभाषिक दृष्टि से अधिक है।

2. ***सूचनात्मक महत्व*** – नगरीय समाज अत्यधिक जटिल है। समाज में संगठनकारी एवम् विकास में सहायक प्रवृत्तियां विद्यमान होने के साथ-साथ कुछ ऐसी – प्रवृत्तियां भी निरन्तर रूप से पनपती रहती हैं जिन्हें सामान्य रूप से विघटनकारी एवम् समाज विरोधी प्रवृत्तियां कहा जा सकता है। समाज के सुचारू संचालन के लिए इन विरोधी प्रवृत्तियों का दमन अनिवार्य है। इन प्रवृत्तियों का दमन राज्य एवम् अन्य विभिन्न समाज कल्याण एवम् सुधार संस्थाएं करती हैं और इनका सही ज्ञान सूचना प्राप्त करने का कार्य मुख्य रूप से नगरीय समाजशास्त्र ही करता है। नगरीय समाजशास्त्र सामाजिक व्याधियों का नगरीय दृष्टिकोण से अध्ययन करता है तथा तथ्यात्मक ज्ञान प्राप्त करके अन्य विज्ञानों एवम् सुधार संस्थाओं की सहायता करता है।

3. ***शैक्षणिक महत्व*** – नगरीय समाजशास्त्र का शैक्षणिक महत्व भी है। नगरीय जीवन आज के आधुनिक समाज का प्रमुख स्वरूप है। नगरीकरण की प्रक्रिया के फलस्वरूप नगरों का विकास खूब हो रहा है। अमेरिका, इंग्लैण्ड, फ्रांस, जर्मनी, आदि देशों में तो ग्रामीण एवम् नगरीय जीवन में कुछ भेद ही नहीं रहा है। मानव जीवन के अध्ययन में रुचि रखने वाले लोगों को इस विज्ञान के माध्यम से काफी सामग्री मिल जाती है। आजकल सामाजिक विज्ञानों का युग है। चारों ओर अब समाज के अध्ययन में रुचि बढ़ने लगी है। ऐसे लोगों को इस शास्त्र से काफी बौद्धिक सामग्री मिलती है। सामाजिक विज्ञानों में अध्ययन के विस्तार के साथ नगरीय समाजशास्त्रीय अध्ययन भी कालेजों और विश्वविद्यालयों के पाठ्यक्रमों में सम्मिलित किया गया है। शैक्षणिक क्षेत्र में नगरीय समाजशास्त्र के प्रति रुचि दिन-प्रतिदिन बढ़ती जा रही है। नगरीय जीवन और समस्याओं का ज्ञान प्राप्त करने के लिए सामान्य लोगों के लिए भी यह ज्ञान आवश्यक है। नगरीय क्षेत्र में कार्य करने वाले अर्थशास्त्रियों, राजनीतिज्ञों, समाज सुधारकों,

सांख्यिकीय विशेषज्ञों आदि के लिए नगरीय समाजशास्त्र काफी शैक्षणिक महत्व रखता है।

4. ***व्यावसायिक महत्व*** – नगरीय समाजशास्त्र व्यवसाय प्राप्त करने में भी सहायक है। आज विभिन्न पदों पर नियुक्ति के लिए नगरीय समाजशास्त्र के विद्यार्थियों को प्राथमिकता दी जाती है। नगरीय समाजशास्त्र का विशिष्ट ज्ञान प्राप्त किए हुए विशेषज्ञों को निम्नलिखित विभागों में उक्त पद प्राप्त हो सकते हैं –

1. योजना आयोग
2. अनुसंधान संस्थाएं
3. गंदी बस्ती सुधार आयोग
4. समाज कल्याण विभाग
5. नगर विकास विभाग
6. नगर आयोजन विभाग
7. क्षेत्रीय योजना विभाग
8. जिला निर्देशिका विभाग
9. प्रोबेशन और पेरोल विभाग
10. नगर निगम विभाग
11. बाल न्यायालय
12. शारीरिक विकलांग विभाग

5. ***नगरीय समाज का ज्ञान*** – नगरीय समाजशास्त्र नगरीय समाज का अध्ययन करता है। समाज के विभिन्न पक्षों का ज्ञान नगरीय समाजशास्त्र के द्वारा प्राप्त किया जाता है। नगरीय समाजशास्त्र नगरीय समाज से संबंधित उन सभी बातों का अध्ययन करता है जो नगरीय सामाजिक संस्थानों के निर्माण के लिए आवश्यक है। नगरीय सामाजिक संरचना का नगरीय समाजशास्त्र सैद्धांतिक रूप से अध्ययन करके निश्चित करता है कि नगरीय समाज क्या है? नगरीय समाज का विकास किस प्रकार से हुआ? नगरीय समाज में परिवर्तन किस प्रकार होता है? इन सभी प्रश्नों का उत्तर नगरीय समाजशास्त्र के पास सुरक्षित है अत: नगरीय समाजशास्त्र नगरीय समाज के प्रमुख पहलुओं जैसे नगरीय सामाजिक संरचना, नगरीय परिवार, सामाजिक नियंत्रण, आदि के बारे में विधिवत् और क्रमबद्ध ज्ञान प्राप्त करने में सहायक है।

नगर मानव सभ्यता और संस्कृति की प्राचीनतम विरासत है। भारत के हड़प्पा और मोहनजोदड़ों नगरीय सभ्यता और संस्कृति के केन्द्र रहे हैं। यह कहना कि औद्योगिक क्रांति के पश्चात् ही नगरीकरण और नगर की विभिन्न समस्याओं का अध्ययन प्रारंभ हुआ, पूर्णतया निराधार और तर्कहीन वक्तव्य है। कभी-कभी आश्चर्य होता है कि कुछ विद्वान सभी चीजों का उद्भव और विकास वेदों में जबरदस्ती ढूंढ निकालते हैं। वेदों में

नगरीय सभ्यता का विवरण मिलता है। वेद विश्व का प्राचीनतम साहित्य है। इसमें नगरों की व्याख्या की गई है। आर्य प्रकृति प्रेमी थे। प्रकृति के मध्य विचरण करने वाले थे। प्रकृति की पूजा करने वाले थे। प्रकृति का अथाह विवरण वेदों में मिलता है। अनार्यों ने नगरीय सभ्यता और संस्कृति को जन्म दिया। आर्यों का संपर्क अनार्यों और द्रविड़ों से बहुत बाद में हुआ फिर यह कहना कि आर्यों ने नगरों की स्थापना की और वेदों में इसका पर्याप्त उल्लेख है। इसे हम एक तरफ अपरिपक्व ज्ञान का प्रतीक मानेंगे और दूसरी तरफ प्रत्येक चीज को वेदों में ढूंढने का प्रयास भी।

नगरीय समाजशास्त्र के उद्भव और विकास की ओर दो प्रकार के तर्क प्रस्तुत किए जाते हैं। एक वर्ग के विद्वानों का मत है कि ग्रामीण समाजशास्त्र के पूर्व ही नगरीय समाजशास्त्र की उत्पत्ति हो गई थी। जबकि दूसरे वर्ग के विद्वान ठीक इसके विपरीत हैं। उनका कहना है कि ग्रामीण समाजशास्त्र के पश्चात् नगरीय समाजशास्त्र का उदय हुआ। इस संबंध में एक अध–कचरा–सा तर्क प्रस्तुत किया जाता है, चूंकि ग्रामीण समाजशास्त्र का विकास 19वीं शताब्दी के उत्तरार्द्ध में हुआ। इसलिए नगरीय समाजशास्त्र का विकास 20वीं शताब्दी में हुआ है जबकि 15वीं और 16वीं शताब्दी में नगरीय समस्याओं और अनेक विषयों पर विद्वानों के विचार देखने को मिलते हैं। नगरों का व्यापक और विस्तृत अध्ययन हमें कौटिल्य के अर्थशास्त्र में देखने को मिलता है जो मनुस्मृति के पूर्व की रचना है। 3 या 4 बी०सी० पूर्व की इस कृति में नगरीय समस्याओं और योजनाओं का जितना व्यापक विवरण मिलता है शायद ही किसी प्राचीन ग्रंथ में देखने को मिलता है। इस दृष्टि से हम देखें तो निश्चित ही हम यह सकते हैं कि भारत में नगरीय समाज का अध्ययन ग्रामीण समाजशास्त्र से कहीं पूर्व हो चुका था क्योंकि अमेरिका के शिकागो विश्वविद्यालय में ग्रामीण समाजशास्त्र का अध्ययन पहले प्रारंभ कर दिया गया लेकिन अमेरिकन समाजशास्त्रियों ने यह स्थापित करने का प्रयास किया कि ग्रामीण समाजशास्त्र का अध्ययन नगरीय समाजशास्त्र से पूर्व आरंभ हुआ। कम से कम यह तर्क भारत पर लागू नहीं होता है।

नगरीय समाजशास्त्र की सीमाएं

नगरीय समाजशास्त्र के कुछ अवयव ऐसे भी हैं जो वैज्ञानिक प्रकृति को सीमित करते हैं। वे हैं –

1. नगरीय और ग्रामीण क्षेत्रों के बीच रेखा खींचना संभव नहीं है।
2. यह विज्ञान अभी भी अविकसित है और इस क्षेत्र में कार्य करने के अनेक अवसर विद्यमान हैं।
3. इसके पास भौतिक या रासायनिक विज्ञान की तरह सुसज्जित प्रयोगशालाएं नहीं हो सकती हैं।
4. हम इसकी विषय सामग्री को किसी पैमाने पर नहीं माप सकते।

नगर का अर्थ

नगर 'City' शब्द एक अवधारणा है। जर्मनी में नगर शब्द के लिए 'Stadt' और इंग्लैण्ड में 'Town' और 'City' का प्रयोग किया जाता है। प्रारंभ में 'City' शब्द का प्रयोग रोम साम्राज्य के अधीन संगठनों के लिए किया जाता था। बाद में इस शब्द का प्रयोग ईसाई बिशप के लिए किया जाने लगा यहां पर यह स्थित था। ब्रिटेन में आज भी 'सिटी' शब्द का प्रयोग मुख्य गिरिजा घर रखने वाले नगर के लिए किया जाता है। फ्रांस में 'सिटे' शब्द का प्रयोग होता है। विश्व के लगभग सभी देश नगर की परिभाषा पर एकमत नहीं हैं। प्रत्येक देश जनगणना के दृष्टिकोण से नगर व कस्बे की अपनी अलग-अलग परिभाषा रखता है।

औद्योगीकरण के कारण आज ग्रामीण समुदाय के लोग ग्रामों को छोड़ कर नगरों की ओर जा रहे हैं। इस नगरीकरण की प्रक्रिया के कारण नगरों में जनसंख्या का घनत्व बढ़ गया है और विभिन्न प्रकार की जातियां, नगरों में निवास करने लगी हैं, इसीलिए नगरों में विभिन्न सांस्कृतियों का एक एकीकरण हो गया है। इस कथन के आधार पर आज नगर ऐसे जन समुदाय केन्द्र हैं, जहां कि विभिन्न प्रकार की जातियों के लोग निवास करते हैं और जहां पर विभिन्न संस्कृतियों का सम्मिश्रण देखने को मिलता है। इसी के साथ-साथ नगर एक ऐसा समुदाय है, जहां पर एक निश्चित भू-भाग पर जनसंख्या का अधिक घनत्व देखने को मिलता है और विभिन्न जातियों और संस्कृतियों का केन्द्र पाया जाता है।

नगर पर विभिन्न विद्वानों के विचार

1. कुछ विद्वानों का कहना है कि नगरों का विकास धीरे-धीरे हुआ और उनमें समय-समय पर परिस्थितियों के अनुसार परिवर्तन हो रहे हैं, इसलिए नगरों के संबंध में सामान्य विचार की कल्पना करना संभव नहीं है।
2. नगरों पर भौगोलिक, आर्थिक और धार्मिक परिस्थितियों का प्रभाव पड़ता है। इन परिस्थितियों में गतिशीलता तथा परिवर्तनशीलता प्रधान रूप में पाई जाती है इसीलिए भी नगरों में एक निश्चित विचारधारा का पाया जाना संभव नहीं है।
3. नगरों में संबंधों की जटिलता पाई जाती है। इस जटिलता के कारण नगरों के संबंध में कोई एक सामान्य विचारधारा नहीं बनाई जाती है।
4. नगर राजनीतिक संगठनों और व्यापारिक संगठनों के केन्द्र हैं, व्यापार में उतार-चढ़ाव और राजनीति में परिवर्तन तत्व पाया जाता है इस कारण से नगरों के संबंध में एक सामान्य विचारधारा का होना कठिन हो जाता है।

कस्बा या उपनगर मानवीय अविस्थापन्नता का ऐसा स्वरूप है जिसमें ग्रामीण और नगरीय दोनों प्रकार की विशेषताएं साथ-साथ देखी जाती हैं। इस क्षेत्र को हम पूरी तरह से न तो गांव कह सकते हैं और न नगर ही। बड़े गांव में जब नगरीय प्रवृत्तियों और

गतिविधियों का समावेश होता है और इनके क्रियाकलापों का स्वरूप व्यापक होने लगता है तब हम ऐसे गांव को कस्बे की संज्ञा देते हैं। ग्रामीण क्षेत्रों की विभिन्न आवश्यकताओं को यह क्षेत्र पूर्ण करते हैं।

कस्बे को परिभाषित करते हुए बर्नल ने लिखा है – "कस्बे को एक नगरीय अविस्थापना के रूप में परिभाषित किया जा सकता है जो पर्याप्त आयामों के ग्रामीण क्षेत्र पर प्रभाव रखता हो।"

एच॰ एम॰ मेयर और सी॰ एफ॰ कोहन ने कस्बा निर्माण की प्रक्रिया के संबंध में लिखा है – जब कभी ये गतिविधियां, परस्पर संबंधित रहते हुए एक स्थायी और घनिष्ट स्थानापन्नता और साथ ही सामुदायिक संगठन के लिए कुछ प्रयत्न किए हुए हों, तो वह स्थान कस्बे की विशेषताओं को धारण कर लेता है।

नगरीयता की मुख्य प्रवृत्तियों में औद्योगीकरण और व्यापारीकरण हैं। इन प्रवृत्तियों में बैंक, बीमा, श्रमिक संगठन, शिक्षा, मनोरंजन, यातायात, संचार साधन, आदि समाहित हैं। किसी ग्रामीण क्षेत्र पर जब जनसंख्या स्थायी रूप से रहने लगती है और इस क्षेत्र में विभिन्न प्रकार की गतिविधियों जैसे - धर्म, साहित्य, व्यापार, शिक्षा, आदि में तीव्रता आने लगती है तो इस क्षेत्र को कस्बा कह सकते हैं।

गांव से कस्बे बनने की प्रक्रिया निरन्तर चलती रहती है। देश में औद्योगीकरण, व्यापारीकरण और नगरीयकरण की प्रक्रिया नगर के निकटवर्ती गांव में प्रविष्ट करती है तो वह क्षेत्र भी औद्योगिक संस्कृति से प्रभावित हुए बिना नहीं रहते। नगरीय विशेषताएं इन क्षेत्रों को प्रभावित ही नहीं करतीं वरन् उनका आधिपत्य स्पष्ट रूप से दिखाई पड़ने लगता है। यह प्रक्रिया निरन्तर गांव से कस्बे, कस्बे से नगर और नगर से महानगर को स्थापित करती चलती है। निर्माण की यह प्रक्रिया भौतिक सभ्यता की प्रगति के साथ निरन्तर तीव्र होती जाती है।

नगरों की उत्पत्ति तथा विकास

नगरों की उत्पत्ति और उनका विकास अतीत के इतिहास में उलझा हुआ है क्योंकि सभ्यता और नगर दोनों का परस्पर इतना घनिष्ट संबंध है कि वे एक दूसरे के बिना जन्म नहीं ले सकते। जिस प्रकार सभ्यता के जन्म की कोई निश्चित तिथि नहीं है। दूसरे शब्दों में, सभ्यता के बिना नगर और नगर के बिना सभ्यता का अस्तित्व संभव नहीं है। इस कथन से स्पष्ट हो जाता है कि नगरों का जन्म तथा उसकी उत्पत्ति सभ्यता के आदिकाल से ही हो चुकी थी। चीन तथा भारत में जो सभ्यताएं पाई जाती हैं उनके मूल में नगरों की उत्पत्ति का इतिहास छुपा हुआ है। दूसरे शब्दों में, नगरों की उत्पत्ति, सभ्यता की उत्पत्ति के साथ ही हुई है।

ऐतिहासिक दृष्टि से नगरों के विकास को निम्नलिखित विभिन्न युगों में विभाजित किया जा सकता है –

1. ***इतिहास के पूर्व का काल*** – विद्वानों का कहना है कि नगरों की उत्पत्ति उस समय से पूर्व हुई जब विद्वानों द्वारा इतिहास का लेखन आरंभ नहीं किया गया था। इस दृष्टि से कुछ विद्वान यह मानते हैं कि उत्तर पाषाण युग में नगरों की उत्पत्ति हुई और उस समय के सबसे प्रसिद्ध नगरों का जन्म मैसोपोशयिया तथा मिश्र में उदय हुआ था। इस कथन के पक्ष में एच॰जी॰ वैल्स ने स्पष्ट रूप से लिखा था – "निचले मैसोपोशयिया तथा मिश्र में सर्वप्रथम नगरों का उदय हुआ था।" इसके अतिरिक्त ईसा से लगभग 1000 वर्ष 'माया' सभ्यता का जन्म माना जाता है, जिसमें मेक्सिको नगर का उदय हुआ था। कुछ लोगों का कहना है कि प्राचीन नगरों में बेबीलोन का नाम उल्लेखनीय है और वह नगर लगभग 3000 साल पुराना माना जाता है। कहा जाता है कि जैस्लम जो कि यहूदी, मुसलमानों और ईसाइयों का तीर्थ नगर है, उसका निर्माण 100 ई. पूर्व में किया गया था, इतिहास इस बात का प्रमाण है कि भारत में 5000 वर्ष पूर्व सिन्धु घाटी की सभ्यता में नगरों का विकास हो चुका था। इस सभ्यता के नगरों में हड़प्पा और मोहनजोदड़ो नामक नगरों के नाम उल्लेखनीय हैं। ये नगर उस काल की सभ्यता और संस्कृति के अंतर्गत पूर्ण रूप से विकसित हो चुके थे। खुदाई में जिन नगरों का पता चला है, उनके अध्ययन से यह पता लगता है कि आधुनिक युग में पाए जाने वाले नगरों के समान सिन्धु नदी घाटी की सभ्यता के प्राचीन नगरों में भी सभी सुविधाएं देखने को मिलती हैं, जिससे सिद्ध होता है कि प्राचीनकाल में नगर आधुनिक युग की योजनाओं के अन्तर्गत निर्मित थे। महाकाव्यों के अध्ययन से पता लगता है कि महाभारत के युग में बड़े-बड़े नगरों का विकास हो चुका था।

2. ***यूनान में नगरों का विकास*** – विद्वानों का मत है कि सभ्यताओं का जन्म सबसे पहले यूनान में हुआ और एथेन्स तथा स्पार्टा आदि नगरों का विकास यूनानी सभ्यता में ही हुआ। जिससे सिद्ध होता है कि यूनानी लोग नगरों के निर्माण में प्रवीण थे किन्तु यह बात स्मरणीय है कि यूनान में समतल भूमि का अभाव रहा। इसलिए यूनान के नगर आधुनिक नगरों की अपेक्षा छोटे होते थे। सिकन्दर महान के युग में सिकन्दरिया तथा स्केन्देता नामक नगर बसाए गए थे।

3. ***प्राचीन काल में भारतीय नगरों का विकास*** – भारत में हड़प्पा व मोहनजोदड़ों के अतिरिक्त कुछ ऐसे धार्मिक दृष्टि से महत्वपूर्ण नगरों का निर्माण भी किया गया था। काशी, अयोध्या, हरिद्वार, द्वारिका, मथुरा, आदि का निर्माण इस युग में किया गया था। मौर्य युग व गुप्त युग में अनेक नगरों का निर्माण किया गया जिनमें तक्षशिला, पाटलीपुत्र, राजगृह, मेरठ, नालन्दा, कुशापुरी, कोमल, सारनाथ, आदि नगरों का नाम उल्लेखनीय है। राजगृह बौद्धधर्म मानने वालों का तीर्थ स्थान था। मौर्यकाल में पाटलीपुत्र, वैशाली, उज्जैन, आदि नगरों के नाम उल्लेखनीय हैं। गुप्त काल में मथुरा, प्रयाग, काशी, नालन्दा, गया, कन्नौज, आदि नगरों का विकास हुआ था।

4. ***रोमन सभ्यता में नगरों का विकास*** – इस सभ्यता में नगरों की सुविधा के लिए विशेष व्यवस्था की गई थी। इस युग में जिन नगरों का विकास हुआ वे सैनिक दृष्टि से महत्वपूर्ण थे। ये नगर विशेषत: ऊंची पहाड़ियों पर बसाए गए थे। रोमन सभ्यता के समय के नगर में लंदन, पेरिस, रोम, आदि नगरों का विकास हुआ।

5. ***मध्यकाल में नगरों का विकास*** – मध्यकाल में जिन नगरों का विकास हुआ वे भी सामरिक दृष्टि से अधिक महत्वपूर्ण थे। इन नगरों की सुरक्षा के लिए किले बनाए गए थे। इन किलों के चारों ओर पानी से भरी हुई खाइयां बनाई गई थीं। इस प्रकार के किलों के साथ-साथ सुरक्षित नगरों का विकास हुआ, धीरे-धीरे ये नगर व्यापारिक केन्द्र बन गए। वेनिस मिलन, फ्लोरेंस, जिनेवा, आदि नगरों का विकास मध्यकालीन सभ्यता की देन है। ये नगर मुख्यत: आवागमन की सुविधा के लिए सड़कों के किनारे या दुर्गों के आसपास निर्मित किए गए थे। कालान्तर में ये नगर भूमध्य सागर के व्यापार के केन्द्र बन गए। इसी समय नगरों का निर्माण योजनाबद्ध रूप में होने लगा। समुद्रीय किनारों के निकट स्थित नगरों को धीरे-धीरे बन्दरगाहों में परिवर्तित कर दिया गया। जो नगर व्यापारिक दृष्टि से महत्वपूर्ण थे उन्हें विश्व प्रसिद्ध नगर माना गया। मध्यकाल में ही ऐसे नगरों का विकास हुआ, जिन पर मुसलमानों ने आक्रमण किए। कन्नौज, मथुरा, थानेश्वर, सोमनाथ, दिल्ली, जौनपुर, दौलताबाद, आदि नगरों का विकास मध्यकाल में ही हुआ। इसके अतिरिक्त दक्षिणी भारत में हैदराबाद, औरंगाबाद, अहमदनगर, अहमदाबाद, आदि व्यापारिक नगरों का विकास भी मध्यकालीन भारत की देन है।

इंग्लैण्ड की औद्योगिक क्रांति का प्रभाव भारत में भी पड़ा। यहां पर मुगलकाल के पतन के समय यूरोप की जातियों ने अपनी व्यापारिक कम्पनियां स्थापित की थीं। जिनमें डच, पुर्तगाली, फ्रांसीसी और अंग्रेज कंपनियों के नाम उल्लेखनीय हैं। इस समय में कलकत्ता, चेन्नई, माही, चन्द्रनगर, पांडचेरी, आदि जल शक्ति के केन्द्रों के रूप में विकसित हुए। इसके अतिरिक्त देहरादून, मसूरी, नैनीताल, शिमला, आदि शीतल स्थानों पर नगरों का निर्माण हुआ। कुछ नगर औद्योगिक दृष्टि से महत्वपूर्ण मान कर बनाए गए, जिनमें छरिया, धनबाद, टाटा नगर, बम्बई, चेन्नई, बेंगलोर, आदि नगरों के नाम उल्लेखनीय हैं। भारत में ब्रिटिश शासन काल की मुख्य देन रेलों और सड़कों का विस्तार है। रेलों के विकास के कारण यातायात की सुविधाएं बढ़ गई और नगरों में विशाल कारखानों की स्थापना हुई। स्वतंत्र भारत में भिलाई, दुर्गापुर, सिंदरी, बोकारों, आदि स्थानों पर कारखानों की स्थापना की गई।

नगरों के विकास के कारण

नगरों की उत्पत्ति और विकास के निम्नलिखित कारण हैं –

1. नगरों के विकास का एक प्रमुख कारण खाद्यान्नों का विकास है। जब आवश्यकता से अधिक उत्पादन होगा, तब ही अधिक उत्पादन की खपत के लिए

मंडियों की आवश्यकता होगी, जिनके लिए नगरों का विकास होना अनिवार्य है। इस संबंध में एक विद्वान राबर्ट वियरस्टेड का कहना है – "जो कोई भी गेहूं के दो दानें उगा सकता है जहां पहले एक दाना उगता था, उसने नगरों के विकास में योगदान दिया है।" इस कथन के आधार पर यह निष्कर्ष निकाला जा सकता है कि अतिरिक्त खाद्यान्न ही नगरों के जन्म का आधार है।

2. जिन स्थानों पर भौगोलिक दशाएं जीवन के लिए उपयोगी हैं वहीं पर नगरों का विकास संभव है। दूसरे शब्दों में उत्तम जलवायु, कृषि योग्य भूमि ही नगरों के विकास में सहायक है।

3. यातायात के साधनों के विकास ने भी नगरों के निर्माण में विशेष योगदान दिया है। इन साधनों में वायुयान, रेल मार्गों, सड़कों और समुद्री मार्गों के नाम उल्लेखनीय है।

4. औद्योगिक क्षेत्र में उन्नति होने के कारण तार, टेलीफोन, डाक, समाचार पत्र, आदि संदेशवाहन के साधनों का विकास भी नगरों के जन्म का महत्वपूर्ण कारण है।

5. औद्योगीकरण के कारण ग्रामों से जनसंख्या नगरों की ओर बढ़ने लगी है जिससे नगरों का विकास हो गया, इसलिए जनसंख्या का स्थानान्तरण भी नगरों के विकास का एक महत्वपूर्ण कारण बन गया है।

6. नगरीकरण की प्रवृत्ति ने नगरों के विकास में भारी योगदान दिया है।

7. वस्तुओं के उत्पादन में इतनी वृद्धि होने लगी है कि प्रत्येक नगर विभिन्न प्रकार की वस्तुओं के विक्रय का केन्द्र बन गया है। व्यापार में इस विशेषीकरण के कारण नगरों का विकास तीव्र गति से हुआ।

8. आधुनिक युग में औद्योगीकरण के कारण धन का महत्व बढ़ गया है, बड़े-बड़े व्यापारियों ने नगरों को अपनी सुरक्षा का एक मात्र स्थल समझ लिया, क्योंकि वहीं आवश्यकता पड़ने पर पुलिस तथा सेना की सेवाएं सुलभ हैं। इस दृष्टि से भी नगरों का विकास तेजी से हुआ।

9. नगरों में उत्तम जीवन जीने की सभी सुविधाओं व साधन भरपूर मात्रा में उपलब्ध हैं। जल, प्रकाश, मनोरंजन, चिकित्सा, पुस्तकालय, आदि से संबंधित सभी सुविधाएं नगरों में उपलब्ध हैं। इसलिए लोग ग्रामों को छोड़ कर नगरों की ओर आकर्षित होते हैं। इसलिए नगरीय जीवन के प्रति आकर्षण का होना नगरों के विकास का एक महत्वपूर्ण कारण है।

10. सांस्कृतिक और सामाजिक संकटों में भी नगर में स्थित विभिन्न सेवा संस्थाएं नागरिकों के जीवन की सुरक्षा करती हैं। सुरक्षा की यह भावना भी लोगों को नगर में बसने के लिए विवश करती है। इसी से नगरों के विकास को प्रोत्साहन मिलता है।

अवधारणाएं : कस्बा, नगर और महानगर

कस्बा ऐसा स्वरूप है, जिसमें ग्रामीण और नगरीय दोनों प्रकार की विशेषताएं साथ-साथ पाई जाती हैं। इस क्षेत्र को न तो पूरी तौर से गांव कहा जा सकता है न ही नगर। कस्बा, गांव का बड़ा स्वरूप व नगर का छोटा रूप पाया जाता है। यहां पर गांव व नगर दोनों की संस्कृति का मिश्रित गतिविधियों, का गुण व दोषों का समावेश होता है। बड़े गांव में जब नगरीय प्रवृत्तियों और गतिविधियों का समावेश होता है और इनके क्रियाकलापों का स्वरूप व्यापक होने लगता है, तब हम ऐसे गांव को कस्बे की संज्ञा देते हैं। ग्रामीण क्षेत्रों में विभिन्न आवश्यकताओं को यह क्षेत्र पूर्ण करते हैं।

कस्बे की परिभाषाएं

1. ***बर्गल के अनुसार*** – "कस्बे को एक नगरीय अविस्थापना के रूप में परिभाषित किया जा सकता है जो पर्याप्त आयामों के ग्रामीण क्षेत्र पर प्रभाव रखता हो"।
2. ***एच. एम. मेयर और सी. एफ. कोहन के अनुसार*** – "जब कभी ये गतिविधियां, परस्पर संबंधित रहते हुए स्थायी और घनिष्ठ स्थानापन्नता और साथ ही सामुदायिक संगठन के लिए कुछ प्रयत्न किए हों, तो वह स्थान कस्बे की विशेषताओं को धारण कर लेता है।"

कस्बे की विशेषताएं – उपर्युक्त विवेचना के आधार पर कस्बे की कुछ विशेषताएं उभर कर सामने आती हैं। ये निम्नलिखित हैं –

1. ऐसे क्षेत्र जहां ग्रामीण और नगरीय विशेषताएं साथ-साथ देखने को मिलती हैं।
2. औद्योगीकरण और व्यापारीकरण की प्रक्रिया तीव्रता से क्षेत्र में आरंभ हो गई हो।
3. निकटवर्ती गांवों के व्यक्तियों की आवश्यकताएं इस क्षेत्र से पूर्ण होने लगी हों।
4. एक बहुत बड़ी जनसंख्या उस क्षेत्र में स्थायी रूप से निवास स्थानों में रहने लगी हों।
5. पांच हजार से अधिक जनसंख्या हो गई हो।

नगर की अवधारणा

नगर से व्यक्ति परिचित होता है। उसमें चहल-पहल, भीड़-भाड़, प्रचुर मात्रा में यातायात और संदेशवाहन के साधनों का जाल बिछा होता है। व्यावसायिक, वाणिज्य और मनोरंजन के केन्द्र होते हैं। शिक्षा, धर्म, व्यवसाय की अनेक संस्थाएं होती हैं। एक बहुत बड़ी जनसंख्या नगरों में निवास करती है। व्यक्तियों के मध्य औपचारिक संबंध होते हैं। बल्कि बड़े नगरों में तो व्यक्ति एक दूसरे को पड़ौस में रह कर भी जान नहीं पाता है। इन अनेक विशेषताओं के होते हुए भी नगर को परिभाषित करना सरल कार्य नहीं है। इसीलिए बर्गल ने लिखा है कि यद्यपि प्रत्येक यह जानता है कि नगर क्या है?

किन्तु कोई भी इसकी संतोषप्रद परिभाषा नहीं दे सकता है। अस्तु, नगरीय समाजशास्त्र में नगर की व्याख्या अनेक दृष्टियों से की जाती है। ये निम्नलिखित हैं –

कानूनी दृष्टिकोण के अनुसार नगर वह स्थान है, जहां एक निश्चित संख्या से अधिक व्यक्ति निवास करते हों और जहां एक निश्चित सीमा के अन्तर्गत नगरपालिका, सरकार द्वारा प्राप्त अधिकारों का प्रयोग करती हो। इस तरह नगर एक शासकीय इकाई है। परिस्थितिकीय आधार पर नगर को एक प्राकृतिक तथा सामाजिक इकाई कहते हैं।

परिस्थितिकीय व्याख्या के अनुसार, नगर का अर्थ उस स्थान से है, जहां एक विशेष प्रकार का प्राकृतिक परिवेश विद्यमान हो। परिस्थितिकीय व्याख्या शिकागो स्कूल के नाम से जानी जाती है। पार्क और मेकेन्जी का मत है कि नगर का अर्थ किसी स्थान पर स्थित ऐसी संगठित इकाई से है जिसके विकास के अपने पृथक् नियम हैं।

जनसंख्यात्मक दृष्टिकोण से भी नगर को परिभाषित करने का प्रयास किया जाता है। किसी स्थान विशेष को नगर कहने के लिए निर्धारित जनसंख्या का आधार लिया जाता है जैसे कस्बे के लिए कम से कम 5000 की जनसंख्या आवश्यक है। इस तरह अमेरिका में 2500 और इससे अधिक जनसंख्या वाले स्थान को नगर की श्रेणी में रखने की अनुशंसा की जाती है। इसी तरह भारत में एक लाख या इससे अधिक जनसंख्या वाले क्षेत्रों को नगर का नाम दिया जाता है। जनसंख्या के आधार पर की गई परिभाषाएं भी सभी देशों और क्षेत्रों पर समान रूप से लागू नहीं होतीं। अस्तु, यह सार्वभौमिक परिभाषा होने का दावा नहीं कर सकती है। फिर भी जनसंख्या का किसी स्थान पर जमाव, नगर की एक महत्वपूर्ण विशेषता है और इस जनसंख्या में विभिन्न जाति, धर्म, सम्प्रदाय, प्रजाति के व्यक्ति होते हैं जिनकी अपनी भाषा, धर्म, रहन-सहन, खान-पान, परम्पराएं, रीति-रिवाज, मूल्य होते हैं। अस्तु, नगर की प्रकृति में विभेदीकरण की विशेषता समाहित होती है।

ऐतिहासिक एवम् तुलनात्मक दृष्टिकोण के अनुसार भी नगर को परिभाषित करने की चेष्टा की गई है। ऐतिहासिक दृष्टि से नगर की व्याख्या सभ्यता के विकास के संदर्भ में की जाती है। तुलनात्मक दृष्टि के अनुसार नगर की व्याख्या वृहद–परम्परा के सामाजिक संगठन के रूप में की जाती है। स्पेन्गलर, ममफोर्ड, धुरिये, आदि ने नगर की व्याख्या ऐतिहासिक दृष्टि से की है जबकि विर्थ ने सभ्यता के विकास पर अधिक बल दिया है। उसका मत है कि सभ्यता के इतिहास को नगरों के संदर्भ में लिखा जाना चाहिए।

विलकाक्स का मत है कि "गांव व नगर का मौलिक अंतर कृषि और अन्य उद्योगों के समूहों में अंतर है।"

सोमवार्ट का विचार है कि "नगर एक वह स्थान है जो इतना बड़ा है कि उसके निवासी परस्पर एक दूसरे को नहीं जानते हैं।"

बर्गल ने राजकीय दृष्टि से नगर को परिभाषित किया है "किसी स्थान को जिसे एक चार्टर जो एक उच्च अधिकारी द्वारा स्वीकृत किया गया है के द्वारा न्यायिक रूप से नगर परिभाषित किया गया है।"

बर्गल ने इस रूप में भी नगर की परिभाषा की है जो बहुत कुछ विलकाक्स से मिलती है "हम उस स्थान को नगर कहेंगे जहां के अधिकारी निवासी कृषि कार्यों से भिन्न उद्योगों में व्यस्क हों।"

नगर की विशेषताएं

प्रत्येक नगर की अपनी विशेषताएं होती हैं जो कि राजनैतिक, आर्थिक व भौगोलिक परिस्थितियों पर निर्भर करती हैं, जैसे आगरा, दिल्ली, बनारस, लखनऊ, मद्रास, बाम्बे, कलकत्ता, आदि। ये सभी नगर हैं फिर भी पृथक्-पृथक् विशेषताएं हैं। फिर भी नगरों की कुछ सामान्य विशेषताएं हैं जो प्रत्येक नगर में सरलता से देखी जा सकती हैं। ये निम्नलिखित हैं –

1. *गैर-कास्तकारी व्यवसाय* – नगर की महत्वपूर्ण विशेषता यह है कि वहां कृषि व्यवसाय नहीं होता है। इसी के आधार पर गांव और नगर मुख्यत: विभाजित होते हैं। कृषि व्यवसाय ग्रामीण जीवन का मुख्य आधार है। संपूर्ण ग्रामीण अर्थव्यवस्था इसी पर आधारित है। नगरीय व्यक्ति के जीविकोपार्जन का साधन नौकरी, व्यवसाय अथवा निजी उत्पादन के कार्य क्षेत्र होते हैं। इस प्रकार नगरीय जीवन का आधार गैर-काश्तकारी पेशा है।

2. *जनसंख्या का घनत्व* – नगरों में प्रतिमील वर्ग जनसंख्या का घनत्व ग्रामीण क्षेत्रों से कहीं अधिक होता है। नगरीय व्यवसायों को जितने सीमित स्थान में सम्पन्न किया जाता है उतने कम स्थान पर कृषि करना असंभव है। इसके अतिरिक्त गांव दूर-दूर बसे होते हैं जिनकी आबादी भी बहुत कम होती है जबकि नगर में मोहल्ले और कालोनी पास-पास होती हैं जिनमें लाखों व्यक्ति साथ-साथ रहते हैं।

3. *जनसंख्या और नगर का विस्तार* – समय के साथ नगरों में औद्योगीकरण और व्यावसायीकरण में निरन्तर वृद्धि होती है जिससे नगरों की जनसंख्या में निरन्तर वृद्धि होती है। मुख्य नगर में आवास की सुविधा इतनी नहीं होती है कि बढ़ती हुई जनसंख्या को अपने में खपा सके। अस्तु, नगर के बाहर नयी-नयी कालोनी का निर्माण किया जाता है। इससे नगर का निरन्तर विस्तार होता जाता है।

4. *जनसंख्या में विविधता* – नगर में जहां विभिन्न जाति, धर्म, सम्प्रदाय और प्रजाति के व्यक्ति रहते हैं वहां निम्न, मध्य, उच्च वर्ग, के व्यक्ति भी रहते हैं। इसीलिए नगर को विभिन्न संस्कृतियों का पुंज और वर्गीय समाज कहा जाता है।

5. *सामाजिक संबंधों का नगरीय स्वरूप* – नगरीय समाज में सामाजिक संबंधों का स्वरूप ग्रामीण समाज से पूर्णतया पृथक् रूप से दृष्टिगोचर होता है। यहां के संबंधों

में घनिष्ठता का अभाव होता है। नगरीय सामाजिक संबंध की निम्नलिखित मुख्य विशेषतायें हैं –

(अ) ***औपचारिक और अवैयक्तिक संबंध*** – नगर में विभिन्न जाति, धर्म, सम्प्रदाय और प्रजाति के व्यक्ति रहते हैं जिनकी अपनी संस्कृति होती है। इसलिए भी व्यक्ति परस्पर जुड़ नहीं पाते हैं और न उनमें घनिष्ठता ही स्थापित हो पाती है। इसलिए इनमें औपचारिक संबंध मात्र ही होते हैं।

(ब) ***व्यक्तिवादी प्रवृत्ति*** – नगरों का व्यक्ति व्यक्तिवादी प्रवृत्ति का होता है वह अपने स्वार्थों, महत्वाकांक्षाओं और अहम् के संसार में स्वयम् रहता है। वह अपनी खुशी, वैभव और सम्पन्नता के लिए स्वयम् प्रयत्न करता है। वह अपने स्वार्थों की पूर्ति के लिए कुछ भी कर सकता है। उसे अपने सिवाय किसी की चिन्ता नहीं होती। इसलिए यहां मानवीय संबंध और मूल्य न होकर वैयक्तिक मूल्य ही अधिक देखे जाते हैं।

(स) ***जटिल सामाजिक संबंध*** – नगरों में सामाजिक संबंधों का जाल बिछा होता है। व्यक्ति के व्यवहारों को यहां समझना टेढ़ी खीर है। एक व्यक्ति एक समय पर क्या कहता और क्या करता है और दूसरे क्षण वह क्या कहेगा और क्या करेगा इसका अनुमान लगाना दुरूह कार्य है। इसके अतिरिक्त एक व्यक्ति के अनेक पद और स्थितियां हैं। वह परिवार का स्वामी है तो कहीं का प्रेसीडेन्ट, चेयरमेन तो किसी दूसरी संस्था का प्रबंधक है तो कहीं कुछ और। इस तरह नगरों में व्यक्ति का जीवन विभिन्न क्षेत्रों के कार्यों से जुड़ा है। ये सभी स्थितियां व्यक्ति के सामाजिक संबंधों को जटिल बनाती हैं।

6. ***आंतरिक संगठन*** – प्रत्येक नगर का एक आंतरिक संगठन भी होता है जो नगर के स्वरूप को उजागर करता है। ये आंतरिक संगठन नगर के ढांचे को भी दर्शाते हैं। निम्नलिखित दो पक्ष नगर के आंतरिक संगठन के संबंध में उल्लेखनीय हैं –

(अ) ***स्थान संबंधी*** – एक नगर अनेक छोटे बड़े क्षेत्रों में विभाजित होता है। प्रत्येक क्षेत्र की अपनी विशेषता होती है जैसे औद्योगिक क्षेत्र, क्रय-विक्रय के क्षेत्र, व्यावसायिक क्षेत्र, मनोरंजनात्मक क्षेत्र, शिक्षा संबंधी क्षेत्र, विभिन्न कार्यालयों के क्षेत्र, आदि। इन विभिन्न क्षेत्रों को यातायात के साधनों से एक दूसरे से जोड़ा जाता है। प्रत्येक क्षेत्र अपनी विशेषता के लिए पहचाना जाता है। कुछ क्षेत्रों के मध्य निरन्तर प्रतियोगिता चलती रहती है। परन्तु इनमें से कुछ क्षेत्र भीड़ और घनी आबादी के केन्द्र स्थल बन जाते हैं।

(ब) ***सामान्य जीवन पद्धति*** – नगर विभिन्नताओं का केन्द्र होते हुए भी कुछ ऐसी सामान्य चीजें हैं जो सभी नागरिकों पर सामान्य रूप से लागू होती

हैं। जैसे नौकरी पर जाने और लौटने का एक निश्चित समय है, बाजार के खुलने और बंद होने का एक निर्धारित समय है। उसी समय के मध्य व्यक्ति क्रय और विक्रय करता है। बाजार में सभी के लिए सभी चीजें समान रूप से उपलब्ध हैं। ये सभी उदाहरण नगर की विविध संस्थाओं के मध्य क्रियात्मक एकता को दर्शाते हैं। यह क्रियात्मक एकता नगरीय जीवन की एक सामान्य जीवन पद्धति की भी द्योतक है।

(स) ***आवासीय स्थायित्व*** – नगर बाजारों का केन्द्र स्थल नहीं है। यहां के व्यक्तियों का स्थायी आवास अथवा मकान होता है। यदि कोई व्यक्ति मकान को छोड़ कर जाता है तो दूसरा उसमें आता है। इसी प्रकार नगर में मंदिर, मस्जिद, गिरजाघर, स्कूल, कालेज, चिकित्सालय, विभिन्न उद्योग और व्यावसायिक कार्यालय, सरकारी और गैर-सरकारी कार्यालय, आदि होते हैं। इन्हें एक स्थान से दूसरे स्थान पर सरलता से स्थानान्तरित नहीं किया जा सकता है। इस तरह नगरीय समुदाय एक स्थान में निवास करता है।

(द) ***गतिशीलता की तीव्र प्रकृति*** – नगरीय समुदाय में गतिशीलता की तीव्र प्रकृति को देखा जा सकता है। व्यक्ति को यदि इच्छानुसार नौकरी प्राप्त नहीं हुई या उसे व्यवसाय में सफलता नहीं मिली या अमुक नगर में वह संतुष्ट नहीं है या वह नगर में बेरोजगार है या वह पदोन्नति का इच्छुक है तो व्यक्ति को एक नगर से दूसरे नगर में जाने में कोई हिचक नहीं होती है, इसीलिए बड़े औद्योगिक नगरों में हजारों, लाखों व्यक्ति प्रतिदिन आते जाते रहते हैं परन्तु गतिशीलता नगर का एक महत्वपूर्ण लक्षण है।

(क) ***एकाकी जीवन*** – नगर की भीड़ में प्रत्येक व्यक्ति अकेला है। जिस स्थान अथवा कालोनी में वह रहता है, शायद वहां के लोगों से उसका परिचय भी नहीं होता। प्रत्येक व्यक्ति अपने अहम् में डूबा, अपने बनाए हुए संसार में रहता है। यहां सुख और दुख व्यक्ति को अकेले ही झेलने पड़ते हैं। यदि कुछ अवसरों पर व्यक्ति आते भी हैं तो मात्र औपचारिकता-वश, नगरीय संस्कृति में दिखावा अधिक है और अपनापन कम इसलिए नगर का व्यक्ति स्वयम् अपने को ढोता है यह जानते हुए कि यहां उसका कोई नहीं।

(ख) ***नगरीय आर्थिक ढांचे में विभिन्नताएं*** – नगर विभिन्नताओं का केन्द्र है। यहां ऊंची-ऊंची अट्टालिकाएं नगर के वैभव की कहानी कहती हैं। पांच सितारा होटल नगर की विलासिता के द्योतक हैं। बंगलों और महलों के वातानुकूलित कमरे आभिजात्य और उच्च व्यावसायिक वर्ग की प्रतिष्ठा

का संदेश देते हैं। सड़कों पर दौड़ती कारें धनी नगर का परिचय देती हैं। इसके विपरीत मलिन बस्तियां भी हैं जो इस धरती के नरक हैं जहां लाखों व्यक्ति रहते हैं और जहां पशु भी रहना पसंद नहीं करते। भूख से चिपके हुए पेट और युवा अवस्था में उभरी हुई गाय की हड्डियां नगर की गरीबी की दासतां कहते हैं। फुटपाथों पर सोने वाले असंख्य व्यक्ति धूप, गरमी, बरसात और जाड़े को अपने शरीर पर ओढ़ते हैं। डामरी तपती सड़क पर नंगे पैर ठेला खींचता हुआ श्रमिक इस नगर की जर्जर आर्थिक व्यवस्था का दासतां कहता है। नगर में धनी, धनाढ्य और पूंजीपति भी हैं और करोड़ों की संख्या में निर्धन–श्रमिक भी हैं जिन्हें दो समय का भोजन अपना पसीना बहा कर अर्जित करना होता है। यह गरीबी और अमीरी की तस्वीर नगरीय आर्थिक ढांचे की विभिन्नताओं का चित्र उपस्थित करती है।

नगरों के विभिन्न प्रकार

विद्वानों ने कहा है कि नगरों का वर्गीकरण विभिन्न प्रकार के व्यवसायों विशेषीकरण एवम् प्रयोजनों के आधार पर किया जा सकता है। विद्वानों का कहना है कि कार्य करने के आधार पर, सामाजिक अवस्था के आधार पर, आवश्यकताओं के आधार पर, भौगोलिक स्थितियों के आधार पर तथा अन्य अनेकों आधार पर नगरों का वर्गीकरण किया जा सकता है, नगरों का वर्गीकरण किस प्रकार से हो इस झगड़े में न पड़ कर हम कुछ विद्वानों के मतानुसार नगरों का वर्गीकरण अथवा विभाजन निम्न प्रकार से कर सकते हैं:

1. *राइमर का वर्गीकरण* – राइमर ने नगरों का वर्गीकरण निम्न प्रकार किया है –

(अ) ***तीर्थ स्थान*** – राइमर का कहना है कि कुछ नगर धार्मिक दृष्टि से महत्वपूर्ण होते हैं, जहां पर मंदिरों, गिरिजाघरों तथा मस्जिदों का बाहुल्य होता है। इन स्थानों में बनारस, हरिद्वार, जगन्नाथपुरी, मक्का, मदीना, अमृतसर, आदि के नाम उल्लेखनीय हैं।

(ब) ***औद्योगीकरण केन्द्र*** – आधुनिक युग में उद्योग धंधों का विकास बड़ी तेजी से हो रहा है। जिसके कारण उत्पादन के क्षेत्र में विशेष उपलब्धियां प्राप्त की जा रही हैं। इन वस्तुओं के व्यापार के लिए जिन विशाल नगरों का विकास होता है वे व्यापारिक केन्द्र कहलाते हैं। भारतवर्ष में चेन्नई, कलकत्ता, लखनऊ, आदि नगरों की गणना औद्योगिक केन्द्रों में की जाती है।

(स) ***महानगर*** – कुछ नगर जनसंख्या की वृद्धि के कारण महानगरों की श्रेणी में गिने जाते हैं। इन नगरों में दिल्ली, कलकत्ता, चेन्नई, मुम्बई, आदि की गणना की जाती है। इन नगरों में महापालिका की स्थापना की गई है।

(द) ***आधारित नगर*** – कुछ ऐसे नगर होते हैं जो आसपास के विशाल नगरों पर आधारित होते हैं ऐसे नगरों को दूसरों पर आधारित नगर कहते हैं। मसूरी, नैनीताल, आदि इसी प्रकार के नगर हैं।

2. *आर. डी. मेकेन्जी* ने परिस्थितिशास्त्र आधार पर नगरों का वर्गीकरण किया है। इन्होंने चार प्रकार के विस्तृत वर्गों में नगरों को बताया है:

1. प्राथमिक सेवाओं वाले नगर
2. वाणिज्यिक नगर
3. औद्योगिक नगर
4. मिश्रित नगर

3. *सी. एन. द्विवेदी* ने मध्य गंगा–यमुना दोआब स्थित नगरों को उनके स्थान के आधार पर छः भागों में वर्गीकृत किया है –

(i) ***सपाट भूमि बसाव स्थान***
शिकोहाबाद, मारहेरा, गजडुडवाड़ा करहल इसके उदाहरण हैं।

(ii) ***निम्न भूमि बसाव स्थान***
एटा इसका उत्तम उदाहरण है।

(iii) ***टीलेनुमा बसाव स्थान***
कासगंज, जलेसर व सलीगढ़ ऐसे ही नगर हैं।

(iv) ***उभरे बसाव स्थान***
सौरों, भोगांव, नगरों का बसाव स्थान अपने समीपस्थ भू-भाग से हल्का सा उभार रखता है।

(v) ***उपगिरी बसाव स्थान***
ये छोटी-छोटी पहाड़ियां 35 से 70 मीटर ऊंची होती हैं, ऐसे स्थानों पर फतेहपुर सीकरी, गोवर्द्धन नगर बसे मिलते हैं।

(vi) ***खडुनुमा बसाव स्थान***
आगरा, बटेश्वर यमुना नदी पर, पिनाहट चम्बल नदी पर व जगनेर गंभीर नदी पर बसे इसी प्रकार के नगर हैं।

4. *हैरिस का वर्गीकरण*

(i) जिन नगरों में लोगों का प्रमुख व्यवसाय कारखानों में काम करना है, उनको निर्माण नगर के नाम से पुकारा जाता है।

(ii) जिन नगरों में लोग विभिन्न व्यवसायों में लगे रहते हैं उन नगरों को विभिन्न कार्य वाले नगर कहते हैं।

(iii) जिन नगरों की 20 प्रतिशत से कम जनसंख्या थोक व्यापार में संलग्न हो उन नगरों को हैरिस ने थोक व्यापार नगर कहकर संबोधित किया है।

(iv) जिन नगरों में जनसंख्या का आधा भाग खुदरा व्यापार में लगा रहता है, उन नगरों को 'खुदरा व्यापार' वाले नगर कहते हैं।

(v) जिन नगरों में जनसंख्या का 11 प्रतिशत भाग यातायात के कार्यों में लगा हो उन्हें यातायात नगर के नाम से पुकारा जाता है।

5. ममफोर्ड द्वारा नगरों का वर्गीकरण

(i) जब लोगों की आवश्यकताओं में धीरे-धीरे वृद्धि हुई और छोटी-छोटी दुकानें खुलीं तब नगर प्राचीन व्यवस्था के नगर थे। इन नगरों को इओपीलिस भी कहते थे।

(ii) जब अनेक गांव मिल कर अपनी आवश्यकताओं की पूर्ति करने के लिए कार्य करते थे तो पत्रों तथा श्रम विभाजन के रूप में कार्य होने लगा। उस समय नये नगरों का जन्म हुआ, जिनको पोलि कहते थे।

(iii) जब अनेक नगर किसी बड़े नगर के नेतृत्व में काम करते हैं तो नगरों की मेट्रोपोलिस अवस्था होती है।

(iv) जब नगर अपनी विकास की चरम सीमा पर पहुंचता है तो नगर का स्वरूप मेगालोपोलेस कहलाता है। इन नगरों में मनुष्यों की आवश्यकताओं की पूर्ति होती है।

(v) जब नगर राजनीति के अड्डे बन जाते हैं तब नगरों को डायरैलोपोलिस कहते हैं।

(vi) जब नगर अपने पतन की ओर चलने लगते हैं तो उनको नैकोपोलिस कहते हैं।

ई. बर्गेल ने अपनी पुस्तक 'अरबन सोशियालाजी' में नगरों का वर्गीकरण प्रकार्यात्मक विशेषताओं के आधार पर किया। उन्होंने नगर को निम्नांकित सात कोटियों में विभाजित किया है –

1. ***आर्थिक केन्द्र*** – इसे बर्गेल ने पांच प्रमुख भागों में रखा है जो निम्न हैं –

(क) ***उत्पादन केन्द्र*** – इन केन्द्रों में वे नगर आते हैं जिनमें खान खोद कर उपयोगी वस्तुओं को निकाला जाता है और वे केन्द्र भी शामिल हैं जहां पर मत्स्य उद्योग पाए जाते हैं।

(i) ***मत्स्योद्योग नगर*** – इनमें वे छोटे-छोटे नगर एवम् कस्बे आते हैं जो समुद्र तट पर बसे होते हैं। आज यांत्रिक उन्नति के कारण रेफ्रीजरेटर और रेलगाड़ियों ने मत्स्य उद्योग में भारी परिवर्तन कर

दिए हैं। इसलिए बड़े-बड़े शहर मुम्बई, चेन्नई मत्स्य उद्योग के लिए प्रसिद्ध हो रहे हैं, यद्यपि यहां पर मछलियां आदि दूसरे छोटे-छोटे नगरों से निर्यात करने के लिए लाई जाती हैं।

(ii) ***खदान नगर*** – झरिया कोयले के उत्पादन, कोलार सोने के उत्पादन, ट्रावनकोर ऐल्युमीनियम के उत्पादन के लिए प्रसिद्ध है।

(iii) ***तेल नगर*** – वे नगर जिनमें तेल निकलता है, दूसरी पंचवर्षीय योजना एवम् तृतीय योजना में तेल की खोज के लिए बहुत बड़ी रकम का प्रावधान करने की योजना है। अभी तक कस्बे में तेल के बहुत से कुएं खुद चुके हैं और इसलिए यह नगर भारतवर्ष के नक्शे में दिन पर दिन उभरता आ रहा है।

(ख) ***औद्योगिक केन्द्र*** – इस केन्द्र के अन्तर्गत वे नगर आते हैं जिनमें लघु व भारी उद्योग पाए जाते हैं।

(i) ***बड़े पैमाने के उद्योग वाले नगर*** – पिथमपुर, पूना, औरंगाबाद, जमशेदपुर, बेंगलोर, चेन्नई, हैदराबाद, आदि नगरों में इस्पात, रेल, हवाई जहाज, विद्युत के सामान बनाने के कारखाने पाए जाते हैं।

(ii) ***मध्य उद्योग वाले नगर*** – कुछ नगर लघु उद्योगों के लिए प्रसिद्ध हैं, जैसे मेरठ, बनारस, जयपुर, महेश्वर, अहमदाबाद, सूरत, आदि।

(iii) ***व्यापार केन्द्र*** – जैसे अन्तर्राष्ट्रीय व्यापार केन्द्र शिकागो, मेनचेस्टर, टोकियो, कलकत्ता, मुम्बई, आदि।

(iv) ***राष्ट्रीय व्यापार केन्द्र*** – किसी देश के समस्त बड़े नगर इस श्रेणी में आते हैं।

(ग) ***व्यापार केन्द्र*** – इस विभाग में वे समस्त नगर जो व्यापार केन्द्र हैं, शामिल हैं –

(i) अन्तर्राष्ट्रीय व्यापार केन्द्र

(ii) राष्ट्रीय व्यापार केन्द्र

(iii) स्थानीय व्यापार केन्द्र

(घ) ***परिवहन केन्द्र*** – इसके अन्तर्गत वे समस्त बड़े नगर आते हैं जो बड़े भारी रेलवे स्टेशन, बन्दरगाह या बसों के यातायात के प्रमुख केन्द्र हों।

(i) ***बन्दरगाह*** – भारतवर्ष में आजकल कुछ नए बन्दरगाहों का निर्माण कार्य आरंभ किया गया है। प्राचीन बन्दरगाहों में चेन्नई, कलकत्ता, सूरत के साथ कोचीन, विशाखापट्टनम एवम् कांडला के नये बन्दरगाह बनाए गए हैं।

(ii) ***अन्तर्देशीय यातायात केन्द्र*** – जैसे दमदम, पालम और नागपुर हवाई अड्डे, बाम्बे वी॰ टी॰, हावड़ा रेलवे स्टेशन, इटारसी जंक्शन, मुम्बई सेन्ट्रल, चेन्नई व अन्य रेलवे स्टेशन आदि।

(ङ) ***आर्थिक सेवा केन्द्र*** – इस सूची में वे बड़े नगर आते हैं, जिनमें स्टॉक एक्सचेंज एवम् शेयर मार्केट्स आदि पाए जाते हैं।

(i) ***वित्तीय सेवा केन्द्र*** – वे केन्द्र जहां वित्तीय साधन उपलब्ध होते हैं व वित्तीय ऋण उपलब्ध कराने हेतु दलालों के मार्फत जो ऋण लिए या दिए जाते हैं और उसके लिए बाजार उपलब्ध हो ऐसे केन्द्र को वित्तीय सेवा केन्द्र कहते हैं।

(ii) ***विविध केन्द्र*** – ऐसे केन्द्र जहां सभी वस्तुओं का व्यापार होता हो और जहां अनेक प्रकार की क्रियाओं के केन्द्र होते हैं।

2. ***राजनीतिक केन्द्र*** – राज्यों व देशों की राजधानियां सभी राजनीतिक केन्द्रों के अन्तर्गत आते हैं। सैनिक केन्द्र या छावनियां भी सुरक्षा के दृष्टिकोण से राजनैतिक गतिविधियों से परिपूर्ण होती हैं। जिले, तहसील या गांवों के स्तरों पर भी राजनैतिक गतिविधियां होती रहती हैं। अन्तर्राष्ट्रीय स्तर पर जहां अन्य राष्ट्रों के आफिस या राजनैतिक सलाहकार होते हैं जैसे जेनेवा, पेरिस, दिल्ली, वाशिंगटन, आदि अन्तर्राष्ट्रीय केन्द्र कहलाते हैं। सैनिक राजनैतिक केन्द्र के अन्तर्गत परकोटे वाले नगर पुरातन काल में कुछ नगरों के इर्द-गिर्द ऊंचे-ऊंचे परकोटे खिंचे रहते थे और इनमें कोई सैनिक शासक राज्य किया करता था। परन्तु आधुनिक काल में लड़ाकु विमानों के हमलों के कारण परकोटे वाले नगर निर्मित नहीं किए जाते हैं।

सैनिक शिक्षण केन्द्र – वे केन्द्र हैं जहां सैनिक शिक्षा एवम् प्रशिक्षण आदि के लिए प्रसिद्ध हों, भारतवर्ष में महू, देहरादून, अम्बाला, पूना, पठानकोट, आदि बड़े केन्द्र हैं।

सांस्कृतिक केन्द्र – ऐसे नगर जहां धार्मिक, सामाजिक, नृत्य, अभिनय, संगीत, आदि का प्रशिक्षण दिया जाता है। जैसे पूना, कलकत्ता, चेन्नई, आदि। सारनाथ, मथुरा अपने अजायबघर के लिए प्रसिद्ध हैं। ऐतिहासिक एवम् सांस्कृतिक केन्द्र जैसे सारनाथ, उज्जैन, सांची, महेश्वर, अजन्ता, एलोरा एवम् मदुराई आदि।

स्वास्थ्यवर्धक केन्द्र – जैसे मसूरी, देहरादून, दार्जिलिंग, पचमढ़ी, आदि स्थान स्वास्थ्यप्रद एवम् मनोरंजक होने के कारण प्रसिद्ध हैं।

निवास केन्द्र – ये केन्द्र दो प्रकार के होते हैं, जो निम्न हैं –

(i) ***उपनगर*** – बड़े नगरों के निकट छोटे-छोटे उपनगर बस जाते हैं और इन छोटे-छोटे नगरों के रहने वाले प्रातः घर के काम के लिए बड़े नगरों में आ जाते हैं और सारा दिन काम करके संध्या के समय इन छोटे नगरों या

उपनगरों में सोने के लिए वापिस चले जाते हैं। इन नगरों को निवास केन्द्र या उपनगर कहते हैं। जैसे शाहदरा (दिल्ली), खार (बम्बई), महू (इन्दौर), हबीबगंज (भोपाल)।

(ii) ***विश्राम केन्द्र*** – भारतवर्ष एक सुप्रसिद्ध कृषि प्रधान आध्यात्मिक देश है, जहां पर भौतिकता से उबरकर लोग आध्यात्मिक विश्राम लाभ के लिए वनों में जा बसते थे। पाश्चात्य देशों की तरह अभी ऐसा कोई विशेष नगर नहीं हैं जहां लोग सेवामुक्त होने के बाद विश्राम के लिए जाएं।

सॉकेतिक नगर – इस प्रकार के नगर किसी मुख्य विचार, दर्शन संस्कृति, धर्म या युग की विशिष्ट सामाजिक परिस्थितियों का प्रतिनिधित्व करते हैं। जैसे मास्को साम्यवादी विचारधारा का प्रतीक है। रोम कैथोलिक धर्म का प्रतीक नगर है। पुरी एक धार्मिक स्थल है।

विविधता वाले नगर – इन नगरों के अनेक कार्य होते हैं किन्तु विशेषीकरण किसी कार्य में नहीं होता जैसे आगरा, दिल्ली।

औद्योगिक नगरों के प्रभाव

(1) व्यावसायिक मनोरंजन
(2) आवास की समस्या
(3) व्यक्तिवाद में वृद्धि
(4) विभिन्न वर्गों का संगठन
(5) जाति व्यवस्था का विघटन
(6) जनसंख्या की विषमता
(7) अपराधों की वृद्धि
(8) परम्परागत व्यवसायों की समाप्ति
(9) ग्रामीण आत्मनिर्भरता की समाप्ति
(10) सामाजिक मूल्यों की अवहेलना
(11) संबंधों में औपचारिकता
(12) विभिन्न समितियों की स्थापना

औद्योगिक नगरों का पारिवारिक जीवन पर भी निम्नलिखित प्रभाव पड़ता है।

(1) परम्परागत कार्यों में परिवर्तन
(2) संयुक्त परिवार का विघटन
(3) एक विवाही परिवार का प्रचलन
(4) विवाह की आयु पर प्रतिबंध
(5) पारिवारिक विघटन
(6) स्त्रियों की स्थिति में परिवर्तन

(7) परिवार के सदस्यों की संख्या में कमी
(8) विवाह के स्वरूप में अंतर
(9) पारिवारिक आदर्शों में अंतर
(10) स्त्रियों की आत्मनिर्भरता

नगरीकरण

भारत में नगरीय क्षेत्रों के अंतर्गत "उन शहरों और कस्बों को लेते हैं जिनकी जनसंख्या 15,000 या इससे अधिक है, और कोई विशेष इकाई हो।" संयुक्त राष्ट्र की विज्ञप्ति के अनुसार, 'नगरीय जीवन के सामाजिक प्रभाव से प्रभावित यह एक जीवन का तरीका है या सामाजिक संबंधों का रूप है जो कि अपने को एक सभ्यता के रूप में या सामाजिक संबंधों के रूप में जिसका प्रतिपादन नागरिक जीवन में ही हुआ है बनाए रखता है।' इस तरह नगरीकरण वह प्रक्रिया है जिसके द्वारा जनसंख्या विभिन्न प्रकार के समूहों में एकत्रित होती है। औद्योगीकरण के साथ ही साथ एक बड़ी मात्रा में छोटे और बड़े शहर उद्योगों के आसपास फैलने लगे। ग्रामीण क्षेत्रों से कई लोग विभिन्न कारणों से शहरों की ओर जाने लगे। नगरीकरण की प्रक्रिया का सीधा संबंध नगर से है। नगरीकरण एक प्रक्रिया है जो प्रत्येक नगर, महानगर, राज्य और देश में पृथक्-पृथक् ढंग से कार्य करती है, क्योंकि प्रत्येक नगर की प्रकृति समान नहीं है। किन्तु इसकी प्रक्रिया भी भिन्न-भिन्न रूप से विभिन्न नगरों में देखी जा सकती है। इस दृष्टि से विकसित, अर्द्ध-विकसित देशों में इस प्रक्रिया का विश्लेषण करना अति आवश्यक है। विकासशील देशों में नगरीयकरण की प्रक्रिया बहुत तीव्र गति से प्रभावी हो रही है। नगरीकरण के कारण और परिणामों के विश्लेषण के आधार पर सरकार अनेक प्रकार की नगरीय नीतियों का निर्माण करती है।

नगरीयकरण की प्रक्रिया का सीधा संबंध नगर से है। नगरीकरण एक प्रक्रिया है जो नगर, महानगर, राज्य और देश में पृथक्-पृथक् ढंग से कार्य करती है। क्योंकि प्रत्येक नगर की प्रकृति समान नहीं है। इसकी प्रक्रिया भी भिन्न-भिन्न रूप से विभिन्न नगरों में देखी जा सकती है। इस दृष्टि से विकसित, अर्द्ध-विकसित देशों में इस प्रक्रिया का विश्लेषण करना अति आवश्यक है। विकासशील देशों में नगरीकरण की प्रक्रिया बहुत तीव्र गति से प्रभावी हो रही है। नगरीकरण के कारण, कई समस्याएं भी उत्पन्न हो रही हैं। नगरीकरण सामाजिक व आर्थिक परिवर्तन की वह प्रक्रिया है, जिसके द्वारा किसी समाज विशेष में नगरों की संख्या में वृद्धि अथवा उन स्थानों द्वारा नगरीय विशेषताओं को ग्रहण करने से लगाया जाता है।

नगरीकरण का अर्थ

नगरीकरण एक वह प्रक्रिया है, जिसके द्वारा नगरों का विकास होता है और जिसमें

सामाजिक तथा आर्थिक संबंधों में परिवर्तन होता है। नगरीकरण की परिभाषा देना भी आसान नहीं है। कुछ विद्वानों ने नगरीकरण की परिभाषा निम्नलिखित अनुसार दी है –

(1) ***फेयर चाइल्ड के अनुसार*** – नगरीकरण का अर्थ नागरिक बनने की प्रक्रिया से है अर्थात् व्यक्तियों एवम् प्रक्रियाओं का नगरीय क्षेत्रों का गमन, नागरिक प्रक्रियाओं, जनसंख्या तथा क्षेत्र में वृद्धि।

(2) ***बर्गेल के अनुसार*** – ग्रामीण जनसंख्या को नागरिक क्षेत्रों में बदलने को हम नगरीकरण कहते हैं।

(3) ***प्रो. श्री निवास के अनुसार*** – नगरीकरण से अभिप्राय केवल संकुचित क्षेत्र से अधिक जनसंख्या से नहीं होता बल्कि सामाजिक, आर्थिक संबंधों में परिवर्तन से होता है।

नगरीकरण को जन्म देने वाली परिस्थितियां – औद्योगीकरण एवम् आर्थिक परिस्थितियों के कारण गांव की आबादी शहरों की ओर पलायन कर रही है जिससे नगरीकरण की प्रक्रिया को बल मिलता है। निम्नलिखित कारणों से नगरीकरण तेजी से हो रहा है।

1. औद्योगिक विकास और क्रांति नगरीकरण के लिए उचित परिस्थिति तैयार करती है।
2. शहरों में नये-नये साधनों, शिक्षा की सुविधा एवम् रोजगार के सुलभ अवसर भी ग्रामीण जनता को नगरों की ओर आकर्षित कर रहे हैं।
3. शहर में व्यापार, धंधों, मिल, फैक्टरी व कारखानें बड़ी संख्या में स्थापित होते जा रहे हैं जिससे बेरोजगारों को रोज़गार प्राप्त करने में आसानी हो जाती है।
4. भौतिक सुख, फैशन व शहर की चकाचौंध ने ग्रामीणों को नगर में पलायन करने के लिए बाध्य किया है।
5. शहरों में अनुभवी, कलाकारों व मेहनती लोगों को तरक्की के पूर्ण अवसर होते हैं। जहां वे पैसा कमा कर धनाढ्य बन जाते हैं और अपने परिवार के अन्य सदस्यों को भी शहरों में बुला लेते हैं।

नगरीकरण को प्रोत्साहन देने वाले तत्व

1. ***कृषि के क्षेत्र में क्रांति*** – भारत में एक समय ऐसा था जबकि ग्रामीण समुदाय कृषि का प्रमुख केन्द्र माना जाता था। उस युग में कृषि करने के प्राचीन साधनों का ही प्रयोग किया जाता था। कृषक वर्ग केवल उतना ही कमा पाता था जिसमें उसके परिवार व परिजनों का काम चल सकता था। उसके पास भोग विलास के साधन जुटाने को अधिक धन नहीं था। आधुनिक युग में कृषि के क्षेत्र में क्रांति हुई। पुराने हल व बैल का स्थान ट्रेक्टरों ने ले लिया है। नहर तथा कुओं द्वारा सिंचाई होने लगी है। कई प्रकार के खाद, उन्नत बीज, रासायनिक दवाइयां एवम् आधुनिक मशीनें जैसे सीड ड्रोल

मशीन, थ्रेसर, स्प्रेयर, डस्टर, कम्बाइन, आदि आ गए हैं जिससे काम काफी आसान हो गया है। पशुओं में भी उत्तम नस्ल की गाय, भैंसें, बकरियां व भेड़ों से अधिक से अधिक उत्पादन प्राप्त हो रहा है। गांवों में कृषि उत्पादन बढ़ाने के लिए होड़ लगी है जिससे हम खाद्यान्न उत्पादन में आत्मनिर्भर हो गए हैं।

2. ***औद्योगीकरण*** – औद्योगीकरण क्रांति के कारण नये-नये आविष्कारों ने जन्म लिया और उनके कारण अनेक स्थानों पर बड़े-बड़े कारखाने स्थापित किए गए और ये स्थान उत्पादक केन्द्र बन गए, धीरे-धीरे विशाल नगरों में परिवर्तित हो गए। इस औद्योगीकरण के कारण ग्रामीण जनता भी ऐसे ही केन्द्रों में आकर बसने लगी। इसलिए नगरीकरण की प्रवृत्ति का विकास हुआ।

3. ***शिक्षा का विकास*** – आधुनिक युग में शिक्षा जगत में भी महान परिवर्तन हुए। औद्योगिक केन्द्रों में शिक्षित वर्ग के लोग कार्यालयों में काम करने के लिए बुलाये गए। उनके बाल बच्चों की शिक्षा की व्यवस्था करने के लिए विद्यालयों की स्थापना की गई। इन शिक्षण संस्थाओं में शिक्षा प्राप्त करने के लिए ग्रामीण समुदाय के व्यक्ति भी अपने बच्चों को भेजने लगे। शिक्षा की सुविधा ने नगरों की ओर जनता का ध्यान आकर्षित किया। इसलिए शिक्षण केन्द्र नगरों में बदल गए और इसी से नगरीकरण की प्रवृत्ति को भी प्रोत्साहन मिला।

4. ***यातायात के साधनों में वृद्धि*** – औद्योगीकरण के कारण वस्तुओं को इधर-उधर भेजने के लिए यातायात की सुविधा होना अत्यंत आवश्यक है। अत: यातायात को सुविधाजनक बनाने के लिए वैज्ञानिक अनुसंधान व आविष्कार किए गए। रेल, मोटर, कार, वायुयान, ट्रक, आदि तीव्रगामी वाहन सड़क पर आए। साथ ही तुरंत संदेश देने के लिए टेलीफोन, टेलीग्राफ, वायरलेस, फेक्स, आदि भी उपलब्ध करवाए गए। थोड़े ही समय में आकाश, पृथ्वी व समुद्र में यातायात के साधनों का जाल बिछा दिया गया। इसके परिणामस्वरूप बड़े-बड़े व्यापारिक नगर बन गए व व्यापार की उन्नति के साथ-साथ आर्थिक उन्नति होने लगी।

5. ***व्यापारिक क्षेत्र में उन्नति*** – जहां कुछ समय पहले आजीविका का मुख्य साधन कृषि समझ जाता था वहां आज विभिन्न आविष्कारों के कारण व्यापारिक क्षेत्रों में आशा से अधिक उन्नति हुई है। उत्पादित वस्तुओं के क्रय-विक्रय के लिए नये-नये बाजारों की आवश्यकता हुई। इसीलिए, यातायात की सुविधा से परिपूर्ण स्थानों पर मंडियां खोली गईं। इन मंडियों के कारण ही नगरीकरण की प्रवृत्ति को प्रोत्साहन मिला।

6. ***जनसंख्या वृद्धि*** – जनसंख्या की वृद्धि आज भारतीय समाज की एक प्रमुख समस्या बन गई है। जनसंख्या के घनत्व का विकास हो जाने के कारण ग्रामीण समुदाय अपने निवासियों की मूलभूत आवश्यकताओं की पूर्ति में सफल नहीं हो पाते हैं। ग्रामीण समुदाय के व्यक्ति आजीविका की खोज में उन नगरों की तरफ बढ़ते हैं जो औद्योगिक

क्षेत्र में अधिक विकसित हो गए हैं इसीलिये आधुनिक युग में नगरीकरण की प्रवृत्ति को अधिक बल मिल रहा है।

7. ***सुरक्षा की समस्या*** – आधुनिक युग में औद्योगीकरण तथा जनसंख्या की वृद्धि के कारण अपराधों को भी अधिक प्रोत्साहन मिला है। अपराधों की वृद्धि से ग्रामीण समुदायों में डकैती, चोरी आदि की संख्या बढ़ जाने से ग्रामीण समुदायों के निवासियों के सम्मुख सुरक्षा की समस्या उत्पन्न हो गई है। नगरों में पुलिस तथा कानून की व्यवस्था बनी रहने के कारण व्यक्ति अपने को सुरक्षित समझते हैं, सुरक्षा की दृष्टि से ग्रामीण समुदाय के व्यक्ति नगरों की ओर बढ़ रहे हैं।

8. ***नगरों का आकर्षण*** – नगरों में शिक्षा, सुरक्षा, चिकित्सा तथा मनोरंजन की अच्छी सुविधाएं पाई जाती हैं। नगरों के निवासी अपनी सभी आवश्यकताओं की पूर्ति आसानी से कर सकते हैं जिस वस्तु की आवश्यकता हो उसे क्रय कर सकते हैं। मनोरंजन के लिए क्लब, सिनेमा हाल, पार्क व अन्य साधन उपलब्ध होते हैं। बच्चों की शिक्षा के लिए अच्छे स्कूल, कॉलेज व प्रशिक्षण केन्द्र उपलब्ध होते हैं। नगरों की ये सभी सुविधाएं ग्रामीणों के लिए आकर्षण का केन्द्र होती हैं। इसीलिए गांव के लोग शहरों की ओर जाकर बसने व काम-काज की तलाश करके निवास करने लगते हैं।

9. ***राजनीतिक परिस्थितियां*** – राजनेता लोग भी शहरों की सुख-सुविधा की ओर अधिक ध्यान देते हैं, पंचवर्षीय योजनाओं में शहरों की उन्नति के लिए अधिक से अधिक धन दिया जाता है। नगरों में सैनिक छावनियां, पुलिस केन्द्र, बैंक, अनुसंधान केन्द्र, स्कूल, कॉलेज, अस्पताल, सड़कें, रेलें, बस व वायुयान की सुविधाएं उपलब्ध होती हैं साथ ही केन्द्रीय मंत्री या राज्य सरकार के मंत्री लोग भी शहरों में आते रहने के कारण जनता की मांगों का निराकरण शीघ्र किया जाता है।

10. ***भौगोलिक परिस्थितियां*** – जहां पर उपजाऊ भूमि, सिंचाई के साधन, खनिज पदार्थ, अनुकूल जलवायु, आदि हो वहां पर बड़े-बड़े उत्पादन केन्द्र बन जाते हैं और जनता को रोजगार मिल जाने के कारण उस स्थान की उन्नति हो जाती है जैसे टाटा नगर, नागदा, मोदी नगर, मुंबई, आदि।

नगरीकरण नगरों की संख्या में वृद्धि करने की एक प्रक्रिया है, जिसके फलस्वरूप एक स्थान पर विविध संस्कृतियों के व्यक्ति एकत्रित होते हैं, और वे विभिन्न प्रकार के अप्रत्यक्ष संबंधों से एक दूसरे से संबंधित होते हैं। नगरीकरण की यह प्रक्रिया आधुनिक युग में तीव्र गति से विकसित हो रही है। इस प्रक्रिया के परिणामस्वरूप भारतीय सामाजिक जीवन का रूप परिवर्तित हो रहा है।

नगरीकरण और सामाजिक परिवर्तन

भारत में नगरीकरण की प्रवृत्ति दिन-प्रतिदिन बढ़ती जा रही है। इस प्रवृत्ति के कारण

भारत के समाज में अनेकों परिवर्तन दिखाई पड़ रहे हैं। नगरीकरण के प्रभाव भारतीय समुदाय तथा भारतीय जीवन पर निम्न प्रकार से देखने को मिलते हैं –

1. ***ग्रामों का विस्तृत जगत से संपर्क*** – नगरीकरण के कारण यातायात का विकास हुआ है। इन साधनों के विकास के कारण तथा नगरों में उद्योग-धंधों के विकसित हो जाने के कारण ग्रामों के निवासी नगरों में आते हैं और इससे ग्रामों की प्राचीन संकीर्णता समाप्त हो जाती है। इसी गतिशीलता के कारण भारत के ग्रामों का विस्तृत जगत के साथ संपर्क स्थापित हो जाता है।

2. ***कृषि व्यवसाय का साधन*** – आज के युग में कृषि ही एकमात्र आजीविका का साधन नहीं रह गया है। कृषि तो अन्य व्यवसायों का साधन बन गया है। आज वैज्ञानिक आविष्कारों के कारण सभी क्षेत्रों में नवीन परिवर्तन हुए हैं। इन परिवर्तनों के कारण उद्योग-धंधों तथा व्यापार का विकास हुआ है। कृषक वर्ग नये उपकरणों के सहारे कम व्यक्तियों के द्वारा ही कृषि कार्य कर सकता है और अपने परिवार के अन्य व्यक्तियों को कल-कारखानों में कार्य करने के लिए भेज देता है। इस प्रकार कृषि व्यवसाय एक साधन बन गया है।

3. ***कृषि के उपकरणों में नवीनता*** – प्राचीन युग में कृषक कृषि व्यवसाय लकड़ी के हल तथा बैलों की सहायता से खेती करता था। सिंचाई के साधन भी सीमित थे, आज गांवों में ट्यूब वेल व बिजली की मोटरों से सिंचाई हो गई है। हल की जगह ट्रेक्टर आ गए हैं साथ ही स्प्रेयर, डस्टर, थ्रेसर, कम्बाइन, आदि मशीनों से कार्य आसान हो गया है। हाइब्रीड बीजों से उत्पादन में दस गुना तक वृद्धि हो गई है। आधुनिक वैज्ञानिक पद्धतियों के अपनाए जाने के कारण देश में भरपूर खाद्यान्न उत्पादन हो रहा है और हम आत्म-निर्भर हो गए हैं व फसलों का निर्यात भी करने लगे हैं।

4. ***रूढ़िवादिता का अंत*** – भारतीय ग्रामीण समुदाय में प्रत्येक शारीरिक व मानसिक कष्ट को किसी अदृश्य शक्ति की अप्रसन्नता का कारण समझा जाता है इसीलिए भारतीय ग्रामीण समुदाय में अप्रसन्न देवी-देवताओं को प्रसन्न करने के लिए मंत्रों, जादू टोनों का प्रयोग किया जाता है किन्तु नगरों के संपर्क में आने से ग्रामीण समुदाय बीमारियों के कारणों को जान गया और जादू टोनों के स्थान पर वह चिकित्साशास्त्र के विशेषज्ञ डॉक्टरों की सहायता लेने लगा। चिकित्सा विज्ञान में उन्नति हो जाने तथा वैज्ञानिक आविष्कारों के हो जाने के कारण ग्रामीण समुदाय की संकीर्णता विचारों की व्यापकता में बदल गई है।

5. ***ग्रामीण जनसंख्या का ह्रास*** – नगरों का विकास हो जाने से ग्रामीण समुदाय की जनसंख्या का ह्रास होने लगा है। नगरों में विशाल कारखानों की स्थापना की जाती है। अनेकों उद्योग-धंधे विकसित होते हैं। अनेक कार्यालयों को जीवनदान दिया जाता है। इन सबमें कार्यकर्ताओं की आवश्यकता पड़ती है। ग्रामीण समुदाय के बहुत से व्यक्ति

अपना परिवार छोड़ कर इन संस्थाओं में कार्य करने के लिए चले जाते हैं। इस सामाजिक गतिशीलता के कारण ग्रामीण जनसंख्या कम होने लगी है।

6. *जीवन स्तर में परिवर्तन* – एक शताब्दी पहले ग्रामीण समुदाय के निवासी साधारण भोजन करते थे। उनका मनोरंजन का केन्द्र घर ही था। किसी प्रकार की भोग-विलास की सामग्री से उनका कोई नाता नहीं था। उनके आवास भी कच्चे होते थे। किन्तु आधुनिक युग में आ जाने से ग्रामीण समुदाय के जीवन स्तर में महान् अंतर हो गया है। अब वे कच्चे मकानों के स्थान पर ईटों के बने हुए सुंदर भवनों में निवास करते हैं। वैभवपूर्ण जीवन की सभी चीजों से उनका सीधा संबंध है। मनोरंजन तथा सजावट के साधन उनको उपलब्ध हैं।

7. *शिक्षा के प्रति जागृति* – प्राचीन समय में ग्रामीण समुदाय के व्यक्ति शिक्षित नहीं थे। उनका मुख्य व्यवसाय कृषि था। नौकरी करना वे पसंद नहीं करते थे। इसके अतिरिक्त वे ग्रामीण समुदाय से बाहर रहना भी पसंद नहीं करते थे, किन्तु विज्ञान के आविष्कार के कारण आज इनका संपर्क विस्तृत जगत से हो गया है। पश्चिमी देशों के साथ संपर्क हो जाने के कारण उनमें नवीन जागृति आ गई है और शिक्षा के प्रति उनमें जागरण के भाव उत्पन्न हो गए हैं। अब ग्रामीण समुदाय के व्यक्ति अपने बच्चों को शिक्षित करके सरकारी पदों पर अथवा सरकारी कार्यालयों में नियुक्त कराने के लिए इच्छुक रहते हैं। नगर के संपर्क के कारण ही ग्रामीण समुदायों में बालक व बालिकाओं के स्कूल स्थापित किये गए हैं।

8. *व्यक्तिगत स्वार्थ की भावना* – भारत में ग्रामीण समुदाय सामुदायिक भावनाओं का केन्द्र माना जाता था। ग्राम का प्रत्येक व्यक्ति समुदाय के हित में कार्य करता था। किन्तु नगरों के संपर्क में आने से व्यक्ति का ध्यान स्वार्थ पर केन्द्रित हो गया है। वह सामूहिक हितों की अपेक्षा व्यक्तिगत हितों की ओर अधिक ध्यान देता है। उनका प्रत्येक कार्य उनके तथा उनके बच्चों के हितों को ही प्रोत्साहन देने के लिए किया जाता है। सामुदायिक हितों का अंत व व्यक्तिगत स्वार्थ की भावना का जन्म नगरीकरण की ही देन हैं।

9. *सामाजिक विजातीयता* – नगरों में विभिन्न जातियों व संस्कृतियों के व्यक्ति एक साथ रहते हैं। ये विभिन्न धार्मिक सम्प्रदायों के अनुयायी होते हैं। विभिन्न प्रकार की संस्कृतियों एवम् सामाजिक संस्थाओं का केन्द्र होने के कारण नागरिक जीवन में विजातीयता देखने को मिलती हैं। इस विजातीयता के कारण नागरिकों में पारस्परिक सद्भावना नहीं हो पाती।

10. *नगरों की जनसंख्या में वृद्धि* – नगरीकरण के कारण ग्रामीण समुदाय के व्यक्ति अपना गांव छोड़ कर चले जाते हैं क्योंकि यहां पर उनको विभिन्न प्रकार के व्यवसाय उनकी रुचि के अनुसार मिल जाते हैं। ग्रामीण समुदाय के नागरिकों की

गतिशीलता के कारण नगरों की जनसंख्या बढ़ जाती है, जिसके परिणाम नगरों के लिए घातक होते हैं।

11. ***नगरों में आवास की समस्या*** – नगरीकरण की प्रवृत्तियों के कारण नगरों की जनसंख्या इतनी बढ़ जाती है कि नगर के निवासियों के रहने के लिए मकान भी नहीं मिल पाते। ऐसी दशा में नगर में मकानों के किरायों की दर ऊंची हो जाती है। मकान मालिकों और किरायेदारों के मध्य झगड़े शुरू हो जाते हैं। मकानों की समस्या के कारण नगरों में मकानों का प्रबंध करने के लिए सरकारी पदाधिकारियों की नियुक्ति करनी पड़ती है। जिला पूर्ति अधिकारी इसी प्रकार के झगड़ों का फैसला करने में लगे रहते हैं। सरकार को समय पर भवन नियंत्रण अधिनियम पारित करने पड़ते हैं।

12. ***गंदी बस्तियों का निर्माण*** – नगरीकरण के कारण नगरों की जनसंख्या बढ़ जाती है। इसके अतिरिक्त नगरीकरण औद्योगीकरण को भी जन्म देता है। जिसके कारण नगरों में श्रमिकों की संख्या बढ़ जाती है। इन श्रमिकों के लिए नगरों में आवास की समस्या और भी जटिल हो जाती है। श्रमिकों के लिए जिन बस्तियों का निर्माण किया जाता है वे अत्यंत गंदी होती हैं। इन गंदी बस्तियों के कारण आसपास की बस्तियों में भयंकर बीमारी फैल जाती है, जो नगरवासियों के स्वास्थ्य के लिए घातक होती है।

13. ***संबंधों में औपचारिकता*** – नगरीकरण के कारण नगरीय समाज में विजातीयता की भावना उत्पन्न हो जाती है, सामुदायिक हितों के स्थान पर व्यक्तिगत स्वार्थ प्रभावशील हो जाते हैं। नगर के व्यक्तियों में पारिवारिकता की भावना का भी अभाव पाया जाता है। इसलिए नगर के व्यक्तियों के संबंध केवल स्वार्थ के होते हैं। उनमें औपचारिकता पाई जाती है।

14. ***सामाजिक सहिष्णुता*** – नगरीकरण के कारण समाज में सहिष्णुता की वृद्धि अवश्य होती है। नगरों में विभिन्न संस्कृति के व्यक्ति निवास करते हैं। ये सभी राज्य द्वारा निर्धारित कानूनों का अनुसरण करते हैं। विभिन्न संस्कृतियों तथा धार्मिक संप्रदायों के होते हुए भी ये सभी व्यक्ति कानूनों के अंतर्गत कार्यों को करते हुए पारस्परिक संघर्षों से प्राय: बचे रहते हैं। इसलिए कहा जाता है कि नगरीकरण के कारण सहिष्णुता को प्रोत्साहन मिला।

15. ***सामाजिक संकीर्णता का अंत*** – ग्रामीण समुदायों में संकीर्णता पाई जाती है। विभिन्न मत-मतान्तरों, जादू-टोनों एवम् देवी-देवताओं में विश्वास करना अथवा उनमें अटूट श्रद्धा रखना, ग्रामीण समुदाय की प्रमुख विशेषता थी। नगरों के संपर्क में आने के कारण यह सब संकीर्णता समाप्त हो गई है। उनका ध्यान तर्कपूर्ण व्यवहार ने लिया है। कोई भी बात उस समय तक स्वीकार नहीं की जाती है जब तक वह तर्क की कसौटी पर पूरी तरह उतर न जाए।

16. ***सामाजिक नियंत्रण की समस्या*** – नगरों में द्वितीयक संबंध पाए जाते हैं।

इसलिए लोगों का व्यवहार कृत्रिम एवम् छलपूर्वक होता है। इस संबंध में आर. एस. मारिश ने कहा है, ज्यों-ज्यों नगर विस्तृत होते जाते हैं त्यों-त्यों इस बात की संभावना भी कम होती जाती है कि दो व्यक्ति एक दूसरे को व्यक्तिगत रूप से जाने। नगरों में सामाजिक संपर्क व्यक्तिगत, क्षणिक, अनावश्यक तथा खण्डात्मक होता है। इस कथन से यह सिद्ध होता है कि नगरों के व्यक्ति एक दूसरे से कोई विशेष शर्म नहीं करते। इसलिए नगरीय क्षेत्रों में सामाजिक नियंत्रणों की समस्या अधिक जटिल हो गई है। नगरों में उदण्डता बढ़ती जा रही है। कोई भी प्रभावशाली व्यक्ति मनमाने ढंग से उदण्डता को रोकने का साहस नहीं करता है। इस प्रकार नगरों में सामाजिक नियंत्रण एक समस्या बन गई है।

17. ***पारिवारिक विघटन*** – नगरीकरण के कारण व्यक्ति अपना परिवार छोड़ कर नगरों में चला जाता है। वह परिवार से दूर रह कर कारखानों में काम करता है। उसकी अनुपस्थिति में परिवार के सदस्यों पर कोई नियंत्रण नहीं रह पाता। कभी-कभी माताएं भी कारखानों में काम करने के लिए नगरों में आ जाती हैं और अपने कम आयु के बच्चों को भी कारखानों में छोटे-मोटे कार्यों में लगा देती हैं। ये सभी परिस्थितियां पारिवारिक विघटन को जन्म देती हैं।

18. ***नैतिक मूल्यों का ह्रास*** – भारतीय समाज में परोपकार, त्याग, प्रेम, सहानुभूति, अनाथों की सहायता, आदि नैतिक मूल्य कहलाते हैं, किन्तु नगरीकरण में धन का महत्व होने के कारण सब नैतिक मूल्य प्रभावहीन हो गए हैं और उनकी प्रभावहीनता के कारण नगरों में सामाजिक नियंत्रण की समस्या जटिल हो गई है।

19. ***वैयक्तिक विघटन*** – नगरीकरण के कारण नगरों में जनसंख्या बढ़ गई है। औद्योगिक धंधों का विकास हो गया है। इस विकसित वातावरण में स्वतंत्रापूर्वक मनोरंजन की सुविधा रहती है। स्वतंत्रापूर्वक वातावरण में व्यक्ति के विघटन की आशंका रहती है। अत: व्यक्ति जुआरी, शराबी, अफीमची तथा वैश्यागामी बन जाता है और विघटित हो जाता है।

20. ***अपराधों की वृद्धि*** – नगरीकरण के कारण नगरों की जनसंख्या अधिक बढ़ गई है, इस बढ़ी हुई जनसंख्या में अपराधों को छुपाने के अनेकों स्थान हैं, नगरों में धर्मशालाएं, होटल आदि ऐसे स्थान होते हैं जहां अपराधों की दिन-प्रतिदिन वृद्धि हो रही है। नगरों में चोर-बाजारी, घूसखोरी, कत्ल, धोखाधड़ी, आदि के मामले दर्ज होते हैं। श्रमिकों, मिल मालिकों, दुकानदारों व किरायेदारों के झगड़े हर रोज देखने को मिलते हैं।

21. ***वैवाहित जीवन के दृष्टिकोण में अंतर*** – अभी तक विवाह को एक धार्मिक संस्कार माना जाता था। किन्तु आधुनिक नगरीकरण के प्रभाव से विवाह एक प्रकार का ठेका समझा जाने लगा है। युवावस्था में विवाह होने लगे जिनमें माता-पिता

की अनुमति लेना ज्यादा आवश्यक नहीं समझा जाता। इन प्रेम विवाहों के परिणामस्वरूप विवाह-विच्छेद की समस्या सामने आ गई है।

22. ***श्रम विभाजन तथा विशेषीकरण*** – नगरीकरण के कारण श्रम विभाजन के सिद्धांतों को अधिक प्रोत्साहन दिया गया है। व्यक्तियों को विशेष व्यवसायों में प्रशिक्षित करने पर विशेष जोर दिया जाता है। कोई डॉक्टर, कोई इंजीनियर, कोई वकील, तथा कोई मेकेनिक। इस प्रकार नगरीकरण के कारण विशेषीकरण को प्रोत्साहन दिया गया है।

23. ***राजनीतिक शिक्षा का प्रभाव*** – नगरीकरण के कारण देश में राजनीतिक शिक्षा का भी प्रसार होता है। विभिन्न राजनीतिक दलों का संगठन भी किया जाता है। बड़े-बड़े नेता भी प्रायः नगरवासियों को भाषण देने के लिए तथा राजनीतिक क्षेत्रों का ज्ञान कराने के लिए आते हैं। विभिन्न राजनीतिक दल अपने-अपने दलों के उद्देश्यों एवम् अपनी गतिविधियों से नागरिकों को परिचित कराते हैं। इस प्रकार राजनीतिक शिक्षा का केन्द्र भी नगरों में ही पाया जाता है।

24. ***प्रतिस्पर्धा की भावना में वृद्धि*** – नगरीकरण के कारण व्यापारीकरण को प्रोत्साहन मिलता है जिससे नागरिकों में प्रतिस्पर्धा बढ़ती है। इस प्रतिस्पर्धा के कारण कभी-कभी वस्तुओं के भाव बढ़ जाते हैं। इस व्यापारिक अस्थिरता के कारण समाज को भयंकर परिणाम का शिकार होना पड़ता है।

25. ***ऐच्छिक समितियों का विकास*** – नगरीकरण के कारण नगर में सामाजिक संगठन की समस्या को सुलझाने के लिए अनेकों समितियों का संगठन किया जाता है। प्रत्येक व्यक्ति अपनी अच्छानुसार इन समितियों का सदस्य हो सकता है। इस प्रकार की ऐच्छिक समितियों का निर्माण नगरीकरण की ही देन है। ये ऐच्छिक समितियां आधुनिक युग में सामाजिक संगठन की आधारशिला हैं। सभी उद्देश्यों की पूर्ति इन्हीं समितियों द्वारा की जाती है।

26. ***व्यावसायिक मनोरंजन*** – नगरीकरण के कारण मनोरंजन भी व्यावसायिक हो गए हैं। सिनेमा तथा नृत्यशालाओं का विकास हुआ है। इन व्यावसायिक मनोरंजनों ने नागरिकों के चरित्र पर बुरा प्रभाव डाला है। कुछ समाजशास्त्रियों ने यहां तक कहा है कि आधुनिक युग में अपराधों की प्रवृत्ति बढ़ जाने का एकमात्र कारण व्यावसायिक मनोरंजन ही है।

27. ***धार्मिक संस्कारों में परिवर्तन*** – भारतीय समाज में व्यक्ति के सोलह संस्कार माने जाते थे, जिसमें एक संस्कार विवाह था। किन्तु वर्तमान में न तो सोलह संस्कारों को मान्यता है न विवाह को एक संस्कार माना जाता है। विधवा पुनर्विवाह, अन्तर्जातीय विवाह का प्रचलन हो गया है। खान-पान, वेशभूषा, शिष्टाचार, शिक्षा सभी में परिवर्तन आ गया है। नगर में लोग भौगोलिक व सामाजिक दृष्टि से गतिशील होते हैं।

2

नगरीय सामाजिक संरचना

सामाजिक संरचना का अर्थ

प्रत्येक भौतिक वस्तु की एक संरचना होती है जो कई इकाइयों या तत्वों से मिल कर बनी होती है ये इकाइयां परस्पर एक दूसरे से संबंधित होती हैं। इस प्रकार से स्पष्ट है कि प्रत्येक संरचना में कुछ विशेषताएं देखने को मिलती हैं। प्रत्येक संरचना का निर्माण कई अंगों अथवा इकाइयों से मिल कर होता है। इन इकाइयों में परस्पर स्थायी एवम् व्यवस्थित संबंध पाए जाते हैं ये अंग तथा इकाइयां स्थिर रहती हैं। अन्यथा वह संरचना बनती-बिगड़ती रहेगी। संरचना का संबंध बाहर की आकृति व स्वरूप से होता है उसका संबंध आंतरिक रचना से नहीं होता है। इस तरह स्पष्ट है कि जिस प्रकार शरीर या भौतिक वस्तु की संरचना होती है, उसी प्रकार से समाज की भी एक संरचना होती है जिसे हम सामाजिक संरचना कहते हैं। समाज की संरचना भी शरीर की तरह अनेक इकाइयों जैसे परिवार, संस्थाओं, संघों, प्रतिमान, मूल्यों एवम् पदों आदि से मिल कर बनी रहती है।

नगरीय सामाजिक संरचना को समझने के लिए नगरीय समुदाय में विद्यमान आंतरिक संबंधों, समूहों तथा समुदायों के अंतर्गत विद्यमान उप–समुदायों के सदस्यों का अध्ययन करना आवश्यक होता है। नगर को एक स्वतंत्र और आत्मनिर्भर इकाई के रूप में देखना आवश्यक है क्योंकि शहर अपनी आर्थिक, सामाजिक, राजनैतिक, सांस्कृतिक तथा धार्मिक आवश्यकताओं की पूर्ति के लिए एक स्वतंत्र इकाई होता है। इसके अतिरिक्त शहर को सम्पूर्ण भारतीय समुदाय के संदर्भ में भी देखना चाहिए क्योंकि कुछ आवश्यकताओं की पूर्ति के लिए प्रत्येक शहर भारत के दूसरे भागों पर भी निर्भर रहता है। डॉ. मैकाइबर तथा पेज के अनुसार – "समूह निर्माण के विभिन्न तरीके संयुक्त रूप से सामाजिक संरचना के जटिल प्रतिमान का निर्माण करते हैं। सामाजिक संरचना के विश्लेषण में सामाजिक प्राणियों की विविध प्रकार की मनोवृत्तियां तथा रुचियों के कार्य प्रकट होते हैं"।

भारतीय नगरीय सामाजिक संरचना का निर्माण करने वाली प्रमुख इकाइयां निम्नलिखित हैं:

1. परिवार तथा नातेदारी
2. विवाह संस्था
3. जाति व्यवस्था
4. नगरीय धर्म
5. नगरीय शिक्षा
6. नगरीय मनोरंजन
7. मूल्य संरचना
8. नगरपालिका निगम
9. आर्थिक संरचना
10. शिक्ष. का प्रसार व प्रचार

परिवार की संरचना तथा प्रकृति – परिवार ही ऐसी संस्था है जिसके माध्यम से व्यक्ति नियमबद्ध रूप से अपनी जैवकीय आवश्यकताओं को पूरा कर सकता है। परिवार ही एक जैवकीय प्राणी को सामाजिक प्राणी के रूप में परिवर्तित करता है। यही कारण है कि परिवार की संरचना तथा प्रकृति के अनुसार ही किसी समुदाय को विशेष स्वरूप प्राप्त हो जाता है। परिवार का तात्पर्य किसी भी ऐसे छोटे समूह से है जिसके सदस्य सेवा भाव से एक दूसरे के साथ रहते हैं तथा विभिन्न परिस्थितियों में असीमित उत्तरदायित्व की भावना का अनुभव करते हैं। एक संस्था के रूप में सभी समाजों में परिवार का रूप लगभग एक समान है लेकिन परिवार के आकार, संगठन और नियंत्रण के दृष्टिकोण से विभिन्न समुदायों में इसके रूप भी भिन्न-भिन्न पाए जाते हैं।

सामाजिक संरचना की परिभाषा

सामाजिक संरचना को अनेक विद्वानों ने परिभाषित करने का प्रयास किया है। प्रत्येक विद्वान की परिभाषा दूसरे विद्वान की परिभाषा से कुछ पृथक् विशेषता लिए हुए है फिर भी उसमें कुछ सामान्य विशेषताएं हैं। सामाजिक संरचना की कुछ मुख्य परिभाषाएं नीचे लिखे अनुसार हैं:

पारसन्स के अनुसार – "सामाजिक संरचना परस्पर संबंधित संस्थाओं, एजेन्सियों और सामाजिक प्रतिमानों तथा साथ ही समूह में प्रत्येक सदस्य द्वारा ग्रहण किए हुए पदों और कार्यों की विशिष्ट क्रमबद्धता को कहते हैं"।

एच. एम. जानसन के अनुसार – "किसी भी चीज की संरचना उसके अंगों में पाए जाने वाले अपेक्षाकृत स्थायी अन्त:संबंधों को कहते हैं चूंकि सामाजिक व्यवस्था व्यक्तियों की अन्त:संबंधित क्रियाओं से निर्मित होती है, इसी कारण उसकी संरचना को इन क्रियाओं में पाई जाने वाली नियमितता की मात्रा अथवा पुनरुत्पति में खोजा जाना चाहिए"।

गिर्थ और मिल्स के अनुसार – "जिस भूमिका को इकाई मान कर हम संस्था की धारणा बनाते हैं उसी प्रकार संस्था वह इकाई है जिसके द्वारा हम सामाजिक संरचना की धारणा बनाते हैं"।

एम. जिन्सबर्ग के अनुसार – "सामाजिक संरचना का अध्ययन सामाजिक संगठन के प्रमुख स्वरूपों अर्थात् समितियों एवम् संस्थाओं के प्रकार और इन सबके संकुल जिनसे कि समाज बनता है, से संबंधित है। सामाजिक संरचना के एक पूर्ण विवरण के अंतर्गत तुलनात्मक संस्थाओं के संपूर्ण क्षेत्र के विश्लेषण का समावेश होगा।"

नगरीय सामाजिक संरचना की विशेषताएं

1. ***समाज के बाह्य स्वरूप का प्रतीक है*** – सामाजिक संरचना से समाज के ढांचे का ही बोध होता है। जिस प्रकार विभिन्न जीवों की शारीरिक संरचना में भेद होता है ठीक उसी प्रकार विभिन्न समाजों की सामाजिक संरचना में भी अंतर होता है। उदाहरण के लिए यदि हम एक पशु के कंकाल को और एक मनुष्य के कंकाल को देखें तो हमें स्पष्ट हो जाता है कि दोनों में काफी अंतर है क्योंकि दोनों की संरचना में काफी भिन्नता है। इसीलिए प्रत्येक समाज की सामाजिक संरचना दूसरे समाज की संरचना से मेल नहीं खाती है। इसका मुख्य कारण है विभिन्न समाजों की विशेषताएं, उनके रीति-रिवाज, खान-पान, एवम् अन्य तत्व जो सामाजिक संरचना के निर्माण में सहयोग प्रदान करती हैं वे एक दूसरे से भिन्न होती हैं।

2. ***सामाजिक गतिशीलता*** – नगरीय समाज में स्थानीय गतिशीलता की ही अधिकता नहीं होती बल्कि सामाजिक गतिशीलता भी अपनी चरम सीमा पर होती है। नगरीय पर्यावरण व्यक्ति की पारिवारिक पृष्ठभूमि को महत्व न देकर उनकी व्यक्तिगत सफलताओं को सबसे अधिक महत्व देता है। यहां साधारणतया व्यक्तियों द्वारा एक दूसरे की कार्यक्षमता, आविष्कार करने के गुण तथा व्यवहार कुशलता को महत्व दिया जाता है। इस स्थिति में एक व्यक्ति अपने जीवनकाल में ही अपने सामाजिक पद को ऊंचा उठा सकता है अथवा पहले की अपेक्षा उसकी स्थिति निम्न हो सकती है। यह परिस्थिति व्यक्ति के सामाजिक जीवन को अत्यधिक असुरक्षित बना देती है।

3. ***नियंत्रण में शिथिलता*** – नगरीय समाज में कानून जैसे औपचारिक साधनों व द्वितीयक समूहों द्वारा नियंत्रण स्थापित किया जाता है। इस प्रकार के नियंत्रण से सुव्यवस्था कम ही मात्रा में स्थापित हो सकती है। नियंत्रण के औपचारिक साधनों का महत्व समाप्त हो जाता है जिससे नगरों के नियंत्रण में शिथिलता पाई जाती है।

4. ***सामाजिक संरचना एक अखंड इकाई नहीं है*** – सामाजिक संरचना कोई चीज नहीं है जो अपने में अखंड हो। इसका निर्माण अनेक छोटी-बड़ी इकाइयों के योग से होता है। इन इकाइयों का अस्तित्व, संरचना व महत्व होता है। उदाहरण के लिए राज्य, परिवार, चर्च, मठ, गुरुद्वारा, मंदिर, आदि की अपनी एक संरचना है। इस

तरह हम यह कह सकते हैं कि सामाजिक संरचना में अनेक छोटी-बड़ी इकाइयां व संस्थाएं समाहित हैं।

5. ***सामाजिक संरचना अमूर्त है*** – विभिन्न समाजशास्त्रियों ने कहा है कि नगरीय सामाजिक संरचना की एक विशेषता यह भी है कि वह अमूर्त है। सामाजिक संरचना का निर्माण करने वाले मुख्य तत्वों में संस्थाएं, एजेन्सियां और सामाजिक प्रतिमान हैं। ये वे इकाइयां है जिन्हें न तो छूआ जा सकता है और न देखा जा सकता है। इन्ही के आधार पर सामाजिक संरचना को अमूर्त कहा जाता है। मैकाइवर भी सामाजिक संरचना को अमूर्त कहते हैं क्योंकि परिवार, समुदाय, समूह, गांव, नगर, जाति, वर्ग, राज्य, आदि को देखा नहीं जा सकता है भले ही इसमें बाहरी पक्ष को देख लें।

6. ***विषमता*** – नगरीय समुदाय के लोगों के रहन-सहन और रीति-रिवाजों में समरूपता पाई जाती है। नगरों में विभिन्न रीति-रिवाज, विचारों, व्यवसायों तथा संस्कृतियों के लोग एकत्रित होते हैं जिससे उनमें विषमता आती है। अत: नगरीय समुदाय विजातीयता वाले समुदाय होते हैं।

7. ***सामाजिक संरचना में आदर्शशून्यता*** – यह कल्पना करना कि सामाजिक संरचना सदैव रहती है और उसके सभी तत्व संयुक्त होकर निरन्तर कार्य करते रहते हैं – गलत है। सामाजिक संरचना की विशेषता तथा नियमबद्धता समाज के सभी व्यक्तियों के लिए सदैव उपयोगी नहीं रह सकती है और न सभी व्यक्तियों के लिए समान रूप से सामाजिक संरचना लाभकारी सिद्ध हो सकती है। आधुनिक युग परिवर्तन का है। व्यक्ति के विचार, मूल्य, दृष्टिकोण, कार्य करने की पद्धति, आदि में परिवर्तन आ गए हैं। इन सबके कारण सामाजिक संरचना के नियम, परम्पराएं व मान्यताएं आदि निर्धारित होने लगी हैं इससे समाज में नियम या विघटन अथवा आदर्शशून्यता की स्थिति उत्पन्न हो गई है। इस तथ्य से यह स्पष्ट होता है कि सामाजिक संरचना में सामाजिक संगठन तथा सामाजिक विघटन दोनों ही उपस्थित रहते हैं।

सामाजिक संरचना के विविध स्वरूप

संसार के विभिन्न भागों में सामाजिक संरचना का एक रूप नहीं पाया जाता है बल्कि इसके अनेक रूप हैं जो पृथक्-पृथक् देशों में देखे जाते हैं। ये निम्नलिखित हैं –

सामान्य वर्गीकरण – सभी प्रकार के सामाजिक संरचनाओं को निम्नलिखित दो भागों में रखा जा सकता है:

(1) सार्वभौमिक प्रतिमान

(2) विशिष्ट प्रतिमान

सार्वभौमिक प्रतिमान का अर्थ संरचना के ऐसे स्वरूप से है जो संसार के सभी भागों में पाया जाता है। उदाहरण के लिए 'बड़ों का सम्मान करो', 'न्याय करो', 'सत्य बोलो', आदि। ये विशेषताएं ऐसी हैं जो संसार के सभी भागों में देखी जाती हैं। विशिष्ट

प्रतिमान से अर्थ है ऐसा प्रतिमान जो कुछ समाजों में पाया जाता हैं जैसे – हिन्दू समाज में कर्म के सिद्धांत पर आधारित पुनर्जन्म का सिद्धांत क्या है। यह सिद्धांत हिन्दू समाज की ही विशेषता है। इसलिए यह एक विशिष्ट प्रतिमान है।

सामाजिक संरचना के चार प्रकार

टालकाट पारसन्स ने सामाजिक संरचना को चार मुख्य स्वरूपों में विभाजित किया है। ये निम्नलिखित हैं –

(1) सार्वभौमिक अर्जित प्रतिमान

(2) सार्वभौमिक प्रदत्त प्रतिमान

(3) विशिष्ट अर्जित प्रतिमान

(4) विशिष्ट प्रदत्त प्रतिमान

उपर्युक्त चार प्रकार के प्रतिमान सामाजिक मूल्यों पर आधारित हैं इन्हें हम सार्वभौमिक सामाजिक मूल्य, सार्वभौमिकता प्रदत्त मूल्य, विशिष्ट सामाजिक मूल्य और विशिष्ट सामाजिक प्रदत्त मूल्य कहते हैं। सामान्य रूप से सार्वभौमिक तथा विशिष्ट सामाजिक प्रतिमान से संबंधित मूल्यों की व्याख्या की जा चुकी है। सामाजिक मूल्यों के आधार पर उपर्युक्त चार प्रकार के प्रतिमानों को निम्नलिखित रूप से समझा जा सकता है।

1. ***सार्वभौमिक अर्जित प्रतिमान*** – सामाजिक संरचना में समाज के कुछ ऐसे मूल्य और प्रथाएं हैं जो संसार के सभी समाजों में पाई जाती हैं। उदाहरण के लिए औद्योगिक समाज में सभी जगह वर्ग पाए जाते हैं। पूंजी व्यवस्था में कुछ व्यक्तियों का सम्पत्ति और पूंजी पर अधिकार होता है। पारसन्स इस प्रकार के मूल्यों को सार्वभौमिक अर्जित प्रतिमान की संज्ञा देते हैं।

2. ***सार्वभौमिक प्रदत्त प्रतिमान*** – इस प्रदत्त प्रतिमान में समाज व्यक्ति के सम्मुख कुछ आदर्श प्रस्तुत करता है। इन आदर्शों के अनुसार व्यक्ति स्वयम् को सामाजिक संरचना के अनुरूप बनाने का प्रयास करता है। पारसन्स आधुनिक विज्ञान-प्रधान समान समाज की विवेचना इसी शीर्षक के अन्तर्गत करते हैं।

3. ***विशिष्ट अर्जित प्रतिमान*** – इस सामाजिक संरचना में विशिष्ट मूल्यों को प्राथमिकता व महत्ता प्रदान की जाती है। इस प्रकार के मूल्य पारलौकिक भी हो सकते हैं। प्राचीन भारतीय व चीनी सामाजिक संरचना इस प्रतिमान के उदाहरण हैं। इस प्रतिमान में परिवार, वंश, गांव, आदि का महत्व है।

4. ***विशिष्ट प्रदत्त प्रतिमान*** – इस सामाजिक संरचना में मुख्यतः वंश, परम्परा, रक्त संबंध और नातेदारी व्यवस्था को विशेष महत्व दिया जाता है। इसमें सामाजिक मूल्यों की अपेक्षा विशिष्ट वैयक्तिक विशेषताओं को महत्व दिया जाता है।

अतः यह स्पष्ट है कि भिन्न-भिन्न समाजों में भिन्न-भिन्न प्रकार की सामाजिक

संरचना पाई जाती है क्योंकि उनके सामाजिक स्तर, आर्थिक आय व शिक्षा में अंतर पाया जाता है। लेकिन अब समय बदल रहा है सभी समाज में स्त्री पुरुष शिक्षित हो रहे हैं और वे आत्मनिर्भर होकर उन्नति कर रहे हैं इसी कारण अन्तर्जातीय विवाह होने लगे हैं। लोग सभी प्रकार के सामाजिक व धार्मिक उत्सवों को मिलजुल कर मनाने लगे हैं। धीरे-धीरे लोगों में भेदभाव भी कम हो रहे हैं।

परिवार व जाति प्रथा

परिवार एक से अधिक पीढ़ियों से संबंधित अथवा निकट संबंधों का अपेक्षाकृत एक स्थायी संगठन है जिसे विवाह, संतानोत्पत्ति तथा वंशनाम के आधार पर व्यवस्थित रखा जाता है। परिवार को स्थायी रखने वाला सबसे महत्वपूर्ण आधार इसके सदस्यों में भावनात्मक सम्बद्धता ही परिवार के सदस्यों को असीमित उत्तरदायित्वों को पूरा करने की प्रेरणा देती है तथा सदस्यों के व्यवहार प्रतिमानों को रचनात्मक ढंग से प्रभावित करती है। समाज की एक आधारभूत संस्था के रूप में परिवार का स्थान अत्यंत महत्वपूर्ण है। यह व्यक्ति एवम् समाज दोनों को अनेक प्रकार से प्रभावित करता है। नगर और गांव दो प्रकार की संस्कृति के केन्द्र हैं। इन दोनों स्थानों की संस्थाओं में पर्याप्त अंतर है। ग्रामीण संस्थाओं की पृष्ठभूमि में अतीत का एक लम्बा इतिहास समाहित है जबकि नगर मूलतः औद्योगिक विकास की देन है। घनी जनसंख्या, अनेक प्रकार के व्यवसाय और व्यापार, विशेषीकरण, औद्योगीकरण उत्पादन, मशीनी सभ्यता और संस्कृति, अवैयक्तिक संबंध, महत्वाकांक्षी व्यक्ति, मलिन बस्तियां, असंख्य नगरीय समस्याएं, आदि नगरीय जीवन का प्रतीक हैं। इन समस्त कारकों ने नगरीय परिवार को एक विशिष्ट स्वरूप प्रदान किया है। नगरीय परिवार परम्परागत परिवार से भिन्न है। औद्योगीकरण और नगरीकरण के प्रभाव ने समाज में अनेक परिवर्तन उत्पन्न किए हैं। इसलिए परिवार की संरचना भी परिवर्तित हो गई है। अनेक विद्वानों ने परिवार की परिभाषाएं निम्नलिखित रूप से दी हैं।

ए. आर. देसाई के अनुसार – "ग्रामीण परिवार नगरीय परिवार की अपेक्षा अत्यधिक सजातीय, स्थिर, संगठित तथा सजीव रूप से कार्य करने वाला होता है"।

बर्जेस तथा लाक के अनुसार – "परिवार ऐसे व्यक्तियों का समूह है जो विवाह, रक्त अथवा गोद लेने के संबंधों द्वारा संगठित है, जिसके सदस्य एक छोट-सी गृहस्थी का निर्माण करते हैं, पति-पत्नी, माता-पिता, पुत्र-पुत्री, अथवा भाई-बहन, के रूप में एक दूसरे से अन्तर्क्रियाएं करते हैं और एक सामान्य संस्कृति का निर्माण एवम् देख-रेख करते हैं"।

मैकाइबर के अनुसार – "परिवार ऐसा समूह है जो यौन संबंधों पर आश्रित और इतना शक्तिशाली है कि वह संतान के जन्म और पालन-पोषण की व्यवस्था करने की क्षमता रखता है"।

किंगसले डेविस के अनुसार – "परिवार ऐसे व्यक्तियों का समूह है, जिनका एक दूसरे के प्रति संबंध सगोत्रता पर आधारित होता है और जो इस प्रकार एक–दूसरे के रक्त संबंधी होते हैं"।

सारांश में हम कह सकते हैं कि परिवार एक से अधिक पीढ़ियों से संबंधित अथवा निकट संबंधों का अपेक्षाकृत एक स्थायी संगठन है जिसे विवाह, संतानोत्पत्ति तथा वंशनाम के आधार पर व्यवस्थित रखा जाता है।

संयुक्त परिवार

संयुक्त परिवार का अर्थ

श्रीमती इरावती कर्वे के अनुसार – "संयुक्त परिवार उन व्यक्तियों का समूह है जो सामान्यतया एक ही मकान में निवास करते हैं। एक ही रसोई में भोजन बनाते हैं। उनमें सम्पत्ति का सामूहिक स्वामित्व होता है, और सामान्य उपासना में भाग लेते हैं, तथा रक्त के आधार पर एक दूसरे से संबंधित रहते हैं"।

डॉ. आई. पी. देसाई के अनुसार – "उस घर को हम परिवार कह सकते हैं जिसमें पीढ़ियों (तीन से अधिक) के सदस्य एक साथ निवास करते हैं और सम्पत्ति, आय तथा पारस्परिक अधिकारी व दायित्व के द्वारा एक दूसरे से संबंधित होते हैं"।

श्री मुल्ला ने संयुक्त परिवार की हिन्दू लॉ की दृष्टि से व्याख्या की है। "संयुक्त परिवार के अन्तर्गत वे सभी व्यक्ति आते हैं जो एक सामान्य पूर्वज के वंशज हैं, इसमें उनकी पत्नियां और अविवाहित लड़कियां आती हैं।" इसके साथ ही साथ संयुक्त परिवार की निम्नलिखित विशेषताएं हैं –

1. हिन्दू परिवार को तब तक संयुक्त माना जाता है जब तक उसका बटवारा न हो।
2. एक पूर्वज के साथ वंशजों को संयुक्त परिवार की सदस्यता प्राप्त होती है।
3. सामान्यतया संयुक्त परिवार की सम्पत्ति भी संयुक्त होनी है किन्तु कुछ अवस्थाओं में सम्पत्ति पृथक् भी रह सकती है।
4. सामान्यतया संयुक्त परिवार के सभी सदस्य एक साथ पूजा करते और भोजन करते हैं। ऐसे भी संयुक्त परिवार होते हैं जिनके सदस्य अलग–अलग भोजन और पूजा करते हैं।

अत: स्पष्ट ज्ञात होता है कि संयुक्त परिवार में कई वंश के व्यक्ति चाहे वे रक्त संबंधी हों अथवा विवाह द्वारा संबंधी हो, एक साथ रहते हैं। एक साथ पूजा और भोजन करते हैं। इनकी सामान्यत: संयुक्त सम्पत्ति होती है। इस परिवार का सबसे बड़ा व्यक्ति कर्ता या मुखिया होता है जिसके आदेशों का सभी व्यक्ति पालन करते हैं।

संयुक्त परिवार के गुण

संयुक्त परिवार के अनेक गुण हैं। ये गुण ही संयुक्त परिवार व्यवस्था को दृढ़ता प्रदान करते हैं। संयुक्त परिवार के गुण निम्नलिखित हैं –

1. बच्चों का समुचित लालन-पोषण
2. परोपकारी एवम् सामूहिक जीवन
3. आपत्तियों का पारिवारिक बीमा
4. वृद्धावस्था में सुरक्षा
5. सुरक्षा की भावना
6. समष्टिवाद की भावना
7. नवीन पति-पत्नी का हल्का भार

संयुक्त परिवार के दोष

संयुक्त परिवार के जहां अनेक गुण हैं वहीं इसके कुछ दोष भी हैं जो निम्नलिखित हैं –

1. औपचारिक संबंध
2. द्वेष एवम् क्लेष का केन्द्र
3. आर्थिक निर्भरता
4. अकर्मण्य व्यक्तियों की वृद्धि
5. कमाने वालों में असंतोष
6. भय का पर्यावरण
7. गोपनीय स्थान का अभाव
8. स्त्रियों की दुर्दशा
9. बाल विवाह को प्रोत्साहन
10. अधिक संतान उत्पन्न

संयुक्त परिवार में परिवर्तन

मनुष्य अपनी आवश्यकताओं के कारण व्यवस्थाप्रिय बना। उसकी सभी सामाजिक संस्थाएं आवश्यकताओं के कारण उत्पन्न हुई जो मनुष्य की कुछ निश्चित आवश्यकताओं की पूर्ति करती हैं। लेकिन जब समाज की परिस्थितियां बदल जाती हैं और पुरानी आवश्यकताओं के स्थान पर नई आवश्यकताएं उत्पन्न हो जाती हैं तो मनुष्य की सामाजिक संस्थाएं भी बदलने लगती हैं। भारत में संयुक्त परिवार भी कुछ निश्चित आवश्यकताओं की पूर्ति करता है। एक ऐसे समय में संयुक्त परिवार का विकास हुआ जब लोग ग्रामीण जीवन व्यतीत करते थे और उनका भूमि के साथ अभिन्न संबंध रहता था। लेकिन ज्यों ही औद्योगिक विकास हुआ, और नगरीकरण का प्रसार हुआ तो सामाजिक परिस्थितियां और सामाजिक आवश्यकता भी बदल गई। अतः संयुक्त परिवार

में भी परिवर्तन होना आरंभ हुआ। यह एक प्रकृति का नियम है कि जो संस्था समय की आवश्यकता की पूर्ति नहीं करती, उनमें स्वत: परिवर्तन होना शुरू हो जाता है। संयुक्त परिवार प्रथा के बारे में भी यह तथ्य लागू होता है। निम्नलिखित कारण संयुक्त परिवार प्रथा को बदलने के लिए मुख्य रूप से उत्तरदायी हैं –

1. ***औद्योगिक विकास*** – एक समय था जब मनुष्य का जीवन एक निश्चित क्षेत्र तक सीमित रहता था। उस क्षेत्र के अंतर्गत उपलब्ध साधनों द्वारा मनुष्य जीवन यापन करता था। भारत में लोग तब कृषि और गृह उद्योगों तक सीमित थे। लेकिन बाद में विज्ञान के नये अनुसंधान हुए। कृषि के आधुनिक उन्नत तरीके व वैज्ञानिक साधन उपलब्ध हुए जिससे कृषि उत्पादन में कई गुना वृद्धि हुई। गृह उद्योगों पर कुठाराघात हुआ, बड़े-बड़े उद्योग आधुनिक मशीनों द्वारा स्थापित होने लगे जिससे औद्योगिक उत्पादन भी कई गुना बढ़ा। सामाजिक गतिशीलता में भी वृद्धि होने लगी। यातायात के साधन व शैक्षणिक सुविधाओं के कारण लोगों के जीवन में गतिशीलता विकसित होने लगी। इस कारण संयुक्त परिवार में, विभिन्न सदस्यों को रोजगार की खोज में एक स्थान से दूसरे स्थान पर जाना आवश्यक हो गया। यही कारण है कि संयुक्त परिवार के बंधन टूटने लगे।

2. ***यातायात का विकास*** – स्वतंत्रता के पूर्व, देश में आवागमन के साधनों व पक्की सड़कों की भारी कमी थी। शहरों से दूर बसे गांवों में जाने का कोई साधन व सड़कें नहीं थीं। एक स्थान से दूसरे स्थान पर जाना अत्यंत कठिन व कष्टप्रद कार्य था। लेकिन ज्यों ही यातायात के साधनों का विकास हुआ तो नगर विकसित होने लगे। फलस्वरूप संयुक्त परिवार के स्थानीय लक्षण समाप्त हो गए तथा कुटुम्ब के सदस्य अनेक स्थानों में अपने रोजगार के कारण निवास करने लगे। प्रत्येक के स्त्री बच्चे साथ होने से संयुक्त परिवार का विभाजन हो गया।

3. ***जनसंख्या में वृद्धि*** – जनसंख्या की वृद्धि के कारण ग्रामीण व शहरी जीवन में आजीविका के साधनों की कमी हो गई। वह अतिरिक्त जनसंख्या जिसके पालन पोषण के कारण साधनों में कमी पड़ गई वह औद्योगिक क्षेत्रों में केन्द्रित हो गई। फलस्वरूप संयुक्त परिवार पद्धति टूट गई।

4. ***नगरीकरण की प्रक्रिया*** – संयुक्त परिवार के विघटन में नगरीकरण भी एक प्रमुख कारक है। इस प्रक्रिया के प्रभाव से लोगों के आपसी संबंध अवैयक्तिक तथा असहानुभूतिपूर्ण हो गए। सहकारिता और पारस्परिक निर्भरता समाप्त हो गई। प्रत्येक व्यक्ति अपने को आत्मनिर्भर बनाने का प्रयत्न करने लगा। अत: नगरीकरण के प्रभाव से, संयुक्त परिवार की रचना विघटित हो गई। प्रत्येक व्यक्ति के पास जीवनयापन का पृथक् साधन होना अनिवार्य हो गया।

5. ***पाश्चात्य सभ्यता और संस्कृति का प्रभाव*** – भारत में अंग्रेजी राज्य की स्थापना से पाश्चात्य शिक्षा और प्रशिक्षण की सुविधाएं बढ़ गईं। इसके फलस्वरूप वैयक्तिक समानता व अधिकार की भावना विकसित हुई अत: परिवार की प्रधानता के स्थान पर व्यक्ति की प्रधानता हो गई। यहां लोगों ने भी पाश्चात्य सभ्यता के पारिवारिक आदर्श को ग्रहण किया। इसके फलस्वरूप भी संयुक्त परिवार विघटित हो गया। परिवार पति-पत्नी तथा उनके बच्चों की संख्या तक सीमित हो गए।

6. ***व्यक्तिवाद का विकास*** – पाश्चात्य शिक्षा ने जहां एक ओर नवीन पारिवारिक आदर्श को प्रस्तुत किया, वहां दूसरी ओर व्यक्ति की महत्ता को भी स्थान दिया। इसलिए पाश्चात्य जगत की भांति ही भारतीय समाज में व्यक्तिवाद विकसित हुआ। पारिवारिक हितों की अवहेलना होने लगी। व्यक्ति परिवार के समस्त सदस्यों के हित के लिए कार्य न कर, वैयक्तिक हित के लिए कार्य करने लगा। इस व्यक्तिवाद की प्रवृत्ति के फलस्वरूप संयुक्त परिवार प्रथा का स्थिर रहना असंभव हो गया।

7. ***गृह उद्योगों का विघटन*** – वैज्ञानिक अनुसंधानों के कारण उत्पादन की नवीन पद्धतियों ने जन्म लिया। इन उद्योगों के साथ प्रतियोगिता में गृह उद्योग पिछड़ गए। इसके कारण गृह उद्योग धीरे-धीरे विलीन होने लगे। फलस्वरूप ग्रामीण समुदायों में निर्धनता और बेरोजगारी की वृद्धि हुई। गृह उद्योगों से संबंधित ग्रामीण जनसंख्या को औद्योगिक क्षेत्रों में रोजगार प्राप्त करने के लिए विवश होना पड़ा। अत: संयुक्त परिवारों में जहां अधिकांश व्यक्ति रहते थे, उनकी निर्धनता आरंभ हुई। फलस्वरूप संयुक्त परिवार गरीबी के कारण बनने लगे और विघटित होने लगे।

8. ***सामाजिक आंदोलन*** – भारत में सामाजिक आंदोलन का भी संयुक्त परिवार के विघटन में पर्याप्त प्रभाव रहा। इन आंदोलनों के कारण स्त्रियों में जागृति आरंभ हुई। स्त्री शिक्षा का प्रसार हुआ। फलस्वरूप स्त्रियों के लिए संयुक्त परिवार का दयनीय जीवन स्वीकार करना असंभव हो गया। इसलिए भी संयुक्त परिवार विघटित होने लगे।

इस प्रकार भारतीय समाज में नवीन परिस्थितियां पैदा हुईं। उनके प्रभाव के कारण संयुक्त परिवार में परिवर्तन होना स्वाभाविक है। नगरीय परिवारों के स्वरूप को देख कर इस प्रभाव का मूल्यांकन किया जा सकता है, नगरों में अब परिवार पति-पत्नी तथा उनके बच्चों तक ही सीमित है। लेकिन परिवर्तनों के बावजूद भी लोगों में संयुक्त परिवार की भावनाएं मौजूद हैं। पृथक् परिवार होने के बावजूद भी परिवार के सदस्यों में पारस्परिक सद्भावना प्राय: बनी रहती है।

इसी तथ्य को दृष्टि में रख कर श्री कपाड़िया ने यह उल्लेख किया है कि हिन्दू समाज की मनोवृत्तियां संयुक्त परिवार के पक्ष में हैं, अत: कानून द्वारा संयुक्त परिवार को विघटित करने का तात्पर्य, हिन्दू परिवार के इतिहास और मनोवृत्तियों की अवेहलना करना है।

जाति प्रथा

जाति प्रथा का अस्तित्व भारत के ग्रामीण सामाजिक संरचना की एक प्रमुख विशेषता है। यह सामाजिक संस्तरण पर आधारित है और इसके द्वारा प्रत्येक व्यक्ति के कार्य तथा पद का निर्धारण होता है। ग्रामीण भारत की सामाजिक संरचना में जाति के महत्व का उल्लेख करते हुए प्रो. ए.आर. देसाई ने लिखा है कि "जातीय भिन्नताएं पारिवारिक तथा सामाजिक जीवन के तरीकों में भिन्नताओं को निश्चित करती हैं। इसके द्वारा ग्रामीण क्षेत्रों में रहने वालों के आवास तथा सांस्कृतिक प्रतिमानों का निर्धारण होता है। अनेक प्रशासकीय कार्यों को भी प्रायः जाति के आधार पर बांटा जाता है। इसके अतिरिक्त जाति ने सांस्कृतिक प्रतिमानों, विभिन्न समूहों के मनोविज्ञान, सामाजिक दूरी तथा उच्च एवं भिन्न समूहों के स्तरों को भी विकसित किया है। इस प्रकार सम्पूर्ण सामाजिक ढांचा एक स्तम्भ के समान दिखाई पड़ता है, जिसका आधार असंख्य अछूत तथा शिखर कुछ ब्राह्मणों द्वारा निर्मित किया गया है।"

हिन्दू सामाजिक संगठन मुख्य रूप से चार जातियां – ब्राह्मण, क्षत्रिय, वैश्य तथा शूद्र में विभक्त है। इनके मध्य अनेक उपजातियां हैं। ग्रामीण समाज की परम्परावादिता के कारण इन जातियों के अस्तित्व के बने रहने में काफी मदद मिली है। भारतीय ग्रामीण सामाजिक संरचना में जाति संस्था का सर्वाधिक महत्व है। यह ग्रामीणों के आचरण को ही सुनिश्चित नहीं करती बल्कि उनके जीवन की सम्पूर्ण रूपरेखा का प्रतिनिधित्व भी करती है। वास्तव में जाति व्यवस्था हिन्दू जाति का पर्याय है। कुछ विद्वानों का मत है कि प्राचीनकाल में जब वर्ण व्यवस्था सामाजिक जीवन में लागू हुई, उस समय इसका प्रमुख उद्देश्य सदस्य की जन्मजात क्षमताओं के अनुसार विभिन्न पेशों में बांटना था जिससे आपसी प्रतिस्पर्धा न हो। परन्तु औद्योगीकरण के फलस्वरूप अनेक देशों का जन्म हुआ और उन पेशों को करने के लिए सभी जातियों के सदस्यों को समान अधिकार प्राप्त हुए और प्रतिस्पर्धा का क्षेत्र अधिक व्यापक हो गया। इसका परिणाम यह हुआ कि प्रत्येक जाति इन पेशों में अपने सदस्यों की नियुक्ति के लिए सुरक्षा प्रदान करें। जाति पंचायत इसी का परिणाम है। जाति पंचायत की उत्पत्ति इसलिए हुई है कि उस जाति के सदस्यों के सामान्य हितों की सुरक्षा हो सके।

जाति पंचायत का संगठन जाति विशेष के सदस्यों के हित के लिए, उसी जाति के सदस्यों द्वारा बनाया जाता है। गांव की जाति पंचायत के क्षेत्र में उस गांव अथवा आस पास के अनेक गांव के उस जाति के सदस्य आते हैं। आपसी झगड़ों का निपटारा जाति में ही हो जाए यही जाति–पंचायत की पृष्ठभूमि है। इस प्रकार जाति पंचायत हमें सभी जातियों में मिलती है। जाति पंचायत में कितने सदस्य होंगे, इस संबंध में कोई संख्या निश्चित नहीं की जा सकती। यह कम भी हो सकती है और अधिक भी हो

सकती है, यह उस जाति की स्थानीय जनसंख्या पर ही निर्भर है। जाति पंचायत के सभी सदस्य वयस्क होते हैं। गांव की जाति पंचायतों की सदस्यता स्त्रियों को नहीं प्राप्त होती, परन्तु शहरों में स्त्रियों के लिए इस प्रकार का कोई नियम नहीं है। गांवों में जाति पंचायत के पांच बड़े बूढ़े और अनुभवी अथवा शिक्षित व्यक्ति होते हैं। इनका चुनाव उनके अनुभव व योग्यता पर ही मौखिक रूप से कर लिया जाता है। इसके लिए किसी विशिष्ट चुनाव विधि को नहीं अपनाया जाता। नगरों में पंचायत सदस्य अपनी पंचायत की प्रबंध समिति को चुनते हैं। परन्तु नगरों में भी हरिजनों या अन्य जातियों की पंचायत में बड़े बूढ़े या अनुभवी व्यक्तियों को ही पंच या सरपंच चुन लिया जाता है।

जाति पंचायत के कार्य

जाति पंचायत के निम्नलिखित मुख्य कार्य हैं –

1. सामाजिक स्थिति को बनाए रखना या उसे उन्नत करना
2. सामाजिक सुविधाओं को जुटाना
3. शिक्षण व प्रशिक्षण की व्यवस्था करना
4. चिकित्सा की सुविधा प्रदान करना
5. व्यावसायिक प्रशिक्षण की व्यवस्था करना
6. जीवन साथी के चुनाव में मदद करना
7. सामाजिक सुरक्षा प्रदान करना
8. आपसी झगड़ों का निपटारा करना
9. सदस्यों के व्यवहारों पर नियंत्रण करना तथा अपराधी को दंड देना

जाति प्रथा की उत्पत्ति के बारे में कोई सर्वसम्मत सिद्धांत नहीं है। सदियों के शोध कार्य के बाद भी किसी निश्चित मत की प्रतिस्थापना नहीं हुई है। प्रत्येक शोधकर्ता ने अपना पृथक् मत निश्चित किया है। वस्तुतः भारतीय जाति–व्यवस्था की जटिलता इस तथ्य से स्पष्ट है कि एक शताब्दी के अनवरत और सतर्कतापूर्ण परिणाम के बाद भी हम निश्चियपूर्वक नहीं कह सकते कि इस अद्वितीय सामाजिक संस्था के निर्माण और विकास में किन परिस्थितियों का योग रहा होगा। अतएव प्रत्येक लेखक ने अपने दृष्टिकोण से इसकी उत्पत्ति के बारे में विचार किया है और पृथक् सिद्धांत की स्थापना की है। जाति के संबंध में निम्नलिखित परिभाषाएं दी गई हैं –

1. ***सी.एच. कुले के अनुसार*** – "जब कोई वर्ग पूर्णतया वंशानुगत हो जाता है तो उसे जाति कहते हैं"।
2. ***एस. व्ही. केतकर के अनुसार*** – "जाति एक सामाजिक समूह है जिसमें (क) एक विशेष जाति की सदस्यता केवल उन्हीं व्यक्तियों तक सीमित रहती है जिन्होंने उसी जाति में जन्म लिया हो, तथा (ख) जिसके सदस्यों पर एक दृढ़

सामाजिक नियम के द्वारा अपने समूह के बाहर विवाह करने पर प्रतिबंध लगा दिया जाता है"।

3. ***सर हर्बर्ट रिजले के अनुसार*** – "जाति परिवारों या परिवारों के समूह का संकलन है, जिसका एक सामान्य नाम है, जो काल्पनिक पूर्वज, मनुष्य या देवता से उत्पन्न होने का दावा करते हैं, एक ही वंशागत व्यवहार को करते हैं और एक सजातीय समूह के रूप में मत व्यक्त करने के योग्य होते हैं"।
4. ***मजूमदार तथा मदान के अनुसार*** – "जाति एक बंद वर्ग है"।
5. ***ब्लन्ट के अनुसार*** – "जाति एक अन्तर्विवाह समूह वाले समूहों का संकलन है, जिसका एक सामान्य नाम है, जिसकी सदस्यता जन्मगत है और जो सामाजिक संबंधों के लिए अपने सदस्यों के ऊपर कुछ नियंत्रणों को लगाती है, एक सामान्य उत्पत्ति का दावा करती है और सामान्य रूप से एक सजातीय समूह का निर्माण करने वाली समझी जाती है"।
6. ***ई. ए. गेट के अनुसार*** – "जाति को एक अंतर्विवाह वाले समूह अथवा ऐसे समूह के संकलन के रूप में परिभाषित किया जा सकता है, जिसका एक सामान्य नाम तथा समान परम्परागत व्यवसाय होता है, जो एक ही स्रोत से उत्पन्न होने का दावा करते हैं और सजातीय समुदाय का निर्माण करने वाले समझे जाते हैं"।

उपर्युक्त सभी परिभाषाओं से स्पष्ट होता है कि जाति व्यवस्था समुदाय द्वारा सामान्य रूप से स्वीकृत नियमों की वह कार्यात्मक व्यवस्था है जिसके अंतर्गत उद्देश्यपूर्ण रूप से सामाजिक स्तरीकरण का निर्धारण किया गया। जाति व्यवस्था हिन्दू सामाजिक संगठन की वह महत्वपूर्ण इकाई है जिसका उद्देश्य जन्म के आधार पर व्यक्ति की सामाजिक तथा आर्थिक स्थिति का निर्धारण करके अपेक्षाकृत एक बंद समाज का निर्माण करता है। यह सच है कि भारत में सम्पूर्ण सामाजिक जीवन तथा सभी धर्मों के अनुयायी आज किसी न किसी रूप में जाति व्यवस्था के द्वारा प्रभावित हैं, लेकिन नगरीय जीवन की तुलना में ग्रामीण सामाजिक संरचना जाति व्यवस्था से कहीं अधिक प्रभावित है।

जाति प्रथा की विशेषताएं

1. जाति के सदस्य अपने समूह में विवाह कर सकते हैं। यदि कोई व्यक्ति जाति से बाहर विवाह करता है तो उसे जाति से निष्कासित कर दिया जाता है।
2. जाति की सदस्यता जन्म पर आधारित है।
3. अधिकांश जातियों के निश्चित व्यवसाय होते हैं।
4. जाति व्यवस्था में एक प्रकार का सामाजिक स्तरण पाया जाता है जिसके अनुसार कुछ जातियां ऊंची मानी जाती हैं और कुछ नीची। जैसे ब्राह्मण, महाजन, ठाकुर, जाति सर्वोपरि मानी जाती है।

5. जाति को शुद्ध रखने के लिए दूसरी जाति के लोगों से रोटी व बेटी व्यवहार नहीं रखा जाता है।

जाति प्रथा के कार्य

जाति व्यवस्था के निम्नलिखित मुख्य कार्य हैं –

1. रक्त शुद्धता
2. मानसिक चिन्ता से रक्षा
3. सामाजिक सुरक्षा का दायित्व
4. सहयोग व मातृत्व की भावना
5. धार्मिक कार्य
6. जाति के ज्ञान को गुप्त रखना
7. उत्पादन कार्य में एकाधिकार स्थापित करना
8. श्रम विभाजन द्वारा आवश्यकताओं की पूर्ति
9. शिक्षा व व्यावसायिक प्रशिक्षण
10. संस्कृति की सुरक्षा
11. सामाजिक व राजनैतिक स्थिरता
12. सामाजिक विकास कार्य

जाति प्रथा के दोष

जाति प्रथा के अनेक दोष हैं, जो निम्नलिखित हैं –

1. ऊंच-नीच की जातिगत भावना का विष
2. दहेज की कुप्रथा
3. राष्ट्रीय एकता में बाधक
4. लड़ाई, झगड़े व सामाजिक विघटन
5. आर्थिक विकास में बाधक
6. धन व श्रम का असमान वितरण

यह प्रसन्नता की बात है कि राजनैतिक संरक्षण के कारण हरिजन व आदिवासियों में अब आत्मविश्वास की भावना जाग्रत हो गई है उन्हें अब उच्च पदों पर आरक्षण दिया जा रहा है। स्वर्ण जाति के व्यक्तियों की सोच, मानसिकता, विचार और दृष्टिकोण में काफी परिवर्तन आया है। आज वे इस तथ्य से परिचित हो गए हैं कि देश की उन्नति के लिए जातीय भेदभाव व संकीर्णता को सदैव के लिए समाप्त करना आवश्यक है। देश की उन्नति व प्रगति किसी एक जाति के व्यक्ति नहीं कर सकते बल्कि संपूर्ण देश के व्यक्ति जब समान रूप से उत्पादन के कार्य में सहभागी बनते हैं तो देश प्रगति के पथ पर अग्रसर होता है।

जाति एक सामाजिक समूह है जिसके प्रमुख लक्षणों का विवरण निम्न प्रकार से किया जाता है –

1. एक जाति के सदस्य जाति के बाहर विवाह नहीं कर सकते।
2. दूसरी जाति के सदस्यों के साथ खाने-पीने पर भी प्रतिबंध है।
3. कुछ जातियों के निश्चित पेशे हैं।
4. जातियों की एक उतार-चढ़ाव की प्रणाली है जिसमें ब्राह्मण जाति की स्थिति सर्वमान्य रूप से शिखर पर है।

समाज को व्यवस्थित रूप से चलाने के लिए जाति व्यवस्था आवश्यक है, यह व्यवस्था समाज को संगठित किए हुए है किन्तु आधुनिक युग में इसमें अनेक प्रकार के परिवर्तन देखने को मिल रहे हैं क्योंकि इस व्यवस्था में इतने दोष आ गए हैं कि इसने सम्पूर्ण भारतीय समाज को जातीय-भावना और पूर्वाग्रहों के आधार पर विभाजित किया। व्यक्तिगत स्वार्थ और अलगाव की भावना में इसने वृद्धि की। विभिन्न जातियों के मध्य जो मधुर अन्तर्संबंध होने चाहिएं उसमें इसने सामाजिक दूरी, ईर्ष्या, घृणा, ऊंच-नीच की भावना को अधिक प्रोत्साहन दिया है। इन सभी तथ्यों ने अंतर्जातीय संबंधों में तनाव की स्थिति को जन्म दिया। यह प्राय: देखने को मिलता है कि यदि अन्य जाति के लड़का-लड़की प्रेम विवाह कर लेते हैं तो दोनों परिवार के लोग उन्हें स्वीकार नहीं करते जिससे उन्हें काफी तिरस्कार व कठिनाई का सामना करना पड़ता है। ऐसी स्थिति में नवविवाहित दम्पत्ति को काफी तनाव की स्थिति में रहना पड़ता है व समाज के लोगों के तानों का भी समाना करना पड़ता है। इसलिए अन्तर्जातीय संबंधों में तनावमुक्त स्थिति उत्पन्न होती है। कभी-कभी युवा लड़के लड़की के प्रेम संबंधों के कारण भी, दो वर्गों के लोगों में विवाद व तनाव की स्थिति उत्पन्न हो जाती है। पं० जवाहरलाल नेहरु ने इसलिए कहा था कि, "भारतवर्ष में जाति-पाति प्राचीनकाल में चाहे कितनी ही उपयोगी क्यों न हो, पर इस समय सब प्रकार की उन्नति के मार्ग में बड़ी भारी बाधा और रुकावट बन रही है। आज वह हमारी दया का पात्र नहीं और किसी भी भावना के अधीन होकर हमें इसके साथ मोह नहीं करना चाहिए। हमें इसे जड़ से उखाड़ कर अपनी सामाजिक रचना दूसरे ढंग से करनी होगी"।

शताब्दियों से चली आने वाली जातिगत ऊंच-नीच की भावना ने व्यक्तियों का इतना दमन व शोषण किया है कि आज समाज में एक जाति दूसरी जाति के सुख-दुख में भाग लेने से कतराती है। अंतर्जातीय संबंधों में इतना अधिक बिखराव, टूटन और विघटन आ गया है कि वे परस्पर मिलना भी उचित नहीं समझते हैं। इसलिए ग्रामीण समाज में आज जातिगत संघ और परिषद् स्थापित हो रही है जो अपने जाति के व्यक्तियों के हित के लिए कार्य करती है। इस प्रकार विभिन्न जातीय संगठन और संघ तनाव का कारण भी बन गए हैं।

भारतीय ग्रामीण एवम् नगरीय समाज में अन्तर्जातीय तनाव के अनेक स्वरूप हैं जो किसी न किसी रूप में जातीय अधिकार व कर्त्तव्य, सुविधाओं और शोषण, निर्धनता और ऊंच-नीच की भावना से जुड़े हुए हैं। समाज का ताना-बाना, स्वर्ण, हरिजन, पिछड़ी हुई जातियों और जनजातियों के मध्य कुछ इस रूप में रच गया है कि कुछ जातियों को जीवन की अधिकांश सुविधाएं प्राप्त होती रही हैं और कुछ को दो समय का भोजन भी नहीं मिल पाया है। कुछ जातियों को विलासिता का जीवन-यापन करने के लिए जन्म मिला है तो कुछ जातियों को पशु की तरह जीवन व्यतीत करना होता है। शताब्दियों से चला आने वाला यह शोषण आज अंतर्जातीय तनाव के अनेक स्वरूपों को हमारे सम्मुख प्रस्तुत कर रहा है।

यह भी देखने को मिला है कि एक ही जाति में कुछ प्रमुख मुद्दों को लेकर झगड़े और विवाद उत्पन्न हो जाते हैं जिससे जाति में ही तड़ पड़ जाती है और आपस में मनमुटाव व झगड़े उत्पन्न हो जाते हैं और इस कारण एक ही जाति के लोग विभक्त हो जाने के फलस्वरूप एक दूसरे के यहां शादी या अन्य कार्यों में आना-जाना बंद कर देते हैं। इन झगड़ों के प्रमुख कारण निम्नलिखित हैं –

1. भूमि के उत्तराधिकार का झगड़ा
2. पुत्र के गोद लेने के संबंध में झगड़ा
3. घर की भूमि संबंधी झगड़े
4. सिंचाई संबंधी झगड़े
5. यौन अपराध संबंधी झगड़े
6. हत्याएं
7. विभिन्न जातीय झगड़े
8. राजनैतिक मतभेद

ये दल समूह एक जाति के व्यक्तियों में व्यक्तिगत कारणों से जहां तनाव उत्पन्न करते हैं वहां अंतर्जातीय तनाव का एक बहुत बड़ा कारण भी बन जाते हैं। इसलिए भारतीय गांवों में जातिगत तनाव और अंतर्जातीय तनाव अपनी चरम सीमा पर पहुंच गया है।

जाति और वर्ग

जाति और वर्ग सामाजिक स्तरीकरण के दो रूप हैं। जाति जन्म पर आधारित है और वर्ग आर्थिक स्थिति पर। भारत में जाति व्यवस्था है। लेकिन जो देश औद्योगिक दृष्टि से काफी विकसित हैं, उनमें प्राय: वर्ग व्यवस्था पाई जाती है। जाति में व्यक्ति के कार्य तथा पद का निर्धारण जन्म से होता है। इसके विपरीत, धर्म व्यवस्था में व्यक्ति के कार्य तथा पद का निर्धारण, व्यक्तिगत सफलता तथा योग्यता के अनुसार होता है। इस प्रकार जाति परम्परागत तथा बंद समाज को दर्शाती है। इसके विपरीत वर्ग व्यवस्था युक्त तथा प्रतियोगितात्मक समाज को दर्शाती है।

जाति और गोत्र

जाति जन्म पर आधारित सामाजिक विभाजन की एक व्यवस्था है जबकि गोत्र एक पक्षीय परिवारों का वह संकलन है जिसके सदस्य अपने को समान पूर्वज की संतान मानते हैं। निम्न उल्लेख द्वारा इस अंतर का स्पष्टीकरण किया जा सकता है।

1. जाति का आधार संगठन व वास्तविकता है लेकिन गोत्र का आधार काल्पनिक है।
2. जाति एक अंतर्विवाही संगठन है जिसमें जाति के बाहर विवाह करना वर्जित है इसके विपरीत गोत्र एक बहुर्विवाही संगठन है। इसमें गोत्र के अंदर विवाह करना वर्जित है।
3. जाति में ऊंच-नीच का भेदभाव है लेकिन गोत्र में नहीं।
4. जाति में रक्त संबंध की निकटता का भाव नहीं होता। लेकिन गोत्र में रक्त समानता की भावना तीव्र पाई जाती है।

जाति और प्रजाति

जाति और प्रजाति में कुछ समानताओं के बावजूद भी अनेक भिन्नताएं हैं। जाति से तात्पर्य समाज के खण्डात्मक विभाजन की उस व्यवस्था से है, जिसमें जन्म द्वारा व्यक्ति का व्यवसाय व सामाजिक स्थिति का निर्धारण होता है। इसके विपरीत प्रजाति व्यक्तियों का वह विशाल समूह है जिसके सदस्यों में जन्मगत व सामान्य शारीरिक लक्षण होते हैं। जन्म द्वारा जिस प्रकार मनुष्य की जाति का निश्चय होता है उसी प्रकार शारीरिक लक्षणों द्वारा मनुष्य की प्रजाति का निश्चय होता है। जाति का जिस प्रकार नाम होता है उसी प्रकार प्रजाति का भी निश्चित नाम होता है, जाति व प्रजाति में निम्नलिखित भेद हैं –

1. जाति का आधार जन्म व सामाजिक है लेकिन प्रजाति का आधार जन्म तथा प्राणीशास्त्रीय है।
2. जाति के अंतर्गत व्यावसायिक समानता होती है। लेकिन प्रजाति में व्यावसायिक प्रसन्नता नहीं होती।
3. जाति के अंतर्गत, एक निश्चित आधार संहिता होती है, लेकिन प्रजाति में नहीं।

नगरीय परिवार का बदलता स्वरूप

आधुनिक युग नगरीयकरण तथा औद्योगीकरण का युग है। इस युग में सामाजिक संस्थाओं में सामाजिक परिवर्तन तीव्र गति से हो रहा है। नगरीय परिवार भी इस सामाजिक परिवर्तन का अपवाद नहीं है। नगरीय परिवार में निम्नलिखित परिवर्तन हो रहे हैं, जिन्हें नगरीय परिवारों के उभरते प्रतिमान की संज्ञा दी जा सकती है।

1. ***मुखिया के अधिकारों में परिवर्तन*** – एक समय था जबकि नगरों तथा ग्रामों दोनों में ही पितृसत्तात्मक परिवार थे, इन परिवारों में पिता परिवार का मुखिया होता था।

किन्तु आज औद्योगीकरण एवम् नगरीयकरण के कारण विशेषकर नगरीय परिवारों में पिता की सत्ता प्रभावहीन हो गई है। माता के अधिकारों में वृद्धि हुई और उनका विभाजन माता-पिता में हो गया।

2. *मुखिया के दृष्टिकोण में परिवर्तन* – नगरीय परिवारों का मुखिया परिवार के हित को ध्यान में रख कर कार्य करता था, किन्तु आज औद्योगीकरण के कारण हित के स्थान पर धन का महत्व बढ़ गया है। इसलिए परिवार में सम्पत्ति पर परिवार के सामूहिक अधिकार के स्थान पर व्यक्तिगत विकास देखने को मिलता है। परिवार का मुखिया परिवार के अन्य सदस्यों के हितों का बलिदान करके अपने हितों को प्राथमिकता देता है। इस दिशा में परिवार के मुखिया का दृष्टिकोण व्यक्तिगत स्वार्थ की ओर झुक गया है।

3. ***पारिवारिक संरचना में परिवर्तन*** – अभी तक परिवार सभी स्वरूपों के हितों की सुरक्षा करता था और परिवार को एक सामाजिक जीवन समझा जाता था, किन्तु आज नगरीकरण और औद्योगीकरण के प्रभाव से परिवार की संरचना में परिवर्तन हो गया है। परिवार के ढांचे में परिवर्तन हो जाने के कारण नगरीय परिवार का आधार धार्मिक दृष्टिकोण रह गया है और उसके प्राचीन नैतिक आधार समाप्त होते जा रहे हैं।

4. ***आर्थिक क्षेत्र में परिवर्तन*** – अब से कुछ वर्षों पूर्व परिवार विभिन्न प्रकार के लघु उद्योग-धंधों का केन्द्र था। परिवार के सभी सदस्य इन लघु उद्योग-धंधों में अपना हाथ बटाते थे। इन उद्योग-धंधों के विकास के कारण परिवार एक आत्मनिर्भर संस्था थी, किन्तु आज विभिन्न वैज्ञानिक आविष्कारों के कारण कारखानों की स्थापना हो गई है। इसमें कोई भी व्यक्ति हाथ से काम करना पसंद नहीं करता। इसके अतिरिक्त ग्रामीण समुदाय के लोग नगरों की ओर बढ़ने लगे हैं और वहां जाकर कारखानों में नौकरी करते हैं। ऐसी दशा में ग्रामीण परिवार या नगरीय परिवार अपनी आर्थिक आत्मनिर्भरता को खोकर कारखानों के उत्पादनों के दास बन गए हैं। दूसरे शब्दों में यह कहा जा सकता है कि नगरीय परिवार आर्थिक निर्भरता को खो चुके हैं। नगरीय समुदाय अपनी आत्मनिर्भरता के गुण से वंचित हो गया है।

5. *परिवार के आंतरिक कार्यों में परिवर्तन* – परिवार में बच्चों को जन्म देना, उन्हें शिक्षा देना, उनका लालन-पालन करना, भोजन की व्यवस्था करना, आदि कार्य किए जा सकते थे, किन्तु आज परिवार के इन आंतरिक कार्यों में आमूल परिवर्तन दिखाई पड़ते हैं। भोजन होटलों से आता है। बच्चों को जन्म व पालन-पोषण करने के लिए नर्सिंग होम बने हैं। कपड़े धोना, सिलाई आदि कार्य भी संस्थाओं ने ले लिया है। इसलिए परिवार के आंतरिक कार्यों में घोर परिवर्तन हो गया है। परिवार में जो धार्मिक कार्य होते थे, वे अब मंदिरों, मस्जिदों में होने लगे हैं। परिवार के बच्चे मनोरंजन के

साधन थे, किन्तु आज सिनेमा, दूरदर्शन, सर्कस तथा रेडियो आदि मनोरंजन के व्यावसायिक केन्द्र बन गए हैं। वास्तव में परिवार के पास केवल बच्चों को जन्म देने के अतिरिक्त कोई भी कार्य नहीं रह गया है।

6. ***सामाजिक नियंत्रण के साधनों में परिवर्तन*** – नगरीय परिवारों में परम्पराएं, रूढ़ियां, नियम, रीति-रिवाज, पारिवारिक नियम व्यक्ति के व्यवहार को नियंत्रित करते हैं और ये सब मिल कर सामाजिक नियंत्रण के मुख्य साधन माने जाते हैं, किन्तु आज जनसंख्या की वृद्धि के कारण नगरों में सामाजिक नियंत्रण का साधन कानून, राज्य के नियम हैं। आज नगरीय परिवारों में सामाजिक नियंत्रण के साधनों में परिवर्तन आ गया है। प्राथमिक समूहों के स्थान पर द्वितीयक समूहों का प्रभाव सामाजिक नियंत्रण के क्षेत्र में बढ़ गया है।

7. ***धार्मिक क्षेत्र में परिवर्तन*** – नगरीय परिवार पूजा, कीर्तन एवम् धार्मिक कार्यों के केन्द्र थे, किन्तु अब इन सब कार्यों का भार मंदिरों, गिरजाघरों, गुरुद्वारों व मस्जिदों ने ले लिया है।

8. ***अन्य क्षेत्रों में परिवर्तन*** – परिवार शिक्षा, स्वास्थ्य तथा आर्थिक कार्यों का एक केन्द्र था। किन्तु आज औद्योगीकरण के कारण सरकारी शिक्षण संस्थाओं ने शिक्षा संबंधी कार्य ले लिए हैं। इसलिए नगरीय परिवार के महत्व में परिवर्तन आ गया है। आर्थिक क्षेत्र में विभिन्न उद्योग-धंधों ने परिवार को प्रभावहीन बना दिया है। मनोरंजन संबंधी कार्य सिनेमा घरों, टी॰वी॰ व क्लबों ने ले लिए हैं। इस दृष्टिकोण से भी वह परिवार जो विभिन्न कार्य करता था, केवल कुछ आवश्यक कार्यों तक ही सीमित रह गया है।

9. ***परिवार के आकार में परिवर्तन*** – अभी तक परिवार के सदस्यों की संख्या पर कोई नियंत्रण नहीं था इसलिए परिवार का आकार भी बड़ा था। आज छोटे आकार वाले परिवारों को महत्व दिया जा रहा है और परिवार के सदस्यों की संख्या पर रोक लगाने के लिए परिवार नियोजन लागू कर दिया गया है। जिसके अन्तर्गत विभिन्न प्रकार के गर्भ निरोधक साधनों को अपनाया जा रहा है। आज केवल दो बालकों के परिवार को आदर्श परिवार माना जा रहा है।

10. ***विवाह के स्वरूप में परिवर्तन*** – अभी तक विवाह एक पवित्र धार्मिक संस्कार माना जाता था और यह विश्वास किया जाता था कि विवाह का बंधन अटूट है और उसे केवल भगवान ही बनाता और बिगाड़ता है, किन्तु आज यह बात नहीं रह गई है। तलाक द्वारा कानूनी मान्यता मिल जाने के कारण यह केवल कानूनी समझौता बन कर रह गया है।

नगरीय सामाजिक वर्ग

नगरों में वर्ग व्यवस्था का आधार आर्थिक बन गया है। आधुनिक भौतिक संस्कृति में अर्थ का महत्व दिन-प्रतिदिन बढ़ता जा रहा है। औद्योगीकरण व नगरीकरण की प्रक्रिया

में व्यक्ति की सामाजिक स्थिति का मूल्यांकन जाति से नहीं वरन आर्थिक स्थिति से होता है। इसलिए नगरीय भौतिक सभ्यता और संस्कृति में उच्च वर्ग के व्यक्तियों का समाज पर किसी न किसी रूप में आधिपत्य बना रहता है। कार्ल मार्क्स मात्र आर्थिक आधार पर दो वर्गों को बताता है जो समाज में सदैव किसी न किसी रूप में रहे हैं। वर्तमान समय में पूंजीपति वर्ग और श्रमिक वर्ग इन दोनों का आधार आर्थिक है। नगर में व्यवसायों के असंख्य प्रकार होते हैं। इसलिए नगरों में विभिन्न प्रकार के वर्ग पाए जाते हैं जैसे – व्यापारी, श्रमिक, शिक्षक, वकील, डॉक्टर, कारीगर, ट्रान्सपोर्ट्रस, आदि। इस तरह धन के आधार पर तीन प्रकार के वर्ग नगर में देखे जा सकते हैं।

1. निम्न वर्ग 2. मध्यम वर्ग 3. उच्च वर्ग।

वर्ग की परिभाषाएं

1. ***मैकाइबर और पेजर के अनुसार*** – "एक सामाजिक वर्ग समुदाय का वह हिस्सा है, जो सामाजिक स्थिति के आधार पर दूसरे भागों से पृथक् किया जा सके"।
2. ***जिसबर्ट के अनुसार*** – "एक सामाजिक वर्ग व्यक्तियों का समूह या एक विशिष्ट श्रेणी का बोध कराता है, जिनकी समाज में एक विशिष्ट परिस्थिति होती है। यह विशिष्ट परिस्थिति ही अन्य समूहों से उनके संबंधों को निर्धारित करती है"।
3. ***कार्ल मार्क्स के अनुसार*** – "वर्ग किसी भी समाज का एक ऐसा तथ्य है, जिसमें सम्पत्ति तथा उत्पादन के साधन (भूमि तथा कारखाने) सामाजिक स्तरीकरण का आर्थिक आधार प्रस्तुत करते हैं"।
4. ***गूल्डनर के अनुसार*** – "एक सामाजिक वर्ग उन व्यक्तियों या परिवारों का योग है जिनकी आर्थिक स्थिति लगभग एक जैसी होती है"।
5. ***लेपियर के अनुसार*** – "एक ऐसा समूह है जो संपूर्ण जनसंख्या में अपनी परिस्थिति को सांस्कृतिक धरातल पर प्राप्त करता है, सामाजिक वर्ग कहा जाता है"।

इस प्रकार संक्षेप में यह कहा जा सकता है कि जब जन्म के अतिरिक्त अन्य किसी भी आधार पर जब समूहों की उत्पत्ति होती है तो उसे वर्ग कहा जा सकता है।

वर्ग निर्धारण के आधार

प्राचीन भारतीय समाज में वर्ग का निर्धारण आध्यात्मिक ज्ञान, कर्त्तव्य का निर्धारण, शक्ति, सत्ता, अधिकार तथा राज्य में कोई विशिष्ट पद आदि द्वारा होता था, जबकि आधुनिक भारतीय समाज एवम् विश्व के अन्य समाजों में वर्ग का निर्धारण व्यक्तिगत गुण व योग्यता, शिक्षा, आर्थिक सम्पन्नता, व्यवसाय की प्रकृति, आय के स्रोत, आदि को माना जाता है। कुछ विद्वानों ने वर्ग निर्धारण में सामाजिक कारकों को महत्वपूर्ण माना है, जो निम्नलिखित के अनुसार है –

(1) सम्पत्ति, धन और आय
(2) परिवार व नातेदारी
(3) निवास स्थान की अवधि
(4) निवास की स्थिति
(5) व्यवसाय की प्रकृति
(6) शिक्षा
(7) धर्म

(1) *सम्पत्ति या धन के आधार पर* – आधुनिक अर्थ प्रधान युग में भारत तथा विश्व के अन्य राष्ट्र या समाजों में सम्पत्ति वर्ग निर्धारण का महत्वपूर्ण आधार माना जा रहा है। दूसरे शब्दों में व्यक्ति को एक निश्चित सामाजिक स्थिति प्रदान करने में सम्पत्ति या धन महत्वपूर्ण व सशक्त माध्यम स्वीकार किया जाता है। सम्पत्ति या धन के द्वारा ही व्यक्ति को सुख-सुविधाएं, आदर, मान-सम्मान या प्रतिष्ठा तथा विशिष्ट स्थिति प्राप्त होती है। आधुनिक भारतीय समाज में सम्पत्ति या धन के आधार पर निम्न तीन प्रकार के वर्ग प्रकट हुए हैं:

(i) ***उच्च वर्ग*** – यह वर्ग जनसंख्यात्मक दृष्टि से सबसे कम सदस्यों वाला किन्तु सबसे अधिक शक्तिशाली वर्ग है। इस वर्ग में समाज के उन व्यक्तियों को रखा जा सकता है, जिनके पास अत्यधिक धन या सम्पत्ति होती है तथा जो उत्पादन के साधनों पर एकाधिकार रखते हैं तथा विलासिता और भौतिकवादी माध्यमों व साधनों का उपभोग करते हैं। उच्च वर्ग के आय के विभिन्न स्रोत होते हैं तथा सम्पत्ति या धन के कारण ही इन्हें समाज में उच्च स्थिति प्राप्त होती है। धन या सम्पत्ति ही इनकी पूंजी व हथियार होती है, जिन्हें यह अपने अधिकारों को सुरक्षित रखने तथा अपनी स्थिति को यथावत बनाए रखने हेतु प्रयोग करते हैं।

(ii) ***मध्यम वर्ग*** – मध्यम वर्ग वह है, जो न तो उच्च वर्ग के समान धनाढ्य तथा उत्पादन के साधनों पर एकाधिकार रखने वाला होता है और न ही निम्न वर्ग की तरह अपनी आवश्यकताओं तथा इच्छाओं को पूर्ण कर पाने वाला होता है। वास्तव में, मध्यम वर्ग, उच्च वर्ग तथा निम्न वर्ग के बीच की स्थिति वाले सदस्यों का समूह होता है, जिनकी आय के निश्चित स्रोत होते हैं। जिनसे वह अपनी आवश्यकताओं और इच्छाओं की पूर्ति करता रहता है। अधिकांशत: मध्यम वर्ग के सदस्य विभिन्न प्रकार के व्यवसायों, नौकरियों व पेशों से संबंध रखते हैं। इस वर्ग की सबसे बड़ी पूंजी शारीरिक, मानसिक व आर्थिक स्थिति होती है। यह उच्च वर्ग के सदस्यों जैसा रहन-सहन, वेशभूषा, खान-पान, आदि को आत्मसात किए रहता है

तथा उच्च वर्ग में प्रवेश करने हेतु लालायित रहता है। कभी-कभी उन्हें अपना जीवन स्तर बनाए रखने के लिए बड़ा संघर्ष करना पड़ता है। शादी, ब्याह या अन्य अवसरों पर भी, न चाहते हुए, उच्च वर्ग के लोगों के समान फिजूल खर्च करने पड़ते हैं, जिससे इनकी आर्थिक स्थिति ढावांडोल हो जाती है।

(iii) ***निम्न वर्ग*** – जनसंख्या की दृष्टि से समाज का एक बड़ा भाग निम्न वर्ग के सदस्यों का है। इस वर्ग में आर्थिक विपन्नता, निर्धन व गरीब श्रेणी के लोग होते हैं। इनके पास धन या सम्पत्ति अत्यधिक न्यून मात्रा में रहती है। परिवार के सभी सदस्य कुछ न कुछ काम करके धन कमाने की कोशिश करते हैं। सभी सदस्यों की आय होने के कारण एक अच्छी खासी माहवारी आय अर्जित कर लेते हैं। लेकिन अधिकांश परिवार में शराब व जुए की लत होने के कारण उनकी आर्थिक स्थिति में सुधार नहीं हो पाता है। कुछ परिवार के लोग जो जुगत से पैसा बचाते हैं वे धीरे-धीरे जमीन, मकान व आय के अन्य स्त्रोत बना कर अपनी आर्थिक स्थिति सुधार लेते हैं, व बच्चों को पढ़ा-लिखा कर सरकारी नौकरियों या अन्य पद हासिल करके मध्यम वर्गीय परिवार की श्रेणी में आ जाते हैं। निम्न वर्ग ऐसे व्यक्तियों का समूह होता है जो अपनी आवश्यकताएं व इच्छाएं पूर्ण कर पाने में सक्षम नहीं होते। इस वर्ग के सदस्य शारीरिक श्रम बेच कर ही किसी तरह अपना जीवन बसर करते हैं तथा हमेशा अपने से उच्च वर्ग के शोषण का शिकार होते रहते हैं। सम्पत्ति व धन के अभाव में इनकी स्थिति निम्न मानी जाती है।

(2) ***आय के स्त्रोत या प्रकृति के आधार पर*** – वर्ग निर्धारण में आय के स्त्रोत या प्रकृति भी महत्वपूर्ण आधार के रूप में स्वीकार की जा सकती है क्योंकि किसी भी समाज में असामाजिक एवम् गलत स्रोतों से प्राप्त आय या सम्पत्ति प्राप्त वर्ग को अच्छी दृष्टि से नहीं देखा जाता। उदाहरण के लिए, स्मगलिंग, काला बाजारी, चोरी, डकैती, या अन्य अनैतिक व अवैधानिक प्रकारों से जो आय के स्रोत होते हैं। उनकी तुलना में व्यापार, व्यवसाय, उद्योग, नौकरी, आदि के आय के स्रोतों को अच्छा माना जाता है। स्मगलिंग व काला बाजारी करने वालों के पास आय के जो स्रोत होते हैं, उससे उनकी सामाजिक प्रतिष्ठा ऊंची नहीं होती अतः स्पष्ट है कि आय के स्रोत व आय की प्रकृति भी वर्ग निर्धारण का आधार है।

(3) ***उत्पादन के साधन*** – आदिकाल से ही वर्ग निर्धारण का एक आधार उत्पादन के साधनों को अपने नियंत्रण में रखना आदिकालीन परम्परा रही है। कार्ल मार्क्स ने इतिहास को "इतिहास की भौतिकवादी व्याख्या" में स्पष्ट किया है कि आदिम साम्यवादी युग में वर्गविहीन समाज था तथा किसी भी प्रकार का श्रम विभाजन नहीं

था। केवल लिंग व आयु के आधार पर थोड़ा-सा कार्यों में वितरण जरूर पाया जाता था। किन्तु साम्यवाद के अंतिम चरणों में निजी सम्पत्ति अस्तित्व में आई तथा सम्पत्ति के आधार पर वर्गों का निर्माण हुआ। कालान्तर में दास युग में दास तथा मालिक, सामन्तवादी युग में सामन्त या जमींदार तथा अर्द्धदास, पूंजीवादी युग में पूंजीपति तथा श्रमिक या सर्वहारा आदि वर्ग की उत्पत्ति हुई। प्रत्येक युग में समाज के उच्च वर्ग ने उत्पादन के साधनों को अपने नियंत्रण में रखा। इसी से ये समाज के उच्च वर्ग कहे गए और इसी की शक्ति द्वारा इन्होंने अपने अधीनस्थ सर्वहारा वर्ग का शोषण किया। अतः स्पष्ट है कि उत्पादन के साधनों के प्रभुत्व के आधार पर वर्गों का निर्माण हुआ।

4. ***व्यवसाय की प्रकृति के आधार पर वर्ग निर्धारण*** – भारतीय समाज में व्यवसाय की प्रकृति के आधार पर वर्ग निर्धारण प्राचीनकाल से ही होता आया है।

विश्व के प्रमुख देशों जैसे ब्रिटेन, अमेरिका, जापान व जर्मनी के कुछ समाजशास्त्रियों ने व्यवसाय की प्रकृति के आधार पर सामाजिक स्तरीकरण को स्पष्ट करने का प्रयास किया है। इसी परिप्रेक्ष्य में अमेरिका में सुप्रसिद्ध समाजशास्त्री एच०जी० गोन्स का कथन है कि "गंदे कार्यों को स्वीकार करने वाले व्यक्ति विपन्न तथा दरिद्र होते हैं तथा ये ही गंदे तथा खतरनाक कार्यों को कम पैसे में कर देते हैं, जिन्हें कि अधिक पैसों में भी कोई दूसरा नहीं करता।" ब्रिटेन की सम्पूर्ण आबादी को ब्रिटेन के सांख्यिकी विभाग में कुल सचिव ने पांच भागों में विभक्त किया है, जो इस प्रकार हैं –

(a) उच्च व्यवसायी
(b) निम्न व्यवसायी
(c) निपुण श्रमिक
(d) अर्द्ध-निपुण श्रमिक
(e) अनिपुण श्रमिक

भारतीय परिप्रेक्ष्य में यदि व्यवसाय की प्रगति के आधार पर वर्गों का निर्धारण करें तो बहुत से वर्ग प्रकाश में आते हैं। जैसे – डॉक्टर वर्ग, व्यापारी वर्ग, वकील वर्ग, कृषक वर्ग, शिक्षक वर्ग, इन्जीनियर वर्ग, श्रमिक वर्ग, पूंजीपति वर्ग, क्लर्क वर्ग, वाहन चालक वर्ग, प्रशासक वर्ग, राजनीतिज्ञ वर्ग, कलाकार वर्ग, फिल्म निर्माता वर्ग, आदि सैकड़ों कई वर्ग बनाए जा सकते हैं।

(5) ***निवास की स्थिति के आधार पर वर्ग निर्धारण*** – व्यक्ति की सामाजिक स्थिति का निर्धारण करने में उसके निवास स्थिति का महत्व होता है। जैसे कि भारतीय समाज में अस्पृश्य या निम्न जातियों को आदिकाल से ही गांव या नगर के बाहर रहने या रखा जाता था तथा समाज के सम्मानित सदस्य केन्द्र में रहते थे।

आज के समाज के उच्च वर्ग के अधिकांश व्यक्ति विकसित कालोनियों, सिविल लाइन्स, माल रोड, कटरा, आदि क्षेत्रों में रहते हैं, जबकि निम्न वर्ग के गंदी बस्तियों, चालों, अहातों, चेरी, बेरेक्स तथा लेबर कालोनियों आदि में रहते हैं। वास्तविकता यह है कि निवास स्थान का चुनाव व्यक्ति अपनी स्थिति के अनुरूप ही करते हैं। अत: स्पष्ट है कि निवास की स्थिति के आधार पर वर्ग का निर्धारण किया जा सकता है।

(6) ***शिक्षा के आधार पर वर्ग का निर्धारण*** – प्राचीनकाल से ही शिक्षा वर्ग निर्धारण का भारतीय समाज में आधार रही है। प्राचीनकाल में जो व्यक्ति धार्मिक तथा आध्यात्मिकवाद की शिक्षा प्राप्त कर लेता है या उन क्षेत्रों का ज्ञाता होता था उसकी स्थिति सामान्य जनों से ऊंची मानी जाती थी। आधुनिकीकरण, औद्योगीकरण, मशीनीकरण तथा विज्ञान के बड़े प्रभाव से शिक्षा का क्षेत्र बढ़ा तथा इसे सामान्य शिक्षा, तकनीकी शिक्षा, प्रौद्योगिक शिक्षा, विज्ञान की शिक्षा, आदि में पृथक् कर दिया गया। इन क्षेत्रों की शिक्षा प्राप्त व्यक्तियों की सामाजिक स्थिति निश्चित रूप से इन शिक्षा को प्राप्त करने वालों से ऊंची मानी जाती है तथा एक विशेष शिक्षा को प्राप्त करने वाले व्यक्ति वर्ग का निर्माण कर लेते हैं।

(7) ***धर्म के आधार पर वर्ग का निर्माण*** – आधुनिक समाज में धर्म के आधार पर भी वर्ग का निर्माण किया जा सकता है। जो व्यक्ति धर्म का आदर करते हैं, धर्म पर विश्वास रखते हैं तथा धर्म प्रधान होते हैं, ऐसे व्यक्तियों के वर्ग को आस्तिक वर्ग कहा जाता है तथा जो व्यक्ति धार्मिक क्रियाकलापों, पूजा, आराधना, ईश्वर, आदि पर विश्वास नहीं करते उन्हें नास्तिक व्यक्ति कहा जाता है। दूसरे शब्दों में धर्म पर विश्वास रखने या न रखने वालों में पृथक्-पृथक् वर्ग बन जाते हैं। धर्म प्रधान समाजों में धर्म पर विश्वास रखने वालों को उच्च तथा विश्वास न रखने वालों को निम्न स्थिति प्राप्त होती है।

(8) ***परिवार तथा नातेदारी के आधार पर वर्ग का निर्धारण*** – समाज में व्यक्ति की स्थिति का निर्धारण परिवार तथा नातेदारी के आधार पर भी होता है। दूसरे शब्दों में उच्च वर्ग में जन्म लेने वाले या उच्च वर्ग या स्तर के वर्ग से रक्त संबंध रखने वालों का स्तर निम्न वर्ग या स्तर वर्ग के रक्त संबंधियों से ऊंचा समझा जाता है तथा इन्हें उच्च स्तर का ही समझा जाता है। उदाहरण के रूप में नेहरु, गांधी, टाटा व बिड़ला के खानदान से रक्त संबंध रखने वालों को उच्च स्तर का समझा जाता है। इसी प्रकार प्रधानमंत्री, मुख्यमंत्री या मंत्रियों के पुत्र-पुत्रियों की स्थिति इस कारण से उच्च मानी जाती हैं कि उनका रक्त संबंधी सत्ता के प्रमुख व्यक्तियों से होता है। अत: स्पष्ट है कि परिवार तथा नातेदारी के प्रमुख आधार पर भी उच्च व निम्न वर्गों का निर्माण होता है।

वर्ग की विशेषताएं

वर्ग के संबंध में की गई विवेचना के बाद कुछ महत्वपूर्ण विशेषताओं को स्पष्ट किया गया है जो निम्नलिखित अनुसार हैं –

(1) *ऊंच-नीच की भावना* – वर्ग व्यक्ति में ऊंच-नीच, श्रेष्ठहीन तथा उच्च निम्न की भावना को उत्पन्न करता है जो व्यक्ति या वर्ग उच्च स्तर प्राप्त होते हैं वे अन्य वर्गों से अपने को श्रेष्ठ मानते हैं, दूसरे वर्गों के सदस्यों से सामाजिक व्यवहार करते समय भी ये अपनी श्रेष्ठता व्यवहार में प्रदर्शित करते हैं।

(2) *वर्ग चेतना* – वर्ग चेतना वर्ग की एक महत्वपूर्ण विशेषता है। ऐसा समाज का कोई भी वर्ग नहीं होता, जिसमें वर्ग चेतना न पाई जाती है। वर्ग चेतना का आशय यह है कि प्रत्येक वर्ग इस परिप्रेक्ष्य में सचेत रहता है कि दूसरे वर्गों की तुलना में उसके वर्ग की प्रतिष्ठा कैसी है। मार्क्स का कथन है कि वर्ग चेतना ही वह प्रक्रिया है, जो वर्गों को वास्तविक स्वरूप प्रदान करती है। वर्ग चेतना ही एक वर्ग को दूसरे वर्ग के सदस्यों में पारस्परिक संबंधों का निर्धारण कर, अपने अधिकारों के प्रति सचेत रहने तथा अधिकार हनन होने पर संघर्ष करने को प्रेरित करती है। वर्ग चेतना ही वर्ग के सदस्यों में पारस्परिक प्रेम, सहयोग व अपनत्व को जन्म देती है।

(3) *पारस्परिक निर्भरता* – वर्ग भेद होने के पश्चात् भी सामान्यत: समाज के सभी वर्गों में पारस्परिक निर्भरता बनी रहती है। प्रत्येक वर्ग की अनेकानेक आवश्यकताएं होती हैं, जिसकी पूर्ति दूसरे वर्ग के सहयोग के बिना नहीं हो पाती। अत: सभी वर्ग एक दूसरे पर निर्भर रहते हैं। तभी सामाजिक व्यवस्था सुचारू रूप से चलती रहती है। उदाहरण के लिए पूंजीपति वर्ग के लिए अपने कारखाने या मिल चलाने हेतु श्रमिकों, एजेन्टों, सेलरों, आदि की आवश्यकता होती है। इसी प्रकार श्रमिक वर्ग को अपनी उदर पूर्ति हेतु श्रम खरीदने वालों की आवश्यकता रहती है। अत: वर्ग पारस्परिक निर्भर रहते हैं।

(4) *खुली व्यवस्था* – जाति व वर्ग के समान कठोर एवम् स्थिरता का गुण वर्ग व्यवस्था में नहीं पाया जाता। वरन वह तो खुली व्यवस्था का प्रतीक है। किसी भी वर्ग में कोई भी व्यक्ति कभी भी आ जा सकता है। न तो वर्ग में शामिल होने वाले सदस्यों को ही रोका जा सकता है और न ही जाने वाले सदस्यों को। अत: वर्ग व्यवस्था खुली व्यवस्था है।

(5) *सीमित सामाजिक संबंध* – सामाजिक वर्गों की एक विशेषता के रूप में कहा जा सकता है कि इसमें प्राय: प्रत्येक वर्ग के सदस्यों के सामाजिक संबंधों का दायरा अधिकांशत: अपने स्तर के अर्थात् अपने वर्ग के सदस्यों तक ही सीमित रहता है ताकि दूसरे वर्गों के सदस्यों से औपचारिक या दिखावे के ही संबंध रहते हैं तथा इसमें

भी एक निश्चित दूरी बनाए रखते हैं। अत: वर्ग के सदस्यों के सीमित सामाजिक संबंध रहते हैं।

(6) *उपवर्ग* – किसी भी समाज के चाहे वर्गों की संख्या कितनी भी क्यों न हो, चाहे वर्ग निर्धारण का आधार कुछ भी क्यों न हो किन्तु प्रत्येक वर्ग के अनेकानेक उपवर्ग निश्चित रूप में पाए जाते हैं। दूसरे शब्दों में वर्ग अनेक स्तरों या भागों में विभक्त रहता है। उदाहरण के लिए, विद्यार्थी या छात्र वर्ग को ही लिया जा सकता है। इसमें प्राइमरी स्कूल के छात्र, मिडिल स्कूल के छात्र, हाई स्कूल के छात्र, महाविद्यालय के छात्र तथा विश्वविद्यालय के छात्र आ जाते हैं। इसीलिए कहा जा सकता है कि वर्ग के अनेक उपवर्ग होते हैं।

(7) ***जन्म का महत्व नहीं*** – वर्ग का निर्माण या वर्ग की सदस्यता में जन्म का महत्व नहीं होता। दूसरे शब्दों में यह बिल्कुल भी आवश्यक नहीं होता कि व्यक्ति ने जिस वर्ग में जन्म लिया हो वह मृत्युपर्यन्त उसी का सदस्य बना रहेगा। वर्ग की सदस्यता का निर्धारण तो वैयक्तिक कुशलता या योग्यता, आर्थिक स्थिति, व्यवसाय, आय, आयु, शिक्षा, आदि के द्वारा होता है। कोई भी व्यक्ति किसी भी वर्ग की सदस्यता व्यक्तिगत परिश्रम व प्रयासों से प्राप्त कर सकता है। इसीलिए कहा जा सकता है कि वर्ग में जन्म का महत्व नहीं होता। उदाहरण के रूप में डॉ. अम्बेडकर का जन्म एक निर्धन परिवार में हुआ था किन्तु अपने व्यक्तिगत प्रयासों एवम् परिश्रम से उच्च शिक्षा प्राप्त कर देश के उच्च नेता बने और लोकहित में कार्य किए।

(8) ***जाति का महत्व नहीं***–नगरीय समाज के वर्गीय ढांचे में जाति का महत्व नहीं है। उच्च जाति का व्यक्ति जन्म से श्रेष्ठ हो सकता है किन्तु यदि वह श्रमिक वर्ग में है जहां निम्न जाति के सदस्य भी साथ-साथ कार्य करते हैं तो उसमें और निम्न जाति के व्यक्ति में कोई अंतर नहीं होता बल्कि छोटी-बड़ी जाति के सभी व्यक्ति श्रमिक वर्ग के ही कहलाते हैं। इस तरह जन्म व जाति के आधार पर वर्ग में न कोई छोटा है न बड़ा, बल्कि सब समान हैं।

(9) ***धर्म निरपेक्षता*** – नगरीय समाज के वर्ग में अनेक धर्म, जाति और सम्प्रदाय के व्यक्ति साथ-साथ कार्य करते हैं, किन्तु धर्म कहीं भी उनके वर्ग को प्रभावित नहीं करता। एक वर्ग से संबंधित सभी व्यक्ति चाहे उनका धर्म कोई भी हो परस्पर समान व्यवहार करते हैं। इनमें समानता की भावना होती है। इसलिए वर्ग पर आधारित संघ अथवा संगठन अत्यधिक शक्तिशाली होते हैं क्योंकि धर्म निरपेक्ष होते हैं। इनमें धर्म को लेकर अलगाव नहीं होता।

(10) ***सामान्य जीवन विधा*** – सामान्यत: एक वर्ग के सदस्यों की जीवन विधा या जीवन जीने के ढंग समानता के लिए होता है। उदाहरण के रूप में, उच्च वर्ग या स्तर के व्यक्तियों में भौतिकता की वस्तुओं को विशेष महत्व दिया जाता है। नवीनता

को अपनाने में या ग्रहण करने में यही वर्ग अन्य वर्गों से आगे रहता है। रहने के लिए अच्छे से अच्छा व सुंदर भवन, घूमने के लिए मोटर गाड़ियां, पहनने के लिए आधुनिक वस्त्र व आभूषण आदि को उच्च वर्ग के सदस्य अधिक महत्व देते हैं।

दलवाद

गुट उन व्यक्तियों का एक छोटा समूह होता है, जो किसी राजनैतिक अथवा सामाजिक कारण से अपने को एकता के सूत्र में बांधते हैं। इस प्रकार प्रत्येक गुट का एक नेता होता है, जो अपने सदस्यों से गुट के प्रति निष्ठा की अपेक्षा रखता है। समुदाय में गुटबंदी या गुट का पाया जाना सार्वभौमिक विशेषता मानी जाती है। सामान्य रूप से गुटबंदी या गुट शब्द का अर्थ किसी ऐसे समूह से माना जाता है, जिसके सदस्यों का उद्देश्य एक सुदृढ़ सामुदायिकता की भावना तथा हम की भावना से गुथ कर अपनी आवश्यकताओं, इच्छाओं, स्वार्थों व कार्यों को पूर्ण करता रहता है तथा अपने उद्देश्य की पूर्ति के लिए अन्य समूहों से संघर्ष करना तथा किसी भी प्रकार अपने लक्ष्यों को प्राप्त करना होता है।

गुट की कुछ विशेषताएं निम्न प्रकार से हैं –

1. गुट समूह आकार में छोटा होता है।
2. अन्य समूहों के समान गुट भी एक सामाजिक समूह है।
3. गुट के निर्माण हेतु कुछ विशिष्ट प्रकार की परिस्थितियां आवश्यक होती हैं, ये परिस्थितियां चाहे सहयोगपूर्ण हों या संघर्षपूर्ण।
4. गुट की सदस्यता स्वैच्छिक होती है, परिस्थितियों के आधार पर व्यक्ति इसमें परिवर्तन कर सकते हैं।
5. गुट का निर्माण समान हितों वाले व्यक्तियों द्वारा मिल कर किया जाता है तथा इनका लक्ष्य सामान्य उद्देश्यों को प्राप्त करना होता है।
6. वर्तमान समय में ग्रामीण गुट जाति तथा राजनीति से अधिक प्रभावित हुए हैं लेकिन ये उनका एकमात्र स्वरूप नहीं है।
7. गुट सभी समाजों में पाए जाते हैं।

आधुनिक, जटिल और समस्याग्रस्त समाज में व्यक्ति अपने लक्ष्यों को प्राप्त नहीं कर सकता है। वह अपने जाति, धर्म या अपने समूह और वर्ग का हित नहीं कर सकता है। वास्तव में आर्थिक-सामाजिक चेतना ने दलों की स्थापना में महत्वपूर्ण भूमिका अभिनीत की है। स्वतंत्रता के बाद निहित स्वार्थों, महत्वाकांक्षाओं की पूर्ति के लिए असंख्य दलों की स्थापनाएं हो गई हैं। यह दल केवल नगर और महानगर तक ही सीमित नहीं है बल्कि अन्तर्राष्ट्रीय जगत में भी सक्रिय है, इसका मुख्य कारण आर्थिक विकास और राजनैतिक चेतना है।

गुटबंदी के कारण

भारतीय जनजीवन में कई कारणों से गुटबंदी पनप रही है। गुटबंदी के मुख्य कारण निम्नलिखित हैं –

(1) ***धार्मिक गुटबंदी*** – भारतीय समाज ने व्यक्ति की सामाजिक स्थिति को निर्धारित करने तथा सामाजिक स्तरीकरण की व्यवस्था का निर्माण करने में अहम् भूमिका का निर्वाह किया है। सामाजिक जीवन धर्म के अनुसार ही प्रभावित एवम् संचालित होता रहा है। किन्तु वर्तमान समय में भारतीय समाज में विभिन्न प्रकार के धर्म, धार्मिक विश्वास, रीति-रिवाज, मान्यताएं व सम्प्रदायों का फैलाव हो चुका है, जिसके कारण धार्मिक गुटों को बढ़ावा मिला है क्योंकि एक प्रकार के धार्मिक विश्वासों व मान्यताओं पर विश्वास रखने वाले व्यक्ति अपने ही धर्म को दूसरे धर्मों से श्रेष्ठ मानते हैं तथा उसकी किसी भी प्रकार की आलोचना या बुराई सुनना पसंद नहीं करते और ये अपने धर्म व मान्यताओं को स्वीकार करने वालों से ही घनिष्ठ संबंध, पारस्परिक प्रेम, सहानुभूति व भाईचारे की भावना बनाए रखना श्रेयस्कर समझते हैं तथा एक विचारधारा, धर्म व मान्यताओं को स्वीकार करने वाले अपना एक समूह का निर्माण कर लेते हैं। इसी प्रकार की स्थिति अन्य धर्म को मानने वालों की रहती है तथा सभी धार्मिक गुट अपने धार्मिक विश्वासों, मान्यताओं, रीति-रिवाजों, को आगे बढ़ाने उसका प्रचार-प्रसार करने, उस पर पूर्ण आस्था रखते हैं तथा दूसरे धर्म व मान्यताओं को या तो विशेष महत्व नहीं देते या अपने धर्म से निम्न धर्म मानते हैं और इसी कारण धार्मिक गुट-बंदी का विकास होता है।

(2) ***जातीय गुटबंदी*** – भारतीय समाज में प्राचीनकाल से ही जाति का विशेष महत्व रहा है। इसी कारण इसे जातिगत समाज कह कर परिभाषित कर दिया गया। गांवों में व शहरों में जातिगत गुटबंदी का बहुत बोलबाला रहता है। जातियों के हितों, स्वार्थों व आवश्यकताओं की पूर्ति हेतु गुटबंदी में रहना ही अच्छा मानते हैं। समाज दो भागों में बंटा दिखता है–एक उच्च जाति समाज और दूसरा निम्न जाति समाज। उच्च जाति के व्यक्ति अपनी जातीय श्रेष्ठता बनाए रखने, परम्परागत रूप से चली आ रही व्यवस्था को बनाए रखने एवम् अपनी शक्ति व सत्ता को बनाए रखने तथा अपने जाति स्वाभिमान को स्थायी रखने के लिए उच्च जाति के सदस्यों को मिला कर गुट का निर्माण करते हैं तथा परम्परागत व्यवस्था को परिवर्तित करने वाली स्थितियों या व्यक्तियों का संगठित होकर विरोध करते हैं और अपनी सत्ता शक्ति एवम् अधिकारों को बनाए रखने का प्रयास करते हैं। इसी प्रकार निम्न जातियों के सदस्य अपने जातिगत हितों, स्वार्थों, शोषण से बचने तथा समाज में अपनी स्थिति सुदृढ़ रखने के उद्देश्य से गुटों का निर्माण करते हैं तथा परम्परागत व्यवस्था को परिवर्तित करने वाली स्थितियों या व्यक्तियों का संगठित होकर विरोध करते हैं और अपनी सत्ता शक्ति एवम् अधिकारों को बनाए रखने

का प्रयास करते हैं। इसी प्रकार निम्न जातियों के सदस्य अपने जातिगत हितों, स्वार्थों, शोषण से बचने तथा समाज में अपनी स्थिति सुदृढ़ रखने के उद्देश्य से गुटों का निर्माण करते हैं, जिससे विपरीत स्थिति उत्पन्न होने पर संयुक्त रूप से उसका सामना किया जा सके।

(3) ***सम्पन्न एवम् निर्धन वर्ग*** – भारतीय समाज सम्पन्न एवम् निर्धन वर्ग में बंटा दिखाई देता है। सम्पन्न वर्ग के अन्तर्गत वे व्यक्ति जिनके पास जमीन, जायदाद, कल-कारखाने, उद्योग-धंधे व व्यापार हैं ये परिवार धनाढ्य परिवार माने जाते हैं, ये संख्यात्मक दृष्टि से बहुत कम हैं। निर्धन वर्ग के अन्तर्गत श्रमिक, मजदूरी करने वाले, भूमिहीन तथा ऐसे व्यक्ति या परिवार आते हैं जिनकी आर्थिक स्थिति निम्न रहती है और जो अपने परिवार की अनिवार्य आवश्यकताओं की पूर्ति नहीं कर पाते। इनकी संख्या शहरों व गांवों में अधिक पाई जाती है। उच्च वर्ग के सदस्य अपनी सम्पत्ति, मान-सम्मान, प्रतिष्ठा को बनाए रखने हेतु सम्पन्न वर्ग के सदस्यों का गुट बना कर अपने हितों एवम् स्वार्थों को पूरा करते रहते हैं। यह वर्ग चतुर, चालाक एवम् होशियार प्रकृति का रहता है। निर्धन वर्ग के सदस्य अपने रात दिन के कठोर परिश्रम के बाद भी अपने परिवार का भरण-पोषण अच्छे ढंग से नहीं कर पाते क्योंकि उच्च व सम्पन्न वर्ग के द्वारा इनका शोषण होता रहता है, इन पर विभिन्न प्रकार के अत्याचार होते रहते हैं अत: इस वर्ग के सदस्य भी शोषण, अत्याचार एवम् अपने हितों, स्वार्थों एवम् अधिकारों को प्राप्त करने हेतु संगठित होकर गुट बना कर यथा-समय उनका विरोध करते हैं।

(4) ***राजनैतिक दृष्टि*** – वर्तमान समय में ग्रामों में गुटबंदी को प्रभावित करने वाली राजनैतिक पृष्ठभूमि है। स्वतंत्रता प्राप्ति के पश्चात् सभी नागरिकों को चुनाव लड़ने व मतदान करने तथा इच्छानुसार किसी भी दल का प्रचार-प्रसार करने की स्वतंत्रता प्रदान की गई। भारतीय समाज में राजनैतिक स्थिति को प्राप्त करने के हेतु जन संगठित होकर प्रयास करते हैं, क्योंकि प्रजातांत्रिक निर्वाचन प्रणाली में संख्या का अधिक महत्व रहता है। इसी कारण गांव गुटों में विभक्त हो जाते हैं तथा गुट के सदस्य अपने गुट को विजयी बनाने हेतु प्रयास करते हैं। जीत या हार होने के पश्चात् गुट स्थायित्व ले लेते हैं तथा इनके सदस्य एक दूसरे को नीचा दिखाने का हमेशा प्रयास करते रहते हैं।

(5) ***आपराधिक कृत्यों को करने वाले गुट*** – आपराधिक कृत्य का आशय असामाजिक कार्यों से है। असामाजिक कार्य करने वाले व्यक्तियों से कोई भी समाज अछूता नहीं रह गया। ग्राम हो या नगर, प्राचीन युग का समय रहा हो या आधुनिक समय, आपराधिक प्रवृत्ति वाले सदस्य किसी न किसी रूप में अवश्य रहे हैं। इस प्रकार के कार्यों को करने वाले सदस्यों को समाज के सभ्य सदस्य हीन एवम् घृणा की दृष्टि से देखते हैं, इन्हें समाज में वह सम्मान व मान नहीं मिलता, जो कि समाज के अन्य

सदस्यों को प्राप्त होता है। इस कारण ऐसे व्यक्ति अपने जैसे ही कार्य करने वालों से मिल कर, संगठित होकर अपने स्वार्थों व हितों की पूर्ति करने लगते हैं। दूसरी तरफ सामाजिक व्यक्ति इनके अत्याचारों तथा भय से बचने हेतु संगठित होकर अपने हितों की पूर्ति करने का प्रयास करते हैं। इस प्रकार गुटों का निर्माण होता है। सामूहिक डकैती करने वाले, आंतक एवम् भय फैलाने वाले तथा समाज में अशांति को उत्पन्न करने वाले गुट कहलाते हैं।

3

परिवार, विवाह और जाति

नगरीय ग्रामों की सामाजिक संरचना में परम्परागत संस्थागत आधार मूल रूप से सम्मिलित हैं। लेकिन इन आधारों में परिवर्तन आकस्मिक नहीं होते हैं। सामाजिक परिवर्तन के दृष्टिकोण से ये ग्राम नगरीयकरण से प्रभावित होते हैं। इन प्रभावों के फलस्वरूप ग्रामों की ऊपरी-भौतिक परिस्थितियों में अंतर आता है, फिर भी सामाजिक संरचना के बुनियादी परम्परागत आयामों में, तुलनात्मक दृष्टि से कम परिवर्तन की संभावना है। नगरीय ग्रामों के अन्य ग्रामों की तरह रीति-रिवाज देखे जा सकते हैं और इस कारण नगरीय क्षेत्र में होते हुए भी वह मूलतः ग्रामीण जनसंख्या है। ऐसे ग्रामों की ऐतिहासिक पृष्ठ भूमि है, जो परिवार इन ग्रामों में सदियों से रहते आए हैं उनके आपसी सामुदायिक संबंध, इनकी सामाजिक भूमिकाओं को प्रभावित करते हैं। नगर के विकास के क्रम में इनके संस्थागत स्वरूप में कितना अंतर आया है, क्या यह अंतर ग्रामीण क्षेत्रों की तुलना में अधिक है, क्या नगर तथा नगरीय ग्राम के संस्थागत आचरण में विभिन्नता है, इस प्रकार के कई प्रश्नों से प्रेरित होकर नगरीय ग्राम के संस्थागत परिवर्तनों का अध्ययन किया गया।

अध्यहित ग्रामों की अपनी ऐतिहासिक पृष्ठ भूमि है, इतिहास के क्रम में इन ग्रामों का स्वरूप एक विशिष्ट व्यवस्था के अन्तर्गत उभरा और इन्हीं अवस्था परिवर्तन के बाद इन ग्रामों की संरचना में परिवर्तन आए। इन परिवर्तनों को कई आधारों पर विश्लेषित किया जा सकता है। जैसे ग्रामीण सामाजिक संरचना के सांस्कृतिक परिपेक्ष में परिवर्तन और ग्रामीण संरचना की संस्तरात्मक व्यवस्थाओं में परिवर्तन। ये सभी परिवर्तन ऐतिहासिक क्रम में उन विशिष्टताओं को बदलते हैं और रूपान्तरण के क्रम में नई संरचना को प्रस्तुत कर देते हैं। ऐतिहासिक क्रम के इसी परिवर्तन की समीक्षा को इस अध्याय में प्रस्तुत किया गया है। तथ्यों द्वारा यह विश्लेषण करने का प्रयास किया गया है कि इन ग्रामों में संस्थागत आधार पर किन परिवर्तनों को स्वीकारा गया है और इन परिवर्तनों के आधार पर संरचनात्मक परिवर्तन को किन रूप में देखा जा सकता है।

इस अध्ययन में सर्वप्रथम हम जयपुर महानगर के सामाजिक संस्थागत परिवर्तन के आयामों को प्रस्तुत करेंगे और उसके उपरान्त उदयपुर नगर का विश्लेषण प्रस्तुत करेंगे। ऐसे सामाजिक रूपान्तरण के लिए दो समय "पहले" और "अब" का उल्लेख किया गया है। "पहले" से अर्थ स्वतंत्रता से पूर्व की परिस्थिति है और "अब" से अर्थ वर्तमान की परिस्थिति से है।

जयपुर के ग्रामों में संस्थागत परिवर्तन

नगरीय ग्रामों की आबादी बढ़ी है। नल, बिजली, सड़क, यातायात, दुकानों का विकास हुआ है लेकिन कृषि योग्य भूमि सीमित रह गई है। नगरीय ग्राम के लोग अब अधिक भौतिक सुविधाओं की आकांक्षा करते हैं। ऐसी परिस्थिति में उन्हें अधिक दुकानों, पक्के मकानों और नल व बिजली की आवश्यकता महसूस होती है।

ऐसी परिस्थिति में जयपुर के झालाना व सोढ़ाला नगरीय ग्रामों में विकास हो रहा है। संस्थागत परिवर्तनों का विवेचन यहां प्रस्तुत किया जा रहा है।

युवा मेल-जोल तथा विवाह

भारत में धार्मिक आधार पर पवित्रता के आयामों पर अत्यधिक ध्यान दिया जाता है। विवाह में भी धार्मिक उद्देश्य प्रमुख है। युवा लड़के-लड़कियों को यौन स्वतंत्रता नहीं है। ऐसी परिस्थिति में नगरीय ग्रामों में इन संदर्भों में आय परिवर्तनों का विश्लेषण आवश्यक है। उत्तरदाताओं से लड़के-लड़कियों के मेलजोल, उनके साथ घूमने, वर चयनता के आधार, विवाह की रीति, दहेज, विवाह-विच्छेद, पुनर्विवाह, विधवा विवाह पर प्रश्न पूछे गए। इनका विश्लेषण आगे प्रस्तुत किया गया है।

युवा लड़के-लड़कियों का मेल-जोल

नगरीय ग्राम के निदर्शित उत्तरदाताओं से यह प्रश्न किया गया कि वे युवा लड़के-लड़कियों का मेल-जोल पसंद करते हैं या नहीं। उनसे पहले और अब की परिस्थिति में अंतर भी पूछा गया। सारणी 3.1 में इसका विश्लेषण प्रस्तुत किया गया है।

सारणी 3.1

युवा लड़के-लड़कियों का मेल-जोल

मेल-जोल पसंद	*झालाना*				*सोढ़ाला*			
	पहले		*अब*		*पहले*		*अब*	
	आ.	*%*	*आ.*	*%*	[illegible]	*%*	*आ.*	*%*
1. हां	0	(0)	6	(12)	[illegible]	(0)	8	(16.0)
2. नहीं	50	(100.0)	44	(88.0)	50	(100)	42	(84.0)
	50	(100.0)	50	(100.0)	50	(100.0)	50	(100.0)

सारणी 3.1 से ज्ञात होता है कि नगरीय ग्रामों में अब भी अधिकतर (89%) लोग युवा लड़के-लड़कियों का आपसी मेल-जोल पसंद नहीं करते हैं।

विवाह पूर्व साथ घूमना

लड़के लड़कियों के मेल-जोल से संबंधित एक और प्रश्न उनका साथ घूमना है। इस आश्रय के उत्तरों को सारणी 3.2 में प्रस्तुत किया गया है।

सारणी 3.2
विवाह पूर्व साथ घूमना

क्र. स.	साथ घूमना पसंद	झालाना पहले आ.	झालाना पहले %	झालाना अब आ.	झालाना अब %	सोढ़ाला पहले आ.	सोढ़ाला पहले %	सोढ़ाला अब आ.	सोढ़ाला अब %
1.	हां	0	(0)	10	(20.0)	2	(4.0)	14	(28.0)
2.	नहीं	50	(100.0)	40	(80.0)	48	(96.0)	36	(72.0)
		50	(100.0)	50	(100.0)	50	(100.0)	50	(100.0)

सारणी 3.2 से ज्ञात होता है कि अधिकतर लोग विवाह से पहले लड़कियों का साथ-साथ घूमना पसंद नहीं करते हैं। जहां पहले इसका अत्यधिक विरोध था, अब दृष्टिकोण में कुछ परिवर्तन आया है। दो ग्रामों की तुलना के आधार पर यह दिखाई पड़ता है कि झालाना से ज्यादा सोढ़ाला में परिवर्तन है। फिर भी यह अंतर सार्थक दृष्टिगोचित नहीं है।

वर व्यवसाय

वर चयन करते समय परिवार के सदस्य अपनी लड़की के लिए किस प्रकार का वर चाहते हैं। वर नौकरी वाला हो या व्यापार वाला अथवा आर्थिक दृष्टि से समृद्ध हो। इस प्रश्न से संबंधित उत्तरों का विश्लेषण सारणी 3.3 में प्रस्तुत किया गया है।

सारणी 3.3
वर चयन व्यवसाय

क्र. स.	वर चयन	झालाना आ.	झालाना %	सोढ़ाला आ.	सोढ़ाला %
1.	नौकरी	31	(62.0)	38	(76.0)
2.	व्यापार, व्यवसाय	9	(18.0)	10	(20.0)
3.	कृषि तथा अचल सम्पत्ति	10	(20.0)	2	(4.0)
		50	(100.0)	50	(100.0)

सारणी 3.3 से यह पता चलता है कि अधिकतर लोग अपनी लड़की के लिए नौकरी करने वाला वर पसंद करते हैं। कुछ लोग व्यापार अथवा व्यवसाय वाला और

कुछ आर्थिक रूप से सक्षम अथवा कृषि तथा अचल सम्पत्ति वाला वर चाहते हैं। इस सारणी से यह संकेत मिला है कि अब झुकाव कृषि से नौकरी की तरफ है। नौकरी नगरीय जीवन का लक्षण है। अधिकांशत: नगरीय जीवन सेवा, व्यापार और औद्योगिक कर्म के साथ जोड़ा जाता है। धीरे-धीरे क्योंकि कृषि योग्य भूमि समाप्त हो रही है। इसलिए कृषि की अपेक्षा नगरीय सेवा संस्तरण का दृष्टि से अधिक अच्छी मानी गई है। अत: स्वाभाविक रूप में वर चयन का झुकाव इन सेवाओं के प्रति चला गया है।

वर शिक्षा

वर चयन में वर की शिक्षा को कितना महत्वपूर्ण माना जाता है अर्थात् क्या अब अपनी लड़की के लिए शिक्षित वर चाहते हैं, इस प्रश्न के उत्तरों का विश्लेषण सारणी 3.4 में प्रस्तुत किया गया है।

सारणी 3.4
वर चयन में शिक्षा

क्र. स.	*वर शिक्षा का महत्व*	*झालाना*				*सोढ़ाला*			
		पहले		*अब*		*पहले*		*अब*	
		आ.	*%*	*आ.*	*%*	*आ.*	*%*	*आ.*	*%*
1.	हां	0	(0)	50	(100.0)	8	(16.0)	48	(96.0)
2.	नहीं	50	(100.0)	0	(0.0)	42	(84.0)	2	(4.0)
		50	(100.0)	50	(100.0)	50	(100.0)	50	(100.0)

सारणी 3.4 से रोचक परिणाम प्राप्त होते हैं। पहले और अब की परिस्थिति में बहुत अंतर है। जहां वर की शिक्षा को बहुत कम आवश्यक माना जाता था, अब कन्या के लिए शिक्षित वर चाहते हैं। दोनों ही ग्रामों में पहले की अपेक्षा आधे से अधिक लोग अब वर की शिक्षा की नई प्रवृत्ति के साथ जुड़ गए हैं। शून्य की अपेक्षा यह आकांक्षा अब निदर्शित सूचनादाताओं के 42 एवं 50 रुझानों को स्पष्ट करते हैं।

वर चयन प्राथमिकता

वर चयन की विभिन्न प्राथमिकताओं को ज्ञात करने के लिए उत्तरदाताओं से वर की आर्थिक स्थिति, शिक्षा, सुंदरता, स्वास्थ्य, जाति, माता-पिता का व्यवहार, वधु व्यवहार, परिवार प्रस्थिति से संबंधित वरीयताएं पूछी गईं। इसका विश्लेषण सारणी 3.5 (झलाना) तथा 3.6 (सोढ़ाला) में प्रस्तुत किया गया है।

सोढ़ाला सारणी 3.6 से यह स्पष्ट होता है कि अधिकांश सदस्य जाति को प्रथम प्राथमिकता देते हैं, द्वितीय प्राथमिकता माता-पिता व्यवहार, तृतीय प्राथमिकता वधु व्यवहार, चतुर्थ प्राथमिकता सुंदरता, पंचम प्राथमिकता स्वास्थ्यता, षष्ठम् प्राथमिकता शिक्षा को, सप्तम प्राथमिकता परिवार का स्तर, अष्ठम् प्राथमिकता आर्थिक स्थिति को देते हैं।

सारणी 3.5

वर चयन प्राथमिकता : झालाना

क्र. सं.	प्राथमिकता प्रतिशत								भारयुक्त अंक	श्रेणी
	1	2	3	4	5	6	7	8	9	10
1. आर्थिक स्थिति	0.0	4.0	0.0	10.0	6.0	4.0	24.0	52.0	107	8
2. शिक्षा	14.0	2.0	4.0	4.0	0.0	20.0	40.0	16.0	163	6
3. सुन्दरता	6.0	2.0	4.0	2.0	20.0	48.0	18.0	0.0	148	7
4. स्वास्थ्य	0.0	12.0	4.0	16.0	50.0	10.0	4.0	4.0	215	5
5. जाति	50.0	10.0	14.0	10.0	10.0	2.0	0.0	4.0	327	1
6. माता-पिता व्यवहार	10.0	40.0	18.0	16.0	6.0	2.0	6.0	2.0	296	2
7. वधु व्यवहार	12.0	20.0	40.0	12.0	4.0	2.0	6.0	4.0	287	3
8. परिवार का स्तर	12.0	12.0	16.0	30.0	2.0	10.0	4.0	14.0	243	4

झालाना ग्राम (सारणी 3.5) में वर चयन करते समय आधे लोग जाति को प्राथमिकता (प्रथम) देते हैं, द्वितीय प्राथमिकता माता-पिता व्यवहार, तृतीय वधु व्यवहार, चतुर्थ परिवार का स्तर, पंचम स्वास्थ्य, षष्ठम् शिक्षा, सप्तम् सुंदरता, अष्ठम व अंतिम प्राथमिकता आर्थिक स्थिति को देते हैं।

सारणी 3.6

वर चयन प्राथमिकता : सोढ़ाला

क्र. सं.	प्राथमिकता (प्रतिशत)								भारयुक्त अंक	श्रेणी
	1	2	3	4	5	6	7	8	9	10
1. आर्थिक स्थिति	4.0	2.0	0.0	0.0	10.0	10.0	18.0	56.0	104	8
2. शिक्षा	12.0	6.0	8.0	0.0	8.0	26.0	34.0	6.0	185	5
3. सुन्दरता	6.0	10.0	8.0	12.0	2.0	30.0	10.0	4.0	210	4
4. स्वास्थ्य	2.0	8.0	6.0	22.0	28.0	8.0	16.0	10.0	198	5
5. जाति	66.0	6.0	6.0	10.0	6.0	6.0	0.0	0.0	349	1
6. माता-पिता व्यवहार	2.2	46.0	24.0	10.0	8.0	6.0	0.0	4.0	293	2
7. वधु व्यवहार	2.0	12.0	40.0	18.0	14.0	4.0	6.0	4.0	257	3
8. परिवार का स्तर	4.0	8.0	4.0	26.0	10.0	12.0	14.0	22.0	184	7

दोनों ही ग्रामों की जानकारियों से यह स्पष्ट है कि जाति संरचना वैवाहिक बंधन के लिए अत्यंत महत्वपूर्ण मानी गई है। यह जानकारी समाज में स्थापित सामाजिक संस्तरण की संरचना के अनुरूप ही है। भारत की जाति व्यवस्था की संरचना में एक महत्त्वपूर्ण तथ्य अन्तर्विवाहिता है। विभिन्न अध्ययनों से यह तथ्य सिद्ध हुआ है कि नगरीयकरण की प्रक्रिया में जाति संरचना के मूल सिद्धांतों पर कोई विशेष असर नहीं डाला है। इसलिए इन ग्रामों में जाति की प्राथमिकता कोई आश्चर्यजनक तथ्य नहीं है। अन्य प्राथमिकता में पारिवारिक संरचना वर का स्वास्थ्य, शिक्षा तथा आर्थिक स्थिति क्रम में आते हैं। उपर्युक्त मान्यताएं वधु चयन में भी उत्तरदाताओं ने प्रस्तुत कीं।

वधु चयन प्राथमिकता

नगरीय ग्रामों के सदस्यों से यह पूछा गया कि वधु चयन करते समय किन बातों का विचार किया जाता है, अर्थात् आर्थिक स्थिति, शिक्षा, सुंदरता, स्वास्थ्य, जाति, माता-पिता व्यवहार, वधु व्यवहार, परिवार का स्तर में से किन वरों को सबसे अधिक महत्व प्रदान किया जाता है। तथ्यों का वर्गीकरण सारणी 3.7 (झालाना) तथा सारणी 3.8 (सोढ़ाला) में दिया गया है। वधु के संबंध में वधु के व्यवहार का तथ्य महत्वपूर्ण उभर कर आया।

वैवाहिक बंधन, आर्थिक स्थिति और लेन-देन

वैवाहिक बंधनों में संबंधों की स्थापना के लिए आर्थिक कारकों के लिए दो आधारों पर देखा जा सकता है। पहला वैवाहिक संबंधों के लिए परिवारों की आर्थिक हैसियत का विचार दूसरा वैवाहिक संबंधों में होने वाले लेन-देन का विचार किया गया है। प्राप्त तथ्यों का वर्गीकरण सारणी 3.9 में प्रस्तुत किया गया है।

सारणी 3.9 द्वारा यह प्रदर्शित होता है कि पहले प्रीतिभोज तथा लेन-देन पर अधिक ध्यान दिया जाता था। प्रीतिभोज तथा लेन-देन की तुलना करते हुए प्रीतिभोज का महत्त्व अधिक था। इन ग्रामों में कुछ परिवर्तन आया है। अब प्रीतिभोज पर कम ध्यान है। निश्चित ही वैवाहिक संबंधों में दोनों ही पक्षों की आर्थिक हैसियत एक महत्वपूर्ण तथ्य है। सामान्यत: दोनों ही पक्ष बराबर की आर्थिक हैसियत में ही विवाह संबंध स्थापित करना उचित समझते हैं। विशेष रूप से वर अपनी हैसियत से नीचे की हैसियत में विवाह करना उचित नहीं समझता। जहां तक विवाह के बाद आर्थिक लेन-देन का प्रश्न है इस संबंध में उत्तरदाताओं की कई प्राथमिकताएं हैं। इन प्राथमिकताएं को सारणी 3.9 में देखा जा सकता है।

इन दोनों ही ग्रामों में पहले प्रीतिभोज और लेन-देन की प्राथमिकता थी। यह विचार किया जाता था कि यदि प्रीतिभोज अच्छा हुआ तो विवाह के साथ जुड़े अन्य रिश्तेदार तथा सहयोगी प्रसन्न रहेंगे। लेन-देन के संबंध में यह माना जाता था कि इससे वर वधु पक्ष दोनों की प्रतिष्ठा बढ़ेगी।

सारणी 3.7
वधु चयन प्राथमिकता (झालाना)

क्र. सं.	प्राथमिकता (प्रतिशत)							भारयुक्त अंक		श्रेणी
	1	2	3	4	5	6	7	8	9	10
1. आर्थिक स्थिति	0.0	4.0	0.0	10.0	4.0	4.0	24.0	54.0	104	8
2. शिक्षा	14.0	2.0	4.0	4.0	0.0	20.0	40.0	16.0	163	6
3. सुन्दरता	6.4	4.0	4.0	0.0	20.0	48.0	18.0	0.0	160	7
4. स्वास्थ्य	2.0	10.0	4.0	16.0	48.0	12.0	4.0	4.0	220	5
5. जाति	50.0	12.0	12.0	10.0	10.0	4.0	0.0	4.0	331	1
6. माता-पिता व्यवहार	8.0	38.0	20.0	18.0	6.0	2.0	4.0	2.0	290	2
7. वधु व्यवहार	10.0	20.0	40.0	12.0	6.0	2.0	8.0	2.0	284	3
8. परिवार का स्तर	10.0	12.0	16.0	30.0	2.0	10.0	2.0	18.0	235	4

सारणी 3.7 देखने से पता चलता है कि अधिकांश लोग जाति को प्रथम प्राथमिकता देते हैं। द्वितीय प्राथमिकता माता-पिता व्यवहार, तृतीय प्राथमिकता वधु व्यवहार, चतुर्थ प्राथमिकता परिवार का स्तर, पंचम प्राथमिकता स्वास्थ्य, षष्ठम् प्राथमिकता शिक्षा को, सप्तम प्राथमिकता सुन्दरता तथा अंतिम प्राथमिकता आर्थिक स्थिति को देते हैं। अर्थात् सारणी को देखने से लगता है कि जाति को सर्वाधिक तथा आर्थिक स्थिति को कम महत्व देते हैं।

सारणी 3.8

वधु चयन प्राथमिकता : सोढ़ाला

क्र. सं.	प्राथमिकता (प्रतिशत) 1	2	3	4	5	6	7	8	भारयुक्त अंक 9	श्रेणी 10
1. आर्थिक स्थिति	2.0	2.0	2.0	0.0	8.0	10.0	20.0	56.0	115	8
2. शिक्षा	12.0	6.0	8.0	0.0	8.0	24.0	30.0	6.0	181	6
3. सुन्दरता	6.0	10.0	10.0	10.0	20.0	32.0	8.0	24.0	212	5
4. स्वास्थ्य	2.0	8.0	4.0	24.0	28.0	8.0	10.0	10.0	197	7
5. जाति	68.0	6.0	6.0	10.0	4.0	4.0	0.0	2.0	391	1
6. माता-पिता व्यवहार	4.0	46.0	24.0	10.0	10.0	6.0	0.0	0.0	303	2
7. वधु व्यवहार	2.0	14.0	40.0	20.0	14.0	4.0	4.0	2.0	266	3
8. परिवार का स्तर	4.0	16.0	6.0	26.0	8.0	10.0	14.0	24.0	212	4

सारणी 3.9
विवाह के लेन-देन में आर्थिक प्राथमिकता

क्र. सं.	विवाह में आर्थिक आधार	झालाना				सोढ़ाला			
		पहले		अब		पहले		अब	
		आ.	%	आ.	%	आ.	%	आ.	%
1.	प्रीतिभोज	15	(30.0)	0	(0.0)	17	(34.0)	1	(2.0)
2.	लेन-देन	1	(2.0)	0	(0.0)	1	(2.0)	0	(0.0)
3.	प्रीतिभोज तथा लेन-देन	32	(64.0)	11	(22.0)	32	(64.0)	11	(22.0)
4.	फर्नीचर सजावट	0	(0.0)	3	(6.0)	0	(0.0)	2	(4.0)
5.	हैसियतनुसार	0	(0.0)	14	(28.0)	0	(0.0)	3	(6.0)
6.	सभी सम्मिलित	2	(4.0)	22	(44.0)	0	(0.0)	33	(66.0)
		50	(100.0)	50	(100.0)	50	(100.0)	50	(100.0)

वर्तमान में इन दोनों तथ्यों के अतिरिक्त कुछ अन्य तथ्य जैसे बरातियों को देने वाली सुविधाएं, सजावट, खातिरदारी तथा ऐसे ही अनेक तथ्य शामिल हो गए हैं। वर्तमान अवस्था में इन दोनों तथ्यों से संबंधित कोई भी आधार महत्वपूर्ण सिद्ध हो सकते हैं।

विवाह की रीति

दोनों ही ग्रामों में विवाह की परम्परागत रीति का प्रचलन पहले और अब कोई परिवर्तन नहीं पाया गया। रीतियों के स्वरूप में भले ही परिवर्तन दिखाई दे, पर रीतियों का मूल स्वरूप यथावत् मौजूद है।

दहेज

विवाह में दहेज के प्रचलन के संबंध में कई प्रश्न उठाए जाते हैं। दहेज को सामाजिक कुरीति माना जाता है। इसके महत्व तथा प्रचलन पर उत्तरदाताओं की राय को सारणी 3.10 में प्रस्तुत किया गया है।

सारणी 3.10
दहेज का प्रचलन

क्र. सं.	दहेज का प्रचलन	झालाना				सोढ़ाला			
		पहले		अब		पहले		अब	
		आ.	%	आ.	%	आ.	%	आ.	%
1.	हां	14	(28.0)	2	(4.0)	10	(20.0)	6	(12.0)
2.	हैसियतनुसार	18	(36.0)	42	(84.0)	18	(36.0)	37	(74.0)
3.	कम	18	(36.0)	6	(12.0)	14	(28.0)	6	(12.0)
4.	नहीं	0	(0.0)	0	(0.0)	8	(16.0)	1	(2.0)
		50	(100.0)	50	(100.0)	50	(100.0)	50	(100.0)

सारणी से यह ज्ञात होता है कि दहेज का प्रचलन पहले भी था और अब भी है। लेकिन अब मांग में हैसियतनुसार शब्द जुड़ गया है। ऐसा प्रतीत होता है कि लोग प्रत्यक्ष मांग न करके अप्रत्यक्ष रूप से दहेज का अनुमान लगाने लगे हैं। "कम दहेज" पर पहले की परिस्थिति में आवृत्ति अधिक है और अब कम है। इससे यह स्पष्ट होता है कि दहेज का प्रचलन बढ़ रहा है। परन्तु इसके स्वरूप में कुछ अंतर आया है।

विवाह-विच्छेद

क्या विवाह-विच्छेद होता है। यह प्रश्न सीधे रूप से पूछा गया। नगरीय ग्रामों में इसकी स्थिति मिश्रित है। झालाना के 52 प्रतिशत तथा सोढ़ाला के 30 प्रतिशत उत्तरदाताओं ने यह बताया कि निम्न स्तर की जातियों में विवाह-विच्छेद का प्रचलन पहले भी था और अब भी है। कुछ (आवृत्ति = 11) उत्तरदाताओं ने यह बताया कि विवाह-विच्छेद का मूल कारण दहेज है। कुछ उत्तरदाताओं (आवृत्ति = 8) ने यह कहा कि लड़की के अशिक्षित होने पर तथा लड़के के शिक्षित होने के कारण विवाह-विच्छेद होते हैं।

पुनर्विवाह तथा विधवा विवाह, विवाह-विच्छेद के साथ-साथ पुनर्विवाह की सम्भावनाएं भी होती हैं। झालाना के 56 प्रतिशत तथा सोढ़ाला के 24 प्रतिशत उत्तरदाताओं ने इसके प्रचलन का समर्थन किया। जैसा कि विवाह-विच्छेद की अधिक संभावनाएं निम्न स्तर की जातियों में देखी गईं वैसे ही पुनर्विवाह की अधिक संभावनाएं इन जातियों में देखने को मिलती हैं। हिन्दू उच्च जाति अब भी अपने दृष्टिकोण में परिवर्तन नहीं ला पाई है। अगर कभी विवाह-विच्छेद हो जाता है तो पुनर्विवाह कठिन होता है। इन जातियों में पुनर्विवाह के प्रत्यक्ष उदाहरण देखने को नहीं मिले हैं। विधवा विवाह का प्रचलन उच्च जातियों में कम है लेकिन निम्न स्तर की जातियों में इसकी संभावनाएं दिखाई दीं।

विधवा विवाह के प्रचलन तथा प्रकृति से संबंधित उत्तरों का वर्गीकरण सारणी 3.11 में दिया गया है।

सारणी 3.11
पुनर्विवाह के प्रचलन तथ्य

क्र. सं.	प्रतिक्रिया	झालाना				सोढ़ाला			
		पहले		अब		पहले		अब	
		आ.	%	आ.	%	आ.	%	आ.	%
1.	सामाजिक दबाव विरोध	23	(46.0)	22	(44.0)	25	(50.0)	8	(16.0)
2.	नाते जाना	26	(52.0)	26	(52.0)	23	(46.0)	22	(44.0)
3.	कभी-कभी	1	(2.0)	2	(4.0)	2	(4.0)	20	(40.0)
		50	(100.0)	50	(100.0)	50	(100.0)	50	(100.0)

सारणी 3.11 से यह स्पष्ट होता है कि सामाजिक दबाव के फलस्वरूप ऐसे

विवाहों का प्रचलन कम है। जहां पर नाते-जाने की परम्परा में वहां विधवा विवाह की संभावनाएं हैं। दोनों ही ग्रामों में उत्तरों की प्रवृत्ति में समानता है।

परिवार

नगरीय ग्रामों की सामाजिक संरचना का मूल आधार परिवारों की संस्थागत स्थिति है। परिवार सामाजिक संरचना की मूल इकाई है। भारतीय परिवार के अन्तर्गत विशिष्ट संस्थागत प्रतिमान दिखाई देते हैं। ये परिवार को संगठित करते हैं और इनके अन्तर्गत भावनात्मक एकता के साथ-साथ कर्त्तव्य पालनता के पक्ष सम्मिलित हैं। परिवार में संयुक्तता, सामाजिक आधार पर मदद और अन्य सामाजिक संस्थाओं का समन्वय दिखाई पड़ता है। इस प्रकार से विवाह, जाति और अन्य ग्रामीण सामाजिक संस्थाओं में परिवार की प्रमुख भूमिकाएं हैं। परिवार के अन्तर्गत महिलाओं की प्रस्थिति से संबंधित कई प्रश्न उठाए जाते हैं। जहां परिवार में महिलाओं के शोषण की संभावनाएं दिखती हैं वहीं महिलाओं की भूमिकाओं में परिवर्तन के अवसर भी दिखाई देते हैं। परम्परागत आधार पर परिवार का एक व्यवसाय था। नवीन व्यवसायों के विकसित होने तथा शिक्षा के प्रसार के उपरान्त परिवारों की व्यावसायिक स्थिति परिवर्तित हो सकती है। पहले अधिकतर लोग कृषि से जुड़े हुए थे और अब नौकरी अथवा दूसरों के लिए कार्य करते हैं। इस प्रकार से जहां परिवार की संयुक्तता, परिवार के व्यवसाय और साथ-साथ कार्य करने के आधार के साथ संबंधित थीं, ये आधार अब परिवर्तित हो रहे हैं। इस सभी सन्दर्भों का विश्लेषण करने के लिए नगरीय ग्रामों की पारिवारिक संरचना का विश्लेषण किया गया।

परिवार की संरचना

परिवार की संरचना से संबंधित यह जानकारी एकत्रित की गई कि नगरीय ग्रामों में परिवार संयुक्त है अथवा एकाकी, इसका विश्लेषण सारणी 3.12 में प्रस्तुत किया गया है।

सारणी 3.12
परिवार की संरचना

क्र. सं.	परिवार की संरचना	झालाना				सोढ़ाला			
		पहले		अब		पहले		अब	
		आ.	%	आ.	%	आ.	%	आ.	%
1.	संयुक्त	50	(100.0)	30	(60.0)	45	(90.0)	27	(54.0)
2.	एकाकी	0	(0.0)	20	(40.0)	5	(10.0)	23	(46.0)
		50	(100.0)	50	(100.0)	50	(100.0)	50	(100.0)

सारणी 3.12 से यह तथ्य विदित होता है कि पहले संयुक्त परिवार का प्रचलन

था और अब एकाकी परिवार पनप रहे हैं। फिर भी अब संयुक्त परिवारों का अनुपात एकाकी परिवार से कुछ अधिक है। दोनों ही ग्रामों में समान स्थिति दिखाई पड़ती है। अवलोकन के आधार पर यह कहा जा सकता है कि कई परिवार सामयिक परिस्थितियों में एकाकी हुए हैं, लेकिन भावात्मक आधार पर उनमें एकता है। आवश्यकतानुसार इनके परिवार संयुक्तता का रूप ग्रहण कर लेते हैं। संयुक्त परिवारों में एक चूल्हा तथा एक साथ व्यय की परम्पराएं चल रही हैं। एकाकी परिवारों में आवश्यकतानुसार साथ तथा आर्थिक सहायता की संभावनाएं दिखाई दीं।

यद्यपि संयुक्त परिवारों में विभाजित होकर लोग अवश्य अलग-अलग रहने लग गए हैं, परन्तु आर्थिक तथा अन्य प्रकार की सामाजिक सहायता का आदान-प्रदान अभी भी होता है। वस्तुतः संयुक्त परिवार के विभाजन अवश्य हुए हैं लेकिन उनसे परिवारों का जो रूप विकसित हुआ है वह नितांत एकाकी परिवार सरीखा नहीं है। आई॰ पी॰ देसाई ने अपनी पुस्तक में गुजरात के नगर महुआ में अध्ययन के आधार पर परिवार और एकाकी परिवार के सन्दर्भों को देखा था। ये संदर्भ एकाकी परिवारों की दृष्टि से उन ग्रामों में उपलब्ध नहीं है। अतः इन ग्रामों के एकाकी परिवार संयुक्त परिवार की विभाजित इकाई ही है जो कतिपय आर्थिक और सामाजिक संबंधों के आधार पर अपनी मूल इकाई से जुड़ी हुई है।

पारिवारिक व्यवसाय

सामाजिक संस्थागत आधार पर व्यावसायिक परिस्थिति परिवार तथा जाति से संबंधित थी। इस दृष्टिकोण से उत्तरदाताओं से उनकी पहले तथा अब के व्यवहार की सूचनाएं एकत्रित की गईं, जिनका वर्णन सारणी 3.13 में प्रस्तुत किया गया है।

सारणी 3.13
पारिवारिक व्यवसाय

क्र. सं.	परिवारिक	झालाना				सोढ़ाला			
		पहले		अब		पहले		अब	
		आ.	%	आ.	%	आ.	%	आ.	%
1.	खेती	38	(76.0)	1	(2.0)	14	(28.0)	3	(6.0)
2.	व्यापार	5	(10.0)	10	(20.0)	15	(30.0)	10	(20.0)
3.	मजदूरी	2	(4.0)	2	(4.0)	0	(0.0)	0	(0.0)
4.	सरकारी नौकरी	4	(8.0)	33	(66.0)	16	(32.0)	29	(58.0)
5.	प्राइवेट नौकरी	1	(2.0)	4	(8.0)	5	(10.0)	8	(16.0)
		50	(100.0)	50	(100.0)	50	(100.0)	50	(100.0)

सारणी 3.13 से ज्ञात होता है कि पहले दोनों नगरीय ग्रामों में अधिकांश लोगों का पारिवारिक व्यवसाय खेती था। लेकिन अब दोनों ग्रामों में खेती में कमी आती जा रही

है और अधिकांश लोग अब व्यापार, मजदूरी, सरकारी नौकरी करने लगे हैं। झालाना में पहले खेती करने वालों की संख्या तुलनात्मक दृष्टि से अधिक थी लेकिन अब इनकी संख्या कम हो गई है। दोनों ही ग्रामों में अब सरकारी नौकरी करने वालों का अनुपात बढ़ता जा रहा है। खेती के व्यवहार में कमी आने का मुख्य कारण कृषि योग्य भूमि का आवासीय भूमि में परिवर्तन है। धीरे-धीरे इन ग्रामों की कृषि योग्य भूमि या तो नगर विकास के लिए सरकार ने ले ली है और या लोगों ने स्वयं ही इस भूमि को प्लाट बना कर बेच दिया है।

अब उत्तरदाताओं से यह पूछा गया कि अगर उन्हें ग्राम में नौकरी दी जाये तो कैसा अनुभव करेंगे तो केवल 8 प्रतिशत लोग ही ऐसे थे जिन्होंने कहा कि बुरा लगेगा। इससे यह संकेत मिलते हैं कि ये लोग अब भी अपने आपको ग्रामीण परिस्थितियों में समायोजित महसूस करते हैं।

महिलाओं की भूमिका

महिलाओं की भूमिकाओं में आधुनिकीकरण के फलस्वरूप निरन्तर परिवर्तन की संभावनाएं हैं। शहरों में महिलाएं नौकरी करने लगी हैं लेकिन नगरीय ग्रामों में इनकी भूमिका की स्थिति का विश्लेषण सारणी 3.14 में दिया गया है।

सारणी 3.14
महिलाओं की भूमिका

क्र. सं.	*महिलाओं की भूमिका*	*झालाना*				*सोढ़ाला*			
		पहले		*अब*		*पहले*		*अब*	
		आ.	*%*	*आ.*	*%*	*आ.*	*%*	*आ.*	*%*
1.	गृह कार्य	44	(88.0)	34	(68.0)	34	(68.0)	34	(68.0)
2.	नौकरी, गृह कार्य	0	(0.0)	0	(0.0)	4	(8.0)	4	(8.0)
3.	गृह कार्य, खेती, पशुपालन	6	(12.0)	16	(32.0)	12	(24.0)	12	(24.0)
		50	(100.0)	50	(100.0)	50	(100.0)	50	(100.0)

सारणी 3.14 देखने से पता चलता है कि अब भी अधिकांश महिलाएं गृह कार्य करती हैं। बहुत कम महिलाएं ऐसी हैं जो गृह कार्य के साथ-साथ खेती व पशुपालन का कार्य करती हैं। सारणी से यह भी पता चलता है कि झालाना में महिलाएं नौकरी नहीं करती हैं, लेकिन सोढ़ाला में केवल 8 प्रतिशत महिलाएं नौकरी करती हैं।

इस संदर्भ में अधिक स्पष्टीकरण करने के लिए कौन-सी जाति की महिलाएं काम पर जाती हैं तो यह ज्ञात हुआ कि अधिकतर निम्न स्तर की जातियों की महिलाएं काम करती हैं तथा सम्मानित जाति की कुछ महिलाएं शिक्षण कार्य करती हैं। सामान्यत:

पारिवारिक कार्य के साथ कुछ अन्य कार्य करने की आकांक्षाएं इन महिलाओं में विकसित हुईं हैं।

महिलाओं की भूमिका में परिवर्तन विशेष रूप से उनकी अन्त:क्रियाओं पर आधारित है। यह पूछने पर क्या घर की महिलाओं को अन्य पुरुषों से बातचीत करने की अनुमति है, तो झालाना के 76 प्रतिशत तथा सोढ़ाला के 40 प्रतिशत उत्तरदाताओं ने "हां" कहा। लेकिन अब भी कुछ परिवारों में संकीर्ण दृष्टिकोण है। विशेष रूप से मध्यम जाति की महिलाओं को बाहरी पुरुषों से बातचीत की कम अनुमति है।

परिवार नियोजन

छोटे परिवार तथा सीमित परिवार के होने की संभावनाओं को देखते हुए उत्तरदाताओं से यह पूछा गया कि उनके परिवार में बच्चों की कितनी संख्या है, सारणी 3.15 में प्रस्तुत किया गया है।

सारणी 3.15
परिवार में बच्चों की संख्या

क्र. सं.	*परिवार में बच्चों की संख्या*	*झालाना*		*सोढ़ाला*	
		आ.	*%*	*आ.*	*%*
1.	नहीं	2	(4.0)	4	(8.0)
2.	1	13	(26.0)	14	(28.0)
3.	2	12	(24.0)	10	(20.0)
4.	3	12	(24.0)	12	(24.0)
5.	4	10	(20.0)	7	(14.0)
6.	5	1	(2.0)	3	(6.0)
		50	(100.0)	50	(100.0)

सारणी 3.15 से यह स्पष्ट होता है कि आधे से अधिक उत्तरदाताओं के तीन या उससे कम बच्चे थे। झालाना के 46 प्रतिशत तथा सोढ़ाला के 46 प्रतिशत परिवारों के चार या अधिक बच्चे थे। यह पूछने पर कि कितने बच्चे आदर्श मानते हैं, अधिकतर 54 प्रतिशत ने 2-3 और 46 प्रतिशत ने सिर्फ दो बच्चे ही आदर्श माने। फिर भी यह देखने में आया है कि परिवार में बच्चों की यह वांछित संख्या एक सामाजिक तथ्य से प्रभावित होती है और वह पुत्र की प्राप्ति की आकांक्षा। यह देखा गया है कि यद्यपि दम्पत्तियों की इच्छा 2 या अधिक बच्चों की नहीं होती पर यह सामाजिक तथ्य परिवार में बच्चों की संख्या बढ़ाने में सहायक होता है।

जाति

संस्थागत आधार पर विवाह तथा परिवार से संबंधित उत्तरों का विश्लेषण करने के

उपरांत नगरीय ग्रामों में विभिन्न जातियों की स्थिति तथा उनके आपसी संबंध, जातिगत आधार पर खान-पान तथा सामूहिक भोज का स्वरूप का विश्लेषण आगे प्रस्तुत किया जा रहा है।

जातियों का विवरण

निदर्शित लोगों से उनकी जाति के स्तर के बारे में प्रश्न पूछा गया। सारणी 3.16 में उनके द्वारा बताए गए स्तर का वर्गीकरण प्रस्तुत किया गया है।

सारणी 3.16
जातिगत आधार पर वर्गीकरण

क्र. सं.	जाति का स्तर	झालाना		सोढ़ाला	
		आ.	%	आ.	%
1.	उच्च	10	(20.0)	16	(32.0)
2.	मध्यम	36	(72.0)	23	(46.0)
3.	निम्न	4	(8.0)	11	(22.0)
		50	(100.0)	50	(100.0)

सारणी 3.16 से यह स्पष्ट होता है कि नगरीय ग्रामों में मध्यम जाति का अनुपात अधिक है। बहुत कम लोग अपनी जाति का स्तर निम्न बताते हैं। उच्च जातियों का अनुपात भी मध्यम जातियों से कम है। दोनों ही ग्रामों में समान जातिगत वितरण का स्वरूप है। इससे यह स्पष्ट है कि अध्यहित ग्रामों में अधिकांश लोग संस्तरण की दृष्टि से अपने आप को मध्यम जातियों में सम्मिलित करते हैं। ये वे जातियां है जो अधिकांश कृषि व्यवसायों में संलग्न हैं और इन व्यवसायों में संलग्न होने के कारण इन्हें मध्यम वर्गीय जाति के रूप में स्वीकार किया जाता है।

जातिगत संबंध

जातिगत स्तर के आधारों पर संबंधों का विश्लेषण विशेष रूप से यह जानने के लिए किया गया कि उच्च जाति के अन्तर्गत और उच्च और मध्यम जाति के बीच तथा निम्न स्तर की जाति के अन्तर्गत संबंधों का स्वरूप क्या है। इसका विश्लेषण सारणी 3.17 में दिया गया है।

उच्च जाति में आपसी संबंध अच्छे पाए गए। उच्च जाति के मध्यम जाति के साथ संबंध ठीक-ठीक या कुछ सीमा तक सन्तुष्ट पाए गए। यह ज्ञात होता है कि उच्च तथा मध्यम जाति के संबंधों में कहीं भी बुरा स्वरूप नहीं है। उच्च तथा मध्यम के निम्न जाति के साथ अधिकतर संबंध ठीक-ठीक पाए गए लेकिन यहां कुछ लोगों ने बुरे संबंधों के स्वरूप का उल्लेख किया है। दोनों ग्रामों के उत्तरों में समान प्रवृत्ति दिखाई देती है। अधिकांशतः इन जातियों के संबंध परम्परागत आधारों पर हैं। रूढ़ियों

के आधार पर जो संबंध जातिगत आधारों के लिए इन ग्रामों में पहले से उपलब्ध थे उनमें कोई व्यापक परिवर्तन दिखाई नहीं देता। शुद्धता तथा अशुद्धता का मूल आधार अभी भी बदला नहीं।

सारणी 3.17
जातिगत संबंध

क्र. सं.	जातिगत संबंध	झालाना आ.	झालाना %	सोढ़ाला आ.	सोढ़ाला %
1.	उच्च-उच्च				
	(अ) अच्छे	38	(76.0)	46	(92.0)
	(ब) ठीक-ठीक	12	(24.0)	4	(8.0)
	(स) बुरे	0	(0.0)	0	(0.0)
2.	उच्च-मध्यम				
	(अ) अच्छे	8	(16.0)	6	(12.0)
	(ब) ठीक-ठीक	42	(84.0)	44	(88.0)
	(स) बुरे	0	(0.0)	0	(0.0)
3.	उच्च-मध्यम-निम्न				
	(अ) अच्छे	7	(14.0)	7	(14.0)
	(ब) ठीक-ठीक	39	(78.0)	41	(82.0)
	(स) बुरे	4	(8.0)	2	(4.0)

खान-पान, सामूहिक भोज तथा उत्सव

जातिगत आधार पर खान-पान प्रतिबंधों में किस प्रकार से प्रतिबंध आए हैं, सारणी 3.18 में प्रस्तुत किया गया है।

सारणी 3.18
खान-पान प्रतिबंध

क्र. सं.	खान-पान प्रतिबंध	झालाना पहले आ.	%	झालाना अब आ.	%	सोढ़ाला पहले आ.	%	सोढ़ाला अब आ.	%
1.	हां	36	(72.0)	36	(72.0)	39	(78.0)	40	(80.0)
2.	नहीं	14	(28.0)	14	(28.0)	11	(22.0)	10	(20.0)
		50	(100.0)	50	(100.0)	50	(100.0)	50	(100.0)

सारणी द्वारा यह ज्ञात होता है कि खान-पान प्रतिबंधों में कोई अंतर नहीं आया है। अधिकतर लोग पहले भी खान-पान से संबंधित प्रतिबंधों का पालन करते थे और अब भी ऐसे परिवार जो पहले प्रतिबंध करते थे अब भी करते हैं।

अनुसूची के उत्तरों के अन्तर्गत कुछ लोगों ने यह भी मत स्पष्ट किया कि प्रतिबंध का आधार मांसाहारी अथवा शाकाहारी भी है। कुछ जातियों में मांस सेवन पर प्रतिबंध है और ये लोग दूसरों के यहां भोजन नहीं करना चाहते हैं।

खान-पान से संबंधित एक महत्वपूर्ण संबंध सामूहिक भोजन का है। सभी उत्तरदाताओं ने यह बताया कि विशेष अवसरों पर पहले भी सामूहिक भोज होते थे और अब भी इनका प्रचलन है। अधिकतर सामूहिक भोज विवाह तथा मृत्यु के समय होते हैं और कुछ नामकरण, गृह प्रवेश तथा तीर्थ-यात्रा के उपरांत होते हैं। दोनों ही ग्रामों में इनके पहले और अब के प्रचलन के स्वरूप में अंतर सार्थक नहीं है। अब भी स्थिति में मृत्युभोज में कमी दिखाई देती है।

इन ग्रामों में उत्सवों के स्वरूपों में भी अंतर नहीं आया है। जो उत्सव पहले मनाए जाते थे वे अब भी मनाए जाते हैं, ये अब भी प्रचलित हैं। सभी उत्तरदाताओं ने इनके प्रचलन का उल्लेख किया।

अन्तःधर्म संबंध

जाति के साथ-साथ धार्मिक पक्षों का विश्लेषण भी आवश्यक है। विभिन्न धर्मों के आपसी संबंधों की परिस्थिति में किस प्रकार के अंतर आए हैं, इसका विवरण सारणी 3.19 में प्रस्तुत किया गया है।

सारणी 3.19
अन्तःधर्म संबंध

क्र. सं.	धार्मिक निकटता	झालाना				सोढ़ाला			
		पहले		अब		पहले		अब	
		आ.	%	आ.	%	आ.	%	आ.	%
1.	अधिक	42	(84.0)	32	(64.0)	44	(88.0)	42	(84.0)
2.	कम	8	(16.0)	18	(36.0)	6	(12.0)	8	(16.0)
		50	(100.0)	50	(100.0)	50	(100.0)	50	(100.0)

सारणी 3.19 से ऐसे परिणाम मिलते हैं जिनसे साम्प्रदायिक सद्भाव में अब कमी दिखाई पड़ती है। जहां पहले साम्प्रदायिक सद्भाव अधिक था अब अधिकतर लोगों का यह मत है कि इसमें थोड़ी-सी कमी आई है।

धार्मिक स्थानों के विकास के कार्य में अधिकतर लोग रुचि रखते हैं इस आश्रय का विश्लेषण सारणी 3.20 में प्रस्तुत किया गया है।

सारणी 3.20 द्वारा यह संभावना दिखाई पड़ती है कि अधिकतर लोग पहले भी धार्मिक स्थानों के लिए योगदान देते थे और अब भी इसमें सहयोग देते हैं।

सारणी 3.20
धार्मिक स्थानों के लिए योगदान

क्र. सं.	धार्मिक स्थानों के लिए योगदान	झालाना				सोढ़ाला			
		पहले		अब		पहले		अब	
		आ.	%	आ.	%	आ.	%	आ.	%
1.	मंदिर, मस्जिद, धर्मशाला	45	(90.0)	49	(98.0)	43	(86.0)	40	(80.0)
2.	नहीं	5	(10.0)	1	(2.0)	7	(14.0)	10	(20.0)
		50	(100.0)	50	(100.0)	50	(100.0)	50	(100.0)

पड़ोसी संबंध

क्या बीमारी में पड़ोसी एक दूसरे की सहायता करते हैं। इसका स्वरूप क्या है, सारणी 3.21 में दिया गया है।

सारणी 3.21
सहायता का स्वरूप

क्र. सं.	सहायता का स्वरूप	झालाना				सोढ़ाला			
		पहले		अब		पहले		अब	
		आ.	%	आ.	%	आ.	%	आ.	%
1.	आर्थिक	4	(8.0)	1	(2.0)	0	(0.0)	0	(0.0)
2.	आवश्यकतानुसार	9	(18.0)	9	(18.0)	7	(14.0)	6	(12.0)
3.	व्यवहार के आधार पर	8	(16.0)	12	(24.0)	14	(28.0)	16	(32.0)
4.	सभी प्रकार से	29	(58.0)	28	(56.0)	29	(58.0)	28	(56.0)
		50	(100.0)	50	(100.0)	50	(100.0)	50	(100.0)

सारणी 3.21 से ज्ञात होता है कि अधिकांश लोग सभी प्रकार से पहले भी मदद करते थे और अब भी करते हैं। जो लोग व्यवहार के आधार पर सहायता करते हैं, उनकी संख्या अब बढ़ी है। जो आवश्यकतानुसार मदद करते हैं उनके अनुपात में विशेष अंतर नहीं आया। आर्थिक आधार पर सहायता में कुछ कमी आई है।

कुछ ऐसे लोग हैं जो आवश्यकतानुसार मदद करते हैं। जैसा अवसर देखते हैं उनके अनुसार पहले भी सहायता करते थे और अब भी करते हैं। कहने का तात्पर्य यह है कि प्रत्येक सदस्य अपने पड़ोसी की मदद करना पसंद करते हैं। पड़ोसी सहायता के प्रतिमानों में अंतर नगण्य है।

पड़ोसी संबंध के साथ-साथ उत्तरदाताओं से एक प्रश्न पूछा गया कि क्या आप पड़ोसियों के साथ घूमना पसंद करते हैं। सारणी 3.22 में विश्लेषण प्रस्तुत किया गया है।

सारणी 3.22
पड़ोसियों के साथ घूमना

क्र. सं.	घूमना पसंद	झालाना				सोढ़ाला			
		पहले		अब		पहले		अब	
		आ.	%	आ.	%	आ.	%	आ.	%
1.	हां	24	(48.0)	34	(68.0)	36	(12.0)	36	(72.0)
2.	नहीं	26	(52.0)	15	(30.0)	11	(22.0)	11	(22.0)
3.	कभी-कभी	0	(0.0)	1	(2.0)	3	(6.0)	3	(6.0)
		50	(100.0)	50	(100.0)	50	(100.0)	50	(100.0)

सारणी 3.22 के अनुसार ज़ात होता है कि झालाना एवं सोढ़ाला के अधिकांश लोग पहले भी घूमते थे और अब भी घूमते हैं। झालाना में साथ घूमने की प्रवृत्ति में कुछ वृद्धि पाई गई। इस प्रकार से यह स्पष्ट होता है कि पड़ोसी संबंधों का महत्व अब भी इन स्थानों में बना हुआ है।

राजनीति तथा नेतृत्व

सामाजिक व्यवस्था क्या राजनैतिक पक्ष से प्रभावित हो सकती है, इस बात को ध्यान में रखते हुए यह जानने का प्रयास किया गया कि कितने लोग सक्रिय रूप से राजनीतिक दलों से संबंधित हैं। झालाना के 20 प्रतिशत तथा सोढ़ाला के 12 प्रतिशत उत्तरदाता राजनैतिक दलों से संबंधित हैं।

नगरीय ग्रामों में राजनीतिक नेताओं की भूमिका का विश्लेषण सारणी 3.23 में प्रस्तुत किया गया है।

सारणी 3.23
नेताओं की भूमिका

क्र. सं.	नेताओं की भूमिका	झालाना				सोढ़ाला			
		पहले		अब		पहले		अब	
		आ.	%	आ.	%	आ.	%	आ.	%
1.	स्थानीय समस्या का समापन	1	(2.0)	1	(2.0)	5	(10.0)	0	(0.0)
2.	विकास संबंधी कार्य	0	(0.0)	2	(4.0)	4	(8.0)	4	(8.0)
3.	बहुत कम	20	(40.0)	14	(28.0)	8	(16.0)	24	(48.0)
4.	कुछ नहीं	29	(58.0)	33	(66.0)	33	(66.0)	22	(44.0)
		50	(100.0)	50	(100.0)	50	(100.0)	50	(100.0)

सारणी 3.23 से यह स्पष्ट होता है कि उत्तरदाता नेताओं की भूमिका से संतुष्ट नहीं हैं। अधिकतर नेता बहुत कम अथवा कुछ कार्य नहीं करते हैं। बहुत कम तथा कुछ

नहीं समूहों को सम्मिलित करने पर ऐसा विदित होता है कि उनकी भूमिका पहले भी नगण्य थी और अब भी विशेष नहीं है। स्थानीय समस्याओं तथा विकास संबंधी कार्य पर थोड़ा-सा ध्यान दिया जाता है।

स्थानीय लोगों का नेताओं पर कितना विश्वास है इसके उत्तर में झालाना के 84 प्रतिशत तथा सोढ़ाला के 96 प्रतिशत उत्तरदाताओं ने यह कहा कि उन्हें उन पर कोई विश्वास नहीं है।

प्रशासन की भूमिका

विकास के लिए प्रशासन अथवा सरकार क्या कर रही है और इसका स्तर क्या है, इस संदर्भ में विश्लेषण सारणी 3.24 में दिया गया है।

सारणी 3.24
प्रशासन की भूमिका

क्र.	भूमिका/कार्य	झालाना		सोढ़ाला	
सं.		आ.	%	आ.	%
1.	कुछ नहीं	10	(20.0)	2	(4.0)
2.	बहुत कम	22	(44.0)	16	(32.0)
3.	सभी कार्य	18	(36.0)	32	(64.0)
		50	(100.0)	50	(100.0)

सारणी 3.24 से ज्ञात होता है कि बहुत कम लोग ऐसे हैं जिनका मत है कि प्रशासन अथवा सरकार कुछ नहीं कर रही है। झालाना के 44 प्रतिशत उत्तरदाताओं के अनुसार सरकार बहुत कुछ कर रही है और सोढ़ाला के 64 प्रतिशत उत्तरदाताओं के अनुसार सरकार सहयोग प्रदान कर रही है।

शिक्षा

झालाना तथा सोढ़ाला में कोई विद्यालय नहीं है। सरकारी तथा निजी विद्यालयों में विद्यार्थियों को शिक्षा देने के संबंध में अभिभावकों की राय का विश्लेषण सारणी 3.25 में दिया गया है।

सारणी 3.25
विद्यालयों का स्वरूप

क्र.	विद्यालय	झालाना		सोढ़ाला	
सं.		आ.	%	आ.	%
1.	सरकारी	8	(16.0)	12	(24.0)
2.	प्राइवेट (निजी)	28	(56.0)	23	(46.0)
3.	सरकारी तथा प्राइवेट	8	(16.0)	3	(6.0)
4.	नहीं भेजते	6	(12.0)	12	(24.0)
		50	(100.0)	50	(100.0)

अधिकतर बच्चों को निजी विद्यालयों में शिक्षा के लिए भेजा जाता है। अधिक बच्चे होने पर कुछ को सरकारी तथा कुछ को निजी विद्यालय में शिक्षा के लिए भेजा जाता है। झालाना के 12 प्रतिशत, सोढ़ाला के 24 प्रतिशत बच्चों को स्कूल नहीं भेजते। यह स्पष्ट होता है कि निजी विद्यालयों का प्रभाव बढ़ रहा है। निजी विद्यालयों में अपने बच्चों को भेजने का मुख्य कारण ग्रामवासियों की यह मान्यता है कि जिसके अनुसार वे यह मानते हैं कि सरकारी स्कूलों में पढ़ाई अच्छी नहीं होती और निजी स्कूलों में पढ़ाई अच्छी होती है। एक और कारण सरकारी स्कूलों का एक निश्चित सीमा तक ही होना है। क्योंकि निजी स्कूल उस स्तर तक हैं जिनमें ग्राम के बच्चे भेजे जा सकते हैं इस कारण अधिकांश बच्चे निजी स्कूलों में भेजे जाते हैं।

क्या आज की शिक्षा का स्तर पहले से अच्छा है - इस प्रश्न के उत्तर में अधिकतर उत्तरदाताओं की (झालाना 70 प्रतिशत, सोढ़ाला 82 प्रतिशत) यह राय थी कि पहले की शिक्षा आज से अच्छी थी। इस प्रकार के उत्तरों का एक कारण यह भी हो सकता है कि ये लोग बच्चों को पब्लिक विद्यालय में नहीं भेज पाते हैं और यह सोचते हैं कि पहले पढ़ाई का स्तर अच्छा था।

उत्तरदाताओं के मत में शिक्षा का वर्तमान स्वरूप पहले के स्वरूप से भिन्न है। पहले ग्राम में शिक्षा देने का भार ब्राह्मण, पुजारियों पर था जो किसी मंदिर के आगे पाठशाला चलाया करते थे। इस प्रकार की पाठशाला कुछ ही जातियों के बच्चों तक सीमित थी लेकिन ग्रामवासियों के मत में आज की पाठशाला सभी जातियों के लोगों के लिए खुली हुई है। आज की शिक्षा समाज के हर तबके के लिए खुली हुई है जिसके कारण शिक्षा का प्रसार बढ़ा है। एक और तथ्य जो उत्तरदाताओं से प्राप्त हुआ उसका संबंध शिक्षा और ग्रामीण प्रतिमानों से था। उनकी मान्यता थी कि पहले तो ग्राम में पढ़ने वाले बच्चे थोड़ा बहुत पढ़-लिख कर ग्राम में ही रह जाते थे लेकिन आधुनिक शिक्षा मिलते ही यह बच्चे शहरी नौकरियों की तरफ आकर्षित होने लगते हैं और ग्राम में रहना पसंद नहीं करते। शहर में चपरासी के पद सामान्य कृषक के जीवन से अधिक अच्छा लगता है।

नगरीय ग्रामों में परिवर्तन - सामाजिक आधार

नगरीय ग्रामों में सामाजिक व्यवहारों में अंतर ज्ञात करने के लिए कुछ महत्त्वपूर्ण चरों पर प्रचलन का प्रतिशत विश्लेषण किया गया। कुल निर्देशन में से प्रत्येक चर पर प्रचलन का स्तर अथवा सहमति का प्रतिशत देखा गया। यहां पर असहमति तथा अन्य विकल्पों का विवरण नहीं दिया गया है। विभिन्न सामाजिक आधारों के प्रचलन का स्तर सारणी 3.26 में दिया गया है।

सारणी 3.26 के विश्लेषण से यह स्पष्ट होता है कि परम्परागत सामाजिक व्यवहारों में सामूहिक भोज, संयुक्त परिवार, महिलाओं के गृह कार्य, पुरुषों से महिलाओं

की अन्त:क्रिया पर प्रतिबंध, खान-पान प्रतिबंध, पड़ोसी मित्रता एवं साथ घूमने का प्रचलन पहले भी अधिक था और अब भी अधिक है। विशेष परिवर्तन व्यवसाय के आधार पर देखे जा सकते हैं। अधिकतर लोगों ने कृषि कार्य छोड़ कर सरकारी नौकरी में रुचि ली है। महिलाओं ने परिवार से बाहर अन्य कार्य करना शुरू किया है। विवाह में आर्थिक प्रदर्शन, सजावट तथा हैसियत आदि में वृद्धि हुई है। राजनैतिक आधार पर नेताओं की भूमिकाएं निष्क्रिय देखी गई हैं और ग्राम विकास में इनकी भूमिका नगण्य-सी है। धार्मिक निकटता कुछ कम हुई है, लेकिन धार्मिक स्थानों के विकास के लिए लोग अब भी योगदान देते हैं। दोनों ही ग्रामों : झालाना और सोढ़ाला में व्यवहारों के प्रचलन तथा परिवर्तन में समानताएं देखी गई हैं और सांख्यिकीय आधार पर इनमें अंतर नगण्य-सा है। इस प्रकार से ग्रामीण नगरों की सामाजिक संरचना तथा सामाजिक परिवर्तनों के आधारों में समानता है।

सारणी 3.26
जयपुर : सामाजिक आधारों का प्रचलन

क्र. स.	चर	प्रचलन स्तर			
		झालाना		सोढ़ाला	
		पहले	अब	पहले	अब
1.	युवा मेल-जोल	0	12	0	16
2.	विवाह पूर्व मिलना	0	20	4	28
3.	वर शिक्षा महत्त्व	0	100	16	96
4.	आर्थिक प्रदर्शन, सजावट, हैसियत	4	76	0	76
5.	दहेज का प्रचलन	28	4	10	6
6.	सामूहिक भोज	100	100	100	100
7.	विधवा विवाह विरोध	46	44	50	16
8.	परिवार की संरचना	100	60	90	54
9.	कृषि	76	27	28	6
10.	सरकारी नौकरी	8	66	16	58
11.	महिलाओं का गृह कार्य	88	68	66	68
12.	महिलाओं का अन्य कार्य	12	32	24	24
13.	महिलाओं की पुरुषों से बातचीत	62	76	12	80
14.	खान-पान प्रतिबंध	72	72	78	80
15.	धार्मिक निकटता	84	64	88	84
16.	धार्मिक स्थानों के लिए योगदान	90	90	86	80
17.	घूमना पसंद	48	68	70	72
18.	नेता : निष्क्रिय भूमिका	98	94	82	92

जयपुर के नगरीय ग्रामों के विश्लेषण से विशेष रूप से यह ज्ञात होता है कि परम्परागत सामाजिक आधारों में परिवर्तन बहुत कम हुए हैं। इसकी तुलना में अधिकतर परिवर्तन आर्थिक पक्ष में विशेष रूप से व्यावसायिक परिस्थितियों में देखे जा सकते हैं। इस संदर्भ में यह उल्लेख करना आवश्यक है कि नगर के विकास के फलस्वरूप अधिकतर कृषि योग्य भूमि भवन निर्माण में लग गई है और इन ग्रामों के लोगों को परिस्थितिवश नये व्यवसाय चयनित करने पड़े हैं। जो लोग फिर भी कृषि करना चाहते थे, वे अन्य स्थानों को प्रवास कर गए हैं। शहर विकास का आर्थिक लाभ यहां के स्थानीय किसानों को बहुत कम मिला और जो लोग यहीं बसे रहे उन्हें व्यवसाय परिवर्तित करना पड़ा।

उदयपुर के ग्रामों में संस्थागत परिवर्तन

विकास की प्रक्रिया में उदयपुर बढ़ रहा है और देश के अन्य नगरों की तरह विस्तृत नगरीयकरण की प्रक्रियाएं इस नगर में भी स्थापित होती जा रही हैं। यह बात दूसरी है कि उदयपुर नगर का विकास कई परिस्थितियों में जयपुर सरीखा नहीं है। जयपुर प्रदेश की राजधानी है और इसलिए प्रशासनिक और औद्योगिक केन्द्र होने के कारण इसका विकास अधिक तीव्रता से हुआ है। उदयपुर यद्यपि विकसित तो हुआ है पर तुलनात्मक दृष्टि से कम। दोनों नगरों के नगरीय ग्रामों के अध्ययन की तुलनात्मक विवेचना प्रस्तुत करते समय इस तथ्य का ध्यान रखा जाना आवश्यक है।

नगरीय ग्राम में सुविधाएं

अध्ययन से यह स्पष्ट होता है कि नगरीय ग्रामों की आबादी बढ़ी है। नल, बिजली, सड़क, यातायात का विकास तीव्र गति से हो रहा है लेकिन कृषि योग्य भूमि सीमित रह गई है। नगरीय ग्राम के लोग अब अधिक भौतिक सुविधाओं की इच्छा करते हैं ऐसी परिस्थिति में उन्हें अधिक दुकानों, पक्के मकानों और नल, बिजली की आवश्यकता होती है। पहले पायड़ा व टेकरी में किसी प्रकार की सुविधा नहीं थी, नल, बिजली, मकान, पक्की सड़क, यातायात साधन सभी का अभाव था।

नगर के विस्तार के साथ इन क्षेत्रों में भी सुविधाएं पहुंचने लगीं जो अब तक मात्र नगरीय क्षेत्र को ही उपलब्ध थीं। बहुत कुछ इन ग्रामों की मांगों पर नहीं हुआ क्योंकि यह ग्राम ग्राम-पंचायतों में थे। अधिकांश विकास ग्रामों के आस-पास बसने वाली नई बस्तियों और उनको नगर प्रन्यास विकास से मिलने वाली सुविधाओं से हुआ। उत्तरदाताओं में से अधिकांश इस प्रश्न के बारे में मौन थे, पर वे यह मानते थे कि "पहले" की तुलना में "अब" का विकास अधिक है। साथ ही वे यह भी मानते थे

कि ये जो कुछ विकास अब तक हुआ है, संतोषप्रद नहीं है। ग्राम अभी भी उन सुविधाओं को प्राप्त नहीं कर पाए हैं, जो नगरीय ग्राम की विशेषताएं हैं।

युवा मेल-जोल तथा विवाह

भारत में धार्मिक आधार पर पवित्रता को अत्यधिक ध्यान में रखते हुए कहा जाता है कि विवाह में धार्मिक उद्देश्य प्रमुख है। युवा लड़के-लड़कियों को यौन स्वतंत्रता नहीं है। ऐसी परिस्थिति में नगरीय ग्रामों में इन संदर्भों में आए परिवर्तनों का विश्लेषण करना आवश्यक है। उत्तरदाताओं से लड़के-लड़कियों के मेल-जोल, उनके साथ घूमने, वर चयनता के आधार, विवाह की रीति, दहेज, विवाह-विच्छेद, पुनर्विवाह, विधवा विवाह पर प्रश्न पूछे गए, इनका विश्लेषण आगे प्रस्तुत किया गया है।

युवा लड़के-लड़कियों का मेल-जोल

विकास के इस क्रम के बाद हम उन परिवर्तनों के तथ्यों को प्रस्तुत कर सकते हैं जो हमारे अध्ययन के मूल आधार के साथ जुड़े हुए हैं। इनमें से पहले है विवाहित दृष्टि। विवाह के संदर्भ में हमने जानना चाहा कि क्या विवाह से पहले लड़के-लड़कियों में मेल संभव है, उत्तर सारणी 3.27 में है।

सारणी 3.27
युवा लड़के-लड़कियों का मेल-जोल

क्र. सं.	मेल-जोल पसंद	झालाना				सोढ़ाला			
		पहले		अब		पहले		अब	
		आ.	%	आ.	%	आ.	%	आ.	%
1.	हां	1	(2.0)	9	(18.0)	1	(2.0)	7	(14.0)
2.	नहीं	49	(98.0)	40	(80.0)	49	(98.0)	43	(86.0)
3.	स्थितिनुसार	0	(0.0)	1	(2.0)	0	(0.0)	0	(0.0)
		50	(100.0)	50	(100.0)	50	(100.0)	50	(100.0)

उपर्युक्त तथ्यों के अनुसार यह स्पष्ट है कि पूछे गए प्रश्न के संदर्भ में ग्राम में कोई विचारात्मक परिवर्तन नहीं आया है। बहुत कम प्रतिशत उत्तरदाता इस पक्ष में थे कि विवाह से पूर्व स्त्री पुरुषों का मेल-जोल स्वभाविक है। अधिकांश लोग इस मत के थे कि इनका मेल-जोल एक अस्वाभाविक प्रक्रिया है। यह एक पारस्परिक विचार है जिसमें परिवर्तन की दृष्टि कोई दिखाई नहीं देती।

विवाह पूर्व साथ घूमना

इसी दृष्टि से एक और प्रश्न पूछा गया यदि मेल-जोल संभव नहीं है तो क्या लड़के-लड़कियों का साथ-साथ घूमना संभव है। प्रश्न सारणी 3.28 में प्रस्तुत है।

सारणी 3.28
विवाह पूर्व साथ घूमना

क्र. सं.	साथ घूमना पसंद	पायड़ा				टेंकरी			
		पहले		अब		पहले		अब	
		आ.	%	आ.	%	आ.	%	आ.	%
1.	हां	5	(10.0)	10	(20.0)	4	(8.0)	5	(10.0)
2.	नहीं	45	(90.0)	40	(80.0)	46	(92.0)	45	(90.0)
		50	(100.0)	50	(100.0)	50	(100.0)	50	(100.0)

उपरोक्त सारणी से ज्ञात होता है कि अधिकांश लोग विवाह से पहले लड़के-लड़कियों का साथ-साथ घूमना पसंद नहीं करते हैं। जहां इसका पहले अत्यधिक विरोध था अब दृष्टिकोणों में कुछ परिवर्तन आया है। दोनों ग्रामों के आधार पर पायड़ा में परिवर्तन अधिक दिखाई देता है। यह अंतर सार्थक नहीं है। मेल-जोल से भी ज्यादा नकारात्मक उत्तर इस प्रश्न के लिए उत्तरदाताओं द्वारा दिया गया। उनका मत था कि ऐसा होना संभव नहीं, और ऐसा होना ग्राम की प्रतिष्ठा के विरुद्ध है उनका सोचना था कि इस प्रकार की रीति कभी भी प्रचलित नहीं थी, चाहे ग्राम कितना भी बढ़ जाए, ऐसा होना संभव नहीं है।

वर व्यवसाय

यह पूछा गया कि वर के चयन के समय गुणात्मक आधार पर उत्तरदाता किन तथ्यों को प्राथमिकता देते हैं। यह सर्वविदित है कि भारत में अधिकांश वैवाहिक संबंध अभिभावक वर या वधु चयन करते समय कुछ प्राथमिकता अपने सामने रखते हैं और उन्हीं प्राथमिकताओं के आधार पर चयन होता है। इन प्राथमिकताओं को सारणी संख्या 3.29 (पायड़ा) तथा 3.30 (टेकरी) में देखा जा सकता है।

सारणी 3.29 तथा 3.30 से ज्ञात होता है कि प्राथमिकता की दृष्टि से उत्तरदाताओं ने सर्वप्रथम प्राथमिकता शिक्षा को दी है। आश्चर्यजनक रूप से जाति का तथ्य प्राथमिकता के रूप में उभर कर नहीं आया है। उत्तरदाताओं द्वारा दी गई सूचना की वैधता को भी जानने की कोशिश की गई। यह पाया गया कि यद्यपि जाति की संरचना अभी भी ग्रामवासियों के लिए महत्वपूर्ण है पर जाति के अंदर ही शिक्षा की सर्वोच्चता बढ़ने लगी है, अत: जाति की प्राथमिकता कम होते हुए भी यह एक अत्यंत महत्वपूर्ण तथ्य है। अब तो शिक्षित जाति के सदस्य की ओर ज्यादा ध्यान दिया जाने लगा है।

इस संबंध में यह प्रश्न भी पूछा गया कि क्या वे व्यवसायात्मक दृष्टि से वर की पृष्ठ भूमि पर विचार करते हैं? उत्तरदाताओं ने सकारात्मक दृष्टि प्रस्तुत की। इस संदर्भ में वे किन प्राथमिकताओं को सामने रखते हैं, उत्तर सारणी 3.31 में दिया गया है।

सारणी 3.29

वर चयन प्राथमिकता : पायड़ा

क्र. सं.	प्राथमिकता प्रतिशत							भारयुक्त अंक		श्रेणी
	1	2	3	4	5	6	7	8	9	10
1. आर्थिक स्थिति	12.0	14.0	14.0	10.0	12.0	12.0	10.0	16.0	224	8
2. शिक्षा	32.0	12.0	8.0	6.0	18.0	6.0	12.0	6.0	269	6
3. सुन्दरता	6.0	12.0	14.0	20.0	10.0	16.0	10.0	12.0	218	7
4. स्वास्थ्य	12.0	12.0	16.0	20.0	10.0	6.0	14.0	10.0	245	5
5. जाति	18.0	12.0	6.0	12.0	18.0	14.0	10.0	10.0	234	1
6. माता-पिता व्यवहार	4.0	20.0	16.0	16.0	16.0	20.0	6.0	2.0	243	2
7. वधु व्यवहार	2.0	10.0	18.0	8.0	8.0	12.0	24.0	18.0	184	3
8. परिवार का स्तर	14.0	8.0	8.0	8.0	8.0	14.0	14.0	26.0	189	4

सारणी 3.30

वर चयन प्राथमिकता : टेकरी

क्र. सं.	प्राथमिकता प्रतिशत							भारयुक्त अंक		श्रेणी
	1	2	3	4	5	6	7	8	9	10
1. आर्थिक स्थिति	6.0	6.0	2.0	4.0	2.0	8.0	4.0	68.0	115	8
2. शिक्षा	26.0	8.0	0.0	8.0	8.0	18.0	28.0	4.0	225	5
3. सुन्दरता	2.0	12.0	22.0	22.0	20.0	14.0	6.0	2.0	339	2
4. स्वास्थ्य	0.0	14.0	24.0	38.0	18.0	6.0	2.0	0.0	263	4
5. जाति	4.0	4.0	8.0	14.0	26.0	20.0	14.0	10.0	190	6
6. माता-पिता व्यवहार	18.0	34.0	8.0	6.0	8.0	18.0	8.0	0.0	272	3
7. वधु व्यवहार	40.0	18.0	10.0	10.0	4.0	8.0	4.0	6.0	305	1
8. परिवार का स्तर	4.0	4.0	26.0	0.0	14.0	10.0	34.0	8.0	189	7

सारणी 3.31
वर चयन : व्यवसाय

क्र. सं.	वर चयन	पायड़ा आ.	पायड़ा %	टेकरी आ.	टेकरी %
1.	नौकरी	23	(46.0)	25	(50.0)
2.	व्यापार व व्यवसाय	25	(50.0)	18	(36.0)
3.	कृषि तथा अचल सम्पत्ति	2	(4.0)	7	(14.0)
		50	(100.0)	50	(100.0)

सारणी 3.31 के अनुसार अधिकांश लोग नौकरी करने वाला वर पसंद करते हैं। कुछ लोग व्यापार अथवा व्यवसाय वाला और कुछ लोग आर्थिक रूप से सक्षम अथवा कृषि तथा अचल सम्पत्ति वाला वर चाहते हैं। सारणी देखने से यह संकेत मिलता है कि दोनों नगरीय ग्रामों में टेकरी की तुलना में पायड़ा के अधिकांश लोग व्यापार व व्यवसाय वाला वर ढूंढ़ते हैं। एक ओर भी संकेत मिला है कि अब झुकाव कृषि से नौकरी की तरफ अधिक है।

वर शिक्षा

एक विशिष्ट अंतर, जो शायद नौकरियों की बढ़ती हुई प्रतिष्ठा के कारण वर चयन के संदर्भ में देखा जा सकता है। "पहले" की व्यवस्था कृषि व्यवस्था की थी, अत: वर के व्यवसाय का विकल्प प्राप्त करना कठिन था लेकिन "अब" कृषि स्रोत समाप्त होने के साथ नगरीय जीवन के प्रभाव के कारण अब विवाह के लिए वर चयन हेतु नौकरी पेशे को प्राथमिकता दी जाने लगी है। वैसे भी पूर्व सारणी में वर के शिक्षित होने को प्राथमिकता दी गई थी और आज का शिक्षित व्यक्ति नौकरियों से ज्यादा संबंधित है। अत: वर चयन प्रथमिकता में नौकरी करने वाले व्यक्ति का स्थान प्रमुख हो गया है।

वधु चयन

वर चयन की प्राथमिकताओं को देखने के बाद वधु के चयन की प्राथमिकताओं को भी देखा गया। वधु के चयन की प्राथमिकताओं से संबंधित विचार सारणी 3.32 (पायड़ा) तथा 3.33 (टेकरी) में प्रस्तुत किया गया है।

जिन प्राथमिकताओं को उत्तरदाताओं ने स्वीकारा है वे सब संयुक्त रूप से वधु चयन के लिए उत्तरदायी मानी जा सकती हैं। कोई एक तथ्य संपूर्ण रूप से वर चयन के लिए उत्तरदायी नहीं है। उत्तरदाताओं के मत से माता-पिता के व्यवहार से वधु के गुणों का पता चल जाता है। जैसा स्वभाव व चरित्र वधु के माता-पिता का होगा वैसी ही झलक वधु में मिलने की संभावना है। वधु प्राथमिकताओं में सुंदरता एक और प्राथमिकता है जिस पर उत्तरदाताओं ने अपना विश्वास व्यक्त किया है।

सारणी 3.32

वर चयन प्राथमिकता : पायड़ा

क्र. सं.	प्राथमिकता प्रतिशत							भारयुक्त अंक		श्रेणी
	1	2	3	4	5	6	7	8	9	10
1. आर्थिक स्थिति	12.0	16.0	10.0	8.0	6.0	12.0	12.0	24.0	208	7
2. शिक्षा	24.0	12.0	2.0	8.0	20.0	8.0	22.0	4.0	240	3
3. सुन्दरता	14.0	6.0	20.0	8.0	10.0	18.0	10.0	14.0	221	5
4. स्वास्थ्य	4.0	22.0	6.0	24.0	16.0	4.0	14.0	10.0	228	4
5. जाति	22.0	8.0	10.0	10.0	20.0	14.0	4.0	12.0	249	2
6. माता-पिता व्यवहार	6.0	22.0	20.0	14.0	12.0	20.0	4.0	2.0	255	1
7. वधु व्यवहार	2.0	8.0	16.0	16.0	8.0	42.0	24.0	12.0	181	8
8. परिवार का स्तर	16.0	6.0	18.0	12.0	8.0	10.0	8.0	22.0	116	6

सारणी 3.33

वधु चयन प्राथमिकता : टेकरी

क्र. सं.	प्राथमिकता प्रतिशत								भारयुक्त अंक	श्रेणी
	1	2	3	4	5	6	7	8	9	10
1. आर्थिक स्थिति	6.0	6.0	0.0	4.0	2.0	10.0	4.0	68.0	112	8
2. शिक्षा	24.0	8.0	0.0	8.0	10.0	18.0	28.0	24.0	221	4
3. सुन्दरता	2.0	12.0	22.0	20.0	20.0	14.0	8.0	2.0	201	5
4. स्वास्थ्य	0.0	14.0	24.0	36.0	18.0	6.0	2.0	0.0	253	3
5. जाति	4.0	4.0	8.0	14.0	26.0	20.0	14.0	10.0	190	7
6. माता-पिता व्यवहार	20.0	34.0	8.0	6.0	8.0	16.0	6.0	0.0	284	2
7. वधु व्यवहार	40.0	18.0	10.0	12.0	4.0	6.0	4.0	4.0	307	1
8. परिवार का स्तर	4.0	4.0	28.0	0.0	12.0	10.0	34.0	8.0	191	6

विवाह में आर्थिक स्थिति

विवाह की पूर्ति के लिए आर्थिक तथ्य किस प्रकार महत्वपूर्ण हैं इस संबंध में उत्तरदाताओं से जानकारी प्राप्त करने की चेष्ठा की गई है। कौन से आर्थिक आधार विवाह की सम्पन्नता के लिए विचारे जाते हैं, की जानकारी सारणी 3.34 में देखी जा सकती है।

विवाह संस्कारों की सम्पन्नता में पहले से ही आर्थिक आधारों को व्यापक महत्त्व दिया जाता था। आज भी दहेज के रूप में लेन-देन और बारात की खातिर का "हैसियत" इस आर्थिक आधार के मुख्य तथ्य हैं। वधु पक्ष वर पक्ष को कितना दे सकता है और प्रीतिभोज तथा अन्य तथ्य कैसे होंगे इस बात पर व्यापक ध्यान दिया जाने लगा है। इस दृष्टि से वधु पक्ष की "हैसियत" एक महत्वपूर्ण तथ्य बन गई है और इसी कारण से विवाह संबंधों में आर्थिक आधार महत्वपूर्ण हो गए हैं।

सारणी 3.34
विवाह में आर्थिक आधार

क्र. सं.	विवाह में आर्थिक आधार	पायड़ा				टेकरी			
		पहले		अब		पहले		अब	
		आ.	%	आ.	%	आ.	%	आ.	%
1.	प्रीतिभोज	13	(26.0)	2	(4.0)	13	(26.0)	2	(4.0)
2.	लेन-देन	2	(4.0)	2	(4.0)	0	(0.0)	0	(0.0)
3.	प्रीतिभोज तथा लेन-देन	25	(50.0)	11	(22.0)	27	(54.0)	10	(20.0)
4.	फर्नीचर सजावट	0	(0.0)	10	(20.0)	0	(0.0)	15	(30.0)
5.	हैसियतनुसार	0	(0.0)	5	(10.0)	0	(0.0)	1	(2.0)
6.	सभी सम्मिलित	10	(20.0)	20	(40.0)	10	(20.0)	22	(44.0)
		50	(100.0)	50	(100.0)	50	(100.0)	50	(100.0)

दहेज का प्रचलन

आर्थिक आधारों के प्रश्नों पर यह प्रश्न उतना ही स्वाभाविक था कि क्या अभी इन ग्रामों में दहेज की प्रथा प्रचलित है, उत्तर सारणी 3.35 में देखा जा सकता है।

सारणी 3.35 से स्पष्ट है कि दहेज की मात्रा पहले की अपेक्षा बढ़ी, अधिक लोग दहेज में विश्वास करने लगे हैं, लेकिन अब दहेज का स्वरूप हैसियत के अनुसार हो गया है। वर पक्ष अपनी हैसियत को बढ़ा-चढ़ा कर बताते हैं और इसी कारण वधु पक्ष से अधिक से अधिक दहेज की मांग भी करते हैं। हैसियत शब्द वस्तुत: बड़ा भ्रामक है और यह शब्द दहेज की यथार्थ मात्रा को मापने नहीं देता। लेकिन फिर भी यह कहा जा सकता है कि हैसियत बढ़ा-चढ़ा कर बताना या उसकी अपेक्षा करना, ने दहेज की मात्रा पर व्यापक प्रभाव डाला है।

सारणी 3.35
दहेज का प्रचलन

क्र. सं.	*दहेज का प्रचलन*	*पायड़ा*				*टेकरी*			
		पहले		*अब*		*पहले*		*अब*	
		आ.	*%*	*आ.*	*%*	*आ.*	*%*	*आ.*	*%*
1.	हां	11	(22.0)	12	(24.0)	21	(42.0)	22	(44.0)
2.	हैसियतनुसार	27	(54.0)	34	(68.0)	9	(18.0)	22	(44.0)
3.	कम	6	(12.0)	1	(2.0)	6	(12.0)	2	(4.0)
4.	नहीं	6	(12.0)	3	(6.0)	14	(28.0)	4	(8.0)
		50	(100.0)	50	(100.0)	50	(100.0)	50	(100.0)

विवाह-विच्छेद

क्या विवाह-विच्छेद होता है। यह प्रश्न सीधे रूप से पूछा गया। नगरीय ग्रामों में विवाह-विच्छेद का प्रचलन बहुत कम है। अधिकतर उत्तरदाताओं : पायड़ा के 88 प्रतिशत और टेकरी के 92 प्रतिशत ने यह कहा कि विवाह-विच्छेद नहीं होता है। कुछ उत्तरदाताओं ने इस प्रकार की प्रथा का निम्न जातियों के साथ जोड़ा। उनकी मान्यता थी कि उच्च जातियों में विवाह-विच्छेद लगभग शून्य है। कुछ उत्तरदाताओं का विचार था कि कुछ विवाह नाता प्रकार के होते हैं जो अस्थाई विवाह भी कहे जा सकते हैं, इस प्रकार के विवाहों में भी आर्थिक आधार प्रमुख होते हैं तथा वैवाहिक संबंध कभी भी टूट सकते हैं।

पुनर्विवाह तथा विधवा विवाह

विवाह-विच्छेद की कम संभावनाओं के साथ-साथ पुनर्विवाह की संभावनाएं भी कम देखी गई। पायड़ा 82 प्रतिशत तथा टेकरी के 64 प्रतिशत उत्तरदाताओं ने इसका प्रचलन नहीं होने की स्थिति बताई है। लेकिन जिस स्तर पर विवाह-विच्छेद कठिन देखा गया, पुनर्विवाह में तुलनात्मक दृष्टि से कम रुकावटें हैं।

विधवा विवाह के संबंध में उत्तरदाताओं के दृष्टिकोण से यह ज्ञात होता है कि पायड़ा के 76 प्रतिशत तथा टेकरी के 70 प्रतिशत उत्तरदाता अब भी विधवा विवाह को अच्छा नहीं मानते हैं। उनके इस मत का स्पष्टीकरण सारणी 3.36 में दिया गया है।

सारणी 3.36 से यह स्पष्ट होता है कि सामाजिक दबाव इतना अधिक है जिसके कारण विधवा विवाह संभव नहीं है। सामाजिक दृष्टि से विधवा विवाह पहले भी संभव नहीं थे, अत: यह पारस्परिक विचार अभी भी पूर्ण रूप में विद्यमान है। नाते के कारण तथा कभी-कभी अपवादस्वरूप ऐसे विवाह अवश्य हो जाते हैं। परन्तु ऐसे विवाहों की संख्या अत्यंत नगण्य है। अधिकांश उत्तरदाता इस पक्ष में नहीं थे कि विधवा विवाह व पुनर्विवाह होने चाहिए।

सारणी 3.36
विधवा विवाह की प्रकृति

क्र. सं.	*प्रतिक्रिया*	*पायड़ा*				*टेकरी*			
		पहले		*अब*		*पहले*		*अब*	
		आ.	*%*	*आ.*	*%*	*आ.*	*%*	*आ.*	*%*
1.	सामाजिक दबाव/विरोध	41	(82.0)	30	(60.0)	34	(68.0)	30	(60.0)
2.	नाते जाना	9	(18.0)	8	(16.0)	16	(32.0)	4	(8.0)
3.	कभी-कभी हो जाती है	0	(0.0)	12	(24.0)	0	(0.0)	16	(32.0)
		50	(100.0)	50	(100.0)	50	(100.0)	50	(100.0)

परिवार

नगरीय ग्रामों की सामाजिक संरचना का मूल आधार परिवारों की संस्थागत स्थिति है। परिवार सामाजिक संरचना की मूल इकाई है। भारतीय परिवार के अन्तर्गत विशिष्ट संस्थागत प्रतिमान दिखाई देते हैं। ये परिवार को संगठित करते हैं, और इनके अन्तर्गत भावनात्मकता के साथ-साथ कर्त्तव्यपरायणता के पक्ष सम्मिलित हैं। परिवार में संयुक्तता सामाजिक आधार पर मदद और सामाजिक संस्थाओं से समन्वय दिखाई पड़ता है। इस प्रकार विवाह, जाति और अन्य ग्रामीण सामाजिक संस्थाओं में परिवार की प्रमुख भूमिकाएं हैं। परिवार के अन्तर्गत महिलाओं के शोषण की संभावनाएं दिखती हैं, व महिलाओं की भूमिकाओं में परिवर्तन के अवसर भी दिखाई देते हैं। परम्परागत आधार पर परिवार का एक व्यवसाय था। नवीन व्यवसायों के विकसित होने तथा शिक्षा के प्रसार के उपरांत परिवारों की व्यवसायिक स्थिति परिवर्तित होने लगी। पहले अधिकांश जनसंख्या कृषि व्यवसाय से जुड़ी हुई थी, अब सरकारी नौकरियां, विभिन्न व्यवसाय और स्वतंत्रता व्यवसाय की ओर अधिक प्रवृत्ति दिखाई देती है। इस प्रकार से जहां परिवार की संयुक्तता परिवार के व्यवसाय और साथ-साथ कार्य करने के आधार के साथ संबंधित थी, ये आधार अब परिवर्तित होते दिखाई देते हैं। परिवार में पारिवारिक स्वरूप क्या है? इन प्रश्न पर विचार करना इसलिए आवश्यक था जिससे ग्राम के पारस्परिक संबंधों के मूल अस्तित्व को देखा जा सके। परिवार की संरचना इन ग्रामों के लिए अत्यंत महत्वपूर्ण है और इन संदर्भों में क्या परिवर्तन हुए हैं इसका ब्यौरा निम्न रूप में देखा जा सकता है।

परिवार की संरचना

परिवार की संरचना से संबंधित यह जानकारी एकत्रित की गई है कि नगरीय ग्रामों में परिवार संयुक्त हैं अथवा एकाकी। यह माना जाता है कि नगरीय और ग्रामीण परिवेश में परिवारों की संरचना अलग-अलग होती है। भारत में हुए अनेक अध्ययन इस संदर्भ

में अलग-अलग मत प्रस्तुत करते हैं। आई॰ पी॰ देसाई ने परिवारों के स्वरूपों को अपने महुआ कस्बे के अध्ययन में परिभाषित किया है। वे दोनों प्रकार के परिवारों को संबंधों के आधार पर परीक्षित करने का प्रयत्न करते हैं। इन ग्रामों में भी इसी परिवेश के आधार पर परिवारों की संरचना देखी जा सकती है। इसका विश्लेषण सारणी 3.37 में प्रस्तुत है।

सारणी 3.37 से परिवारों की संरचना में एक प्रवृत्ति दृष्टिगत होती है और वह है संयुक्त परिवारों का अधिक टूटना। सामान्यत: ग्रामवासियों का यह विचार था कि अब लोग संयुक्त परिवारों की अपेक्षा अलग-अलग परिवारों में रहने लगे हैं। विवाह होते ही या तो घर की औरतों में झगड़ा होना शुरू होता है या लड़कों को स्वतंत्र व्यवसाय के लिए अलग-अलग करना पड़ता है। दोनों ही अवस्था में जो परिवार अलग होते हैं वे यद्यपि व्यवसाय, आय तथा कई मामलों में स्वतंत्र आचरण अवश्य रखते हैं. पर सामाजिक एवं सांस्कृतिक तथा यहां तक कुछ अंशों में आर्थिक दृष्टि से भी वे अपने मूल परिवार पर आश्रित रहते हैं। अत: समाजशास्त्री दृष्टि से परिवारों का बंटना इन ग्रामों में एक प्रवृत्ति मात्र है। हम यह नहीं कह सकते कि बहुत बड़ी संख्या में एकाकी परिवार निर्मित हो रहे है। संयुक्त परिवार से अलग रहने की प्रवृत्ति अवश्य इन ग्रामों में दिखाई देती है।

सारणी 3.37
परिवार की संरचना

क्र. सं.	परिवार की संरचना	पायड़ा				टेकरी			
		पहले		अब		पहले		अब	
		आ.	%	आ.	%	आ.	%	आ.	%
1.	संयुक्त	42	(84.0)	28	(56.0)	46	(92.0)	21	(42.0)
2.	एकाकी	8	(16.0)	22	(44.0)	4	(8.0)	29	(58.0)
		50	(100.0)	50	(100.0)	50	(100.0)	50	(100.0)

पारिवारिक व्यवसाय

ग्रामों में परिवारों की संरचना में एक विशेषता उनका एक ही व्यवसाय के साथ जुड़ा रहना भी है। पहले के ये परिवार प्रधानत: कृषि व्यवसाय के साथ संलग्न थे, परिवार का हर सदस्य कृषि के उत्पादन की पारिवारिक व्यवस्था के साथ जुड़ा हुआ था। नगरों के साथ संपर्क से नये व्यवसाय बढ़ने लगे और परिवारों की व्यावसायिक संरचना में भी परिवर्तन आया। इन ग्रामों में इससे संबंधित परिवर्तन क्या है, इसका वर्णन 3.38 में प्रस्तुत है।

सारणी 3.38
पारिवारिक व्यवसाय

क्र. सं.	पारिवारिक व्यवसाय	पायड़ा				टेकरी			
		पहले		अब		पहले		अब	
		आ.	%	आ.	%	आ.	%	आ.	%
1.	खेती	25	(50.0)	16	(32.0)	19	(38.0)	16	(32.0)
2.	व्यापार	1	(2.0)	1	(2.0)	0	(0.0)	0	(0.0)
3.	मजदूरी	6	(12.0)	2	(4.0)	4	(8.0)	4	(8.0)
4.	सरकारी नौकरी	18	(36.0)	31	(62.0)	27	(54.0)	30	(60.0)
		50	(100.0)	50	(100.0)	50	(100.0)	50	(100.0)

सारणी 3.38 से ज्ञात होता है कि पहले दोनों नगरीय ग्रामों में अधिकतर लोगों का पारिवा िक व्यवसाय खेती था लेकिन अब दोनों ग्रामों में खेती करने वाले पारिवारिक सदस्यों म कमी आती जा रही है। सारणी से स्पष्ट है कि अब प्रवृत्ति सरकारी नौकरी करने की अधिक है। व्यापार तथा मजदूरी के स्तर अभी भी वहीं हैं जहां पहले थे। नगर में भी जैसा परिभाषाओं से भी स्पष्ट है कि अधिकांश जनसंख्या सेवा एवं व्यापार से संबंधित होती है अत: सरकारी नौकरियों की ओर बढ़ने की प्रवृत्ति अत्यंत स्वाभाविक है।

महिलाओं की भूमिका

नगरीयकरण में सामाजिक परिस्थितियों में परिवर्तन का एक प्रभाव महिलाओं की स्थिति पर भी होता है क्योंकि शहर में शिक्षा की सुविधाएं अधिक होती हैं। अत: शिक्षित महिलाओं का प्रतिशत बढ़ता है। बल्कि इतना ही नहीं ऐसे रोजगार के अवसर मिलते हैं जो कि मात्र नगरीय सभ्यता की ही देन है। इस दृष्टि से जो प्रश्न उठता है वह ये है कि पारम्परिक रूप में मात्र गृहणी माने जाने वाली औरतों की व्यवसायात्मक अवस्था क्या रही। किसी भी ग्राम में गृहणी का कृषि तथा पशुपालन के कार्यों में सहायता करना भी है। सारणी 3.39 इन परिस्थितियों के बारे में जानकारी देती है।

सारणी 3.39
महिलाओं की भूमिका

क्र. सं.	महिलाओं की भूमिका	पायड़ा				टेकरी			
		पहले		अब		पहले		अब	
		आ.	%	आ.	%	आ.	%	आ.	%
1.	गृहकार्य	24	(48.0)	26	(52.0)	27	(54.0)	30	(60.0)
2.	नौकरी, गृहकार्य	11	(22.0)	6	(12.0)	6	(12.0)	3	(6.0)
3.	गृहकार्य, खेती, पशुपालन	15	(30.0)	18	(36.0)	17	(34.0)	17	(34.0)
		50	(100.0)	50	(100.0)	50	(100.0)	50	(100.0)

सारणी 3.39 के अनुसार दोनों ही ग्रामों में स्त्रियां अभी भी पारम्परिक गृह व्यवसायों में संलग्न हैं। कृषि तथा पशुपालन व्यवसाय में उनकी भागीदारी अभी भी है। नौकरी के अवसर यद्यपि मिले हैं, परन्तु उनकी संख्या बहुत कम है। ये नौकरियां अधिकांशत: शिक्षक, चपरासी और इसी प्रकार के अन्य संस्थानों में छोटे-मोटे कार्य से संबंधित हैं। नगरीय क्षेत्रों में बहुधा ऐसे अवसर आते हैं, जहां महिलाओं को उनके उपयुक्त सेवा के कई अवसर मिल सकते हैं, पर अध्यहित ग्रामों में ऐसे किन्हीं अवसरों की उपलब्धि नहीं है। संभव है कि आगे चल कर इस प्रकार की संभावनाएं विकसित हों।

इस संदर्भ का अधिक स्पष्टीकरण करने के लिए कौन-सी जाति की महिलाएं काम पर जाती हैं तो यह ज्ञात हुआ कि अधिकतर आदिवासी जाति की महिलाएं काम पर जाती हैं तथा सम्मानित जाति की कुछ महिलाएं शिक्षण कार्य करती हैं। सामान्यत: पारिवारिक कार्य के साथ-साथ कुछ अन्य कार्य करने की आकांक्षा इन महिलाओं में विकसित हुई है।

महिलाओं की भूमिका में परिवर्तन विशेष रूप से उनकी अन्त:क्रियाओं पर आधारित है। यह पूछने पर क्या घर की महिलाओं को अन्य पुरुषों से बातचीत करने की अनुमति है, तो पायड़ा के 32 प्रतिशत तथा टेकरी के 44 प्रतिशत उत्तरदाताओं ने हां कहा। लेकिन अब भी कुछ परिवारों में संकीर्ण दृष्टिकोण है। विशेष रूप से मध्यम जाति की महिलाएं पुरुषों से बातचीत की कम आज्ञा देती हैं।

परिवार नियोजन

परिवार नियोजन भारत की प्रगति तथा स्वस्थ्य जनसंख्या के लिए कार्यक्रम है। सरकारी प्रचार माध्यमों में परिवार नियोजन के कार्यक्रमों को अधिक से अधिक प्रसारित किया गया है। यह आशा की जाती है कि इस प्रचार-प्रसार से परिवार में बच्चों की संख्या के ऊपर व्यापक प्रभाव होगा। इसीलिए उत्तरदाताओं से दो प्रकार की जानकारी प्राप्त करने का प्रयास किया गया। पहली परिवारों में बच्चों की संख्या और दूसरी परिवारों का सदस्य संख्या के आधारों पर आकार। अध्यहित ग्रामों में विभिन्न परिवारों में बच्चों की संख्या का स्वरूप क्या है। इसका उत्तर सारणी 3.40 में देखा जा सकता है।

सारणी 3.40 से स्पष्ट है कि अधिकांश परिवारों में परिवार नियोजन की मान्यता से अधिक बच्चे हैं। 30 - 40 प्रतिशत परिवारों में ही परिवार नियोजन के अनुसार बच्चे उपलब्ध हैं। शेष 60 - 70 परिवारों में परिवार नियोजन संबंधी मान्यताओं का कोई प्रभाव नहीं है।

सारणी 3.40
परिवार में बच्चों की संख्या

बच्चों की संख्या	*बच्चों की संख्या के अनुसार परिवारों की संख्या*			
	पायड़ा		*टेकरी*	
	आ.	*%*	*आ.*	*%*
0–1	4	(8.0)	2	(4.0)
1–2	16	(32.0)	13	(26.0)
2–3	7	(14.0)	12	(24.0)
3–4	12	(24.0)	12	(24.0)
4–5	7	(14.0)	10	(20.0)
5 से अधिक	4	(8.0)	1	(2.0)
योग	50	(100.0)	50	(100.0)

घर का आकार सदस्यों की संख्या के अनुसार

परिवारों में बच्चों की संख्या जानने के साथ-साथ परिवार के आकार के संबंध में जानकारी प्राप्त करने की कोशिश की गई थी। यह जानने का भी प्रयत्न किया गया था कि ग्रामों में परिवारों का आकार छोटा है या बड़ा। यह पाया गया कि इन ग्रामों में अधिकांश परिवार बड़े आकार के हैं। परिवारों की न्यूनतम सदस्य संख्या 5 है। इस सदस्य संख्या वाले परिवारों की संख्या की तुलना में अधिक सदस्यों वाले परिवारों की संख्या अधिक है। यह सदस्य संख्या संयुक्त जीवन का संकेत देते हैं। यह कहा जा सकता है कि क्योंकि बड़ी संख्या वाले परिवारों में सभी उम्र के लोग रहते हैं अत: पीढ़ियों के विभाजन की प्रक्रिया बहुत अधिक तीव्र नहीं है। इसलिए ग्रामीण क्षेत्र में प्रत्येक आयु स्तर पर एकता के स्वरूप देखे जा सकते हैं।

जातिगत संरचना

अध्यहित ग्रामों में अध्ययनकर्ता के अपने विभाजन की प्रक्रिया के स्थान पर स्वयं उत्तरदाताओं से जाति संरचना में उनका क्रम विन्यास सारणी 3.41 में प्रस्तुत है।

सारणी 3.41
जातिगत आधार पर वर्गीकरण

क्र. सं.	*जाति का स्तर*	*पायड़ा*		*टेकरी*	
		आ.	*%*	*आ.*	*%*
1.	उच्च	16	(32.0)	12	(24.0)
2.	मध्यम	26	(52.0)	37	(74.0)
3.	निम्न	8	(16.0)	1	(2.0)
		50	(100.0)	50	(100.0)

सारणी 3.41 से ज्ञात होता है कि नगरीय ग्रामों में मध्यम जाति का अनुपात अधिक है। बहुत कम लोग अपनी जाति का स्तर निम्न बताते हैं, उच्च जातियों का अनुपात भी मध्यम जातियों से कम है। दोनों ही नगरीय ग्रामों में समान जातिगत वितरण का स्वरूप दिखाई देता है।

सारणी 3.41 से स्पष्ट है कि अधिकांश ग्रामवासी अपने आपको मध्यम जातियों के क्रम में स्थापित मानते हैं। कृषि प्रधान क्षेत्र होने के नाते ऐसा होना स्वाभाविक भी है। अधिकांश कृषि जातियों को मध्यम जाति की श्रेणियों में स्वीकार किया जाता है। उच्च जातियों में ब्राह्मण के पद को स्थापित करना आसान है, परन्तु अन्य जातियों के सोपानों में स्थापित करने की विभिन्नताएं हो सकती हैं। सबसे अधिक कठिन कार्य अपने आप को निम्न जाति में बतलाना है। इसीलिए उपर्युक्त सारणी में अधिकांश जाति सदस्यों ने अपने आपको मध्यम जाति के स्वरूप में स्थापित किया है। ये मध्यम जातियां कृषक या तत्संबंधी कार्यों की जातियां है।

जातिगत संबंध

जातिगत स्तर के आधारों पर संबंधों के विश्लेषण से विशेष रूप से यह जानने का प्रयास किया गया है कि उच्च जाति के अन्तर्गत उच्च और मध्यम जाति के बीच तथा निम्न स्तर की जाति के अन्तर्गत संबंधों का स्वरूप क्या है, इसका वर्गीकरण सारणी 3.42 में दिया गया है।

सारणी 3.42
जातिगत संबंध

क्र. सं.	*जातिगत संबंध*	*पायड़ा*		*टेकरी*	
		आ.	*%*	*आ.*	*%*
1.	उच्च-उच्च				
	(अ) अच्छे	31	(62.0)	43	(86.0)
	(ब) ठीक-ठीक	–		–	
	(स) बुरे	0	(0)	0	(0)
2.	उच्च-मध्यम				
	(अ) अच्छे	12	(24.0)	20	(40.0)
	(ब) ठीक-ठीक	34	(68.0)	23	(46.0)
	(स) बुरे	4	(8.0)	7	(14.0)
3.	उच्च-मध्यम-निम्न				
	(अ) अच्छे	15	(30.0)	10	(20.0)
	(ब) ठीक-ठीक	31	(62.0)	34	(68.0)
	(स) बुरे	4	(8.0)	6	(12.0)

उच्च जाति में आपसी संबंध अच्छे पाए गए। उच्च-मध्यम जाति के साथ संबंध

ठीक-ठीक अथवा कुछ हद तक संतुष्ट पाए गए। लेकिन कुछ उच्च मध्यम जाति के लोगों में बुरे संबंधों का स्वरूप दिखाई देता है। उच्च तथा मध्यम के निम्न जाति के साथ अधिकांश ठीक-ठीक संबंध देखे गए तथा उच्च मध्यम निम्न जाति के संबंध के कुछ लोगों ने बुरे संबंधों का उल्लेख दिया है। दोनों नगरीय ग्रामों में सारणी के अनुसार एक-सा स्वरूप दिखाई देता है।

इन तथ्यों पर जानकारी एकत्र करने का प्रयत्न किया गया है कि इन जातियों के संबंधों के प्रतिमान क्या हैं। जाति की संरचना उस संबंध में इतनी महत्वपूर्ण है कि अन्तर्जातीय विवाहों की कल्पना भी नहीं की जा सकती। जातिगत आधारों पर यद्यपि (जैसा कि पहले भी कहा जा चुका है) उच्च तथा निम्न जातियां अपने व्यावसायिक प्रतिमानों को बदल रही हैं। पर निम्न जातियों के लिए ऐसा करना संभव नहीं है। भोजन तथा अन्य प्रकार के प्रतिबंध भी इसी परम्परा के साथ जुड़े हुए हैं। कतिपय ग्रामों में तो यहां तक व्यवस्था है कि उच्च जातियां निम्न तथा मध्यम जातियों के शोक संस्कारों में भी शामिल नहीं होतीं। संबंधों का यह स्वरूप जातियों के शास्त्रीय मान्य व्यवस्थाओं के अनुरूप ही है। निश्चित ही जो जानकारी उपलब्ध हुई उसके अनुसार जातियों के अंतर के संबंध स्पष्ट और मधुर हैं। पर जहां पर अन्तर्जातीय संबंधों का प्रश्न है यह संबंध अलग-अलग रूपों में बदलते और विकसित होते जाते हैं। कभी-कभी यह संबंध तनावपूर्ण भी हैं; विशेष रूप से तीन परिस्थितियों में - पहली जब कोई निम्न जाति मध्यम या उच्च जाति के खेतों में काम करने का प्रयास करती है। दूसरा जब किसी निम्न या मध्यम जाति के लोग नौकरी के आधार पर अपनी प्रस्थिति को ऊंचा उठाने का प्रयत्न करते हैं। तीसरा जब निम्न या मध्यम जातियां उच्च जातियों से सेवा लेने का प्रयास करती हैं, इन्हीं तनावों से प्राय: इन ग्रामों में तनाव भी उत्पन्न हुए हैं। फिर भी इन ग्रामों में ऐसे उदाहरण देखने को नहीं मिलते जो विभिन्न जातियों के बीच संघर्ष के उदाहरण हों। जमीन पर संघर्ष व्यक्तिगत आधार पर देखा गया है।

खान-पान, सामूहिक भोज तथा उत्सव

जातियों के पारस्परिक संबंधों का एक मूल आधार शुद्धता तथा अशुद्धता भी है। शुद्धता तथा अशुद्धता का संबंध खान-पान के उन स्वरूपों के साथ भी जोड़ा जा सकता है, जिनका संदर्भ मांसाहारी या शाकाहारी प्रकार की भोजन व्यवस्था में देखा जा सकता है। विभिन्न जातियों के बीच खान-पान के संबंधों को ये दोनों परिस्थितियां प्रभावित करती हैं। मांसाहारी जातियां भोजन संबंधी दृष्टियों से अस्पृश्यता का प्रतीक हैं। बहुत कम शाकाहारी जातियां मांसाहारी जातियों से भोजन का संबंध रखती हैं।

अनुसूची के अन्तर्गत कुछ उत्तरदाताओं ने यह मत स्पष्ट किया कि प्रतिबंध का आधार मांसाहारी अथवा शाकाहारी भी है। कुछ जातियों में मांस सेवन पर प्रतिबंध है और ये लोग दूसरों के यहां भोजन नहीं करना चाहते हैं।

खान-पान से संबंधित एक महत्वपूर्ण संबंध सामूहिक भोजन का है। सभी उत्तरदाताओं ने यह बताया कि विशेष अवसरों पर पहले भी सामूहिक भोजन होते थे और अब भी इनका प्रचलन है। अधिकतर सामूहिक भोज विवाह तथा मृत्यु के समय होते हैं और कुछ नामकरण, गृह प्रवेश तथा तीर्थ यात्रा के उपरांत होते हैं। अनुसूची से एक बात और स्पष्ट होती है कि दोनों नगरीय ग्राम में मृत्यु पर जो सामूहिक भोजन होता था उसके स्वरूप में कमी आ रही है।

इन ग्रामों में उत्सवों के स्वरूपों में अंतर नहीं आया है। जो उत्सव पहले मनाए जाते थे वे अब भी मनाए जाते हैं। सभी उत्तरदाताओं ने इनके प्रचलन का उल्लेख किया।

अन्तर्धर्म संबंध

जाति के साथ-साथ धार्मिक पक्षों का विश्लेषण भी आवश्यक है। विभिन्न धर्मों के आपसी संबंधों की प्रस्थिति में किस प्रकार के अंतर आए हैं इसका विश्लेषण सारणी 3.43 में प्रस्तुत किया गया है।

सारणी 3.43
अन्तर्धर्म संबंध

क्र. सं.	*धार्मिक निकटता*	*पायड़ा*				*टेकरी*			
		पहले		*अब*		*पहले*		*अब*	
		आ.	*%*	*आ.*	*%*	*आ.*	*%*	*आ.*	*%*
1.	अधिक	46	(92.0)	36	(72.0)	35	(70.0)	30	(60.0)
2.	कम	4	(8.0)	14	(28.0)	15	(30.0)	20	(40.0)
		50	(100.0)	50	(100.0)	50	(100.0)	50	(100.0)

सारणी 3.43 से स्पष्ट होता है कि अब साम्प्रदायिक सद्भाव में कमी दिखाई पड़ती है। जहां पहले साम्प्रदायिक सद्भाव अधिक था अब अधिकांश लोगों का मत है कि इसमें थोड़ी कमी आई है।

धार्मिक स्थानों के विकास के कार्य में अधिकतर लोग योगदान देने में अपनी रुचि दिखाते हैं। इस आश्रय का विश्लेषण सारणी 3.44 में दिया गया है।

सारणी 3.44 से यह स्पष्ट दिखाई पड़ता है कि अधिकांश लोग प्रवृत्तियों से पुष्ट हैं और इसलिए मंदिरों, मस्जिदों तथा अन्य धार्मिक प्रतीकों को विकसित करने और सहायता देने में अपना सम्पूर्ण योगदान देते हैं। ग्रामीण समाजों में धार्मिक भावनाओं का स्थान सर्वोत्तम है और इसी कारण धार्मिक कृत्यों के साथ में उनका लगाव भी अधिक है। इसी कारण से इन ग्रामों में भी लगभग 90 प्रतिशत से भी अधिक उत्तरदाताओं ने उस संभावनाओं की ओर संकेत किया है, जहां अवसर पड़ने पर लोग धार्मिक कार्यों की पूर्ति की प्राथमिकता सामने रखेंगे।

सारणी 3.44
धार्मिक स्थानों के लिए योगदान

क्र. सं.	धार्मिक स्थानों के लिए योगदान	पायड़ा				टेकरी			
		पहले		अब		पहले		अब	
		आ.	%	आ.	%	आ.	%	आ.	%
1.	मंदिर, मस्जिद, धर्मशाला	48	(96.0)	45	(90.0)	36	(72.0)	42	(84.0)
2.	नहीं	2	(4.0)	5	(10.0)	14	(28.0)	8	(16.0)
		50	(100.0)	50	(100.0)	50	(100.0)	50	(100.0)

पड़ोसी संबंध

नगरीय ग्रामों में यह पूछा गया कि क्या बीमारी में पड़ोसी एक दूसरे की सहायता करते हैं। यह सारणी 3.45 से स्पष्ट होता है।

सारणी 3.45
सहायता का स्वरूप

क्र. सं.	सहायता का स्वरूप	पायड़ा				टेकरी			
		पहले		अब		पहले		अब	
		आ.	%	आ.	%	आ.	%	आ.	%
1.	आर्थिक	4	(8.0)	3	(6.0)	3	(6.0)	2	(4.0)
2.	आवश्यकतानुसार	14	(28.0)	20	(40.0)	10	(20.0)	10	(20.0)
3.	व्यवहार के आधार पर	15	(30.0)	12	(24.0)	15	(30.0)	14	(28.0)
4.	सभी प्रकार से	17	(34.0)	15	(30.0)	22	(44.0)	24	(48.0)
		50	(100.0)	50	(100.0)	50	(100.0)	50	(100.0)

उपरोक्त सारणी 3.45 से स्पष्ट होता है कि अधिकतर लोग सभी प्रकार से सहायता पहले भी करते थे और अब भी करते हैं। कुछ ऐसे भी उत्तरदाता हैं जो व्यवहार के आधार पर मदद पहले भी करते थे, और अब भी करते हैं। कुछ ऐसे भी लोग हैं जो जैसा अवसर देखते हैं, जैसी आवश्यकता पड़ती है, उसके अनुसार पहले भी मदद करते थे और अब भी मदद करते हैं। सारणी से ज्ञात होता है कि प्रत्येक सदस्य अपने पड़ोसी की सहायता करना पसंद करता है। पड़ोसी सहायता के प्रतिमानों में अंतर नगण्य है।

पड़ोसी के इन संबंधों का महत्व इसलिए भी है कि इन्हीं संबंधों के आधार पर समुदाय का निर्माण तथा हम भावना विकसित हो सकती है। इसीलिए यह जानने का प्रयत्न किया कि क्या पड़ोसियों के साथ अन्य पड़ोसियों का व्यावहारिक संबंध हैं। प्राप्त स्थिति का चित्रण सारणी 3.46 में देखा जा सकता है।

सारणी 3.46
पड़ोसियों का व्यावहारिक संबंध

क्र. सं.	घूमना पसंद	पायड़ा				टेकरी			
		पहले		अब		पहले		अब	
		आ.	%	आ.	%	आ.	%	आ.	%
1.	हां	16	(32.0)	23	(46.0)	26	(52.0)	26	(52.0)
2.	नहीं	26	(52.0)	14	(28.0)	14	(28.0)	20	(40.0)
3.	कभी-कभी	8	(16.0)	13	(26.0)	10	(20.0)	4	(8.0)
		50	(100.0)	50	(100.0)	50	(100.0)	50	(100.0)

सारणी 3.46 से स्पष्ट होता है कि दोनों नगरीय ग्रामों में पहले भी पड़ोसियों के साथ घूमते थे और अब भी घूमते हैं। लेकिन उत्तरदाताओं ने एक और स्थिति की ओर संकेत किया है, उनकी मान्यता थी कि जैसे-जैसे व्यवसाय के और नौकरी के स्वरूप बदल रहे हैं, वैसे-वैसे पड़ोसियों के साथ मिल बैठने के अवसर भी कम होते जा रहे हैं। इसलिए यह तो सत्य है कि पड़ोसियों के साथ मिलना-जुलना अभी तक जारी है, लेकिन इस से मिलने-जुलने की मात्रा में कमी आई है। ऐसा भी माना जाता है कि ग्राम से बाहर से आने वालों की संख्या बढ़ने के कारण धीरे-धीरे पड़ोसियों में वे संबंध नहीं रहे जो पहले थे। उत्तरदाताओं का मत था कि बाहर से आने वाले ये लोग अपने आपको एक संकुचित दायरे में रखते हैं। अत: स्थानीय स्तर पर इनके साथ अन्तर्क्रिया करना संभव नहीं होता।

राजनीति तथा नेतृत्व

सामाजिक व्यवस्था राजनैतिक पक्ष से प्रभावित हो सकती है। इस तथ्य को ध्यान में रखते हुए यह जानने का प्रयास किया कि कितने लोग राजनीतिक दलों से संबंधित हैं। पायड़ा के 40 प्रतिशत तथा टेकरी के 40 प्रतिशत उत्तरदाता राजनैतिक दलों से संबंधित थे।

नगरीय ग्रामों में राजनीतिक नेताओं की भूमिका का वर्णन सारणी 3.47 में प्रस्तुत किया गया है।

सारणी 3.47 से यह स्पष्ट होता है कि उत्तरदाता नेताओं की भूमिका से संतुष्ट नहीं हैं। अधिकांश नेता बहुत कम अथवा कुछ कार्य नहीं करते हैं। बहुत कम तथा कुछ नहीं समूहों के सम्मिलित करने से ऐसा विदित होता है कि उनकी भूमिका पहले भी नगण्य थी और अब भी विशेष नहीं है। स्थानीय समस्या के विकास संबंधी कार्य पर थोड़ा-सा ध्यान देते हैं। स्थानीय लोगों का नेताओं पर कितना विश्वास है इसकी प्रतिक्रिया में पायड़ा के 78 प्रतिशत तथा टेकरी के 78 प्रतिशत उत्तरदाताअ। का मत है कि उन्हें नेताओं पर विश्वास नहीं है।

सारणी 3.47
नेताओं की भूमिका

क्र. सं.	नेताओं की भूमिका	पायड़ा				टेकरी			
		पहले		अब		पहले		अब	
		आ.	%	आ.	%	आ.	%	आ.	%
1.	स्थानीय समस्या का समापन	2	(4.0)	2	(4.0)	8	(16.0)	4	(8.0)
2.	विकास संबंधी कार्य	0	(0.0)	5	(10.0)	1	(2.0)	1	(2.0)
3.	कम	20	(40.0)	15	(30.0)	19	(38.0)	10	(20.0)
4.	बहुत कम	28	(56.0)	28	(56.0)	22	(44.0)	35	(70.0)
		50	(100.0)	50	(100.0)	50	(100.0)	50	(100.0)

प्रशासन की भूमिका

विकास के लिए प्रशासन अथवा सरकार क्या कार्य कर रही है और इसका स्तर क्या है, इसका विश्लेषण सारणी 3.48 में दिया गया है।

सारणी 3.48
प्रशासन की भूमिका

क्र. सं.	भूमिका/कार्य	पायड़ा		टेकरी	
		आ.	%	आ.	%
1.	कुछ नहीं	0	(0.0)	50	(100.0)
2.	बहुत कम	50	(100.0)	0	(0.0)
3.	सभी कार्य	0	(0.0)	0	(0.0)
		50	(100.0)	50	(100.0)

सारणी 3.48 से स्पष्ट होता है कि पायड़ा के उत्तरदाताओं का मत है कि सरकार द्वारा बहुत कम काम किया गया है, जबकि टेकरी के उत्तरदाताओं का मत है कि सरकार कुछ भी कार्य नहीं करती है।

शिक्षा

पायड़ा तथा टेकरी में कोई विद्यालय नहीं है। सरकारी तथा निजी विद्यालयों में विद्यार्थियों को शिक्षा देने के संबंध में अभिभावकों की राय का विश्लेषण सारणी 3.49 में प्रस्तुत किया गया है।

सारणी 3.49
विद्यालयों का स्वरूप

क्र. सं.	विद्यालय	पायड़ा आ.	पायड़ा %	टेकरी आ.	टेकरी %
1.	सरकारी	3	(6.0)	0	(0.0)
2.	प्राइवेट/निजी	47	(94.0)	50	(100.0)
3.	सरकारी तथा प्राइवेट	0	(0.0)	0	(0.0)
4.	नहीं भेजते	0	(0.0)	0	(0.0)
		50	(100.0)	50	(100.0)

अधिकतर बच्चों को निजी विद्यालयों में शिक्षा के लिए भेजा जाता है। पायड़ा की तुलना में टेकरी के सभी उत्तरदाता अपने बच्चों को निजी/प्राइवेट स्कूल में भेजते हैं। पायड़ा के 6 प्रतिशत लोग अपने बच्चों को सरकारी स्कूल में भेजते हैं, जबकि टेकरी के उत्तरदाता सरकारी स्कूल में भेजना पसंद नहीं करते। सारणी देखने से स्पष्ट होता है कि नगरीय ग्रामों में निजी विद्यालयों का प्रभाव बढ़ रहा है। निजी स्कूलों में विद्यार्थियों की संख्या में वृद्धि का मूल कारण, उत्तरदाताओं का मत है, सरकारी स्कूलों में अव्यवस्था और पढ़ाई का न होना है। ऐसा माना गया है कि ये स्कूल यद्यपि सस्ते तो हैं और गरीबों के लिए उचित भी हैं परंतु पढ़ाई की अव्यवस्था के कारण इनमें पढ़ाना संतोषजनक नहीं है।

नगरीय ग्रामों में सामाजिक व्यवहारों में अंतर ज्ञात करने के लिए कुछ महत्वपूर्ण चरों पर प्रचलन का प्रतिशत विश्लेषित किया गया। कुल निदर्शन में से हरेक चर पर प्रचलन का स्तर अथवा सहमति का प्रतिशत देखा गया है। यहां पर असहमति तथा अन्य विकल्पों का विवरण नहीं दिया गया। विभिन्न सामाजिक आधारों के प्रचलन का स्तर सारणी 3.50 में प्रस्तुत किया गया है।

सारणी 3.50 के अनुसार स्पष्ट होता है कि परम्परागत सामाजिक व्यवहारों में सामूहिक भोज, संयुक्त परिवार, महिलाओं के गृहकार्य, पुरुषों से महिलाओं की अन्त:क्रिया पर प्रतिबंध, खानपान पर प्रतिबंध, पड़ोसी मित्रता एवं साथ घूमने का प्रचलन पहले भी अधिक था और अब भी है। विशेष परिवर्तन व्यवसाय के आधार पर देखे जा सकते हैं। अधिकांश लोग कृषि कार्य छोड़ कर सरकारी नौकरियों में रुचि ले रहे हैं। महिलाओं ने परिवार से बाहर अन्य कार्य करना शुरू किया है। विवाह में आर्थिक प्रदर्शन, सजावट तथा हैसियत आदि में वृद्धि हुई है। राजनैतिक आधार पर नेताओं की भूमिकाएं निष्क्रिय देखी गई हैं और ग्राम विकास में इनकी भूमिका नगण्य-सी है। धार्मिक निकटता कम हुई है लेकिन धार्मिक स्थानों के विकास के लिए लोग अब भी योगदान देते हैं। दोनों ही ग्रामों : पायड़ा तथा टेकरी में व्यवहार के प्रचलन तथा

परिवर्तन में समानताएं देखी गई हैं और सांख्यिकीय आधार पर इनमें अंतर नगण्य-सा है। इस प्रकार से ग्रामीण नगरों की सामाजिक संरचना तथा सामाजिक परिवर्तनों के आधारों में समानता है।

सारणी 3.50
उदयपुर : सामाजिक आधारों का प्रचलन

क्र. स.	चर	प्रचलन स्तर		(प्रतिशत)	
		पायड़ा		टेकरी	
		पहले	अब	पहले	अब
1.	युवा मेल-जोल	2	18	2	14
2.	विवाह पूर्व मिलना	10	20	8	10
3.	वर शिक्षा महत्त्व	24	100	10	100
4.	आर्थिक प्रदर्शन, सजावट, हैसियत	20	70	20	76
5.	दहेज का प्रचलन	22	24	42	44
6.	सामूहिक भोज का आयोजन	100	84	98	90
7.	विधवा विवाह विरोध	82	60	68	66
8.	परिवार की रचना	84	56	92	42
9.	कृषि	40	30	22	12
10.	सरकारी नौकरी	36	62	54	60
11.	महिलाओं का गृह कार्य	48	52	54	60
12.	महिलाओं के अन्य कार्य	30	36	34	34
13.	महिलाओं की पुरुषों से बातचीत	32	60	44	76
14.	खान-पान प्रतिबंध	76	78	78	76
15.	धार्मिक निकटता	92	72	70	50
16.	धार्मिक स्थानों के लिए योगदान	96	90	72	84
17.	घूमना पसंद	32	46	52	52
18.	नेता : निष्क्रिय भूमिका	100	0	0	0

उदयपुर के नगरीय ग्रामों के विश्लेषण से विशेष रूप से यह स्पष्ट होता है कि परम्परागत सामाजिक आधारों में परिवर्तन बहुत कम हुए हैं। इसकी तुलना में अधिकतर परिवर्तन आर्थिक पक्ष में विशेष कर व्यावसायिक परिस्थितियों में देखे जा सकते हैं। इस संदर्भ में यह उल्लेख करना आवश्यक है कि नगर के विकास के फलस्वरूप अधिकांश कृषि योग्य भूमि भवन निर्माण में लग गई है और इन ग्रामों के लोगों को परिस्थितिवश नये व्यवसायों का चयन करना पड़ रहा है तथा जो लोग फिर भी कृषि करना चाहते थे, वे अन्य स्थानों पर प्रवास कर गए हैं। शहर विकास का आर्थिक लाभ यहां के स्थानीय किसानों को बहुत कम मिला और जो लोग यहीं बसे रहे उन्हें अपना व्यवसाय बदलना पड़ा।

जयपुर तथा उदयपुर : तुलनात्मक विश्लेषण

दोनों नगरों के ग्रामों के अध्ययन की समस्या के संदर्भ में कुछ अर्थों में समान स्थिति है और कुछ अर्थों में असमान स्थिति है। सारणी 3.51 इस दृष्टि से इन ग्रामों के सारे विश्लेषण में जिन समानताओं को देखा गया उनका संबंध वैवाहिक व्यवस्थाओं, पारिवारिक संरचना और जातिगत परिवर्तनों से है। ऐसा प्रतीत होता है कि स्त्री और पुरुषों के संबंधों पर अभी भी प्रतिबंध स्वीकार किए जाते हैं। उदयपुर की तुलना में जयपुर में जाति को प्राथमिकता प्रदान की जाती है और वैवाहिक संस्कारों की मूल भावनाओं में कोई विशेष अंतर नहीं है। पारिवारिक संरचना में भी यद्यपि अलग होने की प्रवृत्ति अवश्य दिखाई देती है, परन्तु एकाकी परिवारों की बहुत बड़े निर्माण का पता नहीं चलता। अधिकांश परिवार, परिवार नियोजन के मानकों के अनुसार नहीं हैं और अधिकांश परिवार सदस्य संख्या की दृष्टि से आकार में बड़े हैं।

सारणी 3.51
तुलनात्मक विश्लेषण

क्र. स.	*चर*	*प्रचलन का स्तर (प्रतिशत)*			
		जयपुर		*उदयपुर*	
		पहले	*अब*	*पहले*	*अब*
1	2	3	4	5	6
1.	युवा मेल-जोल	0	14	2	16
2.	विवाह पूर्व मिलना	2	24	9	15
3.	वर शिक्षा महत्त्व	8	98	17	100
4.	आर्थिक प्रदर्शन, सजावट, हैसियत	2	76	20	73
5.	दहेज का प्रचलन	19	5	32	34
6.	सामूहिक भोज का आयोजन	100	100	99	87
7.	विधवा विवाह विरोध	48	30	75	63
8.	परिवार की रचना	80	57	88	49
9.	कृषि	52	4	31	21
10.	सरकारी नौकरी	12	62	45	61
11.	महिलाओं का गृह कार्य	78	68	51	56
12.	महिलाओं के अन्य कार्य	18	28	32	35
13.	महिलाओं की पुरुषों से बातचीत	42	78	38	50
14.	खान-पान प्रतिबंध	75	75	77	77
15.	धार्मिक निकटता	86	74	81	61
16.	धार्मिक स्थानों के लिए योगदान	88	85	84	87
17.	घूमना पसंद	59	71	42	49
18.	नेता : निष्क्रिय भूमिका	90	93	42	49

यहां यह भी कहा जा सकता है कि जातिगत मान्यताएं भी अभी तक यथावत् हैं और जातियों के पारस्परिक संबंधों में कोई व्यापक परिवर्तन नजर नहीं आता। इस प्रकार से सामाजिक परिवर्तन की धारा बहुत विशद है। पहला विवाह के लिए स्वीकृत मान्यताओं की प्राथमिकताओं में, दूसरा वर के चयन में व्यवसायात्मक प्राथमिकताओं में, तीसरा परिवार नियोजन एवं समाज में कामकाज की दृष्टि से महिलाओं की भूमिका में अंतर निश्चित ही स्वत: है। इन अंतरों से संरचनात्मक आधारों में कोई विशिष्ट अंतर नहीं दिखाई देता। अत: ऐसा लगा है कि नगरीय परिधि में आने के बाद भी नगरीय स्थितियां विवाह, परिवार, जाति तथा अन्य सामाजिक, संगठनात्मक आधारों को परिवर्तित नहीं कर सकी हैं।

4

सामाजिक विजातीयता एवं समन्वय

नगरों के निवासी विभिन्न प्रदेशों, ग्रामीणांचलों तथा अन्य नगरीय क्षेत्रों से आते हैं, जो केवल कृषि पर निर्भर नहीं रह सकते, इसलिए अनेक प्रकार के वेतनभोगी नौकरियों, व्यवसाय, व्यापार या उद्योग करते हैं। उनके अपने विशिष्ट हित होते हैं। जिनकी पूर्ति के लिए वे विशिष्ट कार्य करते हैं। नगर में सदैव से भिन्न प्रदेशों, सांस्कृतियों और प्रजातियों के लोग आकर बसते रहते हैं, जिसके कारण यहां जैविक और सांस्कृतिक वर्णसंकरों को सर्वोत्तम पर्यावरण मिलता है। इस प्रकार नगर में वैयक्तिक विभेदों को भी सर्वोत्तम पर्यावरण मिलता है, फलतः नगरवासियों के वैयक्तिक लक्षण, पेशे, सांस्कृतिक जीवन, संस्थाएं, विचार, आदर्श, आदि सभी अत्यधिक भिन्नता से युक्त होते हैं।

नगर की विशालता में माध्यमिक समूह का होना स्वाभाविक है, जिसमें परस्पर अनभिज्ञ लोगों को घुलमिल कर रहना पड़ता है। अतएव उनमें दृष्टिकोण की उदारता, सहनशीलता और छिछलापन अथवा उदासीनता आ जाते हैं। उनके छिछले शिष्ट और विनीत व्यवहार केवल यांत्रिक होते हैं। नगरीय व्यक्ति अपने सभी अपरिचितों अथवा परिचितों के प्रति बड़ा औपचारिक व्यवहार किया करता है। वह हजारों लाखों से अनभिज्ञ है और इसी प्रकार दूसरे भी उससे अनभिज्ञ हैं। अजनबीपन एवं अनभिज्ञता के इस अथाह सागर में तैरना या डूबना हर नगरीय व्यक्ति की व्यवहारकुशलता और अनुकूलन शक्ति पर निर्भर है। नगरीय जीवन के विभिन्न क्षेत्रों में विभिन्न मित्र या परिचित होते हैं, जो एक दूसरे पर केवल अनेक सीमाओं के अंदर रह कर निर्भर रहते हैं। यहां दूसरे व्यक्ति के संपूर्ण व्यक्तित्व को समझने या उसके प्रतिक्रियाशील होने का अवसर ही नहीं मिलता। इसी कारण नगर में संपर्कों को अवैयक्तिक और वृत्त-खण्ड-समान कहा जाता है, जहां प्रत्येक व्यक्ति दूसरे के विषय में औपचारिक खबर रखता है।

नगरीय जीवन में कुछ न कुछ सहिष्णुता का होना अनिवार्य है, क्योंकि नगर की जनसंख्या अनेक प्रकार की होती है, जिनमें पारस्परिक संबंध अप्रत्यक्ष एवं अवैयक्तिक

होते हैं। नगर निवासी, नगर की विषमताओं जैसे - शिक्षा, अशिक्षा, सम्पन्नता और दरिद्रता आदि को जानते हुए भी इनके प्रति उदासीन हो जाता है, जबकि वे बाह्य अनुरूपता के लिए छिछले और औपचारिक तरीके सरलता से अपना सकते हैं, किन्तु नगर सामाजिक सहिष्णुता को उखाड़ फेंकने वाली कोई घटना घटित होने पर तो यहां सामाजिक असहिष्णुता एवं समाज विरोधी कृत्यों की सीमा नहीं रहती। उदाहरण दंगे आदि। नगर व्यक्ति के निजी आचरण की अपेक्षा करता है क्योंकि यहां उसके सार्वजनिक आचरण पर नियंत्रण रहता है, साथ ही यह नियंत्रण नगर में साधारण एवं अवैयक्तिक होता है।

नगर में माध्यमिक समूहों की प्रधानता होती है। यहां दो प्रकार के सामाजिक संसार होते हैं, जिससे नगरीय व्यक्ति को बड़ा लाभ होता है, क्योंकि वह आवश्यकतानुसार इनमें से किसी के शरण में जा सकता है। नगरीय व्यक्ति यदि किसी प्राथमिक नियंत्रण के कठोर नियंत्रण से बचना चाहता है तो वह अनजाने लोगों के समुदाय में छिप सकता है, क्योंकि नगर की अनभिज्ञता उसे निकट नियंत्रण से मुक्त कराती है। अपने पड़ोस एवं समूह से दूर होते ही व्यक्ति अनजाने लोगों में, स्वाभाविक रूप में माध्यमिक, अप्रत्यक्ष और अनुत्तरदायी व्यवहार भी कर सकता है। नगर में नैतिक नियंत्रण ढीले हो जाने के कारण भ्रष्टाचार, अनुत्तरदायी, अवांछित व्यवहार एवं व्यभिचार को प्रोत्साहन मिलता है। व्यक्ति नगर की अवैयक्तिकता और अनुदारता से उबने पर वह किसी प्राथमिक समूह में घनिष्टता और सहानुभूति भी पा सकता है, साथ ही वह परिवार, गिरोह, मित्रमंडली या अन्य अंतरंग समूह में पुनः भावनात्मक सुरक्षा की अपनी भावना को प्राप्त कर सकता है। उनमें रह कर वह पुनः पूर्ण मनुष्य बन सकता है। नगरीय संसार में व्यक्ति केवल अपूर्ण और नगण्य रहता है। इस संसार में पृथक् व्यक्ति को गहरे एकाकीपन की अनुभूति होती है। इस एकाकीपन को वह प्राथमिक समूह का सदस्य होकर ही मिटा सकता है। वैसे तो नगर एक माध्यमिक समूह है, पर इसमें भी अनेक अन्तःमिश्रित और एक दूसरे का किनारा ढके हुए प्राथमिक समूह होते हैं। इनका व्यक्ति पर नियंत्रण ग्रामीण समाज के नियंत्रण के अपेक्षा शिथिल होता है, क्योंकि यहां प्राथमिक नियंत्रणों का उल्लंघन सरलता से हो सकता है। इसीलिए नगरों में नियंत्रण हेतु, कानून, पुलिस, गुप्तचर तथा अनेक प्रशासकीय विभागों का जाल-सा बिछा होता है। नगर में नियंत्रण की समस्या अति कठिन और जटिल होने के कारण आवश्यकतानुसार वैधानिक नियंत्रण कठोर होता जा रहा है। यहां जनरीतियों एवं रूढ़ियों में गांवों के समान प्रभाविकता नहीं रह पाती।

नगर में भौगोलिक गतिशीलता अपरिहार्य होती है, साथ ही साथ सामाजिक गतिशीलता विशेष क्रियाशील होती है। इन्हें यहां प्रोत्साहन भी मिलता है। नगर-निवासी की प्रस्थिति का निर्धारण उसके कर्म से बंधा होता है न कि जन्म से। वह अपने कृत्य

और प्रदर्शन के आधार पर उच्चतम सामाजिक सम्मान या प्रतिष्ठा को प्राप्त कर सकता है, नगर में ऐसे अवसर प्रत्येक नगरवासी के लिए उपलब्ध रहता है। फलत: नगर के निवासियों में अपनी प्रस्थिति निर्धारण हेतु प्रतियोगिता होती है। स्थिति को उन्नत करने के समान अवसर तो यहां होते हैं, परंतु यहां विषमताएं भी अधिक दृष्टिगत हैं। फलत: सबको समान रूप में सफलताएं नहीं मिल पातीं, फिर भी यहां सामाजिक उत्थान अत्यधिक देखने को मिलता है। दूसरे शब्दों में नगर सभी वर्ग के लोगों को उन्नति के अधिकाधिक अवसर प्रदान करता है। यहां समाजीकरण और जनतंत्रीकरण के अधिक अवसर उपलब्ध होते हैं, फलत: यहां सदैव किसी एक वर्ग का प्रभुत्व नहीं रह पाता।

नगर में प्रत्येक समूह का स्वभाव ऐच्छिक होता है, जिसकी सदस्यता भौगोलिक संयोग अथवा रुधिर संबंध पर आश्रित नहीं होती। हालांकि ऐच्छिक संसर्ग की प्रबल प्रवृत्ति से प्राथमिक समूह भी अछूत नहीं रह पाते, क्योंकि धीरे-धीरे उनमें भी अधिक ऐच्छिकता और विशेषीकरण की प्रवृत्ति आती जाती है। नगरीय जनसंख्या के विशाल आकार, उसकी समीपता, भिन्नता और सरल संपर्क से ऐच्छिक संसर्ग के लिए आदर्श वातावरण मिलता है। हर व्यक्ति को समान हितवाले दूसरे व्यक्ति आसानी से मिल जाते हैं। साथ ही नगर में एक नये प्रकार के समूहों का उद्‌भव होता है, जिनका आधार विशेषीकृत है। इस तरह प्रत्येक व्यक्ति अनेक समूहों का सदस्य होता है। वह एक ही साथ राष्ट्रीय, जाति, गोष्ठी, गुट, पड़ोस, कंपनी, आदि का सदस्य हो जाता है। उसे इन सबसे उतना ही संबंध है, जहां तक ये उसकी विशिष्ट आवश्यकताओं अथवा हितों की पूर्ति करते हैं। दूसरे शब्दों में नगर में माध्यमिक संसर्ग अति विस्तृत, जटिल, छिछले और विचारयुक्त हो जाते हैं। यहां हर समूह अपने हितों की सुरक्षा हेतु संगठित होता है। नगर में व्यक्ति की अकेली आवाज का कोई मूल्य नहीं होता, जबकि सामूहिक संगठन प्रतिनिधित्व और मांग का आदर होता है। यही कारण है कि नगरों में विभिन्न हितों की समितियां या संघ होते हैं, जो अपनी मांगों को पूरा कराने के लिए वे अत्यधिक वाचाल और सक्रिय होते हैं।

व्यक्ति की वैयक्तिकता नगर के विशाल जनसमूह में भी दबती नहीं है, बल्कि वह सतत् उभरती रहती है। नगरीय संसर्ग की ऐच्छिकता अवसरों की अनेकता और सामाजिक गतिशीलता में सभी व्यक्तियों को अपने जीवनयापन के लिए निर्णय लेने और नियोजन करने को मजबूर कर देते हैं। यहां व्यक्ति का सामाजिक व्यक्तित्व निराला इसलिए होता है, क्योंकि वह विविध समूहों का सदस्य रहने के साथ-साथ विविध हितों के लिए कार्य भी कर सकता है। प्रतियोगिता की प्रधानता के कारण नगर में हर व्यक्ति दूसरे के प्रतिपक्ष में बड़ा होता है, जो किसी विशेष समूह या हित से सदैव बंधा नहीं रहता। उसे अपना पथ स्वयं बनाना पड़ता है, और फिर गंतव्य के लिए अकेले ही

अभियान चलाना पड़ता है। उसे दूसरे के भेदों तथा मानवीय सापेक्षता का परिज्ञान हो जाता है, ताकि सही दृष्टिकोण से स्वयं को समझ कर जीवन में अधिक वैषयिकता से कार्यरत होता है। वह दूसरों से लाभ उठाने के साथ-साथ सदैव सावधान रहता है, कि दूसरा उससे लाभ न उठा ले। इसीलिए वह स्वयं और दूसरों में अंतर करता है। परिणामतः एक तरफ प्रत्येक नगरनिवासी केवल एक अणु बन जाता है, जो अत्यंत आत्म-चेतन और विचित्र होता है, तो दूसरी ओर नगर की विशाल संस्थाएं और समितियां, जिनका वह सदस्य होता है, परन्तु व्यक्ति कभी भी पूर्णतया एक समूह में विलीन नहीं होने पाता।

नगरीय जनसंख्या का स्थानिक वितरण और पृथकता उसके विविध विशेषीकृत हितों के आधार पर होती है। नगर के केन्द्र में वह जनसंख्या रहती है जिसके कार्य नगर के जीवन के लिए प्राथमिक आवश्यकता के हैं। सरकारी कार्यालय, प्रशासकीय संस्थान, वित्तीय संस्थाएं और व्यापारिक निगम नगर के केन्द्र में होते हैं। उनके अतिरिक्त अधिकाधिक लोगों के आकर्षण तथा सम्पन्न लोगों की कृपालुता के केन्द्र जैसे – वकीलों, बड़े डाक्टरों, विशेषज्ञों, नियोजकों, आदि के दफ्तर भी नगर के मध्य में होते हैं। मजदूर बस्तियां कारखानों के समीप होती हैं। छोटे-छोटे व्यापारी और व्यावसायिक वर्ग भी नगर के केन्द्र के समीप ही रहते हैं। उनके कार्यस्थान और निवास स्थान में अधिक दूरी नहीं होती। कलाकार, वैज्ञानिक तथा व्यवसायी नगर के किनारों पर रहते हैं। वे नगर की भीड़-भाड़, धूल-धुआं और शोर से बचने के लिए अपेक्षाकृत स्वस्थ, खुले और एकांत स्थानों पर अपने मकान बनाते हैं, अत्यधिक सम्पन्न लोग उपनगरों में रहते हैं। इस तरह प्रत्येक बड़े नगर में विभिन्न वर्गों, व्यवसायों, धर्मों, उपसंस्कृतियों अथवा आर्थिक हितों के लोगों में स्थानिक पृथकता होती है। बहुधा यह पृथकता लोगों के सामाजिक स्तर का प्रतिबिम्ब भी होती है। स्थानिक पृथकता के आधार पर नगर के सामाजिक संगठन का बड़ा सुविधापूर्ण अध्ययन हो जाता है। एक निश्चित क्षेत्र के निवासियों का साधारणतया एक ही सामाजिक स्तर होता है और उनमें अनेक सामान्य लक्षण मिलते हैं। सामाजिक व्यवहार के अनेक निर्देश जैसे उर्वरता, मृत्युता, निष्क्रमण, अपराध, तलाक, आत्महत्या, पागलपन, अवैध सन्तति, निरक्षरता, आदि नगर के विभिन्न क्षेत्रों में तीव्र अंतर होता है।

उपसंस्कृति समूह और समायोजन में वाणिज्य एवं व्यवसाय विनिमय की प्रभाविकता

निम्नांकित तथ्यों में उत्तरदाताओं के समायोजन में वाणिज्य एवं व्यवसाय विनिमय की प्रभाविकता संबंधी अभिवृत्ति को उनके "उपसंस्कृति समूह" के आधार पर प्रदर्शित किया गया है।

सारणी 4.1

	उपसंस्कृति समूह					योग
	पूर्णत: असहमत	सहमत	तटस्थ	असहमत	पूर्ण असहमत	
मूलनिवासी	12 (24.00)	25 (50.00)	–	10 (20.00)	3 (6.00)	50
सिंधी-पंजाबी	70 (14.0)	33 (66.00)	–	08 (16.00)	2 (4.00)	50
बंगाली	15 (30.00)	22 (44.00)	–	09 (18.00)	4 (8.00)	50
जम्मू एवं कश्मीरी	10 (20.00)	31 (62.00)	–	07 (14.00)	2 (14.00)	50
मारवाड़ी	14 (28.00)	26 (52.00)	–	05 (10.00)	5 (10.00)	50
गुजराती	04 (08.00)	39 (78.00)	–	06 (12.00)	1 (2.00)	50
केरला एवं तमिल	10 (20.00)	34 (68.00)	–	05 (10.00)	1 (12.00)	50
योग	72 (20.57)	210 (60.00)	–	50 (14.29)	18 (5.14)	350

काई वर्ग = 19.20 सार्थक नहीं।

सारणी 4.1 से विदित होता है कि प्रत्येक उपसंस्कृति समूह के बहुसंख्यक उत्तरदाता इस बात से सहमत एवं पूर्णत: सहमत हैं कि नगरीय संरचना में वाणिज्य एवं व्यवसाय विनिमय की अन्त:क्रिया, नगरीय जनसमुदाय में सामाजिक-सांस्कृतिक समायोजन में प्रभावी होता है।

स्पष्ट है कि दोनों परिवर्त्यों में अन्तरनिर्भरता सार्थक नहीं है।

नगरनिवास अवधि और समायोजन में वाणिज्य एवं व्यवसाय विनिमय की प्रभाविकता

उत्तरदाताओं का नगरीय संरचना में आपस में समायोजन हेतु वाणिज्य एवं व्यवसाय विनिमय की अन्त:क्रिया रूपी प्रमाविकता के उनके नगरनिवास अवधि के आधार पर वर्गीकृत किया गया है।

सारणी 4.2 से विदित होता है कि प्रत्येक नगर निवास अवधि वर्ग के बहुसंख्यक उत्तरदाता के अनुसार नगरीय संरचना में विभिन्न उपसंस्कृति समुदाय के जनसमूहों के बीच आपसी समायोजन में नगरीय वाणिज्य एवं व्यवसाय विनिमय की अन्त:क्रिया की प्रभाविकता सहभागी है।

सारणी 4.2

नगरनिवास	*समायोजन में वाणिज्य एवं व्यवसाय विनिमय की प्रभाविकता*					*योग*
अवधि (वर्ष में)	*पूर्णतः सहमत*	*सहमत*	*तटस्थ*	*असहमत*	*पूर्णतः असहमत*	
विगत दस वर्ष	14 (20.00)	43 (61.43)	--	10 (14.28)	3 (4.25)	70
11 - 15	18 (23.08)	42 (53.67)	-	13 (6.67)	5 (6.41)	78
16 - 20	13 (26.00)	28 (56.00)	-	07 (14.00)	2 (4.00)	50
21 - 25	07 (16.67)	29 (68.48)	-	05 (11.90)	1 (2.05)	42
26 से ऊपर	10 (16.67)	39 (65.00)	-	08 (13.33)	3 (5.00)	60
जन्म से	10 (20.00)	29 (58.00)	-	07 (14.00)	4 (8.00)	50
योग	72 (20.57)	210 (60.00)	-	50 (4.29)	18 (5.14)	350

काई वर्ग 5.71, डी.एफ. 20, .05, सार्थक नहीं।

दोनों परिवर्त्यों में अन्तर्निर्भरता सार्थक नहीं है, इसे कोई वर्ग परीक्षण प्रमाणित करती है।

धार्मिक समुदाय और समायोजन में वाणिज्य एवं व्यवसाय विनिमय की प्रभाविकता

नगरीय संरचना में विभिन्न उपसंस्कृतियों के बीच समायोजन में नगरीय वाणिज्य एवं व्यवसाय विनिमय की अन्तःक्रिया रूपी प्रभाविकता के प्रति उत्तरदाताओं की अभिवृत्ति को उनके "धार्मिक समुदाय" के आधार पर निम्नांकित सारणी में सारणीकृत किया गया है।

सारणी 4.2 से परिलक्षित होता है कि प्रत्येक धार्मिक सम्प्रदाय के बहुसंख्यक उत्तरदाता इस बात से पूर्णतः एवं सामान्य रूप से सहमत पाए गए कि नगरीय संरचना में विभिन्न धार्मिक समूह के जनसमुदायों के बीच समायोजन हेतु नगरीय वाणिज्य एवं व्यवसाय विनिमय की अन्तःक्रिया प्रभावी है।

इस प्रकार दोनों परिवर्त्यों में अन्तःनिर्भरता सार्थक है।

सारणी 4.3

धार्मिक समुदाय	समायोजन वाणिज्य एवं व्यवसाय विनिमय की प्रभाविकता					योग
	पूर्णतः सहमत	सहमत	तटस्थ	असहमत	पूर्णतः असहमत	
हिन्दू	20 (16.81)	92 (77.37)	–	04 (3.36)	03 (2.52)	119
मुस्लिम	13 (16.88)	51 (66.23)	–	08 (10.39)	05 (6.49)	77
ईसाई	04 (11.11)	24 (66.67)	–	04 (11.11)	04 (11.11)	36
सिक्ख	08 (25.00)	16 (50.00)	–	05 (15.63)	03 (9.38)	32
जैन	20 (38.46)	13 (25.00)	–	17 (32.69)	02 (3.85)	52
बौद्ध	07 (20.59)	14 (41.18)	–	12 (35.29)	01 (2.94)	34
योग	72 (20.57)	210 (60.00)	–	50 (14.29)	18 (5.14)	350

काई वर्ग = 69.76, डी.एफ. = 20. .05, सार्थक।

नगरीयता एवं सांस्कृतिक अंतःक्रिया

नगरवाद की प्रकृति का विश्लेषण जैसा कि इस शोध सैद्धांतिक परिप्रेक्ष्य में किया गया है, विभिन्न नगर अध्येयताओं ने इसके लाक्षणिक स्वरूप को व्यक्त करने का प्रयास किया है। नगरीयता नगरजीवन की एक प्रणाली है। विर्थ महोदय ने नगरीयता का एक सिद्धांत पारित करते हुए स्पष्ट किया है कि नगर में नगरीयता का विकास होता है, और नगरीयता नगर का विकास करती है। इनकी इस अधिमान्यता को एक मौलिक उपकल्पना के रूप में रखते हुए शोध-कार्य को अग्रसारित किया गया है, अर्थात् यह कि जितना अधिक विस्तृत, घना बसा हुआ और अधिक बेमेल एक समुदाय होगा उतनी ही उसकी विशेषताएं नगरीयता जैसी होगी। नगरवाद की विशेषताओं में अस्थायित्व, अल्पज्ञता, गुमनामता, विस्तृत आकार, घनत्व और विजातीयता को नगर अध्येयताओं ने प्रमुख माना है। विर्थ की ही धारणा के अनुसार ऐतिहासिक रूप से नगर सदा विभिन्न प्रजातियों के उपसंस्कृतियों को आपस में समन्वय करने वाला क्षेत्र होता है। इस अधिमान्यता के अनुसार समाजशास्त्रीय व्याख्या के रूप में यह प्रस्तुत किया जा सकता है कि नगर अन्तःसांस्कृतिक क्रियाओं का एक विस्तृत कार्यक्षेत्र प्रस्तुत करता हैं। ये अन्तःसांस्कृतिक क्रियाओं का एक विस्तृत कार्य क्षेत्र विस्तृत करता है। ये अन्तः-क्रियाएं विभिन्न उपसंस्कृतियों, एवं क्षेत्रीय समूहों के बीच परस्पर आदान-प्रदान एवं

व्यावहारिक अभिविनिमय की प्रक्रिया से अग्रसरित होती हैं। नगरवाद अथवा नगरीयता के मूल्य इस प्रकार की सांस्कृतिक अन्त:क्रिया के लिए स्वयंमेव अपेक्षित एवं अभिप्रत्याशित सामाजिक पर्यावरण प्रस्तुत करता है। जितना ही नगर विशेष में सामाजिक, विविधता, विजातीयता और बहुसांस्कृतिक समागत होगा, उतना ही सांस्कृतिक सम्मिश्रण हेतु अन्त:क्रियाएं विकसित होगी। इस प्रकार नगरीयता अथवा नगरवाद को एक दशा, परिस्थिति या पूंजी के रूप में समझी जा सकती है। एण्डरसन ने भी अपने अध्ययनों में नगरीयता एवं सामाजिक विजातीयता को सापेक्षिक माना है, तथा अन्त:सांस्कृतिक समन्वय को नगरीयता के प्रभाव का ही परिणाम माना है।

सांस्कृतिक अन्त:क्रियाओं एवं विभिन्न नगरीय उपसंस्कृति समूहों के बीच समन्वय तथा अभिविनिमय के प्रसंग पर प्राप्त तथ्यों का विश्लेषण विशेष प्रकाश डाल सकता है, जो निम्नांकित है –

उपसंस्कृति समूह और विभिन्न उपसंस्कृतियों से मैत्री-भाव

सारणी 4.4 में उत्तरदाताओं का कार्यक्षेत्र स्थल से आवासन स्थल तक विभिन्न उपसंस्कृति के लोगों से मैत्री-भाव संबंधी दृष्टिकोण को उपसंस्कृति समूहों के आधार पर प्रदर्शित किया गया है।

सारणी 4.4

उपसंस्कृति समूह	*विभिन्न उपसंस्कृतियों से मैत्रीभाव*		*योग*
	हां	*नहीं*	
मूल निवासी	33 (66.00)	17 (34.00)	50
सिन्धी, पंजाबी	40 (80.00)	10 (20.00)	50
बंगाली	44 (88.00)	16 (32.00)	50
जम्मू एवं कश्मीरी	33 (66.00)	17 (34.00)	50
मारवाड़ी	28 (56.00)	22 (44.00)	50
गुजराती	27 (54.00)	23 (46.00)	50
केरला एवं तमिलवासी	25 (50.00)	25 (50.00)	50
योग	230 (65.71)	120 (34.29)	350

काई वर्ग-19.18, डी.एफ.-6, .05, सार्थक।

सारणी 4.4 से परिलिक्षित होता है कि प्रत्येक उपसंस्कृतियों के बहुसंख्यक उत्तरदाता अपने कार्य क्षेत्र में विभिन्न उपसंस्कृति समुदाय के लोगों से मैत्रीभाव रखने के प्रति उन्मुख पाए गए, जबकि केरला एवं तमिलवासी उपसंस्कृतियों में उन्मुखता एवं विमुखता बराबर के अनुपात में पाई गई। अन्य के अल्पसंख्यक उत्तरदाताओं में विमुखता की प्रवृत्ति पाई गई। निष्कर्ष तौर पर यह कहा जा सकता है कि नगर के अधिकांश लोगों में अन्य उपसंस्कृति समूहों के साथ मैत्री भाव की भावना कार्यक्षेत्र से लेकर अन्य क्षेत्रों में देखने को मिलती है।

इससे विदित होता है कि दोनों परिवर्त्यों में अन्त:निर्भरता है।

आय समूह और विभिन्न उपसंस्कृतियों से मैत्रीभाव

आय समूह और कार्य स्थल से आवासन स्थल तक विभिन्न उपसंस्कृति के लोगों से मैत्री भाव संबंधी उत्तरदाताओं के विचार को निम्नलिखित सारणी में विश्लेषित किया गया है।

सारणी 4.5 से स्पष्ट होता है कि प्रत्येक आय समूह के बहुसंख्यक उत्तरदाता अपने कार्यक्षेत्र में अन्य उपसंस्कृति समूह के लोगों से मैत्रीभाव रखने के पक्षधर पाए गए जबकि मैत्रीभाव नहीं रखने वाले उत्तरदाता 21.74 से 41.28 प्रतिशत के बीच पाए गए। निष्कर्षत: यह कहा जा सकता है कि सभी आय समूह के बहुसंख्यक लोगों में कार्यस्थल से लेकर आवासन स्थल तक अन्य उपसंस्कृति समूह के लोगों के साथ भी मैत्रीभाव रूपी सहयोगात्मक एवं समन्वयात्मक प्रवृत्ति देखने को मिलती है।

सारणी 4.5

आय समूह (रुपयों में)	*विभिन्न उपसंस्कृतियों से मैत्रीभाव*		*योग*
	हां	*नहीं*	
1200 रुपये तक	43 (70.49)	18 (29.51)	61
1201 - 2200	60 (64.52)	33 (35.48)	93
2201 - 3200	64 (58.72)	45 (41.28)	109
3201 - 4200	33 (70.21)	14 (29.79)	47
4201 - 5200	18 (78.26)	05 (21.74)	23
5201 से ऊपर	12 (70.59)	05 (29.41)	17
योग	230 (65.71)	120 (34.29)	350

काई वर्ग-5.68, डी.एफ.-5, .05, सार्थक नहीं।

इससे स्पष्ट होता है कि आय समूह एवं मैत्रीभाव अन्य उपसंस्कृतियों से दोनों परिवर्त्यों में अन्तरनिर्भरता सार्थक नहीं है, जिसको सांख्यिकी विधि सत्यापित कर रही है।

नगरनिवास अवधि और विभिन्न उपसंस्कृतियों से मैत्रीभाव

निम्नलिखित आंकड़ों में उत्तरदाताओं के कार्यक्षेत्र में अन्य उपसंस्कृतियों से मैत्री भाव को 'नगर निवास अवधि' के आधार पर सारणीकृत किया गया है।

सारणी 4.6

नगर निवास अवधि (वर्ष में)	*विभिन्न उपसंस्कृतियों से मैत्रीभाव*		*योग*
	हां	*नहीं*	
विगत दस वर्ष	45 (64.29)	25 (35.71)	70
11 - 15	47 (60.26)	31 (39.74)	78
26 - 20	36 (72.00)	14 (18.00)	50
21 - 25	32 (76.19)	10 (23.81)	42
26 से ऊपर	33 (55.00)	27 (45.00)	60
जन्म से	37 (74.00)	13 (26.00)	50
योग	230 (65.71)	120 (34.29)	350

सारणी 4.6 इंगित करती है कि प्रत्येक नगरनिवारा अवधि समूह के बहुसंख्यक उत्तरदाता अपने कार्यक्षेत्र में विभिन्न उपसंस्कृति समूह के लोगों से भी मैत्री भाव रखते हैं। जबकि अल्पसंख्यक उत्तरदाता ही परस्पर मैत्री भाव की तरफ उन्मुख नहीं पाए गए। स्पष्ट है कि अपने वैचारिक समानता के आधार पर नगर के विभिन्न निवास अवधि के बहुसंख्यक लोग अपने कार्यस्थल से आवासन स्थल तक विभिन्न उपसंस्कृति समूह के लोगों से मैत्रीभाव एवं सहयोग रखते हैं एवं उनसे भी मैत्रीभाव की अपेक्षा रखते हैं।

उपसंस्कृति समूह और पृथकता की जगह समन्वय की अभिवृत्ति

सारणी 4.7 में उत्तरदाताओं के सामाजिक कटुता एवं पृथकता की जगह संबंध वृद्धि के प्रति विचार को उनके उपसंस्कृति समूह के आधार पर वर्गीकृत किया गया है।

सारणी 4.7

उपसंस्कृति समूह	पृथकता की जगह समन्वय की अभिवृत्ति		योग
	सहमत	असहमत	
मूल निवासी	36	14	50
	(72.00)	(28.00)	
सिन्धी, पंजाबी	31	19	50
	(62.00)	(38.00)	
बंगाली	32	18	50
	(64.00)	(36.00)	
जम्मू एवं कश्मीरी	40	10	50
	(80.00)	(20.00)	
मारवाड़ी	40	10	50
	(80.00)	(20.00)	
गुजराती	29	21	50
	(58.00)	(42.00)	
केरला एवं तमिलवासी	27	23	50
	(54.00)	(46.00)	
योग	235	115	350
	(67.14)	(32.86)	

उपर्युक्त आंकड़ों से स्पष्ट होता है कि प्रत्येक उपसंस्कृति समूह के बहुसंख्यक उत्तरदाताओं ने सामाजिक कटुताओं एवं पृथकताओं की जगह परस्पर संबंध वृद्धि एवं समन्वय के प्रति सहमति व्यक्त की। उक्त विचार से असहमत उत्तरदाताओं में जम्मू कश्मीरवासी एवं मारवाड़ी न्यूनतम प्रतिशत में, जिसमें केरल एवं तमिलवासी की प्रतिशतांक अग्रणी थी। सारांशत: हम कह सकते हैं कि नगर में बहुसंख्यक उत्तरदाता सामाजिक कटुता एवं पृथकताओं के पक्षधर नहीं होते बल्कि वे परस्पर समन्वयात्मक संबंध वृद्धि के पक्षधर होते हैं।

आय समूह और पृथकता के जगह परस्पर समन्वय

सारणी 4.8 से उत्तरदाताओं की सामाजिक कटुता एवं पृथकता की जगह परस्पर समन्वय एवं संबंध वृद्धि के प्रति सहमति को आय समूह के आधार पर वर्गीकृत किया गया है।

सारणी से परिलक्षित होता है कि प्रत्येक आय समूह के अल्पसंख्यक उत्तरदाता ही परस्पर समन्वय एवं संबंध वृद्धि के प्रतिकूल विचारधारा के पाए गए जबकि बहुसंख्यक उत्तरदाता सामाजिक कटुता एवं पृथकता की जगह परस्पर समन्वय एवं संबंध वृद्धि के प्रति सचेष्ट पाए गए। निष्कर्षत: हम कह सकते हैं कि नगर में लगभग सभी आय वर्ग के अधिकांश लोग परस्पर समन्वय एवं संबंध वृद्धि के प्रति सचेष्ट हैं। जो उन्हें परस्पर अन्तरनिर्भरता की ओर अग्रसारित करती है।

काई वर्ग परीक्षण से स्पष्ट होता है कि दोनों ही परिवर्त्यों में अत्यधिक सार्थक अंतरनिर्भरता प्रकट होती है।

सारणी 4.8

आय समूह (रुपयों में)	पृथकता की जगह समन्वय की अभिवृत्ति		योग
	सहमत	असहमत	
1200 रुपये तक	36 (59.02).	25 (40.98)	61
1201 - 2200	70 (75.27)	23 (24.73)	93
2201 - 3200	72 (66.06)	37 (33.94)	109
3201 - 4200	28 (59.57)	19 (40.43)	47
4201 - 5200	16 (69.57)	07 (30.43)	23
5201 से ऊपर	13 (76.47)	04 (23.53)	17
योग	235 (67.14)	115 (32.66)	350

काई वर्ग-56.15, डी.एफ.-5, .05, सार्थक।

नगर निवास अवधि और पृथकता की जगह परस्पर समन्वय की अभिवृत्ति

सारणी 4.9 में उत्तरदाताओं को सामाजिक कटुताओं और पृथकताओं की जगह परस्पर संबंध वृद्धि के प्रति विचार का वर्गीकरण 'नगर निवास अवधि' के आधार पर किया गया है।

सारणी 4.9 के आंकड़ों से प्रदर्शित होता है कि 26 वर्ष से ऊपर के नगर निवास अवधि के उत्तरदाता पृथक् उपसंस्कृति समूह के प्रति समान अनुपात में उन्मुख एवं विमुख पाए गए, जबकि अन्य सभी नगर निवास अवधि के बहुसंख्यक उत्तरदाता संबंध वृद्धि की तरफ उन्मुख पाए गए। निष्कर्ष रूप में यह स्पष्ट है कि नगरीय संरचना में नगरनिवास अवधि के मध्य एवं उच्च वर्ग समूहों में परस्पर समन्वय एवं संबंध वृद्धि के तरफ उन्मुखता अधिक है।

काई वर्ग विधि का उपयोग करने से प्राप्त होता है कि दोनों परिवर्त्यों में अंतरनिर्भरता है।

सारणी 4.9

नगर निवास अवधि (वर्ष में)	पृथकता की जगह समन्वय की अभिवृत्ति		योग
	सहमत	असहमत	
विगत दस वर्ष	46 (65.7)	24 (34.29)	70
11 - 15	59 (75.64)	19 (24.36)	78
16 - 20	33 (66.00)	17 (34.00)	50
21 - 25	21 (50.00)	21 (50.00)	42
26 से ऊपर	46 (76.67)	14 (23.33)	60
जन्म से	30 (60.00)	20 (40.00)	50
योग	235 (67.14)	115 (32.86)	350

काई वर्ग-41.39, डी.एफ.-5, .05, अत्यधिक सार्थक।

सजातीय पृथकता की जगह समन्वय की अभिवृत्ति

भारतीय समाज और संस्कृति का ऐतिहासिक संदर्भ बहुत प्राचीन है, जिनमें विभिन्न प्रकार के सांस्कृतिक तत्त्वों का अनुपम समन्वय देखने को मिलता है। इसमें दूसरे तत्वों को आत्मसात् करने तथा अपनी तरह उनको उपयुक्त स्थान प्रदान करने की अद्भुत शक्ति है। आर्य, शक, कुषाण, हूण, मुसलमान और अंग्रेज आदि कितने ही विदेशी संस्कृति समूहों का भारत में विविध समयक्रम में प्रवेश हुआ। इनकी संस्कृति एक दूसरे से बहुत भिन्न थी, फिर भी भारतीय संस्कृति में ये नि:संकोच संश्लिष्ट हुई और आत्मसात् हो गई। इसी ग्रहणशीलता के कारण ही भारतीय संस्कृति आज भी परम्परा और आधुनिकता का समन्वय बनाए रखने में सफल रही है। उसमें अधिक विशालता, व्यापकता और विविधता देखने को मिलती है, जिनको भौगोलिक दशाओं की भिन्नताएं, जलवायु आदि की भिन्नताएं, भाषा की भिन्नताएं आदि के रूप में देखा जा सकता है।

विभिन्न प्रादेशिक क्षेत्रीय, भाषायी, सांस्कृतिक, सामाजिक एवं आर्थिक पृष्ठभूमियों से युक्त उपसांस्कृतिक समूहों में किस प्रकार नगर विशेष के अन्तर्गत सामाजिक अन्त:क्रिया, पारस्परिकता एवं सहभागिता की कड़ी में जुड़ते हैं, इसके लिए समाजशास्त्रीय दृष्टिकोण से यदि सर्वेक्षण किया जाए तो आर्य, शक, हूण, कुषाण, मुगल, अंग्रेज, आदि ऐतिहासिक काल में आने वाले बाह्य समूहों से लेकर भारतीय

सीमा के भीतर ही एक प्रान्त से दूसरे प्रांत में आव्रजित विभिन्न लोग जैसे, बंगाली, सिन्धी, पंजाबी, जम्मू एवं कश्मीरी, गुजराती, केरला एवं तमिलवासी, मारवाड़ी, आदि के व्यवस्थापन में आयोजनात्मक सामाजिक विनिमय का एक प्रक्रम सामाजिक सांस्कृतिक क्षेत्रों में विशेष क्रियाशील दिखता है। उपसंस्कृति समूह के लोगों के बीच एक दूसरे के सांस्कृतिक सामाजिक मूल्यों एवं स्वीकृतियों, परम्पराओं, प्रथाओं, व्यवहार प्रतिमानों एवं संस्कारों के अन्तर्गत अन्त:पारस्परिकता, सामाजिक आदान-प्रदान, संपर्क, आर्थिक एवं व्यावसायिक अन्त:निर्भरता, नगरीय वैकल्पिक समितियों के माध्यम से अन्त:क्रियात्मक आधार पर समायोजित होते हैं। प्रस्तुत बिन्दु पर पृथकता की जगह समन्वय की अभिवृत्ति, स्वार्थरहित मानवीय संबंध, परस्पर सद्भाव एवं अन्त:पारस्परिकता, संपर्क की दृढ़ता, परस्पर सहभागिता में नगरीयता का प्रभाव आदि तथ्यों का विश्लेषण अग्रसारित किया गया है।

उपसंस्कृति समूह और परस्पर सद्भाव एवं अन्त:पारस्परिकता

तालिका 4.10 में उत्तरदाताओं के नगरीय जीवन में आपसी सद्भाव एवं अन्त:-पारस्परिकता की अपरिहार्यता संबंधी विचार को उनके उपसंस्कृति समूह के आधार पर विश्लेषित किया गया है।

सारणी 4.10

उपसंस्कृति समूह	*परस्पर सद्भाव एवं अन्त:पारस्परिकता की अपरिहार्यता*		*योग*
	सहमत	*असहमत*	
मूल निवासी	31 (62.00)	19 (38.00)	50
सिन्धी, पंजाबी	37 (74.00)	13 (26.00)	50
बंगाली	30 (60.00)	20 (40.00)	50
जम्मू एवं कश्मीरी	15 (30.00)	35 (70.00)	50
मारवाड़ी	22 (44.00)	28 (56.00)	50
गुजराती	24 (48.00)	26 (52.00)	50
केरला एवं तमिलवासी	23 (46.00)	27 (54.00)	50
योग	182 (52.00)	168 (48.00)	350

काई वर्ग-25.24, डी.एफ.-6, .05, सार्थक।

सारणी 4.10 से विदित होता है कि मूल निवासी, सिन्धी, पंजाबी एवं बंगाली उपसंस्कृति समूह के बहुसंख्यक उत्तरदाता नगरीय जीवन में आपसी सद्भाव एवं अन्त:पारस्परिकता की अपरिहार्यता से सहमत पाए गए जबकि अन्य उपसंस्कृति समूह के बहुसंख्यक उत्तरदाता असहमत। इनके अनुसार इसकी अपरिहार्यता आवश्यक नहीं, क्योंकि यह स्वत: उत्पन्न हो जाने वाली प्रक्रिया के तहत होती रहती है। निष्कर्ष तौर पर यह कहा जा सकता है कि नगरीय संरचना में आपस में सद्भाव एवं अन्त:पारस्परिकता के प्रति सचेष्ट है पर अल्पसंख्यकों के अनुसार इसकी अपरिहार्यता आवश्यक नहीं यह समयानुसार अपने आप आता रहता है।

इससे विदित होता है कि दोनों परिवर्त्यों में अन्तरनिर्भरता सार्थक है।

नगरनिवास अवधि और परस्पर सद्भाव एवं अन्त:पारस्परिकता

साक्षात्कार अनुसूची के लिए चुने गए उत्तरदाताओं के नगरीय जीवन में आपसी सद्भाव एवं अन्त:पारस्परिकता की अपरिहार्यता के प्रति सहमति संबंध दृष्टिकोण को उनके नगरनिवास अवधि के आधार पर वर्गीकृत किया गया है।

सारणी 4.11

नगर निवास अवधि (वर्ष में)	*परस्पर सद्भाव एवं अन्त:पारस्परिकता की अपरिहार्यता*		*योग*
	सहमत	*असहमत*	
विगत दस वर्ष	47 (67.14)	23 (32.86)	70
11 - 15	40 (51.28)	38 (48.72)	78
16 - 20	15 (30.00)	35 (70.00)	50
21 - 25	22 (52.38)	20 (47.62)	42
26 से ऊपर	27 (45.00)	33 (55.00)	60
जन्म से	31 (62.00)	19 (38.00)	50
योग	182 (52.00)	168 (48.00)	350

काई वर्ग-19.43, डी.एफ.-5, .05, सार्थक।

सारणी 4.11 से प्रदर्शित होता है कि 16 - 20 एवं 26 वर्ष के ऊपर के नगरनिवास अवधि के अल्पसंख्यक उत्तरदाताओं एवं अन्य नगरनिवास अवधि समूह के बहुसंख्यक

उत्तरदाताओं में आपसी सद्भावना एवं अन्त:पारस्परिकता की अपरिहार्यता के प्रति सकारात्मक दृष्टिकोण पाए गए। अल्पसंख्यक समूह केवल उसकी अपरिहार्यता से विमुख पाए गए। सारांशत: यह कहा जा सकता है कि बहुसंख्यक नगर-निवासी आपस में एक दूसरे से सद्भावना एवं अन्त:पारस्परिकता की अपरिहार्यता को आवश्यक मानते हैं, अन्य का इसकी अपरिहार्यता शब्द पर विरोध स्वत: जन्य उत्पन्न होने के कारण है।

इससे स्पष्ट होता है कि "नगरनिवास अवधि" एवं आपसी सद्भाव एवं अन्त:पारस्परिकता की अपरिहार्यता दोनों परिवर्त्यों में अन्त:निर्भरता अत्यधिक सार्थक है।

विभिन्न उपसंस्कृति समूह के लोगों के बीच संपर्क की दृढ़ता

"उपसंस्कृति समूह" एवं अन्य सम्प्रदाय के लोगों के साथ संपर्क की दृढ़ता का विश्लेषण सारणी 4.12 में प्रदर्शित किया गया है।

सारणी 4.12

उपसंस्कृति समूह	*संपर्क की दृढ़ता*		*योग*
	अधिक	*कम*	
मूल निवासी	07 (14.00)	43 (86.00)	50
सिन्धी, पंजाबी	06 (12.00)	44 (88.00)	50
बंगाली	05 (10.00)	45 (90.00)	50
जम्मू एवं कश्मीरी	08 (16.00)	42 (84.00)	50
मारवाड़ी	18 (36.00)	32 (64.00)	50
गुजराती	22 (44.00)	38 (76.00)	50
केरला एवं तमिलवासी	21 (42.00)	29 (58.00)	50
योग	87 (24.86)	263 (75.14)	350

सारणी 4.12 से स्पष्ट होता है कि बहुसंख्यक उत्तरदाता विभिन्न उपसंस्कृति समूहों के लोगों से तार्किकता के आधार पर संपर्कों की सीमित दृढ़ता को स्पष्ट किया, जबकि सभी उपसंस्कृति समूह के अल्पसंख्यक उत्तरदाता ही आपस में अपने संपर्कों की

अधिक दृढ़ता को स्पष्ट किया। निष्कर्षत: यह कहा जा सकता है कि नगरीय अधिकांश लोगों में एक दूसरे के साथ आपसी संबंधों की सीमित दृढ़ता अर्थात् औपचारिक होने की बात दिखाई पड़ती है। ये तथ्य नगरीय विशेषता "अस्थायित्वता" के तत्व को उजागर करती है।

नगर निवास अवधि और विभिन्न उपसंस्कृति समूह के लोगों के बीच संपर्क की दृढ़ता

सारणी 4.13 में उत्तरदाताओं की अन्य संप्रदाय के लोगों से संपर्क की दृढ़ता के प्रति दृष्टिकोण को उसके "नगर निवास अवधि" के आधार पर प्रदर्शित किया गया है।

सारणी 4.13

नगर निवास अवधि	*सम्पर्क की दृढ़ता*		*योग*
(वर्ष में)	*अधिक*	*कम*	
विगत दस वर्ष	22	48	70
	(31.43)	(68.57)	
11 - 15	21	57	78
	(26.92)	(73.08)	
16 - 20	12	38	50
	(24.00)	(76.00)	
21 - 25	09	33	42
	(21.43)	(78.00)	
26 से ऊपर	13	47	60
	(21.67)	(78.35)	
जन्म से	10	40	50
	(20.00)	(80.00)	
योग	87	263	350
	(24.86)	(24.86)	

सारणी 4.13 से यह परिलक्षित होता है कि प्रत्येक नगर निवास अवधि समूह के अधिकांश उत्तरदाता अन्य संप्रदाय/संस्कृति के लोगों से संपर्क की दृढ़ता संबंधी दृष्टिकोण के प्रति उपेक्षात्मक दृष्टिकोण प्रकट किया। अल्पसंख्यक ही संपर्क की दृढ़ता के प्रति सकारात्मक पाए गए। सारांशत: यह कह सकते हैं कि नगरीय अस्थायित्वता की विशेषता के कारण ज्यों-ज्यों नगर निवास की अवधि व्यक्ति की नगर में बढ़ती जाती है वह नगरीय विशेषताओं को आत्मसात् करती जाती है तथा संपर्क की दृढ़ता सीमितता की ओर बढ़ती जाती है।

आयु समूह और विभिन्न उपसंस्कृति के लोगों के बीच संपर्क की दृढ़ता

सारणी 4.14 में उत्तरदाताओं के आयु समूह और अन्य संप्रदाय के लोगों के साथ संपर्क की दृढ़ता संबंधी दृष्टिकोण को विश्लेषित किया गया है।

सारणी 4.14

आयु समूह (वर्ष में)	*सम्पर्क की दृढ़ता*		*योग*
	अधिक	*कम*	
40 से नीचे	05	38	43
	(11.63)	(88.37)	
41 - 50	37	120	157
	(23.57)	(76.43)	
51 - 60	15	71	86
	(17.44)	(82.56)	
61 - 70	19	31	50
	(38.00)	(62.00)	
71 से ऊपर	11	03	14
	(78.57)	(21.43)	
योग	87	263	350
	(24.86)	(75.14)	

उपर्युक्त आंकड़ों से प्रदर्शित होता है कि 70 वर्ष से नीचे के आयु समूह के बहुसंख्यक उत्तरदाता अन्य सम्प्रदाय/संस्कृति के लोगों के सीमित संपर्क की दृढ़ता के प्रति उन्मुख पाए गए लेकिन 71 वर्ष से ऊपर के आयु समूह के बहुसंख्यक उत्तरदाता दृढ़ संपर्कों के प्रति उन्मुख पाए गए। निष्कर्षतः यह कहा जा सकता है कि आयु बढ़ने के साथ ही दृढ़ संपर्कों की स्वीकारोक्ति दिखलाई पड़ती है जबकि आयु समूह के घटते क्रम में लोगों में सीमित संपर्क की प्रधानता स्पष्ट होने लगती है।

नगरनिवास अवधि और परस्पर सहभागिता में नगरीयता प्रभाव

तालिका 4.15 में उत्तरदाताओं के द्वारा उनके बीच सहभागिता में नगरीयता के प्रभाव संबंधी विचार को उनके नगरनिवास अवधि के आधार पर प्रदर्शित किया गया है।

सारणी 4.15 से विदित होता है कि जन्म से एवं 16 से 25 वर्ष तक के नगरनिवास अवधि के बहुसंख्यक उत्तरदाता इस मत से असहमत पाए गए कि परस्पर सहभागिता हेतु नगरीयता की विशेषताएं प्रोत्साहक कारक के रूप में कार्य करती हैं जबकि अन्य सभी नगरनिवास अवधि के बहुसंख्यक उत्तरदाता इस मत के प्रति सहमत और तटस्थ पाए गए। अतएव हम कह सकते हैं कि नगरीयता की विशेषता अंतरनिर्भरता विभिन्न

उपसंस्कृति समुदायों के बीच सहभागिता हेतु बाध्यतामूलक कारक के रूप में कार्य करती है।

सारणी 4.15

नगरनिवास अवधि (वर्ष में)	*आपसी सहभागिता में नगरीयता प्रभाव*			*योग*
	सहमत	*तटस्थ*	*असहमत*	
विगत दस वर्ष	33 (47.14)	32 (45.71)	05 (7.14)	70
11 - 15	37 (47.44)	33 (42.31)	08 (10.26)	78
16 - 20	12 (24.00)	11 (22.00)	27 (54.00)	50
21 - 25	11 (26.19)	07 (16.67)	24 (57.14)	42
26 से ऊपर	36 (60.00)	16 (26.67)	08 (13.33)	60
जन्म से	16 (32.00)	13 (26.00)	21 (42.00)	50
योग	147 (41.42)	112 (26.57)	93 (32.00)	350

काई वर्ग = 80.37 डी.एफ. 10.05, सार्थक।

काई वर्ग विधि के परीक्षण से यह सत्यापित होता है कि दोनों परिवर्त्यों के बीच अत्यधिक सार्थक अन्त:निर्भरता है।

शैक्षणिक योग्यता और आपसी सहभागिता में नगरीयता के प्रभाव

सारणी 4.16 में उत्तरदाताओं के आपसी सहभागिता में नगरीयता की भूमिका संबंधी अभिवृत्ति को उनके शैक्षणिक योग्यता के आधार पर वर्गीकृत किया गया है।

सारणी 4.16 से प्रदर्शित होता है कि निरक्षर एवं स्नातकोत्तर समूह के अल्पसंख्यक उत्तरदाता साथ ही सभी वर्ग के बहुसंख्यक उत्तरदाता इस विचार से सहमत पाए गए कि नगरीयता, इनके बीच सहभागिता हेतु प्रोत्साहक के रूप में कार्य करती है। अल्पसंख्यक उत्तरदाता तटस्थ एवं असहमत पाए गए। अतएव कहा जा सकता है कि नगरीयता विभिन्न उपसंस्कृति नगरीय जनसमुदाय के बीच सहभागिता हेतु एक प्रोत्साहक कारक है।

इससे स्पष्ट होता है कि शैक्षणिक योग्यता एवं नगरीयता दोनों परिवर्त्यों में अन्तरनिर्भरता अत्यधिक सार्थक है, जिसको सांख्यिकी विधि सत्यापित कर रही है।

सारणी 4.16

शैक्षणिक योग्यता	आपसी सहभागिता में नगरीयता के प्रभाव			योग
	सहमत	तटस्थ	असहमत	
निरक्षर	04 (36.36)	02 (18.18)	05 (45.45)	11
हाईस्कूल के नीचे	57 (41.61)	42 (30.66)	38 (27.74)	137
इण्टर तक	37 (41.57)	32 (35.66)	20 (22.47)	89
स्नातक तक	30 (53.57)	09 (16.07)	17 (30.36)	56
स्नातकोत्तर	04 (13.79)	17 (58.62)	08 (27.59)	29
व्यावसायिक एवं प्राविधिक	12 (42.86)	10 (35.71)	06 (21.42)	28
योग	145 (41.42)	112 (32.00)	93 (26.57)	350

काई वर्ग = 23.54, डी.एफ. = 10, .05, सार्थक।

उपसंस्कृति समूह और नगरीय जीवनवृत्ति में आत्मानुभूति की प्रकृति

सारणी 4.17 में उत्तरदाताओं के नगरीय जीवनवृत्ति में आत्मानुभूति की प्रकृति को उनके उपसंस्कृति समूह के आधार पर सारणीयन किया गया है।

सारणी 4.17 इंगित करती है कि सभी उपसंस्कृतियों के बहुसंख्यक एवं सभी उत्तरदाताओं का मत है कि उपसांस्कृतिक पृथकता की जगह 'मैत्रीभाव एवं सहयोग' और धार्मिक रुढ़िवादिता एवं अन्धविश्वास की जगह 'तार्किकता एवं यथार्थ जीवन' की प्रधानता नगरीय जीवन में होनी चाहिए। संक्षेप में कहा जा सकता है कि नगरीय समाज बहुसंख्यक लोगों में तार्किक यथार्थता, परस्पर मैत्रीभाव एवं सहयोग की तरफ लोगों की उन्मुखता अधिक पाई गई जबकि पृथकता, धार्मिक रुढ़िवादिता एवं अन्धविश्वास के प्रति लोगों की उन्मुखता कम।

नगरनिवास अवधि और नगरीय जीवनवृत्ति में आत्मानुभूति

नगरीय जीवनवृत्ति की आत्मानुभूति की प्रकृति संबंधी उत्तरदाताओं के विचार को उनके नगरनिवास अवधि के आधार पर सारणी 4.18 में प्रस्तुत किया गया है।

सारणी 4.18 इंगित करती है कि सभी नगरनिवास अवधि के बहुसंख्यक एवं सभी उत्तरदाता इस मत से सहमत हैं कि नगरीय जीवनवृत्ति में उपसांस्कृतिक पृथकता की

सारणी 4.17

उपसंस्कृति समूह	*आत्मानुभूति की प्रकृति*					*योग*
	क	*ख*	*ग*	*घ*	*ङ*	
मूलनिवासी	40 (80.00)	50 (100.00)	36 (72.00)	45 (90.00)	50 (100.00)	50
सिन्धी, पंजाबी	42 (84.00)	50 (100.00)	37 (74.00)	46 (92.00)	50 (100.00)	50
बंगाली	50 (100.00)	50 (100.00)	46 (92.00)	50 (100.00)	50 (100.00)	50
जम्मू एव कश्मीरी	50 (100.00)	50 (100.00)	50 (100.00)	50 (100.00)	50 (100.00)	50
मारवाड़ी	49 (98.00)	50 (100.00)	45 (90.00)	47 (94.00)	50 (100.00)	50
गुजराती	48 (96.00)	50 (100.00)	45 (90.00)	47 (94.00)	50 (100.00)	50
केरला एवं तमिलवासी	47 (94.00)	50 (100.00)	50 (100.00)	50 (100.00)	50 (100.00)	50
योग	326 (93.14)	350 (100.00)	308 (88.00)	336 (96.00)	350 (100.00)	350

संकेत

क उपसांस्कृतिक पृथकता उचित है। ख मैत्रीभाव एवं सहयोग आवश्यक है।
ग धार्मिक रुढ़िवादिता एवं अंधविश्वास अर्थहीन है। घ तार्किक विचारधारा विकसित होनी चाहिए।
ङ यथार्थता का जीवन सही है।

सारणी 4.18

नगरनिवास अवधि (वर्ष में)	*आत्मानुभूति की प्रकृति*				
	क	*ख*	*ग*	*घ*	*ङ*
विगत दस वर्ष	70 (100.00)	70 (100.00)	64 (91.43)	76 (95.71)	70 (100.00)
11 - 15	70 (90.91)	78 (100.00)	71 (92.21)	75 (97.40)	78 (100.00)
16 - 20	46 (92.00)	50 (100.00)	45 (90.00)	48 (96.00)	50 (100.00)
21 - 25	38 (90.47)	42 (100.00)	37 (88.10)	40 (95.24)	42 (100.00)
26 से ऊपर	52 (85.25)	60 (100.00)	55 (90.16)	58 (95.08)	60 (100.00)
जन्म से	50 (100.00)	50 (100.00)	36 (72.00)	48 (96.00)	50 (100.00)
योग	326 (93.14)	350 (100.00)	308 (88.00)	336 (96.00)	350 (100.00)

संकेत

क उपसांस्कृतिक पृथकता उचित है। ख मैत्रीभाव एवं सहयोग आवश्यक है।
ग धार्मिक रुढ़िवादिता एवं अंधविश्वास अर्थहीन है। घ तार्किक विचारधारा विकसित होनी चाहिए।
ङ यथार्थता का जीवन सही है।

जगह मैत्रीभाव एवं सहयोग, धार्मिक रुढ़िवादिता एवं अंधविश्वास की जगह तार्किकता एवं यथाथता की प्रधानता होनी चाहिए। एतएव यह कहा जा सकता है कि नगरनिवास अवधि के बढ़ने के साथ ही नगरीय व्यक्ति में तार्किक यथार्थ एवं परस्पर मैत्रीभाव एवं सहयोग को अधिक बल मिलता है।

उपसंस्कृति समूह और आधुनिक शिक्षा की भूमिका

सारणी 4.19 में उत्तरदाताओं द्वारा आधुनिक शिक्षा की भूमिका के प्रति व्यक्त विचार को उपसंस्कृति समूह के आधार पर वर्गीकरण किया गया है।

सारणी 4.19

उपसंस्कृति समूह	*आधुनिक शिक्षा की भूमिका*				
	क	*ख*	*ग*	*घ*	*ङ*
मूलनिवासी	48 (96.00)	37 (74.00)	16 (32.00)	40 (80.00)	40 (80.00)
सिन्धी पंजाबी	50 (100.00)	38 (76.00)	21 (42.00)	48 (96.00)	47 (94.00)
बंगाली	50 (100.00)	45 (90.00)	13 (26.00)	49 (98.00)	49 (98.00)
जम्मू एवं कश्मीरी	50 (100.00)	50 (100.00)	12 (24.00)	50 (100.00)	50 (100.00)
मारवाड़ी	47 (94.00)	48 (98.00)	20 (40.00)	42 (84.00)	38 (76.00)
गुजराती	49 (98.00)	46 (92.00)	21 (42.00)	44 (88.00)	42 (84.00)
केरला एवं तमिलवासी	46 (92.00)	49 (98.00)	15 (30.00)	48 (96.00)	48 (96.00)
योग	340 (97.14)	313 (89.43)	118 (33.71)	321 (91.71)	314 (89.71)

संकेत

क स्वचेतना में वृद्धि।

ख अन्त:धार्मिक सांस्कृतिक पारस्परिकता।

ग परमेश्वरवादी दृष्टिकोण।

घ तार्किक यथार्थता में वृद्धि।

ङ राष्ट्रीयता की भावना में वृद्धि।

सारणी 4.19 से परिलक्षित होता है कि प्रत्येक उपसंस्कृति समूहों के बहुसंख्यक उत्तरदाताओं ने सकारात्मक मत प्रकट किए हैं कि आधुनिक शिक्षा, स्वचेतना में वृद्धि, अन्त:सांस्कृतिक-धार्मिक-पारस्परिकता-यथार्थता एवं तार्किकता एवं राष्ट्रीयता की भावना में वृद्धि करने का कार्य करती है। परमेश्वरवादी दृष्टिकोण के प्रति प्रत्येक उपसंस्कृति

के अल्पसंख्यक उत्तरदाता ने ही आधुनिक शिक्षा की सकारात्मक भूमिका को स्वीकार किया। इस प्रकार आधुनिक शिक्षा, स्वचेतना, तार्किक यथार्थता, राष्ट्रीयता मूलक अन्त:-सांस्कृतिक धार्मिक पारस्परिकता को बढ़ावा देती है।

नगरनिवास अवधि और आधुनिक शिक्षा की भूमिका

साक्षात्कार अनुसूची में चुने गए उत्तरदाताओं के सामाजिक संबंध वृद्धि में आधुनिक शिक्षा की भूमिका का उनके नगरनिवास अवधि के आधार पर सारणीयन किया गया है।

सारणी 4.20

नगरनिवास	*आधुनिक शिक्षा की भूमिका*				
अवधि	*क*	*ख*	*ग*	*घ*	*ङ*
विगत दस वर्ष	66	67	32	60	70
	(94.29)	(85.71)	(45.71)	(85.71)	(100.00)
11 - 15	78	65	35	68	67
	(100.00)	(83.33)	(44.87)	(88.31)	(87.01)
16 - 20	48	48	16	49	49
	(96.00)	(96.00)	(32.00)	(98.00)	(98.00)
21 - 25	42	38	02	42	38
	(100.00)	(90.47)	(14.76)	(100.00)	(90.47)
26 से ऊपर	56	49	13	54	48
	(93.35)	(81.67)	(21.67)	(90.00)	(80.00)
जन्म से	50	46	20	48	42
	(100.00)	(92.00)	(40.00)	(96.00)	(84.00)
योग	340	313	118	321	314
	(97.14)	(89.43)	(33.71)	(91.71)	(89.71)

संकेत
क स्वचेतना में वृद्धि।
ख अन्त:धार्मिक सांस्कृतिक पारस्परिकता।
ग परमेश्वरवादी दृष्टिकोण।
घ तार्किक यथार्थता में वृद्धि।
ङ राष्ट्रीयता की भावना में वृद्धि।

सारणी 4.20 से परिलक्षित होता है कि प्रत्येक समूह के बहुसंख्यक उत्तरदाता, स्वचेतना में वृद्धि, अन्त:सांस्कृतिक/धार्मिक पारस्परिकता, तार्किक यथार्थता एवं राष्ट्रीयता की भावना में वृद्धि आदि को आधुनिक शिक्षा के सकारात्मक संबंध बतलाते हैं। मात्र परमेश्वरवादी दृष्टिकोण के प्रति प्रत्येक समूह के अल्पसंख्यक उत्तरदाताओं ने ही सकारात्मक संबंध प्रदर्शित किया।

उपसंस्कृति समूह और द्वैतीयक एवं अनौपचारिक संबंध की प्रधानता

सारणी 4.21 में नगरीय जीवनशैली के विकास के साथ उपसंस्कृति समूह के लोगों के बीच द्वैतीयक एवं अनौपचारिक संबंधों की प्रधानता संबंधी दृष्टिकोण को उनके उपसंस्कृति समूह के आधार पर विश्लेषित किया गया है।

सारणी 4.21

उपसंस्कृति समूह	*द्वैतीयक एवं अनौपचारिक संबंध की प्रधानता*			*योग*
	सहमत	*उदासीन*	*असहमत*	
मूलनिवासी	26 (52.00)	20 (40.00)	04 (08.00)	50
सिन्धी पंजाबी	14 (28.00)	33 (66.00)	03 (06.00)	50
बंगाली	40 (80.00)	05 (10.00)	05 (10.00)	50
जम्मू एवं कश्मीरी	36 (72.00)	08 (16.00)	06 (12.00)	50
मारवाड़ी	30 (60.00)	15 (30.00)	05 (10.00)	50
गुजराती	20 (40.00)	27 (54.00)	03 (06.00)	50
केरला एवं तमिलवासी	30 (60.00)	16 (32.00)	04 (08.00)	50
योग	196 (56.00)	124 (35.43)	30 (08.57)	350

सारणी 4.21 से स्पष्ट होता है कि बहुसंख्यक उत्तरदाताओं ने नगरीय जीवनशैली में द्वैतीयक एवं अनौपचारिक संबंधों की प्रधानता को स्वीकार किया। अल्पसंख्यक उत्तरदाता उक्त विचारोक्ति से उदासीन पाए गए जबकि असहमत विचार वाले उत्तरदाताओं की प्रतिशत बहुत कम पाई गई। संक्षेप में हम यह सकते हैं कि नगरीय संरचना में अधिकांश लोग द्वैतीयक एवं अनौपचारिक संबंधों के पोषक हैं।

नगरनिवास अवधि और द्वैतीयक एवं अनौपचारिक संबंध की प्रधानता

साक्षात्कार अनुसूची में चुने गए उत्तरदाताओं का नगरीय जीवनशैली में द्वैतीयक एवं अनौपचारिक संबंध की प्रधानता के संबंध में दृष्टिकोण उनके नगरनिवास अवधि के आधार पर सारणीकृत किया गया है।

सारणी 4.22

नगरनिवास अवधि (वर्ष में)	द्वैतीयक एवं अनौपचारिक संबंध की प्रधानता			योग
	सहमत	उदासीन	असहमत	
विगत दस वर्ष	40 (52.14)	25 (35.71)	05 (7.14)	70
11 - 15	50 (64.10)	21 (26.92)	07 (8.97)	78
16 - 20	30 (60.00)	15 (30.00)	05 (10.00)	50
21 - 25	20 (47.62)	18 (42.86)	04 (9.52)	42
26 से ऊपर	30 (50.00)	24 (40.00)	06 (10.00)	60
जन्म से	26 (52.00)	21 (42.00)	03 (06.00)	50
योग	196 (56.00)	124 (35.43)	30 (8.57)	350

उपर्युक्त आंकड़ों से यह ज्ञात होता है कि बहुसंख्यक उत्तरदाताओं ने प्रत्येक नगरनिवास अवधि समूह के नगरीय जीवनशैली में द्वैतीयक एवं अनौपचारिक संबंध की प्रधानता को स्वीकार किया है। अल्पसंख्यक उत्तरदाता ही इस विचारोक्ति से असहमत या उदासीन पाए गए। सारांशत: यह कहा जा सकता है कि नगरीय संरचना में द्वैतीयक एवं अनौपचारिक संबंधों का बाहुल्य होता है।

नगरीय पड़ोस एवं संलग्नता

नगरीय समाजशास्त्र में नगरीय पड़ोस को कुछ मुख्य उप-इकाइयों के रहने वाले क्षेत्रों से संबद्ध करते हुए, उसे प्राथमिक समूह के रूप में उद्धृत किया जाने लगा है। फिर भी इस प्रकार के नगरीय पड़ोस में पड़ोसीपन की भावना में भिन्नता दृष्टिगत है। नगरवादी विचारक विर्थ के अनुसार नगरों में आमने-सामने के संपर्क होने के बावजूद ये हमेशा अवैयक्तिक, दिखावटी एवं अस्थायी होते हैं। नगरीय पड़ोस में रहने वालों के बीच सामाजिक अन्त:क्रिया के मुख्य तीन स्तर पाए जाते हैं –

(1) घनिष्टता का स्तर,

(2) कभी-कभी परिचय का स्तर, तथा

(3) व्यक्तिगत एवं पारिवारिक तौर पर अलग रहने का स्तर।

आवासीय चुनाव करते समय पड़ोस एक ऐच्छिक आवश्यकता के रूप में परिवार के सामने आ जाता है, क्योंकि व्यक्ति हमेशा एक अच्छा पड़ोसी होना, नजदीक रहने वालों को जानना एवं मित्रवत् संबंध रखना आदि सामाजिक कर्त्तव्य के रूप में आवश्यक समझता है। नगरीय समाज अध्ययनों से स्पष्ट होता है कि नगरीय पड़ोसियों के बीच संबंध में खिंचाव अधिक होता है, साथ ही नगरी व्यक्ति का अपने समुदाय विशेष में अभिन्न हो जाने के बावजूद भी उसकी ये अभिन्नता ग्रामीण अभिन्नता के तरह का नहीं हो पाती। सामान्यत: परम्परागत तौर पर आज भी नगरीय परिवार पड़ोस में ही रहते हैं, जहां व्यक्ति अपने परिवार, अपने मित्र और संबंधियों के संपर्कों द्वारा सामाजिक संबंधों के जाल का निर्माण करता है, जिसमें प्रत्येक व्यक्ति का आचार-विचार व्यवस्था तथा स्थिति एक-दूसरे से भिन्न होती है। बम्बई, कलकत्ता जैसे महानगरों में एक ही मकान में रहने वाले दो किरायेदार एक दूसरे को नहीं जानते। स्पष्ट है कि जैसे-जैसे नगरों का विकास होता जाता है वहां अपनत्व की भावना शिथिल होती जाती है। अपनत्व की भावना वहां हमेशा स्वार्थ के सहारे पर जीवित रहती है। नगरीय व्यक्ति की मित्रता नगर के भिन्न-भिन्न भागों में रहने वाले व्यक्ति से हो सकती है, ऐसा भी हो सकता है कि उनमें उनका एक भी पड़ोसी न हो। महानगरों में व्यक्ति अपने पड़ोसी से बहुत अच्छी तरह परिचित होने की इच्छा भी नहीं रखता। आवश्यकता होने पर वह नगरीय मूल्यों से समायोजन कर लेता है, परन्तु वह पड़ोस की आवश्यकता महसूस नहीं करता है। एक तरफ रोमिंग-हाउस और अपार्टमेन्ट हाउस आदि नगरीय क्षेत्रों में पड़ोसीपन परम्परागत अर्थों में समाप्त हो चुका है, तो दूसरी तरफ नगरों में कुछ ऐसे भी क्षेत्र हैं, जहां के रहने वालों के आपसी संबंध घनिष्ठ और सहयोगात्मक हैं। इन क्षेत्रों में मध्यमवर्गीय लोग अधिवासित परिवार में रहते हैं, जहां पड़ोस आश्चर्यजनक रूप से शक्तिशाली है। सामाजिक इकाई के रूप में जाति, प्रजाति, क्षेत्रीयता एवं धार्मिक समूह के रूप में अलग-अलग क्षेत्र में रहते हैं और पड़ोसी भावना को इस सीमा तक अपनाते हैं कि उनके जीवन में पड़ोसी महत्वपूर्ण प्रभावीकारक बन जाता है। इस प्रकार उनका एक आपस का संगठन बन जाता है, जो उनके हर प्रकार के हितों की सुरक्षा के लिए तत्पर रहता है, या संघर्ष करता है। मूलत: बच्चे पड़ोस से बहुत अधिक लगाव रखते हैं। बच्चों की संख्या एवं इनकी समस्याओं को लेकर पड़ोसी परिवारों में एक तरफ तो घनिष्ठ संबंध उत्पन्न हो जाते हैं, लेकिन कभी-कभी इनमें घृणा, ईर्ष्या, और तीव्र संघर्ष भी पड़ोसी संबंधों के बीच उथल-पुथल ले आते हैं, जो तनाव एवं संघर्ष को अग्रसारित अथवा आमंत्रित करते हैं। ये सब आपसी व्यवहार एवं अन्त:क्रिया के फलस्वरूप होने वाली परिस्थितियां हैं। बच्चा औपचारिक शिक्षा हेतु अपने कार्यकाल का 1/6 भाग ही व्यतीत करता है, जबकि व्यापक अर्थ में शिक्षा निरन्तर होने वाली वह प्रक्रिया है, जो घर में या पड़ोस में ही उसे मिलती है।

इस प्रकार पड़ोस एक ऐसी संगठित इकाई है, जिसकी विशिष्टता निर्धारित क्षेत्र के व्यक्तियों में घनिष्ठ संपर्क को व्यक्त करता है। नगरीय पड़ोसियों के बीच सामाजिक दूरी में स्थायित्व एवं पड़ोसी जीवन की जटिल संरचना को स्पष्ट करने वाले भिन्न-भिन्न कारक जैसे आयु, लिंग, वैवाहिक स्थिति, व्यवस्था की गतिशीलता, धर्म, गृह का स्वामित्व, व्यक्तिगत आदतें, पारिवारिक रीति-रिवाज, आदि हैं, जो सामाजिक संबंधों को प्रभावित करते रहते हैं। नगर और ग्राम के व्यक्तियों या एक मुख्य स्थान पर रहने वाले लोगों में अवैयक्तिक संपर्क होता है, परन्तु पड़ोसी संपर्क का स्वरूप और संबंध समुदाय की परिस्थितियों में एक-सा नहीं रहता है। दूसरे शब्दों में पड़ोस संबंध की घनिष्ठता अधिक स्थान परिवर्तन के कारण घट जाती है। पड़ोस में स्वयं आर्थिक, पारिस्थितिकीय, जनसांख्यकी, सांस्कृतिक और भौतिक गुणों के स्तर पर भिन्नता होती है, इसलिए उस पड़ोस की अन्त:क्रिया के तरीकों में भी काफी अंतर होता है। हाउसिंग रिसोर्सेस एण्ड हाउसिंग प्रीफरेन्स के बीच अन्त:क्रिया के कारण पड़ोस का अनिश्चित समय तक एक विशिष्ट स्वरूप बना रहे, संभव नहीं होता, फिर भी इसका एक चरित्र काफी दिनों तक बना रहता है। पड़ोस जिसमें कुछ परिवार संस्थात्मक एजेन्सी का कार्य करते रहते हैं, हमेशा बदलाव की स्थिति में रहता है। नगरीय पड़ोस में व्यक्ति निरन्तर आते-जाते रहते हैं। अत: पड़ोस का स्थायित्व केवल एक सापेक्ष धारणा है। बदलाव की दर पड़ोस के विशिष्ट आचार, धर्म, सामाजिक और वर्गीय संरचना के अनुसार भिन्न हो सकती है, परंतु समस्या तब तक उत्पन्न नहीं होती जब तक प्रवेश पाने वाला परिवार दूसरी प्रजाति, वर्ग या धर्म का न हो। महानगरों के पड़ोस परिवर्तन ऊंचे मूल्य की दिशा में होता है, जहां तकनीकी उन्नति और व्यक्तिगत आमदनी में बढ़ोत्तरी ये दोनों कारण मिल कर परिवर्तन लाते हैं। पड़ोस परिवर्तन का यह एक निर्धारक सिद्धांत है जो कि समय से संबंधित अन्य कारणों पर आधारित होता है, फिर भी यह भविष्यवाणी करने का नियंत्रण करने के लिए अपर्याप्त है। औद्योगीकरण व नगरीकरण की आधुनिक प्रवृत्तियों ने आवासन क्षेत्र में एक समरूप तत्त्व को जन्म दिया, जिसके कारण अतीत से चले आ रहे सामाजिक संबंधों का स्वरूप टूटता जा रहा है। पश्चिमी भारत के नगरीय केन्द्रों में कुछ पड़ोसियों ने बढ़ती हुई आधुनिक प्रवृत्तियों के बावजूद भी संबंधों के पुराने स्वरूप को बनाए रखा है। नगरीय व्यक्ति की अपनी जिन्दगी में विस्तृत आंतरिक संपर्क एवं कार्यों की व्यस्तता के कारण पड़ोसियों से घनिष्ठता नहीं हो पाती, फलत: एक ही मकान में रहने वाले व्यक्ति एक दूसरे के लिए अजनबी बन जाते हैं। महानगरीय पड़ोस सामाजिक, सांस्कृतिक, व्यावसायिक गतिशीलता के कारण हमेशा परिवर्तन की स्थिति में रहता है। यहां पड़ोसी की धारणा को विकसित करने के लिए तरह-तरह के संगठन बनाए जाते हैं, ताकि गुमनामता को छिन्न-भिन्न करते हुए, तोड़ते हुए उस क्षेत्र में, जहां व्यक्ति रहता है, वहां की सामुदायिक भावना को बढ़ावा मिल

सके। इस प्रकार नगर की पारिस्थितिकीय प्रतिमानों में पड़ोसी संरचना का भी महत्वपूर्ण स्थान होता है। आधुनिक नगरों में भी पड़ोस की व्यवस्था इन्हीं प्रतिमानों की गत्यात्मकता से संबंधित है। आधुनिक नगरों में पड़ोसीपन के प्रमुखत: तीन प्रकारों का संकेत किया जा सकता है–

(क) ***आवास संबंधी*** – इसका निर्माण व्यक्तिगत आवास के समीप के आवासों और निवासियों से होता है, जिसमें एक परिवार के व्यक्तियों के पैदल चलने तक का निवास क्षेत्र सम्मिलित होता है। इसके अन्तर्गत प्राथमिक विद्यालय, जनरल मर्चेन्ट, दवा की दुकान, खेल का मैदान, इत्यादि केन्द्र सम्मिलित किए जा सकते हैं।

(ख) ***व्यावसायिक*** – कार्य के स्थान से संबंधित यह पड़ोसीपन, कार्यालय के लोगों, कर्मचारियों, स्कूल के छात्र व अध्यापकों के लिए अनौपचारिक रूप से मिलने व बात करने हेतु इस पड़ोसीपन में चाय-पान की दुकानें, रेस्तरां आदि अत्यंत महत्व का होता है। इसी भांति कार्य के स्थान से आते व जाते समय आकस्मिक रूप से व्यक्ति अनेकानेक प्रकार के संबंधों का निर्माण करता है जो अन्तत: प्राथमिक संबंधों में परिणत हो जाते हैं।

(ग) ***परिभ्रमण संबंधी*** – व्यक्ति अपने निवास स्थल, अपने निवासी के पड़ोस एवं व्यवसायी पड़ोस के मध्य यात्रा करते समय विभिन्न प्रकार के व्यक्तियों के संपर्क में आता है, एवं उनके साथ संबंध निर्मित करता है। उसकी यह विशेषता होती है कि उसका यहां सीमित क्षेत्र के लोगों से ही संबंध स्थापित नहीं होते।

प्रस्तुत बिन्दु पर पड़ोसी संबंध की प्रकृति, पड़ोसियों के साथ सहयोगात्मक आदान-प्रदान, संकटकाल में सहयोगी एवं सहयोग की प्रकृति आदि का विवेचन तथ्यों के आधार पर किया गया है।

उपसंस्कृति समूह एवं पड़ोसी संबंध की प्रकृति

सारणी 4.23 में उत्तरदाताओं का उनके पृथक् उपसंस्कृति समूह के पड़ोसियों के साथ पड़ोसी संबंध की प्रकृति का विवेचन किया गया है।

सारणी 4.23 के आधार पर स्पष्ट होता है कि प्रत्येक उपसंस्कृति समूह के बहुसंख्यक उत्तरदाताओं ने प्रतिस्पर्धात्मक पड़ोसी संबंध को बतलाया। अल्पसंख्यक उत्तरदाता ने ही समन्वयात्मक एवं तटस्थ पड़ोसी संबंध के स्वरूप को स्पष्ट किया। निष्कर्षत: यह कहा जा सकता है कि नगरीय पड़ोसी संबंधों की प्रकृति बहुधा प्रतिस्पर्धात्मक पाई गई।

सारणी 4.23

उपसंस्कृति समूह	पड़ोसी संबंध की प्रकृति			योग
	प्रतिस्पर्धात्मक	तटस्थ	समन्वयात्मक	
मूलनिवासी	29 (58.00)	07 (14.00)	14 (28.00)	50
सिन्धी पंजाबी	28 (56.00)	09 (18.00)	13 (26.00)	50
बंगाली	28 (56.00)	10 (20.00)	12 (24.00)	50
जम्मू एवं कश्मीरी	28 (56.00)	06 (12.00)	16 (32.00)	50
मारवाड़ी	32 (64.00)	08 (16.00)	10 (20.00)	50
गुजराती	35 (70.00)	10 (20.00)	05 (10.00)	50
केरला एवं तमिलवासी	29 (58.00)	06 (12.00)	15 (20.00)	50
योग	209 (59.71)	56 (16.00)	85 (24.29)	350

काई वर्ग = 10.55, डी.एफ. = 12, .05, सार्थक नहीं।

नगरनिवास अवधि एवं पड़ोसी संबंध की प्रकृति

सारणी 4.24 में उत्तरदाताओं के पड़ोसी संबंध के प्रकृति को उनके नगरनिवास की अवधि के आधार पर वर्गीकृत किया गया है।

सारणी 4.24

नगरनिवास अवधि (वर्ष में)	पड़ोसी संबंध की प्रकृति			योग
	प्रतिस्पर्धात्मक	तटस्थ	समन्वयात्मक	
विगत दस वर्ष	39 (55.71)	10 (14.31)	21 (30.00)	70
11 - 15	41 (52.36)	15 (19.23)	22 (28.21)	78
16 - 20	26 (52.00)	10 (20.00)	14 (28.00)	50
21 - 25	31 (73.81)	07 (16.67)	04 (9.52)	42
26 से ऊपर	39 (65.00)	06 (10.00)	15 (25.00)	60
जन्म से	33 (66.00)	08 (16.00)	09 (18.00)	50
योग	209 (59.71)	56 (16.00)	85 (24.29)	350

काई वर्ग = 12.25, डी.एफ. = 10, .05, सार्थक नहीं।

सारणी 4.24 से स्पष्ट होता है कि सभी नगरनिवास अवधि समूह के उत्तरदाताओं ने स्पष्ट किया कि उनके पड़ोसी संबंध की प्रकृति प्रतिस्पर्धात्मक है जबकि अल्पसंख्यक उत्तरदाताओं ने अपने पड़ोसी संबंध को समन्वयात्मक एवं तटस्थ प्रकृति को स्पष्ट किया। निष्कर्षत: यह कहा जा सकता है कि नगरीय पड़ोसी संबंधों में प्रतिस्पर्धात्मक का प्रभाव अधिक देखने को मिलता है

शैक्षणिक योग्यता एवं पड़ोसी संबंध की प्रकृति

तालिका 4.25 में शैक्षिक योग्यता के आधार पर उत्तरदाताओं के पड़ोसी संबंध की प्रकृति को सारणीकृत किया गया है।

सारणी 4.25

शैक्षणिक योग्यता	*पड़ोसी संबंध का स्वरूप*			*योग*
	प्रतिस्पर्धात्मक	*तटस्थ*	*समन्वयात्मक*	
निरक्षर	08 (72.73)	01 (09.09)	02 (18.18)	11
हाईस्कूल	90 (65.69)	17 (12.41)	30 (21.90)	137
इण्टर	51 (57.30)	15 (16.85)	23 (25.84)	89
स्नातक	33 (58.93)	13 (23.21)	10 (17.86)	56
स्नातकोत्तर	14 (48.28)	06 (20.69)	09 (31.03)	29
तकनीकी एवं व्यावसायिक	13 (46.42)	04 (14.29)	11 (39.29)	28
योग	209 (59.71)	56 (10.00)	85 (24.29)	350

काई वर्ग = 10.58, डी.एफ. = 10, .05, सार्थक नहीं।

सारणी 4.25 इंगित करती है कि सभी शैक्षणिक वर्ग समूह के बहुसंख्यक उत्तरदाताओं ने अपने पड़ोसी संबंध को प्रतिस्पर्धात्मक बतलाया। अल्पसंख्यक उत्तरदाताओं द्वारा ही पड़ोसी संबंध के समन्वयात्मक एवं तटस्थ प्रकृति को स्पष्ट किया गया है। निष्कर्ष तौर पर यह कहा जा सकता है कि नगरीय पड़ोसी संबंध बहुधा प्रतिस्पर्धात्मक होता है, परन्तु इसमें शैक्षणिक योग्यता के बढ़ते क्रम में यह प्रतिस्पर्धात्मक होती जाती है।

नगरनिवास अवधि तथा पड़ोसी संबंध एवं अभियोजन

सारणी 4.26 में उत्तरदाताओं की पीढ़ीगत नगरनिवास अवधि तथा पड़ोसी संबंध एवं

अभियोजन का अध्ययन किया गया है। ऐसा अनुमान लगाया जाता है कि अधिक समय से यहां रहने वाले उपसंस्कृति समुदाय के लोगों का पड़ोसी संबंध एवं समयोजन अन्य उपसंस्कृति लोगों के साथ भी होगा। इसी को ज्ञात करने के लिए नीचे दिए हुए आंकड़ों का विश्लेषण उत्तरदाताओं के नगरनिवास अवधि के आधार पर किया गया है।

सारणी 4.26

नगरनिवास अवधि (वर्ष में)	*पड़ोसी संबंध एवं अभियोजन*					*योग*
	सामाजिक दुराव	*सामान्य भेदभाव*	*तटस्थ*	*औपचारिक लगाव*	*अनौपचारिक लगाव एवं घनिष्ठता*	
विगत दस वर्ष	20 (28.47)	01 (01.43)	36 (51.43)	04 (5.71)	09 (12.86)	70
11 - 15	19 (24.36)	02 (02.56)	35 (44.87)	06 (7.68)	16 (20.51)	78
16 - 20	04 (08.00)	07 (14.00)	09 (18.00)	05 (10.00)	25 (50.00)	50
21 - 25	15 (35.71)	04 (9.42)	12 (28.57)	03 (7.14)	08 (19.05)	42
26 से ऊपर	08 (13.33)	09 (15.00)	24 (40.00)	02 (3.33)	17 (28.33)	60
जन्म से	07 (14.00)	07 (14.00)	07 (14.00)	03 (6.00)	26 (52.00)	50
योग	73 (20.86)	30 (8.57)	123 (35.14)	23 (6.57)	101 (21.86)	350

काई वर्ग = 78.68, डी.एफ. = 20, .05, सार्थक।

तथ्यों के अवलोकन से परिलक्षित होता है कि मूलनिवासियों में पड़ोसी संबंध और अभियोजन बहुसंख्यक तौर पर अनौपचारिक एवं घनिष्ठ लगावों से जुड़ा है। प्राय: दस वर्ष तक की अवधि के आवासित समूहों का पड़ोसी संबंध सामान्य भेदभाव की पृथकता से जुड़ा संबंध ही है, किन्तु प्राय: 11 वर्ष से अधिक अवधि से आवासित लोगों में प्रत्येक स्तर पर पड़ोस एवं पड़ोसी संबंध, अभियोजन की प्रकृति एक दूसरे के साथ औपचारिक लगाव, घनिष्ठता की प्रवृत्ति से जुड़ती दीख पड़ती है। संक्षेप में कहा जा सकता है कि नगरनिवास अवधि क्रम के वृद्धि के फलस्वरूप पड़ोस संबंध एवं अभियोजन की प्रवृत्ति, दुराव एवं संघर्ष की तुलना में अधिक संश्लेषणात्मक एवं पारस्परिक घनिष्ठता की प्रवृत्ति से जुड़ कर आगे बढ़ती पाई गई।

इससे विदित होता है कि दोनों परिवर्त्यों में अन्त:निर्भरता है, जिसे काई वर्ग परीक्षण विधि प्रमाणित करती है।

उपसंस्कृति समूह एवं पड़ोसियों के बीच सहयोगात्मक आदान-प्रदान

सारणी 4.27 में उत्तरदाताओं का पड़ोसियों के साथ सहयोगात्मक आदान-प्रदान संबंधी अभिव्यक्ति को उनके उपसंस्कृति समूह के आधार पर विश्लेषित किया गया है।

सारणी 4.27 से स्पष्ट होता है कि सभी उपसंस्कृति के बहुसंख्यक उत्तरदाता अपने पड़ोसियों के साथ सहयोगात्मक आदान-प्रदान रखते हैं जबकि मारवाड़ी उपसंस्कृति समूह के अल्पसंख्यक ही इस तरह का आदान-प्रदान रखते हैं। निष्कर्ष तौर पर कहा जा सकता है कि नगरीय परिवेश में पड़ोसियों के बीच विशेष परिस्थितियों में सहयोगात्मक आदान-प्रदान पाया जाता है।

सारणी 4.27

उपसंस्कृति समूह	*सहयोगात्मक आदान-प्रदान*		*योग*
	हां	*नहीं*	
मूल निवासी	28 (56.00)	22 (44.00)	50
सिन्धी, पंजाबी	35 (70.00)	15 (30.00)	50
बंगाली	41 (82.00)	09 (18.00)	50
जम्मू एवं कश्मीरी	30 (60.00)	20 (40.00)	50
मारवाड़ी	22 (44.00)	28 (56.00)	50
गुजराती	30 (60.00)	20 (40.00)	50
केरला एवं तमिलवासी	30 (60.00)	20 (40.00)	50
योग	216 (61.70)	134 (38.29)	350

काई वर्ग = 17.70, डी.एफ. = 6, .05, सार्थक।

काई वर्ग परीक्षण का प्रयोग करने से स्पष्ट होता है कि दोनों चरों में अन्त:निर्भरता अत्यधिक सार्थक है।

नगरनिवास अवधि एवं पड़ोसियों के बीच सहयोगात्मक आदान-प्रदान

तालिका 4.28 में उत्तरदाताओं का पड़ोसियों के साथ सहयोगात्मक आदान-प्रदान संबंधी अभिव्यक्ति को उनके नगरनिवास अवधि के साथ प्रदर्शित किया गया है।

सारणी 4.28

नगर निवास अवधि (वर्ष में)	*सहयोगात्मक आदान-प्रदान*		*योग*
	हां	*नहीं*	
विगत दस वर्ष	40 (57.14)	30 (42.86)	70
11 - 15	46 (65.71)	32 (41.02)	78
16 - 20	35 (70.00)	15 (30.00)	50
21 - 25	27 (64.29)	15 (35.71)	42
26 से ऊपर	35 (58.33)	25 (34.00)	60
जन्म से	33 (66.00)	17 (34.00)	50
योग	216 (61.71)	134 (38.29)	350

काई वर्ग = 2.78, डी. एफ. = 5, .05, सार्थक नहीं।

सारणी 4.28 से विदित होता है कि प्रत्येक नगरनिवास अवधि समूह के बहुसंख्यक उत्तरदाताओं द्वारा अपने पड़ोसियों से विशेष परिस्थितियों में सहयोगात्मक आदान-प्रदान रखता है। अल्पसंख्यक उत्तरदाता इस तरह के आदान-प्रदान के प्रति उदासीन या नकारात्मक दृष्टिकोण रखे पाए गए। निष्कर्षत: यह कहा जा सकता है कि नगरीय लोगों में अपने पड़ोसियों से सहयोगात्मक आदान-प्रदान देखने को मिलता है।

काई वर्ग विधि का प्रयोग करने से विदित होता है कि दोनों चरों के बीच अन्त:निर्भरता सार्थक नहीं है।

संकटकाल में सहयोगी

विभिन्न उपसंस्कृति समुदाय के लोगों का नगर में स्थायी निवास के लम्बे अर्से के परिणामस्वरूप यहां के प्रति लगाव स्थानीय लोगों से मेल-जोल एवं पृथक् उपसंस्कृति समुदाय के लोगों से समायोजन एवं पृथकता के संदर्भ में सामुदायिक परिधि एवं पृथक् उपसंस्कृति समूह के लोगों के बीच के संबंधों के मापदण्ड हेतु उत्तरदाताओं से व्यक्तिगत तौर पर यह जानने का प्रयास किया गया कि संकटकालीन एवं अभाव के समय में आपसे कौन से लोग अधिक सहानुभूति रखते हैं, सहानुभूति प्रकट करते हैं, तथा आपका इन समयों में आपको किन लोगों से उम्मीद होती है कि वे आपके संकट

के समय में सहयोगी होंगे। ये समाजशास्त्रीय पहलू या अध्ययन की दृष्टिकोण से अधिक प्रभावकारी है। प्राप्त तथ्यगत आंकड़े सारणी से संदर्भित हैं।

उपसंस्कृति समूह एवं संकटकाल में सहयोगी

सारणी 4.29 से उत्तरदाताओं के संकटकाल में सहयोगी संबंधी विचार को उनके उपसंस्कृति समूह के आधार पर विश्लेषित किया गया है –

सारणी संख्या 4.29

उपसंस्कृति समूह	*संकटकाल में सहयोगी*						*योग*
	क्षेत्रीय लोग	*अपने सम्प्रदाय के लोग*	*सहकर्मी/ मित्र*	*पड़ोसी*	*रिश्तेदार*	*अपनी उपसंस्कृति का संगठन*	
मूलनिवासी	09 (18.00)	08 (16.00)	05 (10.00)	17 (34.00)	10 (20.00)	01 (2.00)	50
सिन्धी पंजाबी	08 (16.00)	07 (14.00)	11 (22.00)	16 (32.00)	04 (8.00)	04 (4.00)	50
बंगाली	07 (14.00)	06 (12.00)	07 (14.00)	08 (16.00)	17 (34.00)	05 (10.00)	50
जम्मू एवं कश्मीरी	06 (12.00)	05 (10.00)	13 (26.00)	12 (24.00)	11 (22.00)	03 (6.00)	50
मारवाड़ी	05 (10.00)	03 (6.00)	19 (38.00)	08 (16.00)	13 (26.00)	02 (04.00)	50
गुजराती	06 (12.00)	04 (8.00)	22 (44.00)	09 (18.00)	07 (14.00)	02 (04.00)	50
केरला एवं तमिलवासी	04 (08.00)	02 (04.00)	24 (48.00)	10 (20.00)	08 (16.00)	02 (04.00)	50
योग	45 (12.86)	35 (10.00)	101 (28.86)	80 (26.86)	70 (120.00)	19 (15.43)	350

काई वर्ग = 5463, डी.एफ. = 30, .05, सार्थक।

सारणी 4.29 के आंकड़ों से प्रदर्शित होता है कि प्रत्येक उपसंस्कृति समूह के अल्पसंख्यक उत्तरदाता ही सहकर्मी, मित्र, पड़ोसी एवं रिश्तेदार को छोड़ कर अन्य कारकों के प्रति आशान्वित रहते हैं। सारांशत: यह कहा जा सकता है कि नगर समुदाय में किसी भी उपसंस्कृति समूह के संकटकाल में व्यक्ति के लिए उसका सहकर्मी, मित्र, पड़ोसी एवं रिश्तेदार ही अधिक महत्व के होते हैं।

नगरनिवास अवधि एवं संकटकाल में सहयोगी

तालिका 4.30 में उत्तरदाताओं के संकटकाल में सहयोग संबंधी अभिव्यक्ति को उनके नगरनिवास अवधि के आधार पर वर्गीकृत किया गया है।

सारणी संख्या 4.30

नगरनिवास अवधि (वर्ष में)	संकटकाल में सहयोगी						योग
	क्षेत्रीय लोग	अपने सम्प्रदाय के लोग	सहकर्मी/ मित्र	पड़ोसी	रिश्तेदार	अपनी उपसंस्कृति का संगठन	
विगत दस वर्ष	11 (15.71)	1 (01.43)	24 (34.29)	19 (27.14)	11 (15.71)	4 (5.71)	70
11 - 15	10 (12.82)	05 (06.41)	26 (33.33)	16 (20.51)	18 (23.08)	3 (3.85)	78
16 - 20	06 (12.00)	07 (14.00)	09 (18.00)	18 (36.00)	06 (12.00)	4 (8.00)	50
21 - 25	05 (11.90)	08 (19.05)	11 (26.19)	09 (21.43)	07 (6.67)	02 (4.76)	42
26 से ऊपर	04 (06.67)	11 (18.31)	21 (35.00)	08 (13.33)	13 (21.67)	3 (5.00)	60
जन्म से	09 (18.00)	03 (06.00)	10 (20.00)	10 (20.00)	15 (30.00)	3 (6.00)	50
योग	45 (12.86)	35 (10.00)	101 (28.86)	80 (26.86)	70 (20.00)	19 (5.43)	350

काई वर्ग = 38.14, डी.एफ. = 25, .05, सार्थक।

सारणी 4.30 के आधार पर स्पष्ट है कि सभी नगरनिवास अवधि समूह के बहुसंख्यक लोग अपने संकटकाल की स्थिति में सहकर्मी, मित्र, पड़ोसी एवं रिश्तेदार से सहयोग की अपेक्षा क्रमागत करते हैं। अल्पसंख्यक उत्तरदाता ही अन्य कारकों के प्रति आशान्वित रहते हैं। निष्कर्ष तौर पर यह कहा जा सकता है नगर में किसी भी व्यक्ति के संकटकालीन समय में उसके लिए उसका सहकर्मी, मित्र, पड़ोसी एवं रिश्तेदार ही महत्वपूर्ण होते हैं।

उपसंस्कृति समूह और सहयोग की प्रकृति

साक्षात्कार अनुसूची के लिए चुने गए उत्तरदाताओं द्वारा पड़ोस में सहयोग की प्रकृति संबंधी विचार को उनके उपसंस्कृति समूह के आधार पर विश्लेषित किया गया है।

सारणी 4.31 से स्पष्ट होता है कि नगर में पड़ोसियों को आर्थिक सहायता एवं सहयोग प्रदान करने वाले अल्पसंख्यक उत्तरदाताओं में मारवाड़ी उपसंस्कृति का प्रतिशतकांक अधिक पाया गया जबकि शारीरिक सहयोग में बंगाली एवं मूलनिवासी उत्तरदाताओं का। बहुसंख्यक उत्तरदाताओं में आवश्यकतानुसार सहयोग करने वालों में

सारणी 4.31

उपसंस्कृति समूह	*सहयोग की प्रकृति*				*योग*
	आर्थिक	*शारीरिक*	*आवश्यकतानुसार*	*मौखिक सहानुभूति*	
मूलनिवासी	05 (10.00)	18 (36.00)	20 (40.00)	07 (14.00)	50
सिन्धी	09 (18.00)	07 (14.00)	23 (46.00)	11 (22.00)	50
बंगाली	07 (14.00)	20 (40.00)	12 (24.00)	11 (22.00)	50
जम्मू एवं कश्मीरी	06 (12.00)	14 (28.00)	10 (20.00)	20 (40.00)	50
मारवाड़ी	11 (22.00)	10 (20.00)	22 (44.00)	07 (14.00)	50
गुजराती	10 (20.00)	10 (20.00)	05 (10.00)	25 (50.00)	50
केरला एवं तमिलवासी	08 (16.00)	11 (22.00)	08 (16.00)	23 (46.00)	50
योग	56 (16.00)	90 (25.71)	100 (28.57)	104 (29.71)	350

काई वर्ग =59.76, डी.एफ. = 18, .05, सार्थक।

भी मूलनिवासी, सिन्धी, पंजाबी एवं मारवाड़ी की प्रतिशतकांक अधिक पाई गई। मौखिक सहानुभूति एवं सहयोग देने की प्रकृति में गुजराती, केरला एवं तमिलवासी और जम्मू एवं कश्मीरी उपसंस्कृति के उत्तरदाता अग्रणी पाए गए। निष्कर्षत: यह कहा जा सकता है कि नगर में बहुसंख्यक लोगों में आवश्यकतानुसार एवं मौखिक सहानुभूति के रूप में सहयोग करने की प्रवृत्ति मुख्य रूप से दृष्टिगत है।

नगर निवास अवधि और सहयोग की प्रकृति

उत्तरदाताओं द्वारा पड़ोस सहयोग की प्रकृति संबंधी अभिवृत्ति को उनके नगर निवास अवधि के आधार पर सारणी 4.32 में सारणीकृत किया गया है।

सारणी 4.32 से विदित होता है कि 15 वर्ष नगर निवास अवधि समूह के नीचे के उत्तरदाताओं में मौखिक सहानुभूति की प्रवृत्ति अधिक देखने को मिलती है, जबकि जन्म से या 15 वर्ष से अधिक नगर निवास अवधि वाले उत्तरदाताओं में आवश्यकतानुसार सहयोग की प्रवृत्ति देखने को मिलती है। सारांशत: यह कहा जा सकता है कि नगर निवास अवधि बढ़ने के साथ ही उनमें आपसी एवं पड़ोसी सहयोग के रूप में आवश्यकतानुसार सहयोग हेतु व्यक्ति में उन्मुखता अधिक दृष्टिगत है।

सारणी 4.32

नगरनिवास अवधि (वर्ष में)	सहयोग की प्रकृति				योग
	आर्थिक	शारीरिक	आवश्यकतानुसार	मौखिक सहानुभूति	
विगत दस वर्ष	14 (20.00)	22 (31.43)	10 (14.29)	24 (34.29)	70
11 - 15	12 (15.38)	20 (25.64)	19 (24.36)	27 (34.62)	78
16 - 20	08 (16.00)	11 (22.00)	19 (38.00)	12 (24.00)	50
21 - 25	06 (14.28)	10 (23.81)	10 (23.81)	16 (38.10)	42
26 से ऊपर	11 (18.35)	14 (23.32)	21 (35.00)	14 (23.33)	60
जन्म से	05 (10.00)	13 (36.00)	21 (42.00)	11 (22.00)	50
योग	56 (16.00)	90 (25.71)	100 (28.57)	104 (29.71)	350

काई वर्ग = 19.46, डी.एफ. = 15, .05, सार्थक नहीं।

सारांश

नगर विभिन्न उपसंस्कृति, भाषा, धर्म, प्रजातीय विशिष्टताओं के संगमस्थल होने के साथ ही साथ जननांकीय दृष्टिकोण से सामाजिक विजातीयता के भी केन्द्र होते हैं। विभिन्न उपसंस्कृतियों, भाषाओं, धर्म, सम्प्रदाय से जुड़े लोगों की पारस्परिक अन्त:क्रियाओं, सामाजिक, आर्थिक, राजनीतिक सक्रियता साथ ही साथ इनके बीच अभिविनिमय, आदान-प्रदान, विजातीय समन्वय एवं समायोजन के अन्तर्गत सर्वेक्षण में प्राप्त तथ्यों के आधार पर किया गया है। इनकी व्याख्या शोध के प्रसंग में नगरीय विजातीय समूहों के बीच घटित होने वाली समन्वयात्मक अन्त:क्रियाओं की प्रकृति को समझने के लिए अनुभवात्मक आधार प्रदान करती है। इससे संबंधित आंकड़ों जैसे समन्वय हेतु नगरीय विशेषताओं का प्रभाव, समायोजन में वाणिज्य एवं व्यवसाय विनिमय की प्रभाविकता, कार्यस्थल से आवासन स्थल तक विभिन्न उपसंस्कृतियों से मैत्रीभाव, पृथकता की जगह समन्वय की अभिवृत्ति, स्वार्थ रहित मानवीय संबंध, आपसी सद्भाव एवं अन्त:-पारस्परिकता, विभिन्न उपसंस्कृति समुदाय के लोगों से संपर्क की दृढ़ता, परस्पर सहभागिता में नगरीयता का प्रभाव, नगरीय जीवनवृत्ति में आत्मानुभूति का प्रकृति, आधुनिक शिक्षा की भूमिका, द्वैतीयक एवं अनौपचारिक संबंध की प्रधानता, पड़ोसी

संबंध क. प्रकृति, पड़ोसियों के साथ सहयोगात्मक आदान-प्रदान, संकटकाल में सहयोगी एवं सहयोग की प्रकृति आदि को इस अध्याय के अन्तर्गत सम्मिलित किया गया है।

उत्तरदाताओं के सामाजिक विजातीयता एवं समन्वयात्मक आधार से संबंधित प्राप्त आंकड़ों के विश्लेषण से स्पष्ट होता है कि अध्ययन में सम्मिलित किए गए बहुसंख्यक उत्तरदाता नगरीय संरचना में विभिन्न उपसंस्कृति समुदाय के लोगों के बीच समन्वयात्मक आधार को अग्रसर करने में नगरीय विशेषताएं बहुत हद तक उत्तरदायी हैं। साथ ही अधिकांश उत्तरदाताओं द्वारा प्राप्त आंकड़ों से स्पष्ट है कि इनके बीच परस्पर सामाजिक-सांस्कृतिक समायोजन स्थापित करने में वाणिज्य एवं व्यावसायिक अभिविनिमय को अधिक प्रभावी माना जा सकता है। धार्मिक समुदाय के आधार पर विश्लेषण भी इन तथ्यों को प्रमाणित करती है, जो नगर निवास अवधि के बढ़ने के साथ ही साथ बढ़ती ही जाती है।

वाराणसी महानगर के सामाजिक-व्यावसायिक अन्त:क्रियात्मक अभिविनिमय एवं समन्वयात्मक आधार के संदर्भ में विभिन्न उपसंस्कृतियों के कार्यस्थल से आवासन स्थल तक मैत्रीभाव से संबंधित बहुसंख्यक उत्तरदाताओं का विभिन्न उपसंस्कृति समूह के लोगों से मैत्रीभाव एवं सहयोगात्मक प्रवृत्ति है, जो नगरीय संरचना में इनके बीच समन्वयात्मक प्रवृत्ति को स्पष्ट करती है। नगर निवास अवधि के आधार पर विश्लेषण भी इस तथ्य को प्रमाणित करते हैं। यह समन्वयात्मक प्रवृत्ति उच्च आय वाले समूह के लोगों में अधिक देखने को मिलती है। ये तथ्य शोध की द्वितीय उपकल्पना को अर्थात् नगर में जितना ही अधिक सामाजिक, सांस्कृतिक और धार्मिक विजातीयता नगर समुदाय में समायोजित होगी, उतना ही अधिक पृथक् संस्कृति, धर्म, भाषा एवं जाति के लोगों में समन्वयात्मक व्यक्तित्ववाद एवं अन्त:सामूहिक संबंधों की वृद्धि होगी, तथा उनमें समायोजन पर संस्कृतिग्रहण एवं सांस्कृतिक अभिविनिमय की प्रवृत्ति अत्यधिक होगी, को यथार्थ प्रमाणित करते हैं।

अध्ययन में सम्मिलित विभिन्न क्षेत्रीयतामूलक उपसंस्कृति समूह के बहुसंख्यक उत्तरदाता ने समन्वय के प्रति सकारात्मक (लगावमूलक) विचार व्यक्त किए अर्थात् समन्वयात्मक अभिवृत्ति के पोषक पाए गए। नगरनिवास अवधि के आधार पर विश्लेषण से स्पष्ट होता है कि अधिकांश उत्तरदाताओं की यह प्रवृत्ति नगर निवास अवधि के बढ़ने के साथ ही साथ बढ़ती ही जाती है। स्वार्थरहित मानवीय संबंध वृद्धि के प्रति दृष्टिकोण की जानकारी करने के लिए उत्तरदाताओं द्वारा प्राप्त आंकड़ों को उपसंस्कृति समूह एवं नगरनिवास अवधि के आधार पर विश्लेषित करने से संकेत मिलता है कि प्रत्येक समूह के अधिकांश उत्तरदाता नगरीय संरचना में स्वार्थरहित मानवीय संबंधों को बढ़ावा देने के प्रति सहमत पाए गए, परन्तु व्यवहार एवं यथार्थ में भिन्नता दृष्टिगत है।

अध्ययन में चुने गए उत्तरदाताओं द्वारा परस्पर सद्भाव एवं अन्त:पारस्परिकता की अपरिहार्यता से संबंधित जो विवरण प्राप्त हुआ है उसका विश्लेषण उपसंस्कृति समूह एवं नगर निवास अवधि के आधार पर करने से स्पष्ट होता है कि नगरीय संरचना में परस्पर सद्भाव एवं अन्त:पारस्परिकता आवश्यक है, अल्पसंख्यक उत्तरदाता इस विचारोक्ति का समर्थन करते हुए इसे समयानुसार स्वत: उत्पन्न हो जाने की एक प्रक्रिया मानते हैं, क्योंकि विशेषीकरण के इस युग में नगरीय व्यक्ति एक दूसरे पर अत्यधिक अन्तरनिर्भर होता है।

विभिन्न उपसंस्कृति समुदाय के लोगों के बीच संपर्क की दृढ़ता से संबंधित अभिवृत्ति के संदर्भ में विश्लेषण से यह पाया गया है कि प्रत्येक उपसंस्कृति समूह, नगरनिवास अवधि, आयु समूह के बहुसंख्यक लोग सीमित एवं औपचारिक संबंधों की प्रकृति को स्पष्ट किया, जो उनके नगरीयता मूलक उन्मेष को उजागर करती है। आयु एवं नगरनिवास अवधि के बढ़ने के साथ ही साथ इनके बीच संबंधों में थोड़ी दृढ़ता बढ़ती हुई दृष्टिगत है जो मुख्य रूप से औपचारिक ही होती है। विभिन्न उपसंस्कृति समुदाय के लोगों के बीच परस्पर सहभागिता में नगरीयता के प्रभाव के संदर्भ में प्राप्त आंकड़ों से यह परिलक्षित होता है कि अधिकांश उत्तरदाता नगरीयता को परस्पर सहभागिता हेतु बाध्यतामूलक एवं प्रोत्साहक कारक के रूप में स्वीकार करते हैं। इस प्रकार प्राप्त तथ्यों के विश्लेषण स्पष्ट करते हैं कि नगरीयता मूलक विशेषताएं उच्च शिक्षा के बढ़ते क्रम में लोगों के बीच अधिक दृष्टिगत है जो शोध की पहली उपकल्पना को यथार्थ सिद्ध करती है अर्थात् यह कि शैक्षिक विकास एवं नगरीयता मूलक जीवनशैली में सापेक्षिक संबंध होता है। जितनी ही अधिक किसी सांस्कृतिक समूह में शैक्षिक विकास एवं उन्मेष होगा, उनसे लोगों में उतनी ही अधिक नगरीयता मूलक विशेषताएं विकसित होंगी।

नगरीय जीवनवृत्ति में आत्मानुभूति की प्रकृति का विश्लेषण उपसंस्कृति समूह एवं नगरनिवास अवधि के आधार पर करने से यह संकेत मिलता है कि नगरीय समाज के अधिकतर लोग तार्किक यथार्थता, परस्पर मैत्रीभाव एवं सहयोग के तरफ उन्मुख पाए गए जबकि दूसरी तरफ बहुसंख्यक उत्तरदाताओं ने उपसांस्कृतिक पृथकता को उचित बतलाया, जो वाराणसी महानगर की प्रमुख विशेषता परम्परागतता एवं आधुनिकता के समन्वयात्मक प्रारूप को स्पष्ट करती है। बहुसंख्यक उत्तरदाताओं ने धार्मिक रुढ़िवादिता एवं अंधविश्वास को अर्थहीन बतलाया, जो नगर निवास अवधि के सापेक्ष में दृष्टिगत है। आधुनिक शिक्षा की भूमिका के संदर्भ में चुने गए उत्तरदाताओं से प्राप्त आंकड़ों का विश्लेषण करने से स्पष्ट है कि आधुनिक शिक्षा स्व-चेतना, वैज्ञानिक यथार्थता, अन्त:धार्मिक, सांस्कृतिक, पारस्परिकता एवं राष्ट्रीयता की भावना के प्रति उन्मुखता को अग्रसर करती है, जबकि परमेश्वरवादी दृष्टिकोण को शिथिल करने में सहायक भूमिका का निर्वाह करती दृष्टिगत है। प्राप्त आंकड़ों के विश्लेषण से यह परिलक्षित होता है

कि अधिकांश नगरीय लोग द्वैतीयक एवं अनौपचारिक संबंध के पोषक हैं। यहां पर पुनः दूसरी उपकल्पना अर्थात् यह कि जितनी ही अधिक सामाजिक, सांस्कृतिक और धार्मिक विजातीयता नगर समुदाय में समायोजित होगी, उतनी ही अधिक पृथक् संस्कृति, धर्म, भाषा एवं जाति के लोगों में समन्वयात्मक व्यक्तित्ववाद एवं अन्तःसामूहिक संबंधों की वृद्धि होगी, तथा उनमें समायोजन, पर-संस्कृति ग्रहण एवं सांस्कृतिक अभिविनिमय की प्रवृत्ति अत्यधिक होगी, पुनर्सत्यापित होती है।

अध्ययन के लिए चुने गए उत्तरदाताओं के पड़ोसी संबंध की प्रकृति, अभियोजन, सहयोगात्मक आदान-प्रदान से संबंधित प्राप्त तथ्यों का विश्लेषण करने से स्पष्ट होता है कि नगरीय पड़ोस से प्रतिस्पर्धात्मक संबंधों की बहुलता होती है, जो शैक्षणिक योग्यता के विकास के साथ कम होती जाती है, जबकि नगर निवास अवधि के बढ़ते क्रम में पड़ोसी पृथकता की तुलना में अधिक समन्वयात्मक घनिष्ठता की वृत्ति से जुड़ कर आगे बढ़ती हुई पाई गई। पड़ोसियों के साथ सहयोगात्मक आदान-प्रदान संबंधी प्राप्त अभिव्यक्ति के विवेचन से यह संकेत मिलता है कि सभी समूह के बहुसंख्यक उत्तरदाता पड़ोसी लोगों के साथ विशेष परिस्थितियों में मौखिक सहानुभूति एवं सहयोग की प्रवृत्ति के पोषक पाए गए जबकि यह प्रवृत्ति नगरनिवास अवधि के बढ़ने के साथ-साथ उनमें आवश्यकतानुसार सहयोगात्मक आदान-प्रदान को दृष्टिगत करता है।

उत्तरदाताओं द्वारा नगरीय संरचना के अन्तर्गत संकटकाल में सहयोगी एवं सहयोग की प्रकृति के प्रति दृष्टिकोण का विश्लेषण उनके उपसंस्कृति समूह, नगरनिवास अवधि के आधार पर करने से परिलक्षित होता है कि बहुसंख्यक उत्तरदाताओं ने यह स्वीकार किया कि संकटकाल में प्राथमिक स्तर पर उनके सहयोगी के रूप में पड़ोसी, सहकर्मी एवं रिश्तेदार होते हैं, जिनके सहयोग की प्रकृति बहुधा आवश्यकतानुसार हुआ करती है। नगरनिवास अवधि क्रम के वृद्धि के फलस्वरूप पड़ोसी संबंध एवं अभियोजन की प्रवृत्ति, दुराव एवं संघर्ष की तुलना में अधिक संश्लेषणात्मक एवं पारस्परिक घनिष्ठता की प्रवृत्ति से जुड़ कर आगे बढ़ती हुई दृष्टिगत होती है।

5

नगरीय नियोजन की सामाजिक-सांस्कृतिक सीमाएं

नियोजन या योजना ही वह केन्द्र बिन्दु है, जो उचित मार्गदर्शन करते हुए हमें प्रगति एवम् विकास के पथ पर अग्रसित करता है। निर्धन एवम् गरीब परिवार में जन्मा बुद्धिमान व्यक्ति अपने प्रयत्नों के द्वारा एक निश्चित अवधि में अपने निश्चित लक्ष्यों को प्राप्त करने हेतु जो रूपरेखा का निर्माण करता है तथा इसी रूपरेखा पर चलते हुए वह अपने लक्ष्यों को भी प्राप्त कर लेता है। प्रत्येक राष्ट्र अपने भावी विकास के लिए रूपरेखा को जन्म देते हैं और उन्हीं को क्रियान्वित करते हुए अपने लक्ष्यों को प्राप्त करते हैं। वास्तविकता यह है कि जो राष्ट्र आज प्रगति के उच्च शिखर पर हैं, उन्हें उच्च शिखर तक पहुंचने में व मार्गदर्शन व पथ-प्रदर्शन करने में योजना या नियोजन की ही मुख्य भूमिका रही है। नियोजन के कारण ही बड़े-बड़े राष्ट्र सुंदर व उन्नति के शिखर पर पहुंच गए हैं।

नियोजन का सामान्य अर्थ, पहले से व्यवस्था करना है। भविष्य में उत्पन्न होने वाली ज्ञात और अज्ञात कठिनाइयों का सामना करने के लिए योजना बनाना नियोजन है। नियोजन का मुख्य उद्देश्य राष्ट्र को अपने नागरिकों के जीवन स्तर में वृद्धि, उन्हें अधिक से अधिक सुविधा देने के लिए वर्तमान साधनों का इस प्रकार से प्रयोग करना है जिससे समाज का अधिक से अधिक हित हो सके। इसके साथ ही समाज व्यवस्थित रूप से प्रगति कर सके, जिससे समाज को भविष्य में होने वाली कठिनाइयों व समस्याओं का सामना न करना पड़े। नियोजन आर्थिक, राजनैतिक, प्रशासनिक, सांस्कृतिक तथा भौतिक जीवन पहलुओं के समन्वित विकास की एक प्रक्रिया है जिससे अनवरत गति, ज्ञान, विज्ञान, प्रौद्योगिकी, स्वास्थ्य के संदर्भ में समयबद्ध कार्यक्रम चलाया जाता है।

नगरीय जीवन नरक का जीवन माना जाने लगा है क्योंकि जिधर देखो उधर धूल व धुंआं उड़ रहा है साथ ही सड़कों व गलियों में गंदगी के ढेर लगे होने के कारण बदबू फैल रही है और साथ ही महामारी फैलने का भय हमेशा बना रहता है। नगरीय

जीवन का प्रभाव कम हो गया है। लोगों की शारीरिक व मानसिक समस्याओं में वृद्धि हो गई है। गंदी बस्ती में निवास करने वाले लोगों का जीवन स्तर निम्न है। हैराल्य बर्नहीम ने एक बार कहा था कि हमारी समस्या केवल अपने जीवन स्तर को सुरक्षित रखना ही नहीं है, बल्कि उसे बनाए रखने की आवश्यकता है। इन सब बातों ने एक ऐसे विषय के विकास में योगदान दिया है, जिसे नगर नियोजन का नाम दिया गया है। वैसे तो नगरीय नियोजन विषय उतना ही पुराना है, जितने स्वयं नगर हैं। मानव इतिहास में नगर हमेशा सभ्यता के सूचना रहे हैं। इनकी उत्पत्ति, विकास और अवनति, स्वरूप एवम् संरचना विभिन्न युगों की विशेषता को बताते हैं। नगरीय नियोजन का विषय वास्तव में उतना ही पुराना है जितनी कि मानव बस्ती। प्राचीन नगरीय संरचनाओं के अवशेष इस बात के प्रमाण हैं कि नगर में नगर निर्माण सबसे अधिक विकसित कला थी।

नियोजन का अर्थ

"किसी राष्ट्र की वर्तमान भौतिक, मानसिक तथा प्राकृतिक शक्तियों अथवा साधनों को लोगों के अधिकतम लाभ के लिए प्रयुक्त करने की विधियों को नियोजन कहते हैं"।

—श्री वी॰पी॰ बाबू

नियोजन के विभिन्न स्वरूप

1. ***सामाजिक नियोजन*** – सामाजिक नियोजन के अन्तर्गत उन सभी नियोजनों का उल्लेख किया जाता है, जिनमें बालकों, कृषकों, स्त्रियों व श्रमिकों, असहायों, अनाथों, जनजातियों और अनुसूचित जातियों के कल्याण हेतु किए गए कार्य सम्मिलित होते हैं।

2. ***क्षेत्रीय नियोजन*** – राष्ट्र को विभिन्न क्षेत्रों में विभाजित करके प्रत्येक क्षेत्र का विकास करना क्षेत्रीय नियोजन कहलाता है। विकेन्द्रीकरण की नीति को अपनाना, अधिकारियों के हाथ में नियोजन का कार्य सौंपना, विशाल क्षेत्र वाले देशों का होना क्षेत्रीय नियोजन की अनिवार्यताएं हैं। नियोजन नीति को सफल बनाना, निर्धनता, बेकारी आदि की समस्या का हल करना क्षेत्रीय नियोजन के उद्देश्य हैं।

3. ***पर्वतीय नियोजन*** – पर्वतीय क्षेत्रों का विकास करना भी सरकार का एक मुख्य उद्देश्य है, उसको पर्वतीय नियोजन कहते हैं। इस नियोजन के कार्य में निर्धनता की समस्या सामने आती है। कृषि सुधार, भूमि विकास, सिंचाई व्यवस्था, खाद्य व्यवस्था, आर्थिक व्यवस्था, विकासखंडों की व्यवस्था, आदि को भी पर्वतीय क्षेत्रों में लिया जाता है।

4. ***नगर नियोजन*** – नगरों की जनसंख्या औद्योगीकरण के कारण बढ़ गई है। अतएव नगरों में गंदी बस्तियों का निर्माण हो गया है जिसके कारण अनेक समस्याएं उत्पन्न हो गई हैं। इन समस्याओं का समाधान करने के लिए नगर नियोजन की आवश्यकता है।

नियोजन की परिभाषाएं

1. ***कार्ल मानहीम के अनुसार*** – "नियोजन वह पूर्व दृष्टि है जो जानबूझकर मानवीय व्यवहारों में प्रयुक्त की जाती है जिसमें सामाजिक प्रक्रिया केवल विरोध एवम् प्रतियोगिता का ही फल न बन जाए।"
2. ***किम्बल यंग के अनुसार*** – "नियोजन एक कार्यक्रम है जिसका एक निर्धारित उद्देश्य है जो मस्तिष्क में है अथवा निश्चित दिशा में सामाजिक-सांस्कृतिक परिवर्तन लाना है।"
3. ***जेम्सफोर्ड के अनुसार*** – "नगर नियोजन नगर के सतत् परिवर्तनशील विन्यास से मुख्य रूप से संबंधित एक विज्ञान और कला है।"
4. ***मेयर के अनुसार*** – "नगर नियोजन नगर की विभिन्न इकाइयों को सुव्यवस्थित करके एक व्यवस्थित स्वरूप प्रदान करता है।"
5. ***प्रो. स्टाम्प के अनुसार*** – "नगरीय नियोजन का प्रमुख ध्येय नागरिकों के कल्याण तथा उनके जीवन स्तर को ऊंचा उठाना है।"
6. ***प्रो. जेक्सन के अनुसार*** – "नगर एवम् देहात नियोजन भूमि के विकास व उपयोग से अपना संबंध रखता है।"

उपर्युक्त परिभाषाओं से स्पष्ट है कि नगरीय नियोजन का विषय बड़ा व्यापक है। यह नगरीय विकास के लिए विस्तृत कार्यक्रम प्रस्तुत करता है। उसको अच्छी तरह संगठित करता है। उसका पुनर्निर्माण करता है। यह नगरवासियों के उद्देश्यों को पूरा करता है। ये उद्देश्य आर्थिक, सामाजिक व भौतिक हो सकते हैं। वर्तमान आवश्यकता को पूरा करने के साथ-साथ भविष्य में किन सुविधाओं की आवश्यकता होगी इस बात का पूरा ध्यान रखता है। जिस स्थान पर नगर का निर्माण होता है, उस स्थान का आर्थिक आधार पर अध्ययन करता है। यह नगर की आर्थिक, सांस्कृतिक, राजनीतिक व भौतिक विशेषताओं को सामूहिक व एकाकी दोनों रूपों में देखता है। नगरीय नियोजन द्वारा नगर का ढांचा इस तरह से तैयार किया जाता है कि जिससे वह उसके भौतिक वातावरण के अनुकूल हो।

नगरीय नियोजन उपलब्ध भूमि का अच्छे से अच्छा उपयोग करने का निर्देश देता है। ये सभी व्यक्तियों, चाहे वे गरीब हों या अमीर, के लिए सुंदर वातावरण प्रस्तुत करता है। वह उनके रहने, खेलने, मनोरंजन तथा उनके आर्थिक व सामाजिक जीवन स्तर को ऊंचा उठाने का कार्य करता है। वह खाली पड़े क्षेत्रों में नए नगरों की स्थापना का मार्ग निर्देशन करता है। इसके साथ-साथ वह वर्तमान नगरों के विकास व विस्तार के लिए सुधार व उनका पुनर्निर्माण करने में भी सहायक होता है। नगर नियोजन नगर का विकास इस दृष्टि से करता है कि वह अपने नगरवासियों की विभिन्न आवश्यकताओं को पूरा करने के साथ-साथ उनके सभी पर्वती ग्रामीण प्रदेशों के निवासियों की

आवश्यकताओं को पूरा करे। इस प्रकार नगरीय नियोजन का विषय बड़ा व्यापक है। नगर और ग्राम नियोजन की कोई निश्चित सीमाएं हो भी नहीं सकतीं, क्योंकि यह विषय अभी भी विकसित हो रहा है।

भारत में नगर नियोजन

नगर में जनसंख्या का दबाव निरन्तर बढ़ता जा रहा है। नगर और महानगरों की सड़कों पर इतनी अधिक भीड़ होने लगी है कि इन पर चलना कठिन हो गया है। इसका मुख्य कारण यह है कि नगरों का विकास नियोजनबद्ध रूप से नहीं किया गया है। स्वतंत्रता के पश्चात् भारतीय सरकार ने नगरों को व्यवस्थित रूप से विकसित करने में विशेष रुचि ली है। नगरों को सुंदर, व्यवस्थित और आम व्यक्ति के लिए सुविधाजनक बनाने के लिए उसने नगर नियोजन को प्राथमिकता दी है। इसीलिए नगर नियोजन आज राष्ट्रीय नियोजन का एक महत्वपूर्ण अंग है। राज्य सरकारें बड़े नगरों का विकास मास्टर प्लान के आधार पर कर रही हैं। देश के अधिकांश नगरों का विकास मास्टर प्लान के अनुसार किया जा रहा है। पंचवर्षीय योजनाओं में इन्हें विशेष महत्व दिया गया है। केन्द्रीय क्षेत्र में आवास मंत्रालय के अंतर्गत टाउन और प्लानिंग संगठन के द्वारा योजनाएं बनाई जा रही हैं। दिल्ली के चारों ओर नेशनल केपिटल रीजन प्लान के अंतर्गत विकास कार्य हो रहा है जिसमें दिल्ली संघ क्षेत्र के अतिरिक्त हरियाणा और उत्तर प्रदेश का कुछ भाग भी सम्मिलित है। इसी प्रकार का कार्य उत्तर प्रदेश, पश्चिम बंगाल, बिहार, उड़ीसा और मध्य प्रदेश में हो रहा है। दिल्ली प्रशासन ने 73 हजार एकड़ भूमि लेने की योजना बनाई है। 36,866 एकड़ भूमि प्राप्त की जा चुकी है। 18,583 एकड़ भूमि पर दिल्ली विकास प्राधिकरण काम कर रहा है और 11,123 पर निगम, सरकारी विभाग और सहयोगी आवास-निर्माण समितियां कार्य कर रही हैं। अधिकांश नगरों और महानगरों में विकास प्राधिकरण की स्थापनाएं हो चुकी हैं। यह संगठन अपने नगर को नियोजनबद्ध रूप में विकसित कर रही है। इस योजना को उस समय अधिक बल प्राप्त हुआ जब केन्द्र सरकार राज्यों के नगर निगमों के लिए करोड़ों रुपयों का अनुदान देने लगी।

नगरीय नियोजन की विषय सामग्री

नगरीय नियोजन की विषय सामग्री आधुनिक समय में बहुत व्यापक हो गई और समय के साथ-साथ उसका विषय क्षेत्र बराबर बढ़ता जा रहा है। इस संबंध में कुछ विद्वानों के विचार निम्नलिखित अनुसार हैं –

आर्थर बी. गेलियन ने नगरीय नियोजन विषय को दो भागों में विभाजित किया है:

(i) ***भूमि उपयोग के लिए नियोजन*** – इसके अंतर्गत मकान, व्यापार, उद्योग, खुले स्थान, आदि भूमि उपयोग के विभिन्न रूपों का अध्ययन किया जाता

है। मकानों या जनसंख्या के आधार पर भूमि उपयोग के घनत्व मानदंड स्थिर किए जाते हैं।

(ii) ***परिवहन संचार के लिए नियोजन*** – इसमें राजमार्गों, रेलों, हवाई अड्डों, जलमार्गों तथा संचार व्यवस्था का नियोजन किया जाता है।

एच॰एम॰ लेविस ने नगर नियोजन के भौतिक पक्ष पर जोर देते हुए छः बातें विषय वस्तु के लिए स्वीकार की हैं। नगर से बाहर व भीतर आने जाने वालों के लिए यातायात की समुचित व्यवस्था, पार्क व मनोरंजन की सुविधाएं, नगर के भीतर सभी प्रकार के यातायात साधनों की उचित व्यवस्था, सड़कों की व्यवस्था, सार्वजनिक भवनों के लिए स्नान गृह, भूमि का सही ढंग से उपयोग, आदि।

एक अमेरिकन विद्वान ने नगरीय नियोजन की विषय सामग्री में बारह तत्व बताए हैं जो इस प्रकार हैं – सड़कें, लोगों का आवागमन, वस्तुओं का आवागमन, कल कारखानों तथा गोदाम, खाद्य पदार्थों की प्राप्ति, बाजार व्यवस्था, पीने के पानी की सप्लाई और सफाई व्यवस्था, रिहायशी मकान, मनोरंजन पार्क और वृक्षारोपण, नगर को सुंदर, कलात्मक रूप देना, नगर के विकास कार्यों पर नियंत्रण व उसके लिए कानून और धन की व्यवस्था।

नगर नियोजन के आदर्श लक्ष्य और नीतियां

नगरीय नियोजन के विभिन्न उद्देश्य हो सकते हैं, किन्तु कुछ ऐसे आधारभूत सामान्य उद्देश्य, आदर्श एवम् नीतियां होती हैं, जो प्रत्येक प्रकार के नियोजन से संबंध रखती हैं नगरीय नियोजन कोई भी योजना बनाने से पहले अपना उद्देश्य निर्धारित करती हैं। ये उद्देश्य पिछली बातों के अनुभव पर आधारित होते हैं तथा साथ-साथ भविष्य की सुविधाओं एवम् नगर के विकास को ध्यान में रखते हुए निर्धारित किए जाते हैं। नगरीय नियोजन के तीन प्रमुख उद्देश्य हो सकते हैं, स्वास्थ्य, सौन्दर्य, उपयोगी सुविधाएं। नगरीय नियोजन का उद्देश्य नगर के लोगों के लिए स्वास्थ्यप्रद परिस्थितियां प्रदान करना, उनके रहने व काम करने के लिए उपयुक्त वातावरण प्रदान करना तथा भूमि का सही ढंग से उपयोग करना होता है। यह उपलब्ध साधनों के आधार पर नगर को अधिक से अधिक सुंदर रूप देने का प्रयास करना है। उसका उद्देश्य नगर के लोगों के लिए उपयोगी आवश्यक सेवाएं जैसे पीने का पानी, उत्तम जल प्रवाह, विद्युत, आदि प्रदान करना है। वह नगर में व्यापारिक, औद्योगिक व वाणिज्यिक कार्यों की स्थापना को प्रोत्साहन देता है ताकि बड़े पैमाने पर लोगों को रोजगार मिल सके जिससे नगर की समृद्धि तथा सम्पत्ति भी बढ़ सके। उद्योगों के लिए सस्ती विद्युत तथा कारखानों की स्थापना के लिए सस्ते व उपयुक्त स्थान सुलभ कराता है। नगर के प्रत्येक भाग से संपर्क की व्यवस्था करता है। नगरीय नियोजन के ये सभी उद्देश्य अपना-अपना महत्व रखते हैं। किस उद्देश्य को पहले महत्व दिया जाए यह नगरीय परिस्थितियों पर निर्भर करता है।

नगर नियोजन के उद्देश्य निम्नलिखित हैं –

(i) नगर के क्रमबद्ध विकास की निश्चित योजना तैयार करना, ताकि भविष्य में नगर का विकास होने पर किसी प्रकार की रुकावट न आए।

(ii) नगर के आस-पास पड़ा समस्त क्षेत्र जो इमारतें बनाने के लिए उपयुक्त हो, को नगरीय नियोजन में शामिल कर लेना चाहिए।

(iii) इमारतों का बसाव स्थान भी अच्छा होना चाहिए। वे खुली हवा व स्वच्छता की अच्छी सुविधा रखने वालो हों। इनका विकास अनियमित तरीके से नहीं होने देना चाहिए जिससे नगर में गंदी बस्तियां व गंदी गलियों को पनपने का स्थान न मिले।

(iv) नगर का विकास नगरवासियों की संस्कृति, रीति-रिवाज व उनकी भावनाओं के अनुरूप होना चाहिए। हमें यूरोपीय नगरों की अंधाधुंध नकल नहीं करनी चाहिए। बल्कि उनकी अच्छी बातों को अवश्य लागू करना चाहिए।

(v) नगर में व्यापार, वाणिज्य तथा व्यवसाय को प्रोत्साहन मिले ताकि उस नगर का आर्थिक आधार मजबूत बन सके।

(vi) कम से कम अगले पचास वर्षों में नगर का विस्तार किस प्रकार होगा, भविष्य में किन-किन सुविधाओं की आवश्यकता पड़ेगी। ये सब बातें नगर निर्माण की योजना बनाते समय ध्यान में रखी जानी चाहिएं।

(vii) नगर में सड़कें काफी चौड़ी होनी चाहिएं तथा इमारतों की मीनारों पर खाली जगह भी छोड़ी जानी चाहिए।

(viii) मकानों का नक्शा इस प्रकार से बने, जिससे उसमें स्वच्छ हवा तथा सूर्य का प्रकाश आ सके, जिससे लोगों के स्वास्थ्य पर अच्छा प्रभाव पड़े।

(ix) नगरवासियों के सुख, आराम व स्वास्थ्य का विशेष ध्यान रखना चाहिए।

नगरीय नियोजन का उद्देश्य बताते हुए कहा गया है कि नगरीय नियोजन नगरवासियों के स्वास्थ्य, सुरक्षा, समाज कल्याण और सुविधा की संवृद्धि के लिए नगर के व्यवस्थित विकास का निर्देशन है। इसमें नगर के भूमि उपयोग, एक कार्यक्षेत्र का दूसरे कार्यक्षेत्र से संबंध व उनमें परस्पर समन्वय आदि बातों पर भी ध्यान दिया जाता है। यह नगर में होने वाले परिवर्तनों और वृद्धि के मार्ग का निर्धारण करता है। नगर का ढांचा समुदाय की आवश्यकतानुसार तैयार किया जाता है।

नगर नियोजन के मूल तत्व

नगर नियोजन का मुख्य उद्देश्य है कि नागरिक को अधिक से अधिक सुविधाएं प्रदान करना जिससे कि वह मानसिक व शारीरिक रूप से स्वस्थ रह सके। आरंभ में महानगरों में ही नगर नियोजन को केन्द्रित किया गया किन्तु आज छोटे-बड़े अधिकांश नगरों में

नगर नियोजन को कार्यान्वित किया गया है। नगर नियोजन के मुख्य तत्व निम्नलिखित हैं –

1. *यातायात को व्यवस्थित और नियंत्रित करना* – अत्यधिक जनसंख्या वाले नगरों की अनेक मुख्य समस्याओं में से यातायात भी एक है। तंग, छोटी, संकरी, उबड़-खाबड़ गड्ढे वाली सड़कों पर न तो आम आदमी बाजार तक सरलता से पहुंच पाता है और न विभिन्न प्रकार के वाहनों को ही सरलता से चलाया जा सकता है। नगरों की सड़कें इतनी छोटी हैं कि इन पर दो बसों का एक साथ निकलना कठिन हो जाता है, साथ ही वाहनों के फंस जाने से ट्रैफिक जाम हो जाता है, जिससे नागरिकों को भारी कठिनाई का सामना करना पड़ता है।

सड़कों व गलियों की न्यूनतम चौड़ाई निश्चित की जानी चाहिए साथ ही फुटपाथ व छोटे वाहनों के लिए ट्रेक बनाना जरूरी है। जहां सड़कें अत्यधिक छोटी व संकरी हैं उनकी चौड़ाई को बढ़ाने की व्यवस्था करना भी आवश्यक है। ड्रेनिज लाइन व गटरों को व्यवस्थित करके जल व मल का विकास व्यवस्थित करें जिससे बीमारियां, मक्खी व मच्छर न फैलें। ट्रैफिक पुलिस व चौराहों पर लाल हरी बत्तियों की व्यवस्था की जाए। यह सभी कार्य नगर नियोजन के अंतर्गत आते हैं।

2. *भूमि के प्रयोग पर नियंत्रण* – नगर में भूमि को मनचाहे रूप में प्रयोग किया जाता है। भूमि का अतिक्रमण एक मुख्य समस्या है। जहां भी व्यक्ति को जमीन खाली दिखाई पड़ी, वहीं पर अतिक्रमण होना आमबात बन गई है। सड़कों व नालियों पर दुकानें बना लेना साधारण-सी बात बन गई है। फुटपाथ पर दुकानें लगाना व गाड़ियां खड़ी कर देना, अपना अधिकार समझने लगे हैं। मकान की ऊंचाई और उसके चारों ओर कितना स्थाना छोड़ना आदि सभी बातों का ध्यान नगर निगम को रखना चाहिए।

3. *निर्धन, मध्यम परिवारों के लिए मकान* – नगर विकास प्राधिकरण एवम् गृह निर्माण संघ, लाखों की संख्या में इस प्रकार के मकान मुख्य बाजार और नगर से दूर बना रहे हैं जिसमें निर्धन और मध्यम वर्ग के परिवार रह सकें उन्हें वे आसान किश्तों पर उपलब्ध भी करा रहे हैं इससे आवास की समस्या हल होती है। फिर भी अच्छे क्वालिटी के भवन नागरिकों को उचित मूल्य पर अधिक से अधिक संख्या में दिए जाने चाहिएं जिससे जनता अपनी प्राथमिक आवश्यकताओं को सुलझा सके।

4. *गंदी बस्तियों में सुधार कार्य* – गंदी बस्तियों में पीने के पानी, ड्रेनेज, सड़कों, शौचालयों, रोशनी व स्कूलों का प्रबंध व्यापक स्तर पर किया जाना लोक-हित में अच्छा कदम होगा। उन्हें पक्का मकान बनाने के लिए योग्य स्थान व मटेरियल भी निःशुल्क दिया जाना चाहिए। बच्चों को खेलने के लिए पार्क व मनोरंजन के साधन जैसे झूला, फिसल पट्टी, लान व रेलगाड़ी आदि का प्रबंध किया जाना चाहिए। सफाई का भरपूर प्रबंध व नागरिकों को सड़कों व मोहल्ले की साफ-सफाई का प्रशिक्षण दिया जाना उचित होगा। उन्हें प्राथमिक स्वास्थ्य सुविधाएं व दवाइयां दी जानी चाहिए।

5. ***सार्वजनिक स्थलों व पार्कों की रक्षा*** – सार्वजनिक स्थानों जैसे बगीचे, चिड़ियाघर, पार्क, अस्पताल, प्याऊ, मन्दिर, मस्जिद, आदि की रक्षा करना व उनको सुंदर व व्यवस्थित बनाने का प्रबंध करते रहना चाहिए। बच्चों को खेलने के लिए मैदान व खेलों का प्रबंध किया जाना चाहिए। समय-समय पर उनके स्वास्थ्य की जांच भी करके उन्हें दवाइयां आदि दी जानी चाहिए।

6. ***बिजली, पानी की व्यवस्था*** – नगर या गांवों के विकास के लिए बिजली व पानी दोनों आवश्यक हैं। इसकी मांग बढ़ती जा रही है। पीने के पानी की सफाई करना व उनको नलों द्वारा वितरण करना आवश्यक है। बिजली उद्योग-धंधों में एवं कल कारखानों को चलाने के लिए जरूरी है।

7. ***नगर के कूड़े कचरे को हटाना*** – कूड़े कचरे को हटाना एक बड़ी समस्या बन गई है उसे हटा कर उसे कहां ले जाना और उसका क्या उपयोग करना? कूड़े कचरे के सड़ने से बदबू फैलती है कई प्रकार की बीमारियां भी शहरों में होने की आशंका बन गई है। कूड़े कचरे से अच्छी खाद बनाई जा सकती है लेकिन आजकल प्लास्टिक की थैलियां, रबर, लोहे के टुकड़े व अन्य कचरा जो खाद के काम नहीं लाया जा सकता मिला होने के कारण कम्पोस्ट खाद बनाने में भारी असुविधा होती है। कुछ शहरों में कचरे को जला कर उससे बिजली पैदा करने के प्रयोग भी किए जा रहे हैं। विदेशों में भी कचरे को हटाना व साफ-सफाई करके उसका कुछ उपयोग करना एक समस्या मात्र बन गया है। नदियों व समुद्र में कचरा फेंकने से उसमें भी प्रदूषण की समस्या उत्पन्न हो गई है जिससे जल के प्राणी जैसे मछली, कछुए व मगर मर जाते हैं। फिर भी इस समस्या से निपटने के लिए कुछ अनुसंधान कार्य करके उसे ऊर्जा के रूप में या कम्पोस्ट खाद में परिवर्तित करके उपयोगी बनाया जा सकता है।

8. ***यातायात की सुविधा के लिए पार्किंग स्थान*** – नगर में जगह-जगह उचित पार्किंग व्यवस्था करना अत्यंत जरूरी कार्य है। रिक्शा, टैक्सी, टेम्पों, बस, कार, स्कूटर व साईकिलों के लिए अलग-अलग स्थान निर्धारित करके पार्किंग बनाए जाएं। पार्किंग नहीं होने पर नागरिक सड़कों पर अपने वाहनों को खड़ा कर देते हैं जिससे सड़कों पर स्थान की कमी होने से यातायात में कठिनाइयां होती हैं साथ ही दुर्घटनाओं की संभावना भी बढ़ जाती है।

9. ***पर्यावरण की रक्षा करना*** – पर्यावरण को स्वस्थ रखने के लिए बगीचे, पार्क, फलदार वृक्ष् व अन्य फूलों की झाड़ियां सड़कों के दोनों और लगवा देना भी नगर निगम का कार्य है। प्रतिदिन सड़कों की धुलाई व गटरों की धुलाई करवा कर फिनाइल व कीटनाशक दवाओं का छिड़काव करवाना चाहिए। सड़कों पर टेक्टर्स से चुम्बक को फेरना चाहिए ताकि चुम्बक लोहे की कीलों व अन्य लोहे की सामग्री को खींच कर उठा ले और ऐसा करने से वाहन के ट्यूब पंचर नहीं होते हैं। सड़े गले कूड़े कचरे पर

बिलीचिंग पाउडर का छिड़काव करवा देना चाहिए। मच्छर व मक्खियों के नियंत्रण के लिए उचित प्रबंध करें। सड़ी गली या मिलावटी वस्तुओं को बेचने वालों पर कठोर कार्यवाही करना उचित है।

10. ***गंदी बस्तियों को हटाना*** – अस्पतालों, सड़कों, रेल लाइन या बस स्टैंड के किनारे बसी अवैध बस्तियों को हटाना मुख्य कार्य है। गंदी बस्तियों को हटा कर उन्हें अन्यत्र बसाना भी स्वास्थ्य के लिए एक महत्वपूर्ण कार्य है। शहर से जुआघर, कलाली, वैश्यालयों व गुंडागर्दी करने वाले लोगों को हटाना व उनके लिए दंड की व्यवस्था करना एक प्रशासनिक कार्य है।

प्रजातंत्र में जो भी सरकारें आती हैं जन कल्याण के कार्य करने का दावा करती हैं लेकिन राजनैतिक मकड़जाल में ऐसी फंस जाती हैं कि कुछ भी करने के पहले उसे कई समस्याओं का सामना करना पड़ जाता है और इन राजनैतिक गुत्थियों को सुलझाने में ही सरकारों का सारा समय व्यर्थ हो जाता है। सरकारें यह भी अच्छी तरह जानती हैं कि यदि जनता की भलाई व नगर के विकास के कुछ कार्य नहीं किए तो उन्हें वोट बटोरना कठिन ही नहीं असंभव हो जाएगा। सरकार नगर को नियोजित ढंग से अच्छा, सुंदर व जनता के लिए उपयोगी बनाना चाहती है। नगर को नियोजित करने में जितनी सफलता प्राप्त होनी चाहिए नहीं हो पाती। नगर-नियोजन के सम्मुख निम्नलिखित मुख्य समस्याएं हैं जो उनके कार्य में गतिरोध उत्पन्न करती हैं –

(1) नगरों की जनसंख्या में इनती तीव्रता से वृद्धि हो रही है कि उसके अनुपात में नगर-नियोजन के कार्यों में उन्नति नहीं हो पाती।

(2) भूमि का अतिक्रमण करना मनुष्य का स्वभाव हो गया है। व्यक्ति को अवसर मिलने की देरी है कि बस सरकारी भूमि पर अपना कब्जा जमा लेता है।

(3) महानगरों, तीर्थ स्थानों, टूरिस्ट प्लेस पर जाने हेतु लाखों की संख्या में यात्री आते हैं और नगर को गंदा बना देते हैं। जैसे बनारस, वैष्णोदेवी, नैनीताल, हरिद्वार, आदि।

(4) नगर के प्रभावशाली व्यक्ति, नेता, बड़े व्यापारी अपने स्वार्थ के लिए बस्तियों में रेलवे स्टेशनों व बस स्टैण्ड पर, शहर के बीच सड़कों पर अपना कब्जा बना लेते हैं व अतिक्रमण हटाने की मुहिम को अपने प्रभाव से सफल नहीं होने देते। जुलूस व हड़ताल आदि करके प्रशासन को परेशानी में डाल देते हैं।

(5) यह भी प्राय: देखने को मिलता है कि नगर के व्यस्त क्षेत्रों में मल-मूत्र के लिए शौचालय व मूत्रालयों की कमी है अत: लोग नालियों व सड़क के किनारे गंदगी फैला देते हैं। पान खाकर पीक थूकना, बीड़ी सिगरेट का धुंआं

बसों व रेलों में फैलाना अपनी शान समझते हैं। सड़क को तोड़ कर गड्डे करना व पाइप लाइन बिछाना, कचरे को इधर-उधर फेंक देना, अस्पताल के कूड़े कचरे को इधर-उधर फेंक देना, गंदे कपड़ों, कागज व पोलीथीन की थैलियों को सड़कों व नालियों में फेंक देना आदि काम न करने की ट्रेनिंग पब्लिक को दी जानी चाहिए।

(6) नगर नियोजन के अतंर्गत सड़क निर्माण, अस्पताल, साफ-सफाई, उद्यान, स्कूल भवन, आदि के लिए बजट का आधे से अधिक पैसा ठेकेदार, इन्जीनियर, अधिकारी व निम्न श्रेणी के कर्मचारी मिल कर साफ कर देते हैं और फर्जी बिलों का भुगतान कर लाखों करोड़ों की राशि डकार जाते हैं। इन अधिकारियों के खिलाफ कुछ भी नहीं होता क्योंकि इनकी सांठ-गांठ ऊपर के अधिकारियों व नेताओं तक होती है। इस प्रकार नगर नियोजन में जो करोड़ों रुपए खर्च किए जाते हैं उसका समुचित लाभ जनता को प्राप्त नहीं होता, कभी-कभी यह भी देखने को मिलता है कि छोटे-मोटे कर्मचारियों को फंसा दिया जाता है व मुख्य दोषी साफ बच जाते हैं। यदि भ्रष्टाचार समाप्त हो जाए तो देश में काफी काम हो सकता है।

मानव इतिहास में नगर हमेशा सभ्यता के सूचक हैं। नगर की उत्पत्ति, विकास और अवनति, रूप एवम् संरचना विभिन्न युगों की विशेषता बताते हैं। नगर नियोजन का विषय वास्तव में उतना ही पुराना है, जितनी कि मानव बस्ती। नगर नियोजन का विषय बड़ा व्यापक है। यह नगरीय विकास के लिए विस्तृत कार्यक्रम प्रस्तुत करता है, उसको अच्छी तरह संगठित करता है। उसका पुनर्निर्माण करता है। यह नगरवासियों के उद्देश्यों को पूरा करता है। नगर नियोजन द्वारा नगर का नक्शा इस तरह तैयार किया जाता है, जिससे वह उसके सामान्य वातावरण के अनुरूप हो।

नगर नियोजन की प्राथमिकताएं

(1) गंदी बस्ती की सफाई
(2) यातायात व आवागमन के साधनों की व्यवस्था
(3) लोगों के निवास के लिए मकान व्यवस्था
(4) सार्वजनिक स्थानों, उद्यानों व पार्कों की व्यवस्था
(5) बच्चों के लिए क्रीडास्थलों तथा मनोरंजन स्थलों की व्यवस्था
(6) नगर में पेयजल की व्यवस्था
(7) घरों व सार्वजनिक स्थलों के लिए बिजली व रोशनी की व्यवस्था
(8) नगरों में सफाई की व्यवस्था
(9) दुकानों व सड़कों की व्यवस्था
(10) उद्योगों की स्थापना तथा भूमि की व्यवस्था

(11) यातायात नियंत्रण की व्यवस्था

(12) नगर में स्वास्थ्य और शिक्षा की व्यवस्था

(13) विभागीकरण

भारत में नगर नियोजन के विकास में विलम्ब के कारण –

1. भारत की आर्थिक दशा शोचनीय रही उसके कारण नगरों के विकास की ओर सरकार का ध्यान नहीं गया।
2. भारत पर विदेशी आक्रमण बार-बार होते रहे, इसलिए नगरों की सुरक्षा का ध्यान रखा गया और नगर नियोजन की अवहेलना की गई। नगरों की सुरक्षा के लिए किलों का निर्माण किया गया।
3. भारत में सड़कों, रेलों व वायुयानों का अभाव था।
4. भारत में अच्छे इंजीनियरों की भी कमी रही।
5. भारत में मुख्य रूप से गांव ही अधिक थे अत: शहरों के विकास की ओर ध्यान नहीं दिया गया।
6. भारत में विदेशी आक्रमणों का भय बना रहा अत: राजा व महाराजाओं ने सुरक्षा की चिंता अधिक की लेकिन सुंदरता की ओर ध्यान नहीं दिया।
7. भारत में अंग्रेज शासकों ने भारत के शिल्पज्ञ और वास्तु कला में निपुण कारीगरों की घोर उपेक्षा की जिससे अच्छे शिल्पज्ञ व ज्ञानी को काम मिलना बंद हो गया अत: कला का विकास रुक गया।
8. भारत में औद्योगिक क्रांति, स्वतंत्रता के बाद ही आई अत: आर्थिक उन्नति न होने के कारण जनता रोजी-रोटी की समस्याओं में उलझी रह गई।

नगर नियोजन का महत्व

1. नगर नियोजन द्वारा नगरों की जनसंख्या वृद्धि पर नियंत्रण किया जा सकता है।
2. नगर की गंदी बस्तियों को नगर नियोजन द्वारा ही समाप्त किया जा सकता है।
3. नागरिकों के जीवन स्तर को ऊंचा उठाने में मदद करता है।
4. नगर की सुंदरता में चार चांद लगाए जा सकते हैं।
5. नियोजन से नागरिकों में देशभक्ति की भावना जाग्रत होती है। पर्यावरण में सुधार होने से नागरिक स्वस्थ जीवन यापन कर सकते हैं।
6. आर्थिक सुधार के साथ ही साथ शिक्षा में वृद्धि होती है व नागरिक संवेदनशील बन जाते हैं।

सामाजिक सांस्कृतिक सीमाएं

किसी भी नगर का विकास करते समय उस समाज विशेष की सामाजिक सांस्कृतिक पृष्ठभूमि को भी ध्यान में रखना आवश्यक है। यदि कोई स्थान धार्मिक है तो वहां नगरीय

नियोजन करते समय उस क्षेत्र की धार्मिक पृष्ठभूमि को ध्यान में रखना पड़ेगा। हम वहां के धार्मिक क्षेत्र को नजरअंदाज नहीं कर सकते। जिस स्थान पर कोई शिक्षा संस्थान स्थापित हो जाता है वह स्थान धीरे-धीरे नगर का रूप धारण कर लेता है। ऐसे स्थान भौगोलिक सुविधाओं से चाहे युक्त न हों, लेकिन वहां शिक्षा संस्थान की स्थापना लोगों को अधिक से अधिक संख्या में बसने को मजबूर कर देती है। पिलानी नगर ऐसा ही उदाहरण है यहां पर इंजीनियरिंग शिक्षा संस्थान की स्थापना ने नगर विकास किया। रूड़की भी इसी प्रकार का नगर है। अत: स्पष्ट है कि नगरीय विकास में सामाजिक-सांस्कृतिक पृष्ठभूमि का भी ध्यान रखना आवश्यक होता है।

6

नगरीय सामाजिक समस्याएं

I. आवास की समस्या

औद्योगीकरण व नगरीकरण के कारण भारत में नगरों की जनसंख्या बढ़ गई है, साथ ही साथ गंदी बस्तियों का विकास भी हो गया है। बढ़ी हुई जनसंख्या तथा श्रमिकों के रहने के लिए स्थान का अभाव है। स्थानाभाव को टी आवास की समस्या की संज्ञा दी जाती है। दूसरे शब्दों में, "आवास की समस्या उस दशा की ओर संकेत करती है, जिसमें व्यक्ति को रहने के लिए उपयुक्त मकान नहीं मिल पाता है और न ही स्वस्थ पर्यावरण ही प्राप्त होता है।" प्रत्येक मनुष्य की अनिवार्य आवश्यकताओं में आवास भी एक महत्वपूर्ण जरूरत है। वर्तमान युग में आवास की समस्या ने राष्ट्रीय समस्या का रूप धारण कर लिया है। मकानों की समस्या ने विराट रूप ले लिया है। वर्तमान समय में महानगरों की स्थिति तो यह है कि देश में शायद ही कोई ऐसा नगर या महानगर बचा हो जहां आवास की समस्या न हो। मकानों की कमी के कारण या अच्छे व स्वच्छ आवास उपलब्ध न हो पाने के कारण गरीब व निर्धन लोग जो मजदूरी व छोटे-मोटे व्यवसाय करके अपना उदर पोषण करते हैं, वे रहने के लिए गंदी बस्तियों का आश्रय लेते हैं, नगरों एवम् शहरों का आकर्षण तथा ग्रामीण बेरोजगारी से बचने के उद्देश्य से प्रत्येक नगर व महानगर में हजारों-लाखों की संख्या में ग्रामीण जन आकर बस जाते हैं तथा उचित आवास की सुविधा न होने पर मजबूरन गंदी बस्तियों में आश्रय लेते हैं।

यह समस्या पारिवारिक सीमा तक ही नहीं, बल्कि नागरिक, सामाजिक एवम् आर्थिक सीमाएं भी लांघ रही है। आवास का सीधा व प्रत्यक्ष प्रभाव व्यक्ति के स्वास्थ्य पर पड़ता है। यदि व्यक्ति का स्वास्थ्य अच्छा नहीं होगा तो न तो वह अपने परिवार के सदस्यों की आवश्यकता को पूर्ण करने में सक्षम होगा, न ही बच्चों का उचित पालन-पोषण, शिक्षा-दीक्षा तथा समाजीकरण करने में ही सक्षम होगा और न ही राष्ट्र

या समाज की प्रगति में। अत: यह स्पष्ट है कि स्वस्थ आवास की आवश्यकता प्रत्यक्ष रूप से व्यक्तिगत लगती है लेकिन इसका प्रभाव जीवन के सभी पहलुओं पर पड़ता है।

आवास का अर्थ

व्यक्तिगत एवम् सार्वजनिक संस्थाओं ने विगत कुछ वर्षों में आवासीय निर्माणों में प्रगति की है और एक मंजिले, दो मंजिले एवम् बहुमंजिले मकानों का निर्माण किया है परन्तु बढ़ती हुई आबादी की आवश्यकता को ध्यान में रखते हुए ऐसा कहना उचित है कि निर्माण की दर और अधिक होनी चाहिए ताकि कम लागत के भवनों का निर्माण करके अधिक से अधिक लोगों को आवसीय सुविधाएं प्रदान की जा सकें। आवास का तात्पर्य रहने के लिए गृह व्यवस्था से होता है। समाजशास्त्र के विद्वानों ने आवास के लिए कुछ प्रमुख बातों का होना आवश्यक माना है। उनके अनुसार – "आवास का आशय गृह व्यवस्था से है, जहां मनुष्य शारीरिक व मानसिक श्रम करने के पश्चात् आराम करता है। आराम के पश्चात् उसमें पुन: श्रम करने की शक्ति का संचालन होता है।"

उदारवादी समाजशास्त्रियों का ऐसा मानना है कि "आवास का तात्पर्य ऐसे स्थान से होता है, जो कि स्वस्थ वातावरण, आरामदायक एवम् आवश्यकता के अनुरूप हो, जहां व्यक्ति अपने परिवार के सदस्यों के साथ आनंदपूर्वक तथा सुखपूर्वक जीवन व्यतीत करता है।" इनके अनुसार यह स्पष्ट है कि जीवन की मुख्य आवश्यकताओं को पूर्ण करने वाले स्थल को ही आवास माना गया है जहां वह परिवार सहित सदस्यों को सर्दी, गर्मी व वर्षा से रक्षा कर सकें व सुखपूर्वक स्वास्थ्यप्रद जीवन व्यतीत कर सके।

आवास की समस्या की उत्पत्ति के कारण

1. ***औद्योगीकरण*** – देश में आजादी के बाद तीव्र गति से औद्योगीकरण हुआ जिसके कारण उद्योग-धंधों का विकास हुआ और नगरों में गांव से व्यक्ति आने लगे। इससे नगरों की जनसंख्या में वृद्धि हुई और नगरों में आवास की समस्या उत्पन्न हुई।

2. ***ग्रामीण बेकारी या बेरोजगारी*** – ग्रामीण अर्थव्यवस्था का अन्त:संबंध कृषि व्यवसाय से है तथा कृषि का सीधा संबंध प्राकृतिक वर्षा से है। वर्षा न होने या सूखे की स्थिति में ग्रामीण जनों का आर्थिक ढांचा बिगड़ जाता है और परिवार की उदर पूर्ति या मजदूरी की तलाश में शहरों या नगरों की ओर आकर्षित होने लगते हैं। इसी कारण वे काम-धंधों के लिए शहरों की ओर आ जाते हैं और इस प्रकार भारी मात्रा में कृषि मजदूर शहरों में उद्योग-धंधों में काम पर आ जाने के कारण आवास की समस्या उत्पन्न होने लगती है।

3. ***गरीबी या निर्धनता*** – ग्रामीण क्षेत्रों में निर्धनता की काली चादर ने यहां के अधिकांश निवासियों को ढक लिया है। ग्रामों में व्यवसाय की कमी के कारण यहां के

निवासियों के परिवार शहरों में बस कर मजदूरी या अन्य कोई धंधा करने लगते हैं। चूंकि शहरवासी अधिक सम्पन्न और धनी दिखाई देते हैं और यहां धंधों व व्यवसायों की भी अधिकता होती है साथ ही साथ सुविधा व शिक्षा के साधन अधिक होने के कारण ये शहर में ही बस जाते हैं। इसी कारण आवास की समस्या में वृद्धि हो रही है।

4. ***जनसंख्या में वृद्धि*** – जनसंख्या की अत्यधिक वृद्धि होने के कारण जहां इससे देश का उत्पादन, आर्थिक विकास, राजनैतिक संबंध, नियोजित परिवर्तन, सरकार व समाज की नीति प्रभावित होती है, वहीं आवास समस्या भी प्रभावित होती है। भारत में 1 करोड़ 40 लाख लोगों की वृद्धि प्रति वर्ष हो रही है। भारत में प्रतिवर्ष एक आस्ट्रेलिया के बराबर जनसंख्या बढ़ रही है, जिसके लिए करीबन 25 लाख मकानों की अतिरिक्त आवश्यकता होती है। हम इस तथ्य को भली-भांति समझ सकते हैं कि भारत की जनसंख्या 1901 में 23 करोड़ थी वह 2001 तक 100 करोड़ से ऊपर पहुंच गई, इस प्रकार जनसंख्या की तीव्र वृद्धि के कारण अन्य समस्याओं के साथ आवास की समस्या को भी बढ़ावा मिला।

आवास समस्या उत्पन्न होने से भूमि की कीमतों में निरन्तर वृद्धि हो रही है साथ ही निर्माण सामग्री के मूल्यों में भी भारी वृद्धि हुई है जिससे मकान बनाना एक कठिन कार्य हो गया है। धनाढ्य लोग नई कालोनियों में कई प्लाट खरीद लेते हैं जिससे भाव बढ़ने लगते हैं और इस प्रकार बढ़ी कीमतों पर भूमि बेचने से भारी लाभ कमाते हैं यह एक धंधा बन गया है। लेकिन ऐसी कृत्रिम मांग व पूर्ति पैदा कर गरीब व मध्यम वर्गीय लोगों का शोषण करते हैं। सामान्य रूप से देखा गया है कि किराए के अधिकांश मकानों में स्वस्थ आवास की दशाएं नहीं रहतीं किन्तु फिर भी अस्वस्थ दशाओं में रहने हेतु मानव बाध्य होता है। वर्तमान समय में नगर एवम् महानगरों में हजारों व लाखों की संख्या में व्यक्ति अस्वस्थ आवासों में रहकर जीवन गुजार रहे हैं।

5. ***भौतिकता के प्रति आकर्षण*** – "वर्तमान युग में व्यक्ति अपने परिवेश की तुलना दूसरे के परिवेश से करने लगा है, यही बात ग्रामीणों पर भी लागू होती है। ये नगरों की कृत्रिम और भौतिकवादी प्रवृत्ति की ओर आकर्षित होने लगे हैं और इनके रहन-सहन, खान-पान, भाषा, आदि में परिवर्तन दिखाई देने लगा है। नगरों या शहरों की चमचमाती सड़कें, अत्यधिक भीड़-भाड़ का क्षेत्र, उद्योगों की अधिकता, पहनावे में बदलाव, विलासितापूर्ण जीवन अपनी ओर खींचता है। आजकल टी॰वी॰ व सिनेमा का प्रभाव सामान्य जनजीवन पर अत्यधिक हो जाने के कारण फैशन व आधुनिक वस्तुओं का चलन तेजी से बढ़ता जा रहा है जनता उस ओर आकर्षित होती है जिससे उनकी बचत नहीं के बराबर हो गई है अतः वे मकान बनाने के लिए यथायोग्य साधन जुटाने में असमर्थता महसूस करते हैं, इसी कारण उन्हें किराए के मकान में ही येन केन प्रकारेण गुजारा करना पड़ता है।

6. *सामान की उपलब्धि का अभाव* – मकान बनाने के लिए लोहा, लकड़ी, सीमेन्ट, ईंटें व अन्य सामग्री उपलब्ध नहीं होती हैं कभी-कभी ये सामग्री कंट्रोल व्यवस्था के अंतर्गत वितरण की जाती हैं। लोहे व सीमेन्ट के भाव आसमान की ऊंचाइयों को छू रहे हैं। साथ ही मजदूरी व कारीगरों के भाव भी अत्यंत बढ़ गए हैं। इन परिस्थितियों में मकान बनाना अत्यंत कठिन कार्य हो गया है। सरकार को सस्ते मकान बनाने के लिए अनुसंधान करना चाहिए व शीघ्र सुलभ मकान सस्ते भाव में बन सकें ऐसे उपाय करने चाहिए जिससे जनता को लाभ हो सके।

आवास समस्या को हल करने के उपाय

शासन की कई योजनाएं एवम् कार्यक्रम संचालित हैं, जिनके द्वारा विकास हेतु प्रयास किए गए हैं। नगरीय कल्याण के अंतर्गत नेहरु रोजगार योजना के माध्यम से शहरी गरीबों को प्रशिक्षण देकर स्वरोजगार स्थापित करना तथा मूलभूत संसाधन उपलब्ध कराना जिससे उनकी आर्थिक उन्नति हो सके और उन्हें रोजगार उपलब्ध हो सके।

नेहरु रोजगार योजना के अंतर्गत 5 कार्यक्रम क्रियान्वित किए जा रहे हैं –

(1) *शहरी लघु उद्यमों की स्थापना* – इसके अंतर्गत शहरी गरीब व्यक्तियों को पूर्ण रोजगार उपलब्ध कराने की दृष्टि से लघु उद्यमों की स्थापना कराई जाती है। रोजगार स्थापित करने के लिए इकाई लागत का 25% अधिकतम रु. 4000 अनुदान एवम् शेष 75% राशि रु. 16,000 बैंकों में ऋण के रूप में उपलब्ध कराई जाती है। अनुसूचित जाति एवम् जनजाति महिला हितग्राही के प्रकरणों में अनुदान की उच्चतम सीमा रु. 5000 रखी गई है।

(2) *शहरी लघु उद्यमों की स्थापना* – **प्रशिक्षण**–इस कार्यक्रम के अंतर्गत शहरी गरीबों को विभिन्न व्यवसायों के लिए प्रशिक्षण दिए जाते हैं। प्रशिक्षण के दौरान रु. 250 प्रतिमाह शिष्यवृत्ति भी दी जाती है।

(3) *शहरी मजदूरी के आधार पर रोजगार* – इस योजना से सार्वजनिक निर्माण कार्यों के जरिए शहरी गरीबों को मजदूरी के अवसर उपलब्ध कराए जाते हैं।

(4) *आवास प्रबंध एवम् आश्रय गृहों का उन्नयन* – आश्रयगृहों के सुधार, विस्तार तथा निर्माण के लिए 10,950 रु. प्रतिहित ग्राही की दर से सहायता दी जाती है। इसमें 1000 रु. का अनुदान होता है तथा शेष राशि हुडको से ऋण स्वरूप उपलब्ध कराई जाती है। हाल ही में केन्द्र शासन द्वारा बैंकों के माध्यम से भी ऋण स्वीकृत करने की अनुमति दी गई है।

(5) *आवास एवम् आश्रय उन्नयन प्रशिक्षण* – इस कार्यक्रम में हितग्राही को भवन निर्माण से संबंधित गतिविधियों के प्रशिक्षण दिए जाते हैं। प्रशिक्षण अवधि में प्रतिमाह रु. 300 शिष्यवृत्ति भी दी जाती है।

चयन प्रक्रिया – शहरी क्षेत्रों में गरीबी रेखा के नीचे जीवन यापन करने वाले ऐसे परिवार, जिनकी वार्षिक आय रु. 11,850 से कम है और शहरी गरीबों की सर्वे सूची में जिनके नाम सम्मिलित किए गए हों, योजना के क्रियान्वयन के लिए जिला कलेक्टर की अध्यक्षता में नेहरु रोजगार योजना समिति का गठन किया गया है। समिति में संबंधित विकास विभागों के अधिकारी, सामाजिक कार्यकर्ता एवम् अनुसूचित जाति तथा जनजाति के प्रतिनिधि सदस्य होते हैं।

रैन बसेरा – 50 व्यक्तियों के विश्राम हेतु भवन निर्माण किया जाता है जिसमें 25% अंश राज्य सरकार और 55% स्थानीय निकाय द्वारा आर्थिक सहयोग दिया जाता है।

झुग्गियों की पुनर्स्थापना/व्यवस्थापन की योजना – शहरी शासकीय जमीन पर झुग्गियां बना कर रहने वालों को अन्य स्थान पर बसाने और उन्हें नई बसावट में सभी जरूरी मूलभूत सुविधाएं उपलब्ध कराना भी मुख्य उद्देश्य है। कलेक्टर, परियोजना अधिकारी, जिला शहरी विकास अभिकरण, नगर निगम/नगर पंचायत की सहायता से यह कार्य सम्पन्न किया जाता है।

सुरक्षा समूह बीमा – मजदूर परिवारों को दुर्घटना की स्थिति में बीमा योजना के अन्तर्गत आर्थिक सहायता प्रदान की जाती है। प्रदेश के सभी नगरों, शहरों, अधिसूचित क्षेत्रों एवम् साडा क्षेत्र आदि में प्रीमियम की वार्षिक किश्त 50 रु. है। इसमें से 10 रु. बीमित व्यक्ति से लिया जाता है, 25 रु. भारतीय जीवन बीमा निगम एवम् 15 रु. शासन द्वारा वहन किए जाते हैं। इस योजना में 18 से 59 वर्ष के मजदूर मेहनतकश परिवारों, जिनमें रिक्शा चालक, हाथ ठेला चालक, छोटे दुकानदार, गुमटीधारी, मंडी हम्माल एवम् गरीबी रेखा के नीचे जीवन यापन करने वाले व्यक्ति सम्मिलित हैं का बीमा किया जाता है। बीमित व्यक्ति का बीमा होने से 90 दिन के भीतर मृत्यु की दशा में उसके द्वारा नामांकित व्यक्ति को 10 हजार रुपये, स्थाई अपंगता पर 3750 रु. आंशिक अपंगता पर 2500 रु. की राशि प्रदान की जाती है। दावा 6 माह के भीतर प्रस्तुत करना चाहिए।

उपरोक्त योजनाओं के बावजूद भी ऐसी कई सरकारी व बैंकिंग संस्थाएं जो मकान बनाने के लिए कम ब्याज की दर पर ऋण उपलब्ध कराती हैं जैसे एच० डी० एफ० सी०, स्टेट बैंक ऑफ इंडिया एवम् उनके सहयोगी बैंक आदि।

इस प्रकार कहा जा सकता है स्वस्थ आवास प्राप्त न हो पाने के फलस्वरूप ही गंदी बस्तियों का जन्म व फैलाव हुआ है। इस कारण केन्द्र और राज्य सरकारें विभिन्न योजनाओं के द्वारा आवास उपलब्ध कराने हेतु प्रयासरत हैं। यदि देश के निवासियों को स्वस्थ आवास प्राप्त हो जाएंगे तो गन्दी बस्तियों का उन्मूलन अपने आप ही हो जाएगा। अभी तक किए गए समस्त प्रयास सराहनीय तो नहीं कहे जा सकते हैं किन्तु इन

प्रयासों से यह आशा रखना कि इनसे गंदी बस्ती व आवास समस्या का उन्मूलन हो जाएगा, संदेहप्रद है। इसके पीछे अनेक कारण हैं जैसे नगरीकरण का बढ़ता प्रकोप, ग्रामीण जनों का नगरों में पलायन, निर्धनता, अत्यधिक मंहगाई, तीव्र जनसंख्या की वृद्धि तथा शरणार्थियों का देश में प्रवेश आदि। इन कारणों से जो भी शासकीय प्रयास किए जा रहे हैं या हुए हैं समस्या को हल करने में सक्षम नहीं हो सके।

सामान्य निदान हेतु निम्न सुझाव दिए जा सकते हैं –

(1) सर्वप्रथम प्रयास के रूप में राष्ट्र में स्थापित गंदी बस्तियों की वास्तविक संख्या एवम् इसकी जनसंख्या को ज्ञात करना।

(2) नवीन गंदी बस्तियों को बसने से रोकने हेतु नगर पालिका निगम, नगर निगम के कर्मचारियों का सहयोग लिया जाना चाहिए।

(3) वर्तमान में स्थापित गंदी बस्तियों को स्वस्थ पर्यावरण प्रदान करने हेतु कारगर कदम उठाना।

(4) गंदी बस्तियों के निवासियों को सस्ते एवम् स्वस्थ आवास उपलब्ध कराने हेतु बैंकों से ऋण प्रदान कराना।

(5) फैक्टरियों, कारखाने मालिकों को अपने श्रमिकों को स्वस्थ आवास की व्यवस्था उपलब्ध करने हेतु बाध्य करना।

(6) गंदी बस्ती क्षेत्रों के आस-पास शिक्षालयों की स्थापना करना तथा यहां के निवासियों के बच्चों को मुफ्त शिक्षा की व्यवस्था करना।

(7) गंदी बस्तियों से उत्पन्न समस्याओं के प्रचार-प्रसार हेतु संचार माध्यमों का सहयोग लेना।

(8) रोजगार के अवसरों में वृद्धि करना तथा लघु एवम् कुटीर उद्योगों हेतु शीघ्रतिशीघ्र ऋण प्रदान करना।

(9) मजदूरों और श्रमिकों को उचित मजदूरी प्राप्त हो सके, ऐसी व्यवस्था को जन्म देना।

(10) जनसंख्या वृद्धि के दोषों का गंदी बस्तियों में प्रचार-प्रसार करना तथा इसकी रोकथाम हेतु जनमानस तैयार करना।

(11) बेरोजगारी की रोकथाम एवम् उन्मूलन हेतु युद्धस्तर पर कार्य करना।

उपर्युक्त सुझावों को गम्भीरता से क्रियान्वित करने एवम् वे कारण जिनसे पूर्व में किए गए प्रयास लक्ष्य प्राप्त नहीं कर सके, उन्हें समाप्त करना होगा तभी राष्ट्र के सभी नागरिकों को स्वस्थ आवास व्यवस्था उपलब्ध हो सकती है तथा इन समस्याओं का उन्मूलन संभव हो सकता है।

II. गंदी बस्तियां

जनसंख्या तथा शहरीकरण के बढ़ने से जो भीड़ बढ़ी है उसके कारण पानी और स्वच्छता की कमी हुई है और लोगों को जिन अस्वास्थ्यकर स्थितियों में रहना पड़ रहा है उनमें संक्रामक रोग पलते हैं। स्व. पं. जवाहरलाल नेहरु ने 2 अक्तूबर, 1952 के दिन कानपुर शहर की श्रमिक बस्तियों का निरीक्षण किया था तथा उन्हें 'नरक कुन्ड' नाम से संबोधित किया था। गंदी बस्तियों की समस्या ने वर्तमान समय में राष्ट्रव्यापी रूप धारण कर लिया है। इस एक समस्या ने अनेक सामाजिक समस्याओं का फैलाव करने में प्रमुख भूमिका निभाई है। चूंकि इन बस्तियों में मध्यम एवम् निम्न वर्ग के परिवार रहते हैं तथा इनकी आय के स्रोत एवम् आय इतनी सीमित रहती है जिससे ये अपने परिवार के सदस्यों का भरण-पोषण सुचारु रूप से नहीं कर पाते। इन बस्तियों में अपराध, बाल-अपराध, वैश्यावृत्ति, मद्यपान, मादक द्रव्यों को रखने का स्थल एवम् अन्य अनैतिक कार्य होते हैं और गंदी बस्तियां अनैतिकता का अड्डा बन जाती हैं। इन बस्तियों में पानी, हवा, बिजली रोशनी, स्नानगृह व शौचालय आदि की उचित व्यवस्था न होने के कारण ये बस्तियां बीमारियों का घर बन गई हैं। अधिकांश महिलाएं व बच्चे बीमार व रोगग्रस्त होते हैं जिन्हें दवाइयां व इलाज की व्यवस्था न होने के कारण नारकीय जीवन व्यतीत करना पड़ रहा है। हम आजाद तो हो गए लेकिन शासकीय सहायता के बिना इस आजादी का अर्थ कुछ दिखाई नहीं दे रहा है क्योंकि सभी को समान अवसर, निरोग व स्वच्छ जीवन जीने का अधिकार प्राप्त होना चाहिए। हमारी प्राथमिक आवश्यकता रोटी, कपड़ा व मकान सभी को प्राप्त हो ऐसा लक्ष्य प्राप्त किए बिना सभी कार्य अधूरे रह जाएंगे।

गंदी बस्तियों की परिभाषा

गंदी बस्तियों की परिभाषा देना कठिन है लेकिन फिर भी कुछ विद्वानों ने इस संबंध में अपने विचार निम्नलिखित अनुसार दिए हैं –

1. *ई. ई. बेर्गेल के अनुसार* – "गंदी बस्तियां शहर के वे क्षेत्र हैं, जिनमें निम्न स्तर की आवास दशा होता है। एक गंदी बस्ती सदैव एक ऐसा क्षेत्र होता है। एक अकेला मकान पतन की निष्क्रिय अवस्था में होने पर भी गंदी बस्ती नहीं कहा जा सकता।"
2. *संयुक्त राष्ट्र संघ के अनुसार* – "गंदी बस्ती एक मकान, मकानों का एक समूह या क्षेत्र है जिसकी विशेषता भीड़भाड़युक्त, अस्वास्थ्यकर दशा तथा सुविधाओं का अभाव है। इन दशाओं या इनमें से किसी एक के कारण इसके रहवासियों के स्वास्थ्य, सुरक्षा एवं नैतिकता को खतरा उत्पन्न हो जाता है।"
3. *भारत सेवक समाज के अनुसार* – "गंदी बस्ती उस क्षेत्र को कहा जा सकता

है, जो अस्त-व्यस्त बसा हो, अव्यवस्थित रूप से विकसित हो तथा सामान्य रूप में वह क्षेत्र जनाधिक्य व भीड़भाड़युक्त हो, टूटे-फूटे मकान हों तथा उनकी मरम्मत के प्रति उपेक्षा बरती गई हो।"

अत: हम कह सकते हैं कि गंदी बस्तियां वे हैं जो अव्यवस्थित हों, गंदे पानी की नालियां सड़ रही हों और उनमें सफाई की कोई व्यवस्था न हो।

गंदी बस्ती की विशेषताएं

1. इन बस्तियों में स्वास्थ्य एवम् सफाई का अभाव पाया जाता है।
2. इन बस्तियों में मकानों की भीड़भाड़ होना आम बात है।
3. इनमें निवास करने वाले परिवारों का जीवन स्तर निम्न होता है।
4. इन बस्तियों में रहने वाले मजदूरी व निम्न स्तर का व्यवसाय मजदूरी व निम्न स्तर का व्यवसाय करने वाले होते हैं।
5. इन बस्तियों की बसावट में सरकार की स्वीकृति नहीं होती है।
6. इन बस्तियों में पानी हेतु नल, बिजली, शुद्ध हवा, अच्छे पक्के रास्ते नहीं होते हैं।
7. इन बस्तियों के निवासी अशिक्षित, अज्ञानी व आपराधिक प्रवृत्ति में लिप्त होते हैं।
8. इन बस्तियों में असामाजिक कार्य एवम् अपराध होते रहते हैं।
9. गन्दी बस्तियों में रहने वाले व्यक्ति स्वयम् की सफाई तथा स्वच्छता का ध्यान नहीं रखते।
10. गंदी बस्ती में रहने वाले शराब, धूम्रपान व अन्य नशे के आदी होते हैं।

गंदी बस्तियों का सामाजिक प्रभाव

1. *बीमारियों में वृद्धि* – गंदी बस्तियों के कारण भारत के प्रत्येक नगर एवम् महानगर में संक्रामक बीमारियों का प्रकोप बढ़ रहा है। कारखानों से निकली गैस, धुंआ व राख से सांस व पेट की बीमारियां हो रही हैं। गंदी बस्ती से उत्पन्न हुए कीटाणु व वायरस मनुष्यों के स्वास्थ्य को खराब कर देते हैं। इसके अतिरिक्त गंदी बस्तियां व्यक्ति को शारीरिक व मानसिक रूप से रोगी बनाने में सहायक होती हैं।

2. *सामाजिक जीवन में नीरसता* – गंदी बस्तियों में निवास करने वाले व्यक्तियों का जीवन नीरस हो जाता है और वे सामाजिक कार्यों में भाग लेने से वंचित रह जाते हैं। उनकी सामाजिक कार्यों से उदासीनता बढ़ जाती है। समाज के बहुत से महत्वपूर्ण कार्यों में वे कोई सहयोग नहीं दे पाते।

3. *असामाजिक तत्वों में वृद्धि* – बस्तियों के निवासियों में विचारों की व्यापकता का अभाव पाया जाता है। इन बस्तियों के निवासी हर समय ऐसे लोगों से घिरे रहते हैं जो कि असामाजिक कार्य करने में कोई संकोच नहीं करते। इसलिए गंदी बस्तियों

के निवासी अपराधों की ओर आकर्षित हो जाते हैं। यह भी कहा जाता है कि गंदी बस्तियां असामाजिक तत्वों या आपराधिक प्रवृत्ति की जननी हैं।

4. *निर्धनता* – गंदी बस्तियों के लोग नशा तथा मादक पदार्थों का सेवन करने में संकोच नहीं करते। वे इन पदार्थों का सेवन इतनी मात्रा में करते हैं कि वे उनका सेवन करने के आदी हो जाते हैं, इन लोगों में अपव्यय करने की आदत इतनी बढ़ जाती है कि निर्धनता के शिकार बने रहते हैं और इसी कारण वे अपराधी बन जाते हैं।

5. *वैयक्तिक विघटन तथा सामाजिक विघटन* – गंदी बस्तियों के कारण वैश्यावृत्ति, अपराध, मद्यपान, सेक्स अपराध, आदि का जन्म होता है। जिसके कारण व्यक्ति और समाज दोनों का विघटन होता है। इस विघटन में सामाजिक परम्पराओं व रीति-रिवाजों का महत्व कम हो गया है।

6. *मानसिक रोगों की वृद्धि* – गंदी बस्तियों के निवासियों को मनोरंजन का कोई साधन उपलब्ध नहीं होता, इसलिए उनका सामाजिक विकास रुक जाता है और वे मानसिक रोगों के शिकार हो जाते हैं जिससे समाज का वातावरण दूषित होता है।

गंदी बस्तियों के सुधार के सुझाव

1. नवीन गंदी बस्तियों की स्थापना को रोकना, बस्तियों को साफ रखना, सफाई के लिए कठोर नियमों का सख्ती से पालन करवाना।
2. सामाजिक शिक्षा प्रसार द्वारा गंदी बस्तियों के निवासियों में शिक्षा के माध्यम से चेतना उत्पन्न करनी चाहिए।
3. गंदी बस्तियों का उन्मूलन तथा सुधार करने के लिए मास्टर प्लान या योजना लागू की जानी चाहिए।
4. सामाजिक कल्याण की योजनाओं को बढ़ावा देना चाहिए।
5. यदि संभव हो सके तो गंदी बस्ती से संबंधित एक पृथक् मंत्रालय की स्थापना करनी चाहिए।
6. नगरीय विकास संस्थाओं को प्रशासन के अधीन कर देना चाहिए।
7. नगरों में स्वच्छ भवन निर्माण योजनाबद्ध तरीके से शुरू किया जाना चाहिए।
8. नगरों में आने वाले लोगों और गंदी बस्तियों में निवास करने वाले लोगों के लिए कुटीर उद्योगों की स्थापना करनी चाहिए।
9. सहकारी समितियों को प्रोत्साहन देना चाहिए।
10. कारखाने में काम करने वाले श्रमिकों को कारखाने तक आवागमन की सुविधा प्रदान करनी चाहिए। गंदी बस्तियों के समीप औषधालय, स्कूल और खेलकूद के मैदान स्थापित होने चाहिए। वहां उन सभी साधनों का विकास तेजी से करना चाहिए जिससे गंदी बस्तियों का सुधार संभव हो सके।

गंदी बस्तियां – क्यों और कैसे

आज समस्त विश्व के नगरों में गंदी बस्तियों की समस्या विकट रूप धारण कर चुकी है। नवीनतम सर्वेक्षण के अनुसार कनाडा में 242 लाख, नीदरलैंड में 142 लाख, आस्ट्रेलिया में 149 लाख, श्रीलंका में, 99 लाख, मलेशिया में 142 लाख जनसंख्या गंदी बस्तियों में रहती है। भारतीय नगरों में तीन करोड़ जनसंख्या, जो कि कुल नगरीय जनसंख्या का 36 प्रतिशत है, आवास गृहों के अभाव में गंदी बस्तियों में रहती है।

रोजी-रोजगार की तलाश में ग्रामीण पलायन कर नगर की ओर प्रस्थान करता है जिससे आवासीय समस्याओं का जन्म होता है। आवासीय समस्या के कारण नगर की खाली पड़ी सरकारी भूमि पर गांव के निवासी झोपड़ियां बनाते हैं। इन बस्तियों में मूलतः सामाजिक व्यवस्थाएं व सुविधाएं मुहैय्या नहीं होती हैं जिससे इन बस्तियों में गंदगी पनपने लगती है और इसे गंदी बस्ती कहा जाता है। गंदी बस्ती नगर के वे क्षेत्र होते हैं, जहां स्वास्थ्य का समुचित प्रबंध नहीं होता। मकानों में अंधेरा, सीलन, शौचालय, स्नानघर, पानी, बिजली, हवा, रोशनी की पर्याप्त सुविधाओं का अभाव पाया जाता है। मच्छर, छिपकलियां, चूहे और बीमारियां ऐसे परिवेश की देन होते हैं। स्थिति यह है कि आज गंदी बस्तियां मानव जाति की शारीरिक एवम् मानसिक दृष्टि से कमजोर पीढ़ी को जन्म दे रहे हैं। गंदी बस्ती प्रमुख रूप से एक ऐसा आवासीय क्षेत्र होता है जहां निवास स्थान नष्ट हो गए हों, अत्यधिक भीड़भाड़युक्त हो, जिसका डिजाइन त्रुटिपूर्ण हो, जहां रोशनदान, प्रकाश एवम् सफाई का अभाव हो या इनमें से कुछ कारणों के सम्मिलित प्रभाव के कारण सुरक्षा, स्वास्थ्य एवम् नैतिकता के लिए हानिप्रद हो।

औद्योगीकरण तथा जनसंख्या वृद्धि के कारण ही गंदी बस्तियों की वृद्धि हो रही है। नगरों में व्यापारिक व रोजगार की सुविधाएं अधिक उपलब्ध होती हैं। उत्पादित वस्तुओं की बिक्री, उपयोग की सुविधा, मांग की अधिकता के कारण लोग माल बेचने एवम् बना माल खरीदने शहरों में आते हैं। व्यापारिक लालसा उन्हें नगरों में बसने को प्रेरित करती है। नगरों में मनोरंजन, चिकित्सा, पुलिस, न्यायालय, नल, बिजली, शिक्षा, आदि की भी सुविधाओं के कारण लोग आकर्षित होकर यहां निवास करने के लिए आते हैं। प्रत्येक मनुष्य कार्यस्थल एवम् सुविधाओं के समीप ही आवास चाहता है, जिससे कि नगर की खाली पड़ी भूमि पर अनाधिकृत कब्जा कर लिया जाता है। परिवार में सदस्यों की संख्या अधिक होने के कारण कृषि योग्य भूमि पर दबाव बढ़ गया है जिससे कि बेरोजगारी बढ़ जाती है। ये ही निर्धन रोजगार की तलाश में तथा निजी सामाजिक कारणों से करीब के शहरों की ओर पलायन करते हैं।

औद्योगीकरण, आवासों का अभाव, संसाधनों की अपर्याप्तता, नगरीय आंतरिक संरचना की अनियोजित वृद्धि दर गंदी बस्तियों की उत्पत्ति का मुख्य कारण है। इससे स्पष्ट है कि गंदी बस्तियां निम्न श्रेणी के मकानों द्वारा निर्मित होती हैं। सामान्य रूप

से गंदी बस्ती में कम आय वाले लोग ही रहते हैं और इनका मानसिक विकास मंद होता है। गंदी बस्तियों में बाल अपराध व अनेक बुराइयां स्वत: ही जन्म ले लेती हैं। इन बस्तियों के बारे में महात्मा गांधी ने कहा था कि "अपनी आंखों से देखे बिना तुम लोग कल्पना भी नहीं कर सकते कि इस दुनिया में इंसानों के लिए ऐसे भी स्थान हो सकते हैं। इन गंदी बस्तियों को देखने के बाद खाना-पीना भी अच्छा नहीं लगता। वहां ऐसी गंदगी थी कि उनका वर्णन करने के लिए मेरे पास शब्द नहीं हैं।"

1991 की गणना के अनुसार भारत में 84 करोड़ जनसंख्या हो गई थी। भारत की राजधानी दिल्ली में 652 से अधिक झुग्गी झोपड़ी है, जहां 25 प्रतिशत जनसंख्या निवास करती है। 1971 से 1981 के मध्य कुल जनसंख्या में वृद्धि 25 प्रतिशत रही जबकि इसी अवधि में नगरीय जनसंख्या वृद्धि 56 प्रतिशत। नगरीय जनसंख्या में तीव्र वृद्धि के कारण गंदी बस्तियों में तेजी से वृद्धि हुई है।

सारणी 6.1
विभिन्न देशों की गंदी बस्तियों का आंकलन

क्र. सं.	*देश*	*जनसंख्या (लाख में)*
1.	भारत	300
2.	कनाडा	242
3.	नीदरलैण्ड	142
4.	आस्ट्रेलिया	145
5.	बेल्जियम	95
6.	श्रीलंका	95
7.	अफगानिस्तान	163
8.	मलेशिया	142
9.	पुर्तगाल	98
10.	फ्रांस	307
11.	सं. रा. अमेरिका	145

(स्रोत सन् 1981 की जनगणना के अनुसार)

सारणी 6.1 से स्पष्ट है कि फ्रांस में 307 लाख लोग गंदी बस्तियों में निवास करते हैं जबकि श्रीलंका व बेल्जियम में लगभग 95 लाख गंदी बस्तियों में रहते हैं। भारत एक कृषि प्रधान देश है। कृषि व्यवसाय पर आश्रित रहने वाले व्यक्तियों की संख्या में निरन्तर कमी आती जा रही है। यद्यपि भारत में कुटीर उद्योग को सर्वोच्च प्राथमिकता दी गई है किन्तु इस क्षेत्र में प्रगति न होकर उद्योग के क्षेत्र में अधिक प्रगति हुई है। विशाल उद्योग नगरों में ही स्थापित किए गए हैं। नगरों में सभी प्रकार की सुविधाएं होने

से गांव के लोग नगरों की ओर पलायन करते हैं। ऐसे नगरों में अहमदाबाद, दिल्ली, मुम्बई, कलकत्ता, कानपुर, आगरा, इन्दौर, मद्रास, बेंगलोर, दुर्गापुर, सूरत, जबलपुर, हैदराबाद, नागपुर, आदि प्रमुख हैं।

देश में आवास की कमी से संबंधित जनगणना के अनुसार 1971 में भारत में 24 लाख मकानों का अभाव था। 1981 की जनगणना में यह मात्र 48 लाख हो गई थी। भारत की जनसंख्या में प्रतिवर्ष लगभग 1 करोड़ 30 लाख की वृद्धि होती है जिसके लिए प्रतिवर्ष 25 लाख अतिरिक्त मकानों की आवश्यकता बढ़ जाती है। नगरीय क्षेत्र में 60 से 80 प्रतिशत परिवार एवम् ग्रामीण क्षेत्र में 60 से 90 प्रतिशत एक से दो कमरे वाले मकानों में रहते हैं। इस प्रकार भारत में मकानों की कमी में लगातार वृद्धि हो रही है। जिसका प्रमुख कारण नगरीय जनसंख्या में वृद्धि है। वर्तमान में 170 लाख ग्रामीण मजदूर परिवारों को आवास की आवश्यकता है। 1951, 1961, 1971 व 1981 में देश की जनसंख्या 36 करोड़, 43 करोड़ व 61 से 68 करोड़ थी। इस प्रकार 10 हजार से अधिक जनसंख्या वाले नगरों की जनसंख्या में तीव्र वृद्धि हुई है। विकसित नगरीय क्षेत्रों में जन घनत्व सर्वाधिक है। साथ ही 1921 में जो घनत्व 76 था वह 1971 में बढ़कर 82 और 1981 में 216 हो गया। वर्तमान में कुल शहरी जनसंख्या का पांचवां हिस्सा गंदी बस्तियों में निवास करता है। सातवीं पंचवर्षीय योजना के बीच जनसंख्या में वृद्धि के कारण 1.62 करोड़ मकानों की अतिरिक्त आवश्यकता हुई।

1. ***आवासीय वित्त योजना (1980-81)*** – केन्द्र सरकार, राज्य सरकारों एवम् जीवन बीमा निगम द्वारा अपने कर्मचारियों और बीमा धारकों को भवन निर्माण हेतु कम ब्याज पर धनराशि प्रदान की जाती है। आवास व नगर विकास निगम भी वित्त प्रदान करता है। अनुसूचित बैंक भी आवास के लिए धन वितरण करता है। 1980-81 में जीवन बीमा निगम ने इस कार्य के लिए राज्य सरकारों को 791.93 करोड़ रुपये ऋण दिया था।

2. ***छठी पंचवर्षीय योजना (1980-82)*** – 1980-82 में बढ़ती हुई जनसंख्या के लिए आवास की व्यवस्था करने हेतु सरकारी और निजी कृषकों द्वारा 12,900 करोड़ रुपये खर्च किए जाने का प्रावधान किया गया। इसमें से 3500 करोड़ रुपये ग्रामीण आवास पर तथा शहरी आवास पर 9400 करोड़ रुपये खर्च किए गए।

3. ***सातवीं पंचवर्षीय योजना (1985-90)*** – 1985-90 के बीच आवास योजना पर 2458.28 करोड़ रुपये खर्च करने का प्रावधान किया गया था।

4. ***निम्न वर्ग आवास योजना (9 अप्रैल, 1989)*** – राज्य सरकार द्वारा निम्न वर्ग के लोगों के लिए आवास समस्या के निराकरण के लिए कम कीमत पर मकान बना कर बहुत कम मासिक किश्तों पर उन्हें देती हैं।

5. *इन्दिरा आवास योजना (1985-90)* – इस योजना के अंतर्गत ग्रामीण क्षेत्रों में अनुसूचित जातियों और जनजातियों व मुक्त किए गए बंधुआ मजदूरों के लिए मकान बनाए जाते हैं। इस योजना के अंतर्गत 10 हजार मकान बनाने के प्रावधान है।

6. *केन्द्र सरकार की योजना* – इस योजना के अंतर्गत राज्य व केन्द्र सरकार कर्मचारियों के लिए मकान बनाकर किराए पर देती है।

7. *मध्य प्रदेश गंदी बस्ती उन्मूलन मंडल* – इस मंडल के अन्तर्गत विभिन्न समस्याओं का निराकरण किया जाता है। मध्य प्रदेश के भूतपूर्व मुख्यमंत्री मोतीलाल वोरा ने बीड़ी कामगारों के लिए आवास योजना की घोषणा की थी। मकान निर्माण के लिए प्रदेश शासन द्वारा रुपये दिये गए।

8. *पर्यावरण सुधार योजना (1979-82)* – इस योजना के अंतर्गत गंदी बस्तियों में पीने का पानी, जल-मल निकास, शौचालय बनाने व गलियों को चौड़ा बनाने तथा पक्का करने के लिए राज्य सरकार द्वारा 15 करोड़ से अधिक राशि इस योजना के अन्तर्गत खर्च की जा चुकी है।

अर्द्ध-शासकीय प्रयास

1. गृह निर्माण की विवेकपूर्ण योजना के अंतर्गत उपयुक्त प्राथमिकता दी जानी चाहिए।
2. श्रमिकों की सहकारी समितियों द्वारा श्रमिकों की आय में वृद्धि एवम् सुविधाओं के लिए प्रयास किया जा रहा है।
3. भवन निर्माण की लागत को कम करने का प्रयास समितियों द्वारा किया जा रहा है।
4. भवन निर्माण के लिए विभिन्न संस्थाओं द्वारा रुपया दिया जाता है जिससे आवास समस्या का निराकरण हो सकेगा।
5. संस्थाओं द्वारा ग्रामीण एवम् नगरीय क्षेत्रों में आवास तथा भवन निर्माण के लिए आर्थिक सहायता प्रदान की जाती है।
6. नगर निगम द्वारा गंदी बस्ती के उन्मूलन हेतु किए जाने वाले सुधारों में पेयजल व्यवस्था सुधारों में एक कदम है।

अन्य शासकीय उपाय

1. जनसंख्या वृद्धि पर रोक।
2. रोजगार कार्यालयों द्वारा रोजगार प्रदान करना।
3. गंदी बस्तियों में जाकर स्वास्थ्य शिक्षा संबंधी सामान्य चेतना का प्रसार किया जाना चाहिए उसके प्रति भी लोगों को जाग्रत करना होगा। क्योंकि गंदी बस्तियों में रहने वाले अधिकांश व्यक्ति अपनी आय का 50% से 75% तक मद्यपान में व्यय करते हैं। निश्चित रूप से यह उनकी आर्थिक स्थिति के संदर्भ में उचित नहीं है।

III. बेरोजगारी

अपने देश में बेरोजगारी की समस्या कम पढ़े-लिखे लोगों एवम् निरक्षरों में ही नहीं है, बल्कि पढ़े-लिखे अर्थात् शिक्षित लोग भी बेरोजगारी की समस्या से जूझ रहे हैं। निरक्षर या कम पढ़े-लिखे तो अपनी जीविका चलाने हेतु मजदूरी भी कर लेते हैं। किन्तु डिग्रीधारी ये शिक्षित युवक अपनी शिक्षा के झूठे दंभ के कारण खेतों तक में काम करना अपनी बेइज्जती समझते हैं। इस तरह बेरोजगारी का शिकार हो जाते हैं क्योंकि जिस गति से शिक्षितों की संख्या में वृद्धि हो रही है, उस गति से रोजगार के अवसरों में वृद्धि नहीं हो रही है।

शिक्षित बेरोजगारों की श्रेणी के अंतर्गत हाईस्कूल एवम् उससे ऊपर के डिग्रीधारी शिक्षितों को ही सम्मिलित किया जाता है। शिक्षित बेरोजगारों की वास्तविक संख्या का पता लगाना भी बड़ा मुश्किल है क्योंकि सभी शिक्षित रोजगार दफ्तरों में पंजीकरण नहीं कराते हैं। सातवीं पंचवर्षीय योजना के प्रतिवेदन के अनुसार 1985 के आरंभ में शिक्षित बेरोजगारों की संख्या 47 लाख थी। जून 1989 तक देश में 57,000 इंजीनियर बेराजगार थे। 1989 में 32.76 लाख बेकार रोजगार दफ्तरों में पंजीकृत थे। जिनमें से 13 लाख 38 हजार से अधिक हाईस्कूल से नीचे स्तर, 15.86 लाख से अधिक हाई स्कूल एवम् स्नातक के मध्य एवम् 3.22 लाख से अधिक स्नातक बेरोजगार थे। 1989 में शिक्षितों में से 19.2 प्रतिशत बेरोजगार थे। रोजगार रजिस्टर के अनुसार नौकरी चाहने वालों की संख्या जहां दिसम्बर 1985 में 197.53 लाख थी, वहीं 1991 में यह संख्या बढ़ कर 344 लाख हो गई। केन्द्रीय श्रम मंत्रालय के आंकड़ों के अनुसार 1992 में देश में बेरोजगारों की अनुमानित संख्या 2 करोड़ 30 लाख थी जिसके अगले 10 वर्षों में (2002 तक) 9 करोड़ 40 लाख हो जाने की संभावना है।

रोजगार दफ्तरों के अनुसार अपने देश में शिक्षित बेरोजगारों की ताजा स्थिति इस प्रकार है–

सारणी 6.2

बेरोजगार लोगों की श्रेणियां	*वास्तविक संख्या*
हाईस्कूल से अधिक किन्तु स्नातक स्तर से कम शिक्षा प्राप्त बेरोजगार	76.77 लाख
स्नातक एवम् स्नातकोत्तर बेरोजगार	15.67 लाख
व्यावसायिक, तकनीकी, प्रशासनिक एवम् प्रबंधकीय वर्ग से संबंधित रोजगार	9.86 लाख
योग	102.30 लाख

भारत में शिक्षित बेरोजगार बढ़ने का कोई एक कारण नहीं है, बल्कि यह समस्या अनेक कारणों का संगठित प्रतिफल है, जिनमें से मुख्य निम्नांकित हैं:

शिक्षा प्रणाली का दोषपूर्ण होना

शिक्षित बेरोजगारी का सबसे बड़ा कारण शिक्षा प्रणाली का दोषपूर्ण होना है। वर्तमान शिक्षा प्रणाली ऐसी है कि उससे मात्र कार्यालय में काम करने वाले बाबू ही उत्पन्न होते हैं। जिनके मन में शारीरिक श्रम के प्रति उपेक्षा होती है और नौकरी की होड़ में लाइन लगाए रहते हैं। व्यावसायिक शिक्षा से परे यह आधुनिक शिक्षा व्यावहारिक जीवन से बिल्कुल अलग-थलग है। यही कारण है कि इस शिक्षा को प्राप्त कर हमारी युवा पीढ़ी समाज के लिए कोई रचनात्मक कार्य नहीं कर पाती है। थोड़ी-बहुत जो भी तकनीकी शिक्षा दी जाती है वह इतनी असंतुलित है कि कभी तो प्रशिक्षित व्यक्तियों का अभाव हो जाता है एवम् कभी इतने अधिक व्यक्ति प्रशिक्षित कर दिए जाते हैं कि उन्हें रोजगार ही नहीं मिल पाता और वे बेरोजगार हो जाते हैं।

उच्च कक्षाओं में विद्यार्थियों की बढ़ती संख्या

वर्तमान समय में अपने देश में विश्वविद्यालयों एवम् कालेजों की संख्या में भी बेतहाशा वृद्धि होती जा रही है। वर्तमान समय में देश में विश्वविद्यालयों की संख्या 200 हो गई है। इन विश्वविद्यालयों एवम् इनसे सम्बद्ध संस्थानों में 43,04,689 से भी अधिक छात्र स्नातक एवम् स्नातकोत्तर की शिक्षा प्राप्त कर रहे हैं जबकि हाईस्कूल एवम् उच्च माध्यमिक विद्यालयों में 5,56,73,664 से भी अधिक छात्र शिक्षा प्राप्त कर रहे हैं। इस व्यापक एवम् अव्यवस्थित शिक्षा को देखते हुए ही बंगाल में नियुक्त 'बेकारी समिति' ने कहा था "हमारी वर्तमान शिक्षा एक बांस के समान है जिसमें प्रत्येक जोड़ एक परीक्षा होती है एवम् नीचे से लेकर ऊपर तक इसका व्यास एक ही रहता है, इसकी शाखाएं नहीं होतीं एवम् ऊपर का स्थान बहुत की कम क्षेत्र घेरता है। आवश्यकता यह है कि शिक्षा का वृक्ष ऐसा हो जिसकी शाखाएं तने के विभिन्न भागों से फैली हों न कि सब चोटी पर हों।" इस कथन से स्पष्ट हो जाता है कि वर्तमान शिक्षा व्यवस्था बेरोजगारी में वृद्धि का एक प्रमुख कारण है।

व्यावसायिक शिक्षा का अभाव

अपने देश की शिक्षा प्रणाली पूर्णत: सैद्धांतिक है। इसीलिए सैद्धांतिक एवम् सामान्य ज्ञान प्रदान करने वाली शिक्षा संस्थाओं की भरमार है। ऐसी शिक्षा प्रणाली में जीवन के व्यावहारिक पक्ष को बिल्कुल महत्व नहीं प्रदान किया गया है। अपने देश में आज भी तकनीकी एवम् व्यावसायिक शिक्षा का अभाव है। इसी कारण बेरोजगारी में तीव्र वृद्धि हो रही है, कारण कि जब सैद्धांतिक शिक्षा प्राप्त कर युवक निकलते हैं तो

व्यावसायिक क्षेत्र में अपने को समायोजित नहीं कर पाते हैं। व्यावसायिक क्षेत्र में उनकी शिक्षा बेकार साबित होती है।

शारीरिक श्रम की उपेक्षा

जब युवक उच्च शिक्षा प्राप्त कर निकलते हैं तो तत्काल अच्छी नौकरी ही चाहते हैं उच्च शिक्षा का घमंड उनके दिमाग में बैठा रहता है और इस तरह वे शारीरिक श्रम नहीं करना चाहते, बल्कि शारीरिक श्रम को घृणा की दृष्टि से देखते हैं। नौकरी के अभाव में भले ही वे बेरोजगार हो जाते हैं किन्तु शारीरिक श्रम नहीं करते हैं।

मांग एवम् पूर्ति में असंतुलन

अपने देश में नियोजित रूप में शिक्षा का विस्तार नहीं हो पाया है, कारण कि यहां ऐसे नियोजकों का अभाव है, जिनके द्वारा हम विभिन्न क्षेत्रों में शिक्षित व्यक्तियों की मांग को जान सकें। फलतः जिन क्षेत्रों में आवश्यकता नहीं होती है, उनमें लाखों लोग प्रशिक्षित हो जाते हैं एवम् जिन क्षेत्रों में आवश्यकता होती है उनमें अपेक्षित संख्या में प्रशिक्षित व्यक्ति नहीं मिलते। मांग एवम् पूर्ति के इस असंतुलन के कारण भी उन क्षेत्रों में बेकारी पाई जाती है जिनमें पूर्ति अधिक और मांग कम है।

निर्धनता

शिक्षित व्यक्तियों में बेरोजगारी का एक प्रमुख कारण निर्धनता भी है। प्रायः युवक उच्च शिक्षा प्राप्त कर नौकरी की तलाश करने लगते हैं और नौकरी उन्हें मिलती नहीं। गरीब होने के कारण उनके पास इतना पैसा नहीं होता कि वे अपना व्यवसाय प्रारंभ कर सकें। बैकों और अन्य संस्थाओं द्वारा भी पर्याप्त ऋण उपलब्ध नहीं हो पाता है। ऐसी स्थिति में नौकरी नहीं मिलती है तो ऐसे लोग बेरोजगारी का शिकार हो जाते हैं।

शिक्षित बेरोजगारी दूर करने के उपाय

अपने देश में शिक्षित बेरोजगारी दूर करने हेतु नियोजित प्रयास करने की आवश्यकता है। इस तरह भारत में शिक्षित बेरोजगारी दूर करने हेतु निम्नांकित उपायों और सुझावों को अपनाया जा सकता है:

शिक्षा प्रणाली में सुधार – अपने देश में यदि शिक्षित बेरोजगारी को मिटाना है तो सर्वप्रथम शिक्षा प्रणाली में परिवर्तन करने की आवश्यकता है। सैद्धांतिक शिक्षा के स्थान पर औद्योगिक, तकनीकी, व्यावसायिक एवम् कृषि आधारित शिक्षा को पाठ्यक्रम में समाहित करना होगा। माध्यमिक स्तर पर शिक्षा पाठ्यक्रमों में ऐसे विषयों को अनिवार्य कर देना चाहिए जिनसे प्रत्येक विद्यार्थी को व्यावसायिक ज्ञान प्राप्त हो सके। ऐसी स्थिति में यदि उसे नौकरी भी नहीं मिलती है तो वह व्यावसायिक ज्ञान की सहायता से कोई लघु उद्योग प्रारम्भ कर अपनी जीविका चला सकता है।

लघु उद्योगों का विकास – लघु उद्योगों का भी विकास कर शिक्षित बेरोजगारी को दूर किया जा सकता है। जिन क्षेत्रों में श्रमिकों की अधिकता है उन क्षेत्रों में शिक्षित लोगों के लिए लघु स्तर के मशीनी उद्योगों जैसे – सुई, पिन, ब्लेड, आदि की स्थापना कर उसमें बेरोजगार लोगों को रोजगार दिया जा सकता है। यही नहीं शिक्षण काल में ही उनकी रुचि के अनुसार उन्हें तत्संबंधी उद्योगों से संबंधित प्रशिक्षण दिया जा सकता है। प्रांरभिक दौर में सरकार द्वारा उन उद्योगों हेतु आसान किश्तों पर ऋण, मशीनें, बिजली, कच्चा माल, बाजार की व्यवस्था एवम् परिवहन की सुविधाएं भी उपलब्ध करानी होगी।

ऋण की व्यवस्था – भारत की अधिकांश जनता निर्धन है, जिनके परिवारों से उच्च शिक्षा प्राप्त करने वाले बच्चे धन के अभाव में कोई व्यवसाय प्रारंभ नहीं कर पाते हैं। अत: सरकार को चाहिए कि बैंकों एवम् सहकारी समितियों द्वारा उद्योग-धंधों को स्थापित करने एवम् व्यवसाय को चलाने हेतु आसान किश्तों एवम् अल्प ब्याज दर पर ऋण उपलब्ध कराए जाएं। ऐसा करने से निश्चित ही निर्धन शिक्षित लोग इसके प्रति आकर्षित होंगे एवम् अपना व्यवसाय चला कर बेरोजगारी से बच सकेंगे।

रोजगार कार्यों की जानकारी – प्राय: ऐसा देखने में आता है कि शिक्षित लोगों को इस बात का भी पता नहीं रहता है कि उन्हें किन-किन विभागों में रोजगार मिल सकता है। अत: विभिन्न क्षेत्रों में रिक्त स्थानों की जानकारी दिलाने एवम् किस प्रकार के व्यवसाय के लिए कौन-सी शिक्षा आवश्यक है इसकी जानकारी दिलाने की व्यवस्था होनी चाहिए। इस जानकारी के अभाव में जो शिक्षित बेरोजगार रह जाते हैं उन्हें रोजगार मिल सकता है।

रोजगार कार्यालयों में सुधार – यद्यपि बेरोजगारी की समस्या के समाधान हेतु प्रत्येक जनपद में रोजगार कार्यालय खुले हुए हैं, जहां बेरोजगार अपना पंजीकरण कराते हैं किन्तु इसमें पर्याप्त सुधार की आवश्यकता है। इसे प्रभावपूर्ण बनाना होगा। यही नहीं शिक्षित एवम् अशिक्षित व्यक्तियों को रोजगार दिलाने वाले कार्यालय भी अलग-अलग होने चाहिएं। यह भी आवश्यक है कि प्रत्येक संस्थान में रिक्त स्थानों की पूर्ति हेतु रोजगार कार्यालय के मार्फत ही प्रार्थना पत्र स्वीकार किए जाएं। यह भी आवश्यक है कि रोजगार कार्यालय शिक्षित युवकों के लिए नौकरी की ही व्यवस्था में रुचि न लेकर उनके लिए उपयोगी उद्योगों/व्यवसायों की जानकारी देने हेतु प्रत्येक कार्यालय में एक व्यावसायिक सलाहकार की नियुक्ति करे।

शारीरिक श्रम के प्रति श्रद्धाभाव उत्पन्न करना – बेरोजगारी दूर करने हेतु शिक्षित लोगों में शारीरिक श्रम के प्रति उच्च भाव उत्पन्न करना होगा। ऐसा तभी किया जा सकता है जब शिक्षा के साथ ही ऐसे कार्य करना अनिवार्य कर दिया जाए जिसमें शारीरिक श्रम करना पड़े। ऐसा होने से युवकों में श्रम के प्रति लगाव उत्पन्न होगा।

इसके लिए शारीरिक श्रम करने हेतु गांवों एवम् कारखानों में भेजा जाए। इसे शिक्षा के अनिवार्य अंग के रूप में मान्यता प्रदान की जाए।

जनसंख्या वृद्धि पर रोक – बेरोजगारी की समस्या के स्थाई समाधान हेतु आवश्यक है कि जनसंख्या वृद्धि पर नियंत्रण किया जाए। क्योंकि रोजगार के अवसरों के अनुपात में रोजगार के इच्छुक लोगों की संख्या बहुत अधिक है। अत: यह आवश्यक है कि परिवार कल्याण कार्यक्रमों को अपनाने हेतु प्रोत्साहित किया जाए। यह कार्य स्वेच्छा से ही सफल हो सकता है, अत: जनता में परिवार नियोजन के प्रति विश्वास एवम् जागरूकता उत्पन्न करनी होगी।

शिक्षित बेरोजगारी दूर करने हेतु सरकारी प्रभाव

स्वतंत्रता पश्चात् विभिन्न पंचवर्षीय योजनाओं में शिक्षित बेरोजगारी दूर करने हेतु विभिन्न कार्यक्रम संचालित किए जाते रहे हैं। जिनका क्रियान्वयन आठवीं पंचवर्षीय योजना में भी जारी है।

सरकार द्वारा बेरोजगारी दूर करने हेतु एक बेरोजगारी विशेषज्ञ समिति का गठन किया गया है। इस समिति द्वारा आय, कंपनी कर एवम् विज्ञापन पर अधिक कर लगा कर उस आय को बेरोजगारी दूर करने हेतु खर्च करने का सुझाव दिया है।

सरकार द्वारा प्रशिक्षित व्यक्तियों जैसे डॉक्टर, इंजीनियर आदि हेतु एवम् अनुसूचित जाति, जनजाति के स्नातक एवम् स्नातकोत्तर छात्रों के लिए क्रमश: बेकारी, बीमा एवम् बेरोजगारी भत्ता योजना प्रारंभ की गई है।

शहरी पढ़े-लिखे उन बेरोजगारों, जिनकी आयु 18 से 35 वर्ष के बीच है एवम् हाईस्कूल या इससे उच्च शिक्षा प्राप्त की है के लिए 15 अगस्त, 1983 को एक स्वरोजगार योजना प्रारंभ की गई। इस योजना के तहत 35 हजार रुपये तक का ऋण किसी भी शिक्षित शहरी बेरोजगार को बैंकों के माध्यम से देने की व्यवस्था है जो स्वयम् रोजगार करने के इच्छुक हैं। इसके लिए चुनाव जिला उद्योग कार्यालयों द्वारा किया जाता है। इस योजना का उद्देश्य प्रतिवर्ष 2 से 2.5 लाख शिक्षित बेरोजगार युवकों को रोजगार उपलब्ध कराना है।

नगरीय गरीब युवकों को रोजगार प्रदान करने हेतु राष्ट्रीय प्रशिक्षण कार्यक्रम प्रारम्भ किया गया है जिसके अंतर्गत देश के नगरीय क्षेत्रों के 4 लाख बेकार युवक-युवतियों का चुनाव कर उन्हें पोषण गृह, बालवाड़ी, स्वास्थ्य निरीक्षण, नर्सिंग, गृह सेवाओं, भवन निर्माण, विद्युत फिटिंग, लघु बचत एवम् बीमा संगठनों आदि कार्य में प्रशिक्षित किया जाएगा। इस कार्यक्रम के तहत प्रति प्रशिक्षणार्थी एक हजार रुपये खर्च किया जाएगा।

इस प्रकार स्पष्ट है कि हमारी सरकार इस गंभीर समस्या के प्रति विशेष रूप से जागरूक है और इसे दूर करने हेतु प्रयत्नशील भी है, किन्तु सीमित साधनों के चलते एवम् तीव्र जनसंख्या वृद्धि के चलते इस पर काबू नहीं पाया जा सकता। इसके बावजूद

भी इस समस्या पर काबू नहीं पाया गया तो वैयक्तिक, पारिवारिक एवम् सामाजिक विघटन होगा, गरीबी एवम् अपराधों में वृद्धि होगी, नैतिक एवम् सांस्कृतिक पतन होगा, मानसिक तनाव बढ़ेगा एवम् स्वास्थ्य समस्या उत्पन्न होगी तथा देश में आन्दोलन एवम् अराजकता में वृद्धि होगी तब देश की स्थिति और भयावह हो जाएगी।

पशुपालन एवम् कृषि – बेरोजगारी का समाधान

हमारे देश की अर्थव्यवस्था कृषि प्रधान है जो हमें श्रम के द्वारा रोजी-रोटी कमाने का साधन प्रदान करती है। लेकिन आज का युवक श्रम से दूर भागना चाहता है। गैर-तकनीकी शिक्षा ग्रहण करके नवयुवक नौकरी की तलाश में एक स्थान से दूसरे स्थान को भटक रहे हैं लेकिन गांवों में कृषि पर आधारित उद्योग करके हम अच्छा पैसा कमा सकते हैं। यदि नौकरी की मानसिकता को समाप्त कर श्रम साध्य व्यवसाय कृषि अथवा पशुपालन करें तो बेरोजगारी की समस्या हल हो सकती है और इस प्रकार हम कृषि पर आधारित वस्तुओं का अन्य देशों में निर्यात कर देश की आर्थिक समृद्धि को उन्नत करने में योगदान दे सकते हैं।

पशुपालन व्यवसाय से आय में निश्चित ही वृद्धि होती है, बशर्ते कि इसे अच्छे ढंग से किया जाए। शिक्षित बेरोजगार तो इसे आधुनिक तकनीकी तरीके अपना कर और ज्यादा लाभ कमा सकते हैं।

पशुपालन व्यवसाय को प्रोत्साहन तथा बेरोजगारों को रोजगार प्रदान करने की दृष्टि से सरकार द्वारा विभिन्न योजनाओं के लिए बैंक ऋण तथा अनुदान राशि की सहायता दी जा रही है जिससे पशुपालन का लाभ गरीबी की रेखा के नीचे जीवन यापन करने वाले लोगों तथा शिक्षित बेरोजगारों को दिया जा रहा है। इन योजनाओं के माध्यम से ये लोग निश्चित रूप से अच्छी कमाई कर रहे हैं। ग्रामीण अंचलों में रहने वाले श्रम साध्य लोग शहरी क्षेत्रों में आकर जहां पशु उत्पाद की खपत ज्यादा है पशुपालन व्यवसाय कर रहे हैं और शहरी क्षेत्रों में रहने वाले लोगों को दुग्ध तथा अन्य पशु उत्पाद उपलब्ध करा कर धन अर्जित कर रहे हैं। बढ़ती जनसंख्या के कारण पशु उत्पाद की खपत दिन-प्रतिदिन बढ़ती जा रही है। जिससे साबित होता है कि पशुपालन व्यवसाय का भविष्य अच्छा है।

दुधारू पशुपालन

बेरोजगारों के लिए यह एक बेहतर रोजगार है, जिसके माध्यम से दूध बेच कर तथा दूध से निर्मित पदार्थ तैयार कर वे अपनी आय में वृद्धि कर सकते हैं। दुधारू पशुपालन का व्यवसाय शिक्षित लोगों द्वारा अच्छे ढंग से किया जा रहा है। इस व्यवसाय के लोग दुग्ध तथा दुग्ध निर्मित वस्तुओं को अच्छी दरों पर बेच कर प्रतिमाह अच्छी रकम अर्जित करते हैं जो एक नौकरीपेशा व्यक्ति से कहीं ज्यादा होती है।

सरकार द्वारा प्रधानमंत्री रोजगार योजना के तहत दुधारू पशुपालन हेतु अनुदान का प्रावधान रखा गया है जिससे शिक्षित बेरोजगारों को लाभ उठाना चाहिए। उदाहरण के लिए यदि एक भैंस की कीमत 15,000 रुपये है और वह लगभग 10 लीटर दूध प्रतिदिन देती है तो एक माह में 300 लीटर दूध होता है जिसकी कीमत 14 रु. प्रति लीटर की दर से 4,200 रुपये होते हैं यदि मान लिया जाए कि खुराक में आधा पैसा खर्च हुआ तो 2,100 रु. प्रतिमाह फायदा होता है। 2,100 रु. प्रतिमाह की दर से 10 माह तक प्रतिमाह दूध देने पर 21,000 रुपये होते हैं जिसमें भैंस की कीमत निकाल दी जाए तो 6,000 रु. बच जाते हैं। यदि तकनीकी ढंग से संतुलित आहार व्यवस्था, समयानुसार गर्भाधान, टीकाकरण व्यवस्था रही तो निश्चित ही पशुपालक को अधिक फायदा होगा। इससे स्पष्ट है कि 500 रु. की नौकरी के बजाए पशुपालन व्यवसाय ज्यादा बेहतर है यदि बड़े पैमाने पर किया जाए तो अधिक लाभ होगा।

बकरी पालन

बकरी पालन व्यवसाय एक अहम् भूमिका रखता है। इससे दूध तथा मांसाहारी लोगों के लिए मांस भी प्राप्त होता है। बकरियों का वर्ष में दो बार प्रजनन होता है और एक बकरी अक्सर दो बच्चों को जन्म देती है इस प्रकार इसकी संतति में वृद्धि बहुत जल्दी होती है और यह गरीब तबकों के लोगों के लिए गाय के समान है जो कम खर्च में अधिक दूध देती है। बड़े पैमाने पर इसका व्यवसाय कर बकरी पालन से अच्छी रकम अर्जित की जा सकती है।

भेड़ पालन

भेड़ को 'पहाड़ों का धन' कहा जाता है। भेड़ पालन का व्यवसाय भी सरकार द्वारा ऋण तथा अनुदान की सहायता से प्रोत्साहित किया जा रहा है। 5 एकड़ से कम भूमि वाले छोटे किसान भी एक-तिहाई और दो-तिहाई अनुदान राशि तथा ऋण बैंक की सहायता से प्राप्त करके भेड़ पालन व्यवसाय कर सकते हैं। स्ववित्त के आधार पर भेड़ पालन व्यवसाय करने वाले लोगों को भी सरकार द्वारा एक दो-तिहाई अनुदान राशि प्रदान की जाती है। भेड़ों से हमें दूध, अन्न और मांस प्राप्त होता है। उनसे हर किस्म के ऊनी वस्त्र तथा कम्बल का निर्माण किया जाता है जिन्हें अच्छी कीमत पर बेच कर छोटे किसान अपनी आय में वृद्धि कर सकते हैं।

सूअर पालन

मांसाहारी लोगों में मांस की पूर्ति के लिए सूअर पालन का व्यवसाय भी तकनीकी ढंग से लोगों द्वारा चलाया जा रहा है। इस व्यवस्था से हर प्रकार के पशुपालन से ज्यादा धन अर्जित किया जा सकता है। इनकी संतति की वृद्धि बहुत जल्दी होती है। एक बार

में 10-12 बच्चे पैदा होते हैं। समन्वित ग्रामीण विकास अभिकरण द्वारा प्राप्त अनुदान सहायता से सूअर इकाइयों की स्थापना का प्रावधान है।

समन्वित ग्रामीण विकास अभिकरण तथा पशु पालन विभाग के माध्यम से ऋण तथा अनुदान की सहायता से सरकार द्वारा पशुपालन के व्यवसाय में छोटे किसानों को रोजगार देने की अनेक योजनाएं हैं। इसके अलावा अन्य विभागों जैसे – आदिम जाति कल्याण विभाग, उद्योग विभाग तथा रोजगार विभाग द्वारा पशुपालन व्यवसाय को प्रोत्साहित किया जा रहा है। पशुपालन व्यवसाय से कम परिश्रम करके ज्यादा धन अर्जित किया जा सकता है। हमारे शिक्षित बेरोजगार नवयुवक यदि पशुपालन का कार्य तकनीकी ढंग से करें और पशुपालन व्यवसाय हेतु शासन द्वारा चलाई जा रही योजनाओं के अंतर्गत आर्थिक सहायता का सही उपयोग करें, तो वे साधारण लोगों की अपेक्षा कहीं अधिक धन अर्जित कर सकते हैं और अपनी बेरोजगारी दूर सकते हैं।

IV. मद्यपान

शाब्दिक रूप से मदिरा का पान करना मद्यपान कहा जाता है। भारत में मद्यपान प्राचीन काल से होता रहा है। प्राचीन काल में यह सुरा या सोमरस पान के रूप में प्रचलित थी। किन्तु केवल मदिरा का सेवन मात्र करना ही मद्यपान नहीं हो सकता। समाजशास्त्रीय रूप से मदिरा का निरन्तर रूप से सेवन करना अपनी आदत बना लेना ही मद्यपान कहलाता है। मद्यपान वैयक्तिक विघटन का एक स्वरूप है जो व्यक्ति को अधिक मात्रा में निरन्तर रूप से मदिरा पान का आदि बना देता है।

मद्यपान व्यक्तिगत जीवन को प्रभावित करता है। किन्तु इससे समाज का भी बहुत बड़ा अहित होता है। मद्यपान के कारण व्यक्ति एवम् परिवार की आर्थिक अवन्नति होती है। मद्यपान के फलस्वरूप समाज में भय, चिन्ता और संघर्ष का आतंक छा जाता है। मद्यपान वैसे तो प्राचीनकाल से प्रचलित है, परन्तु वर्तमान मान्यताओं के द्वारा उसे विशेष प्रोत्साहन दिया जा रहा है। पाश्चात्य सभ्यता के प्रभाव से भारत में शराब पीना एक फैशन हो गया है। अन्य बीमारियों की तरह शराब का जहर भी भारतीय समाज की रगों में घुलता जा रहा है। हमारे यहां प्रतिदिन लगभग 100 लाख गैलन शराब पी जाती है। कई लोगों के ऊपर शराब का ऐसा प्रभाव है कि वे इसे जीवन का साथी, यौवन का दास और वृद्धावस्था में सांत्वना देने वाला मानते हैं।

शराब और नशा केवल व्यक्ति के लिए ही नहीं, वरन् उसके परिवार और व्यापक रूप से समाज के लिए हानिकारक होते हैं। यदि शराब के प्रयोग को पहले ही सीमित कर दिया गया होता तो यह समस्या आज इतना विकराल रूप धारण न करती। वैसे यदि इसका सही प्रयोग किया जाए तो शराब समाज के लिए वरदान स्वरूप सिद्ध होती है। ऐसा माना जाता है कि शराब का प्रयोग यदि सीमित मात्रा में किया जाए तो

सामाजिक संबंध ठीक रखने का बहुत अच्छा साधन है। इतना ही नहीं, शराब से व्यक्ति के आनंद और आंतरिक जीवन के आनंद की वृद्धि होती है। दवा के तौर पर प्रयोग करने से दर्द और दुख की भावनाएं समाप्त होकर सुख की भावनाएं बढ़ती हैं, लेकिन इसके अत्यधिक प्रयोग के कारण ही सामाजिक समस्या उठ खड़ी हुई है।

मद्यपान की परिभाषाएं

(1) ***फेयरचाइल्ड के अनुसार*** – "शराब की असामान्य एवम् बुरी आदत ही मद्यपान है।"

(2) ***इलियट तथा मैरिल के अनुसार*** – "थोड़ी मात्रा में और कभी-कभी शराब पीना मद्यपान नहीं माना जाता है। एक समस्या के रूप में अत्यधिक मात्रा में शराब पीना ही मद्यपान है।"

(3) ***विश्व स्वास्थ्य संगठन के अनुसार*** – "मद्यपान नशे की वह स्थिति है जो किसी भी रूप में मादक पदार्थ के निरन्तर सेवन से उत्पन्न होती है, जिससे थोड़ी देर के लिए नशा चढ़ जाता है या मनुष्य सदा ही नशे में चूर रहता है जो व्यक्ति और समाज दोनों के लिए हानिकारक है।"

इन परिभाषाओं से स्पष्ट है कि मद्यपान उस स्थिति को कहते हैं जब व्यक्ति शराब का सेवन अत्यधिक मात्रा में तथा आदत के रूप में करता है।

मद्यपान के कारण

(1) ***संगति और मजाक*** – मद्यपान या कोई अन्य नशा बुरी संगति का प्रभाव है। यदि व्यक्ति बुरी संगति में फंस जाता है तो उसी प्रकार की आदत पड़ जाती है। प्राय: यह देखा गया है कि व्यक्ति मित्रों के आग्रह पर मद्यपान प्रारंभ कर देता है तथा कुछ व्यय भी नहीं करना पड़ता। धीरे-धीरे क्रम बढ़ता जाता है और फिर मद्यपान की आदत पड़ जाती है। कई बार व्यक्ति मद्यपान नहीं भी करना चाहता है लेकिन साथियों के कारण उसे ऐसा करने के लिए बाध्य होना पड़ता है! एक बार शुरू होने पर वह आदत बन जाती है।

(2) ***फैशन*** – आधुनिक युग में युवा वर्ग का एक बड़ा भाग नशे का प्रयोग एक फैशन के रूप में करने लगा है। महानगरीय संस्कृति में अक्सर मद्यपान न करने वाले युवक को एक पिछड़े हुए व्यक्ति के रूप में देखा जाता है। शहरों में आधुनिक संगीत एवम् अन्य समारोहों में इसे प्रत्यक्ष रूप से देखा जा सकता है।

(3) ***शराब और यौन इच्छा*** – ज्ञानी और अज्ञानी दोनों प्रकार के लोगों की यह धारणा होती है कि शराब यौन इच्छा को तीव्र करती है। अत: यौन क्रिया की दृष्टि से कमजोर समझे जाने वाले व्यक्ति शराब का सहारा लेते हैं और इसी शराब की सीढ़ी पर चढ़ कर अपनी प्रेयसी, प्रेमिका और पत्नी के पास जा पहुंचते हैं, किन्तु यह धारणा

अवैज्ञानिक और तर्कहीन है। शराब के सेवन से न तो यौन उत्तेजन बढ़ती है और न ही घटती है। हां, यौन क्रिया करने की शक्ति जरूर घट जाती है। परिणामस्वरूप व्यक्ति का अपने ऊपर नियंत्रण शिथिल हो जाता है।

(4) ***निर्धनता*** – आर्थिक रूप से सम्पन्न लोगों की तुलना में निर्धन वर्ग के लोगों में मद्यपान की आदत जल्दी विकसित हो जाती है। प्राय: देखा जाता है कि लोग आर्थिक तनाव से मुक्ति पाने के लिए मद्यपान का सेवन आरंभ कर देते हैं। आर्थिक रूप से कमजोर व्यक्तियों में शराब का सेवन ज्यादा पाया जाता है, गरीब व निम्न वर्ग के व्यक्ति अधिक शराब पीते हैं। व्यवसाय में निराशा, असुरक्षा, रुपये के प्रति पागलपन, आदि ऐसे आर्थिक कारण हैं जो व्यक्ति को शराबी बना कर छोड़ते हैं।

(5) ***नगरीकरण एवम् औद्योगीकरण*** – बढ़ते हुए नगरीकरण एवम् औद्योगीकरण ने व्यक्ति की मानसिक जटिलताओं को बढ़ाया है तथा अनेक समस्याओं को ला खड़ा किया है। प्रारंभ में शहर के लोग मद्यपान का सेवन शांति के लिए करते हैं लेकिन धीरे-धीरे मद्यपान एवम् मादक द्रव्य व्यसन के शिकार हो जाते हैं।

(6) ***शराब और सामाजिक प्रथाएं*** – हमारी अनेकानेक सामाजिक सांस्कृतिक परम्पराएं भी मद्यपान को प्रोत्साहन देती रही हैं। त्यौहारों पर जैसे – होली, दीवाली, दशहरा, नववर्ष, आदि एवम् अन्य अवसरों पर जैसे विवाह, जन्मदिन, मित्र की शादी में शराब का सेवन होता है। स्टारलिंग शराब पीने वालों के संबंध में लिखते हैं, "ऐसे अवसरों पर वह अपने मित्रों व साथियों का अधिक सम्मान करता है, प्रसन्न दिखाई देता है, भावुक हो जाता है, बंधन से मुक्त हो जाता है, व्यक्ति में दया और सहानुभूति पैदा हो जाती है, शांत व्यक्ति भी बतियाने लगता है। प्रत्येक व्यक्ति अपने मित्रों के सम्मुख खुल कर बातें करने लगता है और दूसरों के गुणों की प्रशंसा करने लगता है। एक शब्द में यह कहें कि शराब का सीमित मात्रा में उपयोग अच्छी मित्रता को उत्पन्न करता है।"

(7) ***कुशलता प्राप्ति की भावना*** – कुछ लोगों के मतानुसार मदिरा सेवन करके व्यक्ति उन कार्यों को कर सकता है जिनको वह स्वस्थ मन से करने में असफल रहता है। मदिरा पीकर व्यक्ति की कार्यक्षमता बढ़ती है और वह साहसी कार्यों तथा अपराधों को करने में संकोच नहीं करता है। आधुनिक युग में मदिरा पान करके व्यक्ति जघन्य अपराध करते हैं। हत्याएं करते हैं तथा डाका डालते हैं। कुछ लोग मदिरा पीकर अपनी कार्यक्षमता बढ़ा कर कुशलतापूर्वक कार्य कर सकते हैं।

मद्यपान के दुष्परिणाम

मद्यपान प्रारंभ से ही सामाजिक विघटन, वैयक्तिक विघटन, पारिवारिक व आर्थिक विघटन का मुख्य कारक रहा है। इसे किसी भी युग में अच्छा गुण नहीं माना गया। यह मानव शरीर को खोखला कर उसको शारीरिक, मानसिक विकलांगता प्रदान करता

है। मद्यपान से शरीर का नाश, बुद्धि का नाश, धर्म का नाश, सुख की समाप्ति एवम् समाज में मान मर्यादा का ह्रास आदि होता है। मद्यपान के परिणाम क्या-क्या निकलते इसी का विवेचन नीचे दिया गया है।

(1) *स्वास्थ्य पर बुरा प्रभाव* – नशेबाजी के कारण व्यक्ति के स्वास्थ्य पर अत्यंत बुरा प्रभाव पड़ता है, बहुत-सी बीमारियां व्यक्ति को घेर लेती हैं। जिगर व दिल की बीमारियां नशे के कारण होती हैं। नींद का आना, आलस्य रहना, पीलिया, खून की कमी, चक्कर आना, शक्कर की बीमारी, आदि नशे के कारण होता है जो अंततोगत्वा व्यक्ति के शारीरिक ढांचे को निर्बल कर देता है। यद्यपि नशा करने वाले व्यक्ति को किसी समस्या का आभास नहीं होता किन्तु फिर भी अप्रत्यक्ष रूप से किसी भी मादक वस्तु का सेवन व्यक्ति के स्वास्थ्य पर बुरा प्रभाव डालता है। शराब का अधिक मात्रा में सेवन मनुष्य को शारीरिक रूप से खोखला कर देता है। वह कई बीमारियों को अपने आप स्वयम् निमंत्रण देता है। वह मानसिक रूप से विकलांग हो जाता है, क्योंकि शराब के एक दौर में मस्तिष्क के लगभग 10 हजार तन्तु निर्जीव हो जाते हैं। अधिक संख्या में तंतुओं के नष्ट हो जाने से मानसिक विकलांगता आ जाती है और धीरे-धीरे मृत्यु की संभावना प्रबल हो जाती है।

(2) *पारिवारिक विघटन* – पारिवारिक विघटन के कारकों में मद्यपान का एक प्रमुख स्थान है। शराबी व्यक्ति आर्थिक दृष्टि से इतना गिरा रहता है कि वह अपने परिवार की अन्य आवश्यकताओं की पूर्ति नहीं कर सकता। प्राय: यह भी देखने में आता है कि शराबी व्यक्ति विवाह के बंधन में नहीं फंसना चाहता। शराबी व्यक्ति कलह प्रेमी हो जाता है। वह परिवार के व्यक्तियों को तंग करने लग जाता है वह निर्लज्ज हो जाता है। परिवार के सभी व्यक्ति उससे तंग आ जाते हैं और वह परिवार के अपमान का कारण बन जाता है। एक शराबी पति अपनी पत्नी के लिए एक समस्या बन जाता है। तलाक, परित्याग आदि मद्यपान के कारण ही होते हैं। शराब के नशे में लिप्त रहने वाला व्यक्ति अपनी परिस्थिति के अनुरूप अपनी भूमिकाओं को संचालित नहीं कर पाता, जिससे सामाजिक संगठन बिखरने लगता है, और चूंकि व्यक्ति पूर्व में ही वैयक्तिक विघटन की प्रक्रिया से गुजरा हुआ होता है, फलत: वह अनेक बुराइयों – चोरी, जुआ, वैश्यावृत्ति, आदि को आत्मसात कर लेता है जो पारिवारिक विघटन को जन्म देती है, जिसका अवश्यंभावी परिणाम पारिवारिक विघटन होता है।

(3) *निर्धनता* – मद्यपान की आदत व्यक्ति को निर्धन बना देती है क्योंकि मद्यपान के साथ-साथ जुआ, वैश्यागमन, मांसाहारी, आदि दुर्गुण भी व्यक्ति को घेर लेते हैं और परिणाम यह होता है कि व्यक्ति अपने घर के गहने, बर्तनों एवम् अन्य कीमती वस्तुओं को गिरवी रख या बेच कर स्त्री एवम् बच्चों के लिए समस्याएं उत्पन्न कर देता है। कभी-कभी तो पूरी की पूरी जायदाद, मकान आदि सभी मद्यपान की भेंट चढ़ जाते

हैं। साधारण तौर पर शराब का सेवन श्रमिक, निम्न वर्ग, जीवन से हताश व्यक्ति ही अधिक करते हैं। जब एक निश्चित व कम आमदनी वाला व्यक्ति इसके फेर में पड़ जाता है तो वह अपनी आय का अधिकांश हिस्सा इस पर खर्च करने लगता है और धीरे-धीरे परिवार में भरण-पोषण की समस्या उत्पन्न होने लगती है। जब मनुष्य का पेट खाली होता है तो वह नैतिक या अनैतिक तरीके से अपना पेट भरने की कोशिश करता है जो कई अन्य समस्याओं को जन्म देता है।

(4) *शराब, बेकारी और बीमारियां* – अधिक शराब मनुष्य की कार्यक्षमता को घटाती है और वह अपने कर्त्तव्यों के प्रति उदासीन रहने लगता है। ऐसी स्थिति में वह अपनी नौकरी से हाथ धो बैठता है और पूर्व से मौजूद बेकारी में अपनी बेकारी सम्मिलित कर गरीबी को बढ़ावा देता है। गरीबी और शराब की लत के कारण बीमारियों में वृद्धि होने लगती है और अंत में परिणाम गंभीर रूप धारण कर लेते हैं।

मद्यपान को दूर करने के उपाय

यह एक अवगुण है जो कि प्राय: समस्त संसार में पाया जाता है। इसके गुण हैं तो सीमित लेकिन अवगुण अनेक हैं। बहुत कम व्यक्ति ऐसे हैं जिनको शराब से फायदा होता है अधिकांश लोग इसके सेवन से दिल के मरीज हो जाते हैं। हार्टफेल की अधिक घटनाओं का कारण शराब ही है। आदतन पीने वालों को डॉक्टर की सलाह द्वारा ही पीने की आज्ञा होती है। जनता के दृष्टिकोण में परिवर्तन की आवश्यकता है। लेकिन नियम बनाने से काम नहीं चलेगा क्योंकि जितना भी किसी चीज पर प्रतिबंध लगाया जाता है उसकी वृद्धि उतनी ही अधिक होती है।

आदतन पीने वालों के बच्चों को उनसे बिल्कुल पृथक् कर देना चाहिए जिससे कि उन पर यह प्रभाव न पड़ सके। अवैध शराब को बिल्कुल बंद कर देना चाहिए। हमारे देश में बहुत-सी दोषपूर्ण प्रणालियां हैं जिनके फलस्वरूप भी नशाखोरी में वृद्धि होती है। अधिकांशत: यह पाया जाता है कि अधिकारी वर्ग अधिक शराब पीने का आदी होता है तथा उन लोगों में शराब को सामाजिकता प्राप्त हो गई है। जब अधिकारी ही ऐसे कार्यों में संलग्न होंगे तो यह बड़ी बात नहीं कि उनके मातहत भी पीएं। अधिकारी वर्ग में तो बढ़िया क्वालिटी की शराब पी जाती है लेकिन निम्न श्रेणी के लोग घटिया क्वालिटी की शराब जैसे ठर्रा, ताड़ी, स्प्रिट, आदि का सेवन करते हैं जो कि स्वास्थ्य के लिए बहुत हानिकारक होती है।

अधिकारी वर्ग की इस बुराई को तभी दूर किया जा सकता है जबकि लोगों की मनोवृत्ति बदल जाए। क्योंकि लोग तो स्वयम् ही नियमों का पालन कराने के लिए नियुक्त किए जाते हैं और स्वयम् ही नियम भंग करते हैं इस प्रकार हमें श्वेतपोश अपराधियों का भी सुधार करना चाहिए।

मद्यपान को रोकने के लिए यह आवश्यक है कि मद्यपान करने वाले व्यक्तियों को सुरक्षित किया जाए और उन्हें यह समझा दिया जाए कि मद्यपान से व्यक्ति का विघटन होता है। मद्यपान करने वाले व्यक्ति को शिक्षा के द्वारा सुधारा जा सकता है। किसी भी बुराई को रोकने के लिए यह आवश्यक है कि जनता में उत्तरदायित्व की भावना उत्पन्न की जाए और लोगों को यह समझाया जाए कि मद्यपान एक ऐसी बुराई है जिसको रोकना व्यक्ति का कर्त्तव्य है।

भारत में मद्यपान प्राचीन काल से ही प्रचलित है। वैदिक युग में मदिरा के ही 'प्रकार' का वर्णन है, जिसे सोमरस कहा जाता था जो सामान्यतया सामाजिक एवम् धार्मिक उत्सवों में उपयोग में लाया जाता था। मद्यपान का आज के समय में जो प्रचलन है, वैसा प्रचलन इतिहास के पन्नों में देखने को नहीं मिलता। औद्योगीकरण और नगरीकरण की प्रक्रिया कुछ तो इस वृत्ति को बढ़ावा देने के लिए उत्तरदायी है ही, लेकिन इससे भी ज्यादा अंग्रेजी संस्कृति का प्रभाव भी है। शराब पीना अंग्रेजी सभ्यता का एक अभिन्न अंग है। जैसे-जैसे भारतीयों ने अंग्रेजी सभ्यता अपनाई, वैसे-वैसे शराब भी अपना ली गई। शराब पर प्रतिबंध लगाने वाली विभिन्न प्रथाएं, धर्म तथा सामाजिक नियम अंग्रेजी राज्य के कारण शिथिल पड़ते गए। शराब बेचने और बनाने का धंधा पनप उठा। आदत तथा व्यवसाय को बढ़ाने के लिए की जाने वाली तरकीबों से शराब पीना बढ़ता ही गया। शराब पीना अंग्रेजों और अंग्रेजों से प्रभावित समाजों में स्वीकार किया जाने लगा और व्यक्तियों को शराब पीने के अवसर जैसे बर्थ डे पार्टी, शादी विवाह, नववर्ष, शादी की वर्षगांठ, आदि मिलते गए। होटलों व क्लबों में पीना-पिलाना आम बात हो गई। अंग्रेजों ने आबकारी कर लगा कर मद्य को आय का एक साधन बनाया और वर्तमान में यह राज्यों की आय का एक प्रमुख साधन है।

भारत में मद्य निषेध

स्वतंत्रता के पश्चात् भारत में मद्य निषेध के लिए निम्नलिखित कदम उठाए गए –

(1) ***विभिन्न राज्यों में मद्य निषेध*** – मद्यपान पर विभिन्न राज्यों में प्रतिबंध लगाए गए। आन्ध्र, मुंबई तथा चेन्नई में पूर्णरूप से प्रतिबंध लगाया गया। आसाम, म.प्र., उड़ीसा, पंजाब, उत्तर प्रदेश, मैसूर, केरल तथा हिमाचल प्रदेश में आंशिक रूप से मद्यपान निषेध लागू किया गया। बिहार, पश्चिम बंगाल, राजस्थान, दिल्ली, मणिपर तथा त्रिपुरा में और भी अधिक आंशिक रूप में मद्यपान निषेध किया गया।

(2) ***मद्य निषेध जांच समिति की रिपोर्ट*** – 1954 में भारत सरकार द्वारा श्री मन्नानारायण की अध्यक्षता में एक समिति का निर्माण किया गया। इस समिति ने 1955 में कुछ सुझाव मद्य निषेध के संबंध में निम्न प्रकार से दिये थे –

(क) *मद्य निषेध को प्राथमिक स्थान* – उक्त समिति ने नीति निर्देशक तत्वों को ध्यान में रख कर यह सुझाव दिया था कि मद्य निषेध को राष्ट्रीय कार्यक्रमों

में प्रमुख स्थान प्रदान किया जाए और द्वितीय पंचवर्षीय योजना में मद्य निषेध को प्राथमिक स्थान प्रदान किया जाना चाहिए।

(ख) *पूर्ण तथा नशा निरोध की उद्घोषणा* – एक केन्द्रीय समिति की स्थापना करके 1 अप्रैल, 1958 तक सारे देश में पूर्णतया नशा निरोध कर दिया जाए। 1955 व 1956 नशा निरोध की आगामी उद्घोषणा कर दी जाए ताकि भारत की जनता नशा निरोध से पूर्णत: अवगत हो जाए।

(ग) *मदिरा के उपयोग व उसकी दुकानों पर प्रतिबंध* – मदिरा से संबंधित इश्तिहारों पर प्रतिबंध लगाए जाएं और सार्वजनिक स्थानों पर इसका प्रयोग बंद कर दिया जाए। ग्रामीण तथा नागरीय क्षेत्रों में मदिरा की दुकानों में कमी कर दी जाए। मदिरा की दुकानों के खुलने और बंद करने के समय निर्धारित किए जाएं, दुकानों पर शराब बिक्री के लिए कम मात्रा में ही पहुंचनी चाहिए। नगरों तथा ग्रामों के बीच में मदिरा की दुकानें नहीं होनी चाहिएं। ये दुकानें ऐसे स्थानों पर हों जहां पर पीने वाला व्यक्ति आसानी से न पहुंच सके।

(घ) *कर्मचारियों पर प्रतिबंध* – राज्य सेवाओं में नियुक्त कर्मचारियों के लिए मदिरा को पूर्णतया निषिद्ध कर दिया जाए।

(ङ) *राष्ट्रीय नीति का निर्धारण* – मद्य निषेध को राष्ट्रीय नीति का एक अंग बना लेना चाहिए। 1958 के उपरांत मदिरा की बिक्री के लिए नये परमिट नहीं दिए जाने चाहिएं।

(च) *मदिरा के उत्पादन पर नियंत्रण* – औद्योगिक शराब का उत्पादन व उसका प्रयोग सरकार द्वारा ही किया जाना चाहिए।

(3) *मद्य निषेध लागू करने के सुझाव* – मद्य निषेध जांच समिति ने सारे भारत में मद्य निषेध लागू करने के लिए निम्न प्रकार के सुझाव दिए –

(क) *विचारों में परिवर्तन* – जनता में मद्यपान के विरुद्ध प्रचार करके तथा जनता में शिक्षा प्रसार के माध्यम से जागृति करके जनता के विचारों में परिवर्तन लाना चाहिए।

(ख) *सरकारी प्रयास* – नशा निषेध के लिए कानूनों का निर्माण किया जाए। 1 अप्रैल, 1956 में नशा निरोध अधिकारियों की नियुक्ति की जाए और इस वर्ष के लिए एक विशेष विभाग तथा पुलिस की व्यवस्था की जाए।

(ग) *अन्य उपाय* – नशा निषेध को प्रभावशाली तरीके से लागू करने के लिए सरकार को चाहिए कि वह नई समितियों का संगठन करे। शिक्षा संस्थाओं, समाचार पत्रों, निषेध बोर्डों तथा स्वस्थ मनोरंजन केन्द्रों की व्यवस्था करे। शराब के कार्यों में लगे हुए व्यक्तियों को किन्हीं दूसरे धंधों में लगाने का प्रयास करना चाहिए।

(4) *योजना आयोग के सुझाव* – द्वितीय पंचवर्षीय योजना में मद्य निषेध को महत्वपूर्ण स्थान दिया गया था। योजना आयोग ने मद्य निषेध के संबंध में निम्नलिखित सुझाव देकर भारत में मद्यपान पर कुछ प्रतिबंध लगाए थे –

(क) मद्यपान से संबंधित विज्ञापन पर प्रतिबंध लगाए गए।

(ख) सार्वजनिक स्थानों पर मद्यपान या मदिरा की बिक्री पर प्रतिबंध लगाए गए।

प्रत्येक राज्य में शराबबंदी मंडल स्थापित किए जाने चाहिएं तथा आबकारी कर में हुई आर्थिक क्षति को पूरा करने हेतु सम्पत्ति कर बढ़ाना चाहिए।

सरकार ने शराबबंदी लागू करने के सुझाव को अस्वीकार कर दिया।

1962 के बाद तो वित्तीय हानियों के कारण कुछ राज्यों ने अपनी मद्य निषेध नीतियों का ही परित्याग कर दिया।

1964 में नियुक्त किए गए निषेध अध्ययन दल ने पाया कि तीन राज्यों गुजरात, चेन्नई और महाराष्ट्र में पूर्ण मद्य निषेध लागू था। उत्तर प्रदेश, राजस्थान, बिहार, बंगाल, आदि राज्य निषेध कार्यक्रम की दृष्टि से अधिकांशत: शुष्क राज्य थे। फलत: 1977 तक भारत में मद्य निषेध कार्यक्रम बहुत सफल नहीं रहा।

मार्च 1977 में जनता सरकार बनने के उपरांत मद्य निषेध नीति फिर लागू की थी। राजस्थान में 26 जिलों में से 20 जिलों में शराब बंदी लागू की गई थी। कांग्रेस सरकार ने मद्य निषेध में अधिक रुचि नहीं दिखाई। अत: अब तो प्रदेश में शराब की दुकानों की नीलामी होती है। प्रत्येक प्रान्तीय सरकार को इससे काफी रुपया मिल रहा है। दूसरी ओर कुछ ऐसे व्यक्ति हैं जो पूर्ण मद्यपान त्याग के पक्ष में हैं।

***विरोध* –** कुछ लोग मद्यनिषेध की निम्न आधार पर आलोचना कर रहे हैं कि –

(क) इससे देश को शराब पर आबकारी आय से वंचित होने के कारण आर्थिक हानि होगी।

(ख) निषेध को सही रूप में लागू न कर सकने के कारण शराब की तस्करी, नाजायज शराब बनाने का धंधा, गुन्डागर्दी, आदि समस्याएं उत्पन्न होंगी।

(ग) नशाबंदी के कारण लोग शराब पीना तो नहीं छोड़ेंगे परंतु इससे जनता में व्यापक असंतोष फैलेगा।

(घ) नशाबंदी स्वास्थ्य की समस्या भी उत्पन्न करेगी क्योंकि अमीर लोग रुपया व्यय करके बढ़िया शराब प्राप्त कर सकते हैं पर निर्धन व्यक्ति गंदे बर्तनों में गंदी तरह से बनाई गई शराब अथवा शराब के विकल्प के रूप में कोई प्राणघातक चीजें ही सस्ती प्राप्त कर पीएंगे जो न केवल बीमारियों का परंतु मौत का कारण भी बन सकती है।

(ङ) यदि सरकार मद्य निषेध कानून को सख्ती से लागू नहीं करेगी तो इससे भी कानूनों के प्रति जनता की आस्था समाप्त हो जाएगी।

(च) यदि सरकार कानून पर कठोरतापूर्वक क्रियान्वीकरण की कोशिश करेगी तो अपराधियों के गिरोह अधिक संगठित हो जाएंगे, और वे अपराध करने के नये-नये तरीके खोज निकालेंगे।

शराब एक सामाजिक बुराई

शराब स्वास्थ्य के लिए अत्यंत हानिकारक है क्योंकि इसमें अल्कोहल नामक जहरीला पदार्थ पाया जाता है जिसे पीने के बाद वह शरीर के विभिन्न महत्वपूर्ण अंगों में खून में मिल कर पहुंच जाता है। शराब, यकृत, जिगर, हृदय, मस्तिष्क व आंतों को छलनी बना देती है और इससे धीरे-धीरे शरीर में रोग लग जाता है। शराब पीने वाले शुरू में थोड़ी मात्रा में सेवन करते हैं लेकिन नित्य सेवन करने पर मनुष्य इसका आदी हो जाता है व शराब की मात्रा भी बढ़ जाती है। कभी-कभी जहरीली शराब से मौत या अंधापन तक हो जाता है। शराब पीने से परिवार में आर्थिक तंगी बनी रहती है और चिकित्सा का भारी व्यय भी वहन करना पड़ता है।

मध्य प्रदेश में जहां एक-तिहाई लोग आदिवासी हैं, वहां आदिवासी समाज की मान्यताओं और उनकी धार्मिक भावनाओं के परिप्रेक्ष्य में अक्सर यह कहा जाता है कि उनके लिए मद्य निषेध उचित नहीं होगा। लेकिन राजनीति को दूर रख कर यदि हम सोचें और उनके हित में निर्णय लें तो हमें यही उचित प्रतीत होगा कि यदि उनकी शराब की लत को किसी प्रकार तिलाजंली दिलवाई जा सके तो वे आर्थिक व सामाजिक उन्नति कर देश की समृद्धि में अपना योगदान कर सकेंगे। कई आदिवासी ग्राम पंचायतों और महिला संगठनों द्वारा शराबबंदी की मांगें इसी बात की पुष्टि करती नजर आती हैं।

भारत में शराब की खपत 15 फीसदी सालाना के हिसाब से बेहिसाब बढ़ रही है। इतना ही नहीं, शराब के आदी लोगों की संख्या भी हमारे यहां लगातार बढ़ती जा रही है। आज प्रत्येक 26वें शराब पीने वाले व्यक्ति में शराब की लत का होना पाया जा रहा है। आजादी के समय देश की आबकारी–राजस्व आय केवल 50 करोड़ रुपये थी, जो अब बढ़ कर 6,000 करोड़ रुपये हो गई है। यही कारण है कि विशाल भारतीय मद्य-उद्योग में बहुराष्ट्रीय कंपनियों की निहित रुचि निरन्तर बढ़ती चली जा रही है। वस्तुतः हमारी विशाल आबादी में वे अपने निश्चित लाभ को सुनिश्चित करने में केन्द्रीय सरकार में बैठे बड़े अधिकारियों व नेताओं को प्रलोभन दे रहे हैं।

गांधीजी कहते थे कि मदिरापान में अवगुण कम, बीमारी अधिक है। इस बीमारी के कीटाणु सामाजिक मूल्यों के बदलाव में हैं। सरकार की इच्छा शक्ति और आबकारी आय में उसके बढ़ते मोह के चलते संविधान के नीति-निर्देशक तत्वों के अधीन मादक पेयों की निषेध की अपेक्षा अक्सर उपेक्षित होती रही है। पश्चिम का अमीर शराब पीता है और पीकर जीता है किन्तु इसके उल्टे इस विकासशील देश का बहुसंख्यक गरीब

शराब पीता है और पीकर ही मरता है अर्थात् हमारी समस्या शराब की उतनी नहीं है जितनी कि शराबखोरी की है। अभी भी समय है जब हम सामाजिक आन्दोलन के द्वारा इस बुराई को जड़ से मिटाने के प्रयास करें जिसमें महिलाएं भी सक्रिय भूमिका अदा कर सकती हैं।

पतियों की मारपीट की शिकार पत्नियों से की गई एक बातचीत से पता चलता है कि लगभग 50 प्रतिशत पत्नियां यह मानती हैं कि उनके पति जब शराब के नशे में नहीं होते तब उनका व्यवहार सामान्य रहता है। पति के इस व्यवहार पर शुरू में पत्नी और उसके परिवार वाले ज्यादा गौर नहीं करते लेकिन धीरे-धीरे सारा परिवार परेशानियों और समस्याओं की चपेट में आ जाता है। ये परेशानियां कई बार इतनी बढ़ जाती हैं कि बड़े हादसे यहां तक कि मौतें भी हो जाती हैं। परिवार टूट जाते हैं, पत्नियां रूठकर मायके चली जाती हैं और बच्चों के भविष्य चौपट हो जाते हैं।

शराबी के परिवार की तीन अवस्थाएं

(1) पत्नियां और परिवार वाले बहुधा तब तक सहन करते जाते हैं जब तक कि शराब के बढ़ते हुए उपभोग से पति की नौकरी, व्यवसाय या व्यापार पर कोई धक्का नहीं लगता और पति घर के खर्चों में आनाकानी नहीं करने लगता। लेकिन धीरे-धीरे यह स्थिति खत्म होने लगती है क्योंकि शराब के साथ-साथ उसमें अन्य दुर्गुण भी आने लगते हैं।

(2) बच्चों की फीस समय पर न जाने, बिल समय पर न चुकता होने के कारण घर में कलह का वातावरण जन्म लेता है। दूध का बिल, अखबार का बिल, बिजली का बिल, बच्चों की ड्रेस, पारिवारिक खर्चे न चुका पाने के कारण शराबी पति अधिक चिन्तित रहने लगता है। इस वातावरण से बचने के लिए पति अपना ज्यादा से ज्यादा समय बाहर बिताने की कोशिश करता है। अन्ततः शराब का उपभोग और अधिक हो जाता है।

(3) पत्नियां इस बात से लगभग अनभिज्ञ होती हैं कि शराब की लत एक बीमारी है, जिसके इलाज की जरूरत है। आमतौर से ये तीन रास्तों में से एक चुन लेती हैं –

(क) किसी तरह गाड़ी खींचने की कोशिश करना व भाग्य के सहारे बैठे रहना।
(ख) पति को छोड़ देने की धमकी देना।
(ग) कानूनी कार्यवाही करने की धमकी देना।

धमकियों से डर कर कई बार पति शराब छोड़ देने का वादा करता है, कसमें खाता है लेकिन वास्तव में इन कसमों को रख पाना उसके बस के बाहर की बात होती है। वह फिर छुप-छुप कर पीने की आदत बना लेता है। जल्दबाजी में बिना पानी

मिलाए, गुसलखानों या एकांत में जाकर पीता है और वहीं बोतलें छुपा देता है। ये छुपी बोतलें पाने पर पत्नी की नाराजगी और बढ़ जाती है। घर का झगड़ा और बढ़ जाता है। घर का झगड़ा मोहल्ले-पड़ौस का तमाशा बन जाता है।

मध्यम वर्गीय परिवार में आमतौर पर शराबियों की पत्नियां अपने पतियों के ऐब को छुपाने की कोशिश करती हैं। यहां तक कि परिवार और बिरादरी के बीच भी पति की इस आदत का जिक्र करने में उन्हें शर्म महसूस होती है। अपनी सहेलियों व पड़ोसियों से तो वह पति की इस आदत की वजह से कतराने लगती है। धीरे-धीरे पति की इस बीमारी को छुपाने में ही उसका समय बीतने लगता है। इन कोशिशों में वह घर में आए मेहमानों से भी बचती है। सामाजिक अवसरों पर जाना वह बहुत कम कर देती है और सामाजिक बेइज्जती से बचने के लिए पति को साथ नहीं ले जाती। लेकिन उसकी सारी ही ये कोशिशें अन्ततः नाकाम होती दिखाई देती हैं, क्योंकि इस आदत को छुपाना न तो ठीक है और न ही संभव।

पत्नी व परिवार के ऐसे व्यवहार की वजह से पति अपने आप को अकेला महसूस करने लगता है और उसे अपना व्यक्तित्व खोता नजर आने लगता है। इस अकेलेपन को झेलने के लिए वह और अधिक शराब का सहारा लेने लगता है।

कभी-कभी यह भी देखने-सुनने को मिलता है कि गृहणियां अपने पति की शराब छुड़ाने के लिए व्रत उपवास करती हैं, धार्मिक अनुष्ठान करवाती हैं या फिर जादूमंत्र या टोटके का प्रयोग करवाती हैं व ढोंगी साधु महात्माओं के चक्कर लगाने लगती हैं जिससे परिवार में क्लेश अधिक हो जाता है जो उन्हें अधिक नुकसान पहुंचाते हैं। आजकल बाजार में ऐसी दवाएं भी सुनने में आती हैं जो बहुत जल्द शराब छुड़ाने का दावा करती हैं परंतु वे निश्चित तौर पर नुकसानदायक होती हैं, लाभकारी नहीं।

परिवार वालों को यह जान लेना बहुत जरूरी है कि शराब की लत एक बीमारी है उसके लिए सही इलाज बहुत जरूरी है। जिस तरह किसी भी अन्य बीमारी के लिए पूरे परिवार के सहयोग की आवश्यकता होती है उसी तरह इस बीमारी के इलाज के लिए भी परिवार का पूरा सहयोग जरूरी है। शराब की लत से हुए मानसिक व शारीरिक आघातों का इलाज करने के लिए आजकल लगभग हर सरकारी अस्पताल में अलग विभाग होते हैं। यहां पर मरीजों के रहने की भी बाकायदा व्यवस्था होती है। जिन मामलों में स्थिति ज्यादा गंभीर हो जाती है उन्हें कुछ दिनों तक अस्पताल में ही रखा जाता है। सामान्य मामलों में दवा लेकर मरीज घर पर ही इलाज करा सकता है। दोनों ही स्थितियों में परिवार के लोगों व पत्नी को मरीज के साथ अत्यंत समझदारी से व्यवहार करना चाहिए। इलाज के दौरान यदि वह फिर शराब या अन्य नशीले पदार्थों की ओर उन्मुख होता है तो उसे प्यार से समझाएं या किसी सलाहकार के पास ले जाएं। याद रखें लड़ने झगड़ने से बात बनने वाली नहीं है उससे समस्याएं अधिक ही होंगी।

V. नशीले पदार्थों का सेवन

अफीम, गांजा, भांग, चरस, कोकीन, पैथाडीन, ब्राउन शुगर तथा अन्य नशा करने वाली जड़ी-बूटियों को मादक द्रव्यों में गिना जाता है। इन द्रव्यों का सेवन करने से व्यक्ति में मादकता की उत्पत्ति होती है। इस प्रकार मादक द्रव्य का सेवन यदि लगातार किया जाए तो उनके प्रभाव से व्यक्ति नशे में झूमता रहता है। वह आत्म संतुलन खो देता है और उसका व्यक्तित्व विघटित हो जाता है। ये द्रव्य भी मदिरा के ही रूप हैं। जिस प्रकार व्यक्ति मद्यपान करके अपने व्यक्तित्व को खो देता है, उसी प्रकार नशीले द्रव्यों का सेवन करके भी व्यक्ति अपने अस्तित्व को खो बैठता है। 1986 में भारतीय चिकित्सा अनुसंधान परिषद् द्वारा किए गए सर्वेक्षण से हमें ज्ञात होता है कि अब प्रतिभाशाली छात्र सामान्य तथा मंदबुद्धि छात्रों की अपेक्षा इन नशीले पदार्थों का सेवन अधिक करते हैं। देवकी नन्दन भारद्वाज ने लिखा है कि "आज के युवक-युवतियां खुलेआम मादक द्रव्यों का सेवन करते देखे जा सकते हैं। इसके लिए आपको कहीं दूर न जाकर किसी भी विश्वविद्यालय, विशेषकर दिल्ली विश्वविद्यालय और इनसे जुड़े हुए अन्य कालेजों और छात्रावासों के कैम्पस, कमरों और हरियाले लान्स में ही विचर कर देख लें। आपको दुनिया से बेखबर, सारी जिम्मेदारियों से फारिक युवक-युवतियों के ऐसे समूह दिखाई देंगे जो नशे में झूमते हुए, नाचते गाते हुए, कहकहे लगाते, एक दूसरे पर गिरते-पड़ते हशीश, अफीम, गांजा, चरस में डूबे नजर आ जाएंगे। अत: नशीले पदार्थों की लत हमारी युवा पीढ़ी को कहां ले जाएगी और हमारे देश के भविष्य का क्या होगा? यह चिन्ता हम सबको सता रही है।"

मादक द्रव्य व्यसन की परिभाषाएं

(1) ***संयुक्त राष्ट्र संघ के स्वास्थ्य संगठन के अनुसार*** – "मादक द्रव्य व्यसन नियतकालिक अथवा दीर्घकालिक उन्माद की वह अवस्था है जो किसी नशीली औषधि के निरन्तर प्रयोग से उत्पन्न होती है और जिससे व्यक्ति तथा समाज दोनों को हानि पहुंचती है।"

(2) ***लाइन्ड स्मिथ के अनुसार*** – "लोग सामान्य बनने की इच्छा के कारण इसका उपयोग करते हैं। जहां एक बार इसका सेवन करना आरंभ करते हैं तो यह उनकी लत बन जाती है और इसको छोड़ने में उन्हें कष्ट होता है।

(3) ***सी.बी. मेमोरिया के अनुसार*** – "भारत की लगभग 12% जनसंख्या इससे प्रभावित है, परंतु आजकल यह प्रतिशत कहीं अधिक हो गया है, क्योंकि शिक्षित वर्ग में, विशेषकर छात्र तथा छात्राओं में इसका प्रयोग अधिक बढ़ गया है"।

मादक द्रव्य सेवन के कारण

मादक द्रव्य सेवन के कई कारण हैं जैसे जब मनुष्य का चित्त अशांत रहता है तो वह उससे मुक्ति पाने के लिए नशीली वस्तुओं का सेवन करता है। प्रारंभ में वह इन्हें चेतन अवस्था में साधारण भूल के रूप में सेवन करता है लेकिन नशीली वस्तुओं के रोज-रोज लगातार सेवन करते रहने से वे आदत बन जाती है और उनकी मात्रा भी बढ़ जाती है और वे सुबह से रात तक उसका सेवन करने लगता है। इनके अलावा भी कई कारण हैं जो निम्नलिखित हैं –

(1) ***दूषित पर्यावरण*** – साथियों तथा वातावरण का प्रभाव मनुष्य पर अनिवार्य रूप से पड़ता है। यदि पड़ौसी मादक द्रव्यों का सेवन करता है तो व्यक्ति पड़ौसी की आदत का शिकार हो जाता है। धीरे-धीरे मादक द्रव्यों का सेवन निरन्तर रूप से करने लगता है।

(2) ***निर्धनता*** – कुछ व्यक्ति धन के अभाव में परेशानियों के शिकार हो जाते हैं और उन परेशानियों को भुलाने के लिए मादक द्रव्यों का सेवन करते हैं।

(3) ***व्यावसायिक प्रकृति*** – व्यक्ति का व्यवसाय भी व्यक्ति को मादक द्रव्यों का सेवन करने की ओर प्रेरित करता है। कुछ व्यक्ति व्यवसाय की खोज की ओर प्रेरित करता है। कुछ व्यक्ति व्यवसाय की खोज में दूर निकल जाते हैं। उन पर घर के वयोवृद्धों का नियंत्रण कम हो जाता है। वे एकाकी जीवन व्यतीत करने लगते हैं और उस एकांत को भुलाने के लिए मादक द्रव्यों का निरन्तर सेवन करने लगते हैं।

(4) ***पारिवारिक जीवन*** – यदि परिवार में पति-पत्नी के संबंध बिगड़े हुए हैं तो पति कलह को भुलाने के लिए भी मादक द्रव्यों के सेवन का आदी बन जाता है।

(5) ***निराश जीवन*** – जब व्यक्ति किन्हीं कारणों से निराश हो जाता है तो उस निराशा को भुलाने के लिए व्यक्ति मादक द्रव्यों का सेवन करने लगता है।

(6) ***नींद का अभाव*** – कुछ व्यक्तियों को अधिक मात्रा में व्यक्तिगत परेशानियां होती हैं जिनके कारण उन्हें नींद कम आती है और परेशानियां घेरने लगती हैं। नींद लाने तथा परेशानियों को भुलाने के लिए भी व्यक्ति मादक द्रव्यों का सेवन करने का आदी हो जाता है।

(7) ***विघटन के विभिन्न स्वरूप*** – जब व्यक्ति समाज के अनुकूल व्यवहार नहीं कर पाता है और सामाजिक प्रथाओं और परम्पराओं का उस पर प्रभाव न रहे तो वह वैयक्तिक विघटन की सीमा को पार करने लगता है यह विघटन पारिवारिक तथा सामुदायिक किसी भी रूप में हो सकता है। सभी प्रकार के विघटन व्यक्ति को मादक द्रव्यों का सेवन करने के लिए प्रेरित करते हैं।

(8) ***आनंद प्राप्ति की इच्छा*** – कुछ व्यक्ति कठिन परिश्रम के पश्चात् शरीर को आराम देने तथा स्वयम् आनंद प्राप्त करने की इच्छा से मादक द्रव्यों का सेवन करते हैं।

(9) ***औद्योगीकरण*** – औद्योगीकरण के कारण कारखानों का विकास हुआ और साथ ही साथ नगरों में गंदी बस्तियों का भी विकास हुआ जहां पर लोगों में नाना प्रकार के व्यवसन जन्म लेते हैं। मादक द्रव्यों का सेवन श्रमिक वर्ग अपनी दिन भर की थकावट को भुलाने या आराम की नींद लेने के उद्देश्य से करते हैं।

(10) ***यौन सुख की प्राप्ति*** – कुछ लोगों का विश्वास है कि मादक द्रव्यों का प्रयोग करने से कामुकता में वृद्धि होती है और उनकी कामुक इच्छाएं तीव्र हो जाती हैं। वे इन द्रव्यों के प्रभाव से अपनी पत्नी के साथ या वैश्यागमन करके यौन सुख या रति का आनंद प्राप्त करते हैं।

(11) ***सामाजिक अस्थिरता*** – परेशानियों के कारण व्यक्ति अपने उत्तरदायित्व को भूल जाता है, उसके सामाजिक संबंधों में दरार पड़ जाती है वह एकाकी जीवन व्यतीत करने लगता है, जहां असामाजिक तत्वों का प्रभाव पड़ता है, वह मादक द्रव्यों का सेवन करने लगता है।

(12) ***मनोरंजन का अभाव*** – व्यक्ति आजकल अपने व्यवसाय में इतना लिप्त रहता है कि उसको मनोरंजन के लिए न समय है न साधन ही उपलब्ध हैं, ऐसी दशा में वह मादक द्रव्यों का सेवन करके निद्रा का आनंद लूटना ही मनोरंजन का साधन समझता है।

(13) ***मादक द्रव्यों की उपलब्धता*** – मादक द्रव्यों का सेवन करने का एक मुख्य कारण यह भी है कि मादक द्रव्यों की उपलब्धि अत्यंत सरल है।

(14) ***मनोवैज्ञानिक कारक*** – मादक द्रव्यों का सेवन वे लोग करते हैं जो मानसिक रोगों के शिकार होते हैं और अपने संबंधों में स्थिरता नहीं बनाए रखते हैं।

मादक द्रव्यों के सेवन के परिणाम

1. इन द्रव्यों का सेवन करने वाले व्यक्तियों को भूख कम लगती है।
2. इन द्रव्यों का सेवन करने वाले व्यक्तियों को शारीरिक तथा मानसिक रोग घेर लेते हैं।
3. मादक द्रव्यों का सेवन पारिवारिक तथा वैयक्तिक विघटन को जन्म देता है।
4. इन द्रव्यों का सेवन करने वाले व्यक्तियों के सामाजिक संबंध स्थिर नहीं रहते हैं।
5. मादक द्रव्यों के सेवी अपराधों को बढ़ावा देते हैं।
6. इन द्रव्यों का सेवन सामाजिक विघटन को बढ़ावा देता है।
7. चोर बाजारी, बलात्कार तथा कामुक अपराध, स्मगलिंग आदि तथा अन्य समाज विरोधी बातें मादक द्रव्यों के सेवन की ही देन हैं।

मादक द्रव्यों के सेवन पर प्रतिबंध

मादक द्रव्यों का सेवन आधुनिक समय में अधिक होने लगा है। यह व्यसन लड़कों तथा लड़कियों में समान रूप से पाया जाने लगा है। इस व्यवसन को रोकने हेतु निम्नलिखित सुझाव दिए गए हैं –

1. जनता में शिक्षा द्वारा मादक द्रव्यों के सेवन के दुष्परिणामों का प्रचार करना चाहिए।
2. अशिक्षित लोगों में शिक्षा का प्रसार करना चाहिए।
3. नशीले पदार्थों का सेवन तथा उनके परिणामों का वैज्ञानिक अध्ययन करके इस व्यवसन से युवकों तथा युवतियों को मुक्ति मिल सकती है।
4. शिक्षा ही इन व्यसनों से मुक्ति दिला सकती है।

मादक द्रव्यों का सेवन देश के युवकों को पथ भ्रष्ट कर रहा है। शिक्षा तथा मनोविज्ञान के आधार पर व्यसन को समूल नष्ट किया जा सकता है। नशीले पदार्थों का सेवन करने वाले व्यक्ति इन पदार्थो के सेवन से घृणा करते हैं। इनके स्वाद से घृणा करते हैं किन्तु वे इनका सेवन बंद नहीं कर सकते। इसको बंद करने के लिए शिक्षा का सुचारू रूप से प्रसार करना ही अनिवार्य है।

VI. पर्यावरण प्रदूषण

प्रदूषण की अवधारणा

प्रदूषण की अवधारणा पर्यावरण अवनयन से उपजी है। मानवीय क्रियाकलापों एवं प्राकृतिक व्यतिक्रमों से जब पर्यावरण के तत्वों की नैसर्गिक गुणवत्ता ह्रासमान होने लगती है तो उसे पर्यावरण अवनयन कहते हैं। पर्यावरण के ह्रासमान तत्व जीवधारियों पर विविध कुप्रभाव डालते हैं। जिससे जीवन चक्र बाधित होता है। प्रत्येक जीवधारी की परिस्थैतिकी में पर्यावरण के तत्वों की एक संतुलित व्यवस्था पाई जाती है जो स्वनियमन और स्वसंवर्धन से नियंत्रित होती है। लेकिन जब मानवीय हस्तक्षेप और भौतिक व्यतिक्रमों से पर्यावरण के तत्वों की गुणवत्ता बाधित होती है तो पारिस्थैतिकी असंतुलित होकर जीवधारियों के लिए संकटमय बन जाती है। इससे जीवन की गुणवत्ता नष्ट होती है। प्रदूषण भी ऐसा ही पर्यावरणीय संकट है। प्रदूषण मानवीय क्रियाकलापों की देन है जैसे वन विनाश, संसाधनों का अतिदोहन, जनसंख्या वृद्धि, अनुपयुक्त तकनीक का प्रयोग, नगरीयकरण, औद्योगीकरण, कीटनाशक का प्रयोग, अशिक्षा, आदि इसके प्रमुख कारण हैं। प्रदूषण से पर्यावरण के तत्वों जैसे जल, मृदा, वायु, जीव एवं वनस्पति की गुणवत्ता का ह्रास होता है। परिणामस्वरूप जीवधारियों के लिए खतरा उत्पन्न हो गया है। प्रदूषण के कारण शुद्ध वायु, शुद्ध जल, भोजन का अभाव हो गया है।

पर्यावरण प्रदूषण की समस्या अन्तर्राष्ट्रीय समस्या का रूप ले चुकी है। वास्तव में यह पश्चिमी संस्कृति की देन है। मानव की विकासात्मक क्रियाओं के परिणामस्वरूप "प्रदूषण" का जन्म हुआ है। किसी पारिस्थितिकी तंत्र में सभी अव्यव एक निश्चित मात्रा में होते हैं। यदि इस अनुपात में किसी भी स्तर में कमी या वृद्धि हो जाए तो वह संपूर्ण पारिस्थितिकी तंत्र को प्रभावित करती है। इसी असंतुलन से प्रदूषण की समस्या उत्पन्न होती है।

पर्यावरण प्रदूषण का अर्थ एवं परिभाषा

प्रदूषण शब्द 'पोल्यूर' से बना है। मनुष्य एवं प्रकृति के बीच अटूट संबंध होता है। उसकी समस्त क्रियाएं प्रकृति के संपर्क से ही संभव होती हैं। मनुष्य प्रकृति से विभिन्न तत्वों को ग्रहण करता है और अपने उपयोग में लाता है। वह अपशिष्ट पदार्थों को वातवरण में भी छोड़ता है। जब तक मनुष्य प्राकृतिक तत्वों का संयमित उपयोग करता है, तब तक अपशिष्ट से वातावरण का प्रदूषण नहीं होता है। लेकिन वर्तमान समय में मनुष्य में संयम का अभाव हो गया है, वह प्रकृति के संवर्धन की उपेक्षा करने लगा है और प्रकृति को मात्र साधन समझने लगा है। परिणामस्वरूप वह प्रकृति का अंधाधुंध दोहन तथा अपशिष्टों का वातावरण में उत्सर्जन प्रारंभ कर रहा है, इससे पर्यावरण प्रदूषण उत्पन्न होता है। पर्यावरण को इस प्रकार परिभाषित किया जा सकता है।

"प्रदूषण वायु, जल तथा स्थल की भौतिक, रासायनिक और जैविक विशेषताओं का अवांछनीय परिवर्तन है।" राष्ट्रीय पर्यावरण शोध संस्थान के अनुसार "मनुष्य के क्रियाकलापों से उत्पन्न अपशिष्टों के रूप में पदार्थ एवं ऊर्जा विमोचन से प्राकृतिक पर्यावरण में होने वाले हानिकारक परिवर्तनों को प्रदूषण कहा जाता है।"

लार्ड केनेट के अनुसार – "पर्यावरण में उन तत्वों या ऊर्जा की उपस्थिति को प्रदूषण कहते हैं जो मनुष्य द्वारा अनचाहे उत्पादित किए गए हों, जिनके उत्पादन का उद्देश्य अब समाप्त हो गया हो, जो अचानक बच निकले हों, या जिनका मनुष्य के स्वास्थ्य पर अकथनीय हानिकारक प्रभाव पड़ता हो।"

पी.डी. शर्मा के अनुसार – "प्रदूषण जल, हवा, मृदा, आदि के भौतिक, रासायनिक या जैविक गुणों का अवांछनीय परिवर्तन है जो सामान्यत: महसूस किया जाता है और जो जैव जीवन पर नुकसानदेह प्रभाव डाल कर स्वस्थ जीवों का जीवन कठिन बना देता है।"

एम.पी. कौशिक के अनुसार – "प्रदूषण वायु, जल एवं स्थल की भौतिक, रासायनिक और जैविक विशेषताओं का वह अवांछनीय परिवर्तन है जो मनुष्य और उसके लिए लाभदायक जंतुओं, पौधों, औद्योगिक संस्थानों तथा दूसरे कच्चे माल इत्यादि को किसी भी रूप में हानि पहुंचाता है।"

लेखक के अनुसार – "पर्यावरणीय तत्वों में होने वाला वह हानिकारक

अवांछनीय परिवर्तन जो मानवीय क्रियाकलापों से उत्पन्न अपशिष्टों द्वारा होता है तथा पारिस्थितिक तंत्र में असंतुलन उत्पन्न करता है, प्रदूषण कहलाता है।"

प्रदूषण के कारण

सतत् विकास की अवधारणा का आधार ही पर्यावरण प्रदूषण का प्रमुख कारण है, परंतु जन-कल्याण के उद्देश्य से सामाजिक-आर्थिक प्रणाली को बनाए रखने के लिए पर्यावरण की सुरक्षा उतनी ही आवश्यक है जितना कि आर्थिक विकास। पर्यावरण प्रदूषण के अनेक कारण हैं जिनमें से कुछ इस प्रकार हैं –

1. ***संसाधनों की कमी*** : पर्यावरण प्रदूषित होने का एक प्रमुख कारण संसाधनों की कमी है। जनसंख्या वृद्धि के साथ-साथ भूमि, खनिज, कृषि-उत्पाद, ऊर्जा तथा आवास की प्रति व्यक्ति उपलब्धता कम होती जा रही है। वर्ष 1971 में प्रति व्यक्ति 0.60 हेक्टेयर भूमि उपलब्ध थी परंतु 1988 में यह प्रति व्यक्ति 0.41 हेक्टेयर हो गई तथा वर्ष 2001 तक इसके घट कर 0.33 हेक्टेयर हो जाने का अनुमान है। प्रतिवर्ष 1.50 लाख हेक्टेयर की दर से बड़े पैमाने पर वनों के क्षेत्रफल का ह्रास हो रहा है। अनुमान है वर्ष 2050 तक भारत के वनों का पूर्णतः विनाश हो जाएगा।

2. ***बढ़ता औद्योगीकरण*** : बढ़ती औद्योगिक सभ्यता की एक सबसे बड़ी कमी यह रही है कि इससे पर्यावरण प्रदूषण बढ़ा है। वर्तमान समय में कारखानों की चिमनियों से निरन्तर निकलता धुंआ, विभिन्न वाहनों तथा ताप बिजलीघर वायुमंडल में भारी मात्रा में धुंआ छोड़ते हैं जिससे वायुमंडल में भारी मात्रा में कार्बनडाइआक्साइड की मात्रा में वृद्धि के साथ-साथ तालाबों, नदियों तथा समुद्रों में प्रदूषण की समस्या निर्मित हो गई है। इससे पेड़ पौधों के साथ-साथ बड़ी संख्या में जीव-जन्तु भी मृत्यु का शिकार होने लगे हैं।

3. ***वायुमंडल तापमान में वृद्धि*** : वर्तमान समय में पर्यावरण प्रदूषण का खतरा रासायनिक पदार्थों, जहरीले धुंए आदि से उतना अधिक नहीं है जितना पृथ्वी के वायुमंडल के तापमान के बढ़ने से उत्पन्न हुआ है। वायुमंडल के तापमान में वृद्धि होने से ध्रुवों पर बर्फ पिघलने और इस तरह समुद्री तटवर्ती क्षेत्रों के पानी में डूब जाने का खतरा उत्पन्न हो गया है। इससे कम वर्षा वाले क्षेत्र रेगिस्तान होते जा रहे हैं और कृषि योग्य भूमि की उत्पादकता में कमी आ रही है।

4. ***वनों का कटाव*** : औद्योगिक धुंए से वायुमंडल में फैलने वाली कार्बनडाइआक्साइड तथा अन्य जहरीली गैसों के प्रभाव को कम करने के लिए जहां अधिक वन लगाने की आवश्यकता है, वहीं वन क्षेत्रों में निरन्तर कमी आ रही है। नवीन उद्योग तथा नवीन बस्तियां बसाने के लिए अतिरिक्त जमीन प्राप्त करने के लिए वनों को साफ करने का क्रम निरन्तर चल रहा है। आधुनिक जीवन शैली के लिए सुख-सुविधाओं की वस्तुएं बनाने और भवन निर्माण के बढ़ते हुए उद्योगों के लिए

इमारती लकड़ी की आवश्यकताएं वन काट कर ही पूरी हो सकती हैं। वनों के विनाश से वायु प्रदूषण बढ़ाने वाले कारणों के बढ़ने से प्रदूषण में निरन्तर वृद्धि होती जा रही है।

पृथ्वी पर प्रारंभ में जहां 70 प्रतिशत भू-भाग अर्थात् 12.80 अरब हेक्टेयर भूमि पर वनों का विस्तार था वहीं वर्तमान समय में केवल 16 प्रतिशत भू-भाग अर्थात् 2 अरब हेक्टेयर क्षेत्र में वन रह गए हैं। वन विभाग द्वारा प्रसारित आंकड़ों के अनुसार 1951 से 1972 के मध्य भारत में 34 लाख हेक्टेयर वन क्षेत्र कम हुआ अर्थात् विनाश की वार्षिक दर 1.5 लाख हेक्टेयर रही है। विगत दशकों में अनवरत वन विनाश के कारण न केवल वर्षा की मात्रा, भूमिगत जल के स्तर एवं जल स्रोतों में कमी आई है, अपितु इसके चलते, बाढ़, सूखा, भू-स्खलन तथा प्राकृतिक आपदाओं में वृद्धि होती जा रही है।

5. *बढ़ती जनसंख्या* : विकास और जनसंख्या का एक दूसरे से अभिन्न संबंध है। वर्तमान में मानव जाति के समक्ष अनेक समस्याएं हैं। इनमें से सबसे महत्वपूर्ण समस्या पृथ्वी पर बढ़ती जनसंख्या की है। विश्व की जनसंख्या प्रतिवर्ष 86 मिलियन की दर से बढ़ रही है। वर्ष 1998 में इसके 6 अरब और वर्ष 2015 तक 7.1 अरब से अधिक हो जाने का अनुमान है। भारत में जनसंख्या वृद्धि दर 1.91 प्रतिशत प्रतिवर्ष है। बीसवीं शताब्दी के अंत तक भारत की जनसंख्या एक अरब हो गई है। बढ़ती जनसंख्या पर्यावरण के लिए एक समस्या बन गई है। शहरों में बढ़ती हुई जनसंख्या के फलस्वरूप तंग मलिन बस्तियों का जाल बिछता जा रहा है। इससे पेय जल, मल-जल, के निपटारे, आदि की समस्याएं बढ़ रही हैं। जनसंख्या वृद्धि से ऊर्जा के परंपरागत साधनों के उपयोग में वृद्धि हुई है।

6. *अनियमित ऋतु* : समय पर वर्षा का न होना, भयंकर बाढ़, भूकंप, महामारी एवं सूखा पड़ना आदि प्राकृतिक आपदाओं का कारण पर्यावरण का प्रदूषित हो जाना है। इससे मनुष्य में अनेक प्रकार की बीमारियां फैली हैं, कृषि योग्य भूमि के अनुपजाऊ होने की संभावना बढ़ी है। इससे भौतिक प्रगति की दौड़ में जीव मंडल को कितना नुकसान हुआ है, इसका अनुमान ऋतु चक्र में आई अनियमितता से लगाया जा सकता है।

7. *स्रोतों का उपयोग* : पर्यावरण प्रदूषण का सबसे बड़ा कारण ऊर्जा के परंपरागत स्रोतों का अंधाधुंध दोहन है। यदि इस पर समय रहते रोक नहीं लगाई गई तो सामने विनाश का संकट उत्पन्न हो सकता है।

8. *मोटर वाहनों की बढ़ती संख्या* : पिछले कई वर्षों में उद्योगों के साथ-साथ मोटर वाहनों की संख्या तीव्र गति से बढ़ी है। जिसके परिणामस्वरूप वायु एवं ध्वनि प्रदूषण दोनों ने विकराल रूप धारण कर लिया है। भारत में मोटर वाहनों की बिक्री तीव्र

गति से बढ़ रही है। किसी भी स्वचालित वाहन से एक गैलन पेट्रोल के दोहन से 3 पौण्ड कार्बन मोनोआक्साइड तथा 14 पौण्ड नाइट्रोजन आक्साइड गैस निकलती है जो 5.20 लाख घन फीट वायु को प्रदूषित कर सकती है।

9. ***अन्य कारण :*** बढ़ते पर्यावरण के उपरोक्त कारणों के अतिरिक्त वायुमंडल में गैसों का बढ़ना, घटते संसाधनों का दबाव, तटवर्ती क्षरण के खतरे, ऊर्जा की खपत, आदि अन्य कारण हैं जिनके प्रभाव से पर्यावरण प्रदूषित होता है। खेतों में डाली जाने वाली रासायनिक खादें, कीटनाशक दवाइयां, खनिज पदार्थों का धोवन, कारखानों से निकली घातक रासायनिक तरल गंदगी, गांवों और शहरों का कचरा, आदि जल स्रोतों को प्रदूषित कर रहे हैं। भूमिगत सेप्टिक टैंकों तथा रासायनिक धोवनों से भूमि के भीतर प्रदूषण फैल रहा है।

प्रदूषण के स्रोत : प्रदूषण के अनेक स्रोत हैं जैसे – (अ) **मानवीय स्रोत :** मानवीय क्रियाकलापों से उत्पन्न अवशिष्ट, (ब) **प्राकृतिक स्रोत :** प्राकृतिक स्रोत के अंतर्गत धूल, भूकंप, ज्वालामुखी, अपरदन, सूखा, बाढ़, विषाणु, आदि सम्मिलित हैं, तथा (स) **मिश्रित स्रोत :** मानव प्रकृति के मिश्रित स्रोत में बीमारियों के विषाणु आदि आते हैं।

प्रदूषण का वर्गीकरण

पर्यावरण प्रदूषण की व्यापकता के कारण इसका वर्गीकरण करना एक कठिन कार्य है। प्रदूषण का वर्गीकरण विभिन्न दृष्टिकोणों से किया जा सकता है –

(1) स्वरूप के आधार पर, (2) अवस्थिति के आधार पर, (3) भौगोलिक स्वरूप के आधार पर, (4) प्रदूषकों के स्रोत के आधार पर।

1. स्वरूप के आधार पर वर्गीकरण

स्वरूप के आधार पर प्रदूषण को दो भागों में विभक्त किया जा सकता है।

1. ***भौतिक प्रदूषण :*** जल, वायु, मृदा, आदि पर्यावरणीय तत्वों की गुणवत्ता में ह्रास भौतिक प्रदूषण कहलाता है। इसे तीन श्रेणियों में रखा जा सकता है: (क) स्थल प्रदूषण, (ख) जल प्रदूषण, (ग) वायु प्रदूषण, इत्यादि।

2. ***सामाजिक प्रदूषण :*** जब मानव समाज की गुणवत्ता में कमी आती है तो उसे सामाजिक प्रदूषण कहते हैं। इसे निम्नलिखित श्रेणियों में विभक्त किया जा सकता है – (क) आर्थिक प्रदूषण, (ख) धार्मिक प्रदूषण, (ग) जातीय प्रदूषण, (घ) राजनैतिक प्रदूषण, तथा (ङ) नैतिक प्रदूषण, इत्यादि।

2. अवस्थिति के आधार पर प्रदूषण

अवस्थिति के आधार पर प्रदूषण दो प्रकार का हो सकता है –

1. ***बिन्दु प्रदूषण :*** यह प्रदूषण स्थान विशेष में प्रदूषकों के जमाव से उत्पन्न होता

है। तथा प्रत्यक्ष दिखाई देता है जैसे कारखानों से निकलता धुंआ, नगरों से निकलता कचरा, इत्यादि।

2. *अबिन्दु प्रदूषण* : यह प्रदूषण अप्रत्यक्ष होता है तथा इसकी अवस्थिति भी निर्दिष्ट नहीं अप्रत्यक्ष होती है जैसे – खेतों में डाले गए उर्वरक, कीटनाशी, आदि का वर्षा के जल के साथ बह कर नदियों, जलाशयों, आदि में पहुंच कर प्रदूषण फैलाना। इसका क्षेत्र व्यापक होता है।

3. भौगोलिक स्वरूप के आधार पर वर्गीकरण

भौगोलिक दृष्टि से प्रदूषण को तीन वर्गों में रखा जा सकता है –

1. ***स्थानीय प्रदूषण*** – ग्रामीण, नगरीय।
2. ***राष्ट्रीय प्रदूषण*** – नदी, समुद्र तथा वायुमंडलीय प्रदूषण।
3. ***अंतर्राष्ट्रीय प्रदूषण*** – ओजोन क्षरण, खनिज एवं ऊर्जा संकट, आण्विक विकिरण, आदि।

4. प्रदूषकों के स्त्रोत के आधार पर वर्गीकरण

प्रदूषकों के स्त्रोत के आधार पर प्रदूषण निम्नलिखित प्रकार का होता है –

(1) औद्योगिक प्रदूषण, (2) कृषि प्रदूषण, (3) वाहन प्रदूषण, (4) जनसंख्या प्रदूषण, (5) महानगरीय प्रदूषण, (6) आण्विक प्रदूषण, (7) रासायनिक प्रदूषण।

यदि सामान्य रूप से देखा जाए तो मानव जीवन को प्रभावित करने वाले प्रमुख प्रदूषणों को निम्नलिखित श्रेणियों में वर्गीकृत किया जा सकता है –

(क) वायु प्रदूषण
(ख) जल प्रदूषण
(ग) मृदा प्रदूषण
(घ) ध्वनि प्रदूषण
(ङ) ठोस अपशिष्ट प्रदूषण
(च) जैव प्रदूषण
(छ) आण्विक और रासायनिक प्रदूषण
(ज) ताप विद्युत केन्द्रों द्वारा प्रदूषण।

प्रदूषक : पर्यावरण को दूषित करने वाली अपशिष्ट सामग्री प्रदूषक कहलाती है। प्रदूषकों के प्रमुख स्त्रोत घरेलू कचरे, कल कारखानों के अपशिष्ट, वाहन, नगरीय अपशिष्ट, आदि हैं। बढ़ती जनसंख्या के साथ-साथ अवशिष्ट पदार्थों की मात्रा में अतिशय वृद्धि हुई है।

प्रदूषकों का वर्गीकरण विभिन्न आधारों पर किया जा सकता है –

पारिस्थितिक विचारधारा के अनुसार वर्गीकरण

पारिस्थितिक तंत्र की विचारधारा की दृष्टि से प्रदूषक दो प्रकार के होते हैं –

1. ***जीवधारियों द्वारा क्षयकारी प्रदूषक*** : ये प्रदूषक आसानी से विघटित हो जाते हैं। गंदी नालियों से निकले कार्बनिक पदार्थ सूक्ष्म जीवधारियों जैसे बैक्टीरिया आदि के द्वारा अपघटित हो जाते हैं। ये पारिस्थतिक तंत्र के लिए लाभदायी सिद्ध होते हैं क्योंकि इस प्रकार ऊर्जा का उत्पादन होता है। जल वातावरण में इन प्रदूषकों की मात्रा बढ़ जाती है एवं सूक्ष्म जीवधारियों द्वारा इनका विघटन पूर्ण रूप से नहीं हो पाता है तो ये प्रदूषण फैलाते हैं।

2. ***जीवधारियों द्वारा अक्षयकारी प्रदूषक*** : ऐसे प्रदूषकों का विघटन नहीं होता अथवा बहुत कम होता है, वातावरण में एकत्रित होकर प्रदूषण फैलाते हैं। मात्रा के बढ़ने के साथ–साथ इनके दुष्प्रभाव में वृद्धि होती है जैसे पारे के लवण, फिनाल के यौगिक, एल्यूमीनियम, लोहा, आदि। ये प्रदूषक बहुत हानिकारक होते हैं तथा प्राणियों के ऊतक तंत्र पर प्रभाव डालते हैं।

उत्पत्ति के आधार पर वर्गीकरण

उत्पत्ति के आधार पर प्रदूषक के दो प्रकार होते हैं –

1. ***प्राकृतिक प्रदूषक*** : भौतिक कारणों से पर्यावरण को हानि पहुंचाने वाले प्रदूषक प्राकृतिक प्रदूषक कहलाते हैं। इस प्रकार का प्रदूषण प्रकृति स्वनियंत्रण व्यवस्था द्वारा क्रमशः दूर कर लेती है।

2. ***मानव निर्मित प्रदूषक*** : ये प्रदूषक जो मानवीय क्रियाकलापों से उत्पन्न होते हैं, मानव निर्मित प्रदूषक कहलाते हैं। ये पारिस्थतिक तंत्र को असंतुलित कर देते हैं। उदाहरण – नदियों में औद्योगिक अपशिष्टों का विसर्जन मानव जनित है।

दृश्यता के आधार पर वर्गीकरण

दृश्यता के आधार पर प्रदूषण के दो प्रकार होते हैं –

1. ***दृश्य प्रदूषक*** : ये प्रदूषक दिखाई देते हैं जैसे कचरा, मल–मूत्र, धुंआ, सीवर जल, आदि दृश्य प्रदूषक हैं।

2. ***अदृश्य प्रदूषक*** : ये सामान्यतः दिखाई नहीं देते। इनके द्वारा बहुत अधिक क्षति होने के पश्चात् इनका प्रभाव परिलक्षित होता है। उदाहरण – क्लोरोफ्लोरो कार्बन के दुष्प्रभाव से ओजोन परत की क्षति, ग्रीन हाउस गैसों के प्रभाव से तापमान में वृद्धि।

कारकों के आधार पर वर्गीकरण

कारकों के आधार पर प्रदूषक तीन श्रेणियों में रखे जा सकते हैं –

1. ***जैविक प्रदूषक*** : वे जीव को पर्यावरण की प्राकृतिक व्यवस्था के अंतर्गत क्षति पहुंचाते हैं, जैवीय प्रदूषक कहलाते हैं। उदाहरण -- बैक्टीरिया, विषाणु, वाइरस, टिड्डी, आदि।

2. *भौतिक प्रदूषक* : मानवीय क्रियाकलापों से उत्पन्न प्रदूषक इस श्रेणी में आते हैं।

3. *सांस्कृतिक प्रदूषक* : सामाजिक अव्यवस्था से ऐसे प्रदूषकों का जन्म होता है जैसे – बीमारी, कुपोषण, गंदगी, गरीबी, आदि।

कुछ प्रमुख प्रदूषक –

1. कार्बन मोनोआक्साइड
2. हाइड्रोकार्बन
3. सल्फर डाइआक्साइड
4. नाइट्रोजन के आक्साइड
5. धूल धुंआ कालिख।
6. ओजोन गैस
7. लेड, आजोन गैस, मरकरी, कैडमियम, सेलेनियम, आदि धातुएं
8. विभिन्न कीटनाशक/कार्बनिक घोलक-डायोक्सेन्स, पॉलीक्लोरिनैटेड बाइफिनाइल्स, कृमिनाशक, खरपतवारनाशक बैंजीन/टॅलुईन, आदि।
9. बेहोशी वाले रसायन
10. थैलिडोमाइड, स्टिलबेस्ट्राल, एल्कोहल जैसे रसायन
11. एक्स किरण, गामा किरण, आदि।

वायु प्रदूषण

वायुमंडल में विद्यमान गैसें एक निश्चित मात्रा और अनुपात में होती हैं। जब वायु के अवयवों में अवांछित तत्व प्रवेश कर जाते हैं तो उसका मौलिक संतुलन बिगड़ जाता है। वायु के दूषित होने की प्रक्रिया या वायुमंडल में हानिकारक तत्वों की मात्रा का बढ़ना "वायु-प्रदूषण" कहलाता है। वायुमंडल में लगभग 78 प्रतिशत नाइट्रोजन, 21 प्रतिशत आक्सीजन, 0.3 प्रतिशत कार्बन डाइऑक्साइड तथा शेष निष्क्रिय गैसें पाई जाती हैं। स्वस्थ जीवन के लिए शुद्ध वायु अनिवार्य है। शुद्ध वायु में प्रदूषकों का अभाव रहता है जिससे श्वसन क्रिया हेतु इच्छित आक्सीजन प्राप्त हो जाती है। एक सामान्य व्यक्ति दिन में लगभग 22,000 बार श्वांस लेता है, जिसमें वह लगभग 16 किलोग्राम वायु ग्रहण करता है। वायु की यह मात्रा मानव द्वारा प्रयोग में लाए जाने वाले भोजन एवं पानी आदि की संयुक्त मात्रा से बहुत अधिक है। अत: मानव जीवन में वायु का महत्व स्वयमेव सिद्ध है। आक्सीजन के अभाव में मानव जीवित नहीं रह सकता। वर्तमान में असंतुलित औद्योगिक विकास के कारण वायु प्रदूषण तीव्र गति से बढ़ रहा है। एक सर्वेक्षण के अनुसार पिछले 70 वर्षों में 6 लाख एन्टीमनी, 8 लाख टन निकल, 10 लाख टन कोबाल्ट एवं अनेक आर्सेनिक पदार्थ विभिन्न औद्योगिक गतिविधियों के

फलस्वरूप वायुमंडल में छोड़े जा चुके हैं। संयुक्त राष्ट्र संघ के एक वैज्ञानिक दल ने संपूर्ण विश्व के वातावरण के अध्ययन के दौरान यह पाया है कि वायु में कार्बन डाइआक्साइड की मात्रा 330 प्रति दस लाख टन हो गई है और पिछले 10 वर्षों में इसमें 14 प्रतिशत की वृद्धि हुई है।

2. वायु प्रदूषण के स्रोत

वायु प्रदूषण के दो मुख्य स्रोत हैं जो इस प्रकार हैं –

(1) प्राकृतिक स्रोत,

(2) मानव जनित स्रोत।

1. ***प्राकृतिक स्रोत*** : प्राकृतिक स्रोतों द्वारा वायु प्रदूषण के अंतर्गत सक्रिय ज्वालामुखियों से निकलती गैसें धूल आदि होती हैं। इसके अलावा समुद्र के नमक कर्ण आदि प्रदूषण फैलते हैं। इस प्रकार का प्रदूषण प्राय: कम देखा जाता है।

2. ***मानव-जनित स्रोत*** : वायु प्रदूषण फैलाने वाले मानव-जनित स्रोत या कृत्रिम स्रोत विभिन्न प्रकार के हैं जैसे –

(क) कल-कारखानों द्वारा छोड़ा गया धुंआ एवं अनेक पदार्थों के सूक्ष्म कण।

(ख) ऑटोमोबाइल एवं डीजल इंजन से निकला धुंआ, गैस एवं धातुओं के सूक्ष्म कण।

(ग) रासायनिक पेट्रोल, डीजल, कोयला, लकड़ी, उपलों, सिगरेट, आदि का धुंआ।

(घ) वायुयान एवं राकेटों का धुंआ।

(ङ) विभिन्न उद्योगों एवं तापग्रहों से निकली जहरीली गैंस, धूल कण, आदि।

(च) ताप विद्युत घरों के संयंत्रों से निकलने वाली सल्फर डाइआक्साइड।

(छ) खनिज तत्वों के कणों के द्वारा।

(ज) विभिन्न आण्विक एवं रासायनिक प्रयोगों द्वारा।

(झ) कृषि क्रियाओं में कीटनाशकों के छिड़काव आदि के द्वारा।

(ञ) वायुमंडल में कार्बन डाइआक्साइड की बढ़ती मात्रा द्वारा।

मुख्य वायु प्रदूषक

आधुनिक औद्योगिक प्रगति के परिणामस्वरूप वायु प्रदूषण में वृद्धि हुई है। इन प्रदूषकों की उत्पत्ति मुख्यत: वाहनों, कारखानों, अपशिष्ट पदार्थों, तापगृहों, आदि से होती है।

ये वायु प्रदूषक मुख्य रूप से तीन प्रकार के होते हैं –

(क) गैसीय वायु प्रदूषक,

(ख) सूक्ष्म कण प्रदूषक, (ग) जैवीय प्रदूषक।

प्रमुख वायु प्रदूषकों का विवरण इस प्रकार है –

धुंआ : ये ठोस एवं द्रव कण होते हैं। कार्बन युक्त पदार्थों के अपूर्ण दहन से धुंए की उत्पत्ति होती है। विनाशकारी आसवन से भी यह उत्पन्न होता है। इसका परिणाम 0.05 माइक्रान से 1.0 माइक्रान तक होता है। इसके मुख्य स्रोत कल कारखानें, सिगरेट, घरेलू ईंधन, वाहन, आदि हैं। कारखानों, फैक्टरियों के नगरों में रात को सोने के बाद सुबह धुंए की काली पर्त जमी हुई मिलती है। चीन के अधिकतर महानगर की उत्तरी औद्योगिक नगरी बैंक्सी पर इतना काला धुंआ छाया रहता है कि इसे उपग्रह से देखना असंभव हो जाता है। यहां अधिकतर ऊर्जा स्रोत के रूप में अधिकतर कोयला उपयोग में लाया जाता है। चीन के शहरों से उठने वाला जहरीला धुंआ संपूर्ण विश्व, मुख्य रूप से एशिया के जलवायु में असंतुलन उत्पन्न कर रहा है। 'नासा' के विशेष वायुयान ने चीन से उठने वाली जहरीले धुंए की पट्टी प्रशांत महासागर पर एक हजार मील तक फैली देखी है। इसमें नाइट्रोजन के आक्साइडों की मात्रा 12 गुना और कार्बन मोनोआक्साइड की मात्रा 9 गुना अधिक देखी गई। ये गैसें न सिर्फ जहरीली हैं, बल्कि प्रलयकारी 'ग्रीनहाउस प्रभाव' भी उत्पन्न करती हैं। विश्व के अन्य नगरों में भी धुंए द्वारा प्रदूषण बढ़ा है।

शहरों में मोटर वाहनों एव कारखानों द्वारा छोड़े गए धुंए से घुटन भरे वातावरण में श्वास लेना कठिन हो गया है। विकाशील देशों में अधिकतर घरों का चूल्हा लकड़ी, बुरादा, उपले या इसी प्रकार के जैविक ईंधन पर निर्भर करता है। विकासशील देशों की लगभग 7,000 लाख महिलाएं इसकी चपेट में हैं। नवजात शिशु भी रसोई में ईंधनों के जलने के कारण प्रदूषण का शिकार बनते हैं। प्रदूषण और कुपोषण से बच्चों की बुद्धि सामान्य नहीं रहती, उनके फेफड़े संकुचित हो जाते हैं। श्वास रोग एवं अंधापन भी हो सकता है। सिगरेट एवं बीड़ी का धुंआ भी घातक है। धुंए के दुष्प्रभाव से सिरदर्द, दम घुटना, आलस्य, दम घुटना एवं गला सूख जाता है।

धूल के कण

धूल मुख्य रूप से ग्रीष्म ऋतु में वायु प्रदूषण फैलाती है। काशिंग, सीमेंट उद्योग, खनन एवं धातुकर्म क्रियाओं, कोक ओवन घरेलू ईंधन आदि इसके मुख्य स्रोत हैं। इस धूल का परिमाण 1 माइक्रान से 100 माइक्रान तक होता है। वायु प्रदूषण के स्तर की गणना के लिए मौसम विज्ञान संबंधी विशेष आंकड़ों की आवश्यकता होती है, जैसे –

1. धारातलीय वायु की गति और दिशा।
2. धारातलीय वायु का तापमान।
3. सूर्य चमक की अवधि।
4. वायु की ऊंचाई एवं तापमान में अधिक भिन्नता।
5. धरातलीय वायु दाब का वितरण।
6. सौर्य विकिरणों की तीव्रता।

7. बादलों की प्रकृति एवं परिणाम।

धूल के कण मानव स्वास्थ्य पर बुरा प्रभाव डालते हैं। इससे दमा, खांसी, तपेदिक, इफाइमा, आदि रोग होते हैं।

स्मोग : स्मोग पानी की वाष्प के संघनन से बनता है। इसमें धूल एवं धुंए के कण संघनन में सहायता करते हैं। फोटो रासायनिक स्मोग अधिक विषैला पदार्थ है जो सूर्य प्रकाश की उपस्थिति में मोटर गाड़ी से निकलने वाले धुंए में उपस्थित दो घटकों के मिलने से बनता है। स्मोग में ओजोन पेरॉक्सिएसिल नाइट्रेट्स और अन्य फोटो-रासायनिक आक्सीकारक पाए जाते हैं। इनके प्रभाव से पौधों में शीघ्र परिपक्वता देखी गई है। पेराक्सिएसिल नाइट्रेट्स असंतृप्त हाइड्रोकार्बन और नाइट्रोजन आक्साइड की क्रिया से बनता है। ये वायु प्रदूषण के मुख्य घटक हैं। मनुष्यों में इनके दुष्प्रभाव से श्वसन तंत्र एवं आंखें प्रभावित होती हैं। पौधों में प्रकाश संश्लेषण श्वसन एन्जाइम क्रियाओं को क्षीण करते हैं। इससे उत्पादन प्रभावित होता है।

कणिकीय प्रदूषक : विभिन्न उद्योगों में ऊष्मा उत्पन्न होती है। इसके साथ कुछ विशेष पदार्थ (एरोसोल, धूल आदि) भी मुक्त होते हैं। अध्ययन से ज्ञात होता है कि इन विशेष पदार्थों में सिलीकान, सोडियम, एल्यूमीनियम, आयरन, कैल्शियम, जिंक, लेड, कापर, आदि लगभग 2.2 धात्विक तत्व होते हैं। ये मनुष्य के 'श्वसन तंत्र' को हानि पहुंचाते हैं। इन पदार्थों का परिमाण 0.01 से 20 माइक्रान (माइक्रान-10-6 मीटर) होता है। 15 माइक्रान व्यास से अधिक के कण नाक द्वारा छन कर भीतर चले जाते हैं जबकि छोटे कण ऊपरी 'श्वसन तंत्र' के ऊतकों में जम जाते हैं। सबसे छोटे कण (2.5 माइक्रान से कम) वायुकोष्ठिकाओं को भेद सकते हैं। कार्बन के कणों के साथ विषैली गैसें जैसे सल्फर डाइआक्साइड फेफड़ों तक पहुंच जाती है। ये कण श्वसन मार्ग में बाधा डालते हैं एवं अस्थमा, श्वास नली में सूजन एवं अन्य फेफड़े संबंधी रोगों को जन्म देते हैं। धातु कर्म संक्रियाओं से वायु पहुंचने वाली भारी धातुएं जैसे जस्ता, निकल, सीसा, क्रोमियम, आर्सेनिक, आदि हृदय एवं मस्तिष्क रोग का कारण बनती है। जोड़ों में दर्द की शिकायत भी इनकी अधिकता से उत्पन्न होती है।

कार्बन मोनोआक्साइड : कार्बनिक इंधनों के अपूर्ण दहन से कार्बन मोनोआक्साइड बनती है। वाहनों से निकलने वाले धुंए द्वारा यह वातावरण को प्रदूषित करती है। वातावरण में कार्बन मोनोआक्साइड का अनुपात यातायात हेतु प्रयुक्त मोटर वाहनों पर निर्भर करता है। इसके अलावा इसके अन्य स्रोत खनिज एवं पेट्रोलियम ईंधन, कोक ओवन, हाट मिक्ससयंत्र, स्टील एवं फाउण्ड्री में कचरा जलाना आदि है। यह श्वसन तंत्र के माध्यम से शरीर में प्रवेश करती है। जब यह रक्त के हीमोग्लोबिन से मिलती है तो उसके आक्सीजन ले जाने की क्षमता को कम करती है। इससे सिरदर्द, चक्कर उल्टी, घुटन, आदि रोगों की संभावना बढ़ जाती है।

कार्बन मोनोआक्साइड की सान्द्रता 5000 पी०पी०एम० से 30,000 पी०पी०एम० होने पर जैव रासायनिक परिवर्तन होते हैं। जब कार्बन मोनोआक्साइड की सान्द्रता 30,000 पी०पी०एम० से अधिक हो जाती है तो मनोरोग की संभावना बढ़ जाती है।

क्लोरीन : क्लोरीन का उपयोग जल में उपस्थित जीवाणुओं को मारने के लिए किया जाता है। इसके अलावा ब्लीचिंग पाउडर, कीटनाशक, कृत्रिम रबड़, प्लास्टिक, आदि के निर्माण में भी किया जाता है। हरित पीले रंग की क्लोरीन अनेक रासायनिक क्रियाओं में उपजात के रूप में प्राप्त होती है। धात्विक क्लोराइडों के जलीय घोलों के विद्युत अपघटन से कास्टिक सोडा और अल्कली बनाते समय बड़ी मात्रा में क्लोरीन मिलती है।

वायु में इसकी मिलावट विशिष्ट गंध से पहचानी जाती है। क्लोरीन की मात्रा 30 भाग प्रति 10 लाख भाग या उससे अधिक होने पर खांसी आने लगती है। क्लोरीन युक्त गैस में श्वास लेने से फेफड़ों में सूजन आ जाती है जो घातक सिद्ध हो सकती है। युद्ध में शत्रु सेना को हताहत करने के लिए इसका उपयोग शुद्ध अस्त्र के रूप में किया जाता है।

कार्बन डाइआक्साइड : कार्बन डाइआक्साइड गैस कार्बन के एक परमाणु एवं आक्सीजन के दो परमाणुओं से मिल कर बनती है। मौसम में स्थायित्व लाने और फसलों में अनाज बनाने के लिए कार्बन डाइआक्साइड की एक निश्चित मात्रा लाभदायक है। वायुमंडल में कार्बन डाइआक्साइड की मात्रा बहुत कम है – केवल 10,000 भाग में तीन भाग। पृथ्वी के ताप को नियंत्रित करने में कार्बन डाइआक्साइड की महत्वपूर्ण भूमिका है। वायुमंडल में कार्बन डाइआक्साइड की मात्रा 23000 खरब टन है। मौसम में स्थायित्व के लिए यह आवश्यक है कि इसकी मात्रा इतनी ही बनी रहे। वायुमंडल में कार्बन डाइआक्साइड की मात्रा में वृद्धि हो रही है। इसके अनेक कारण हैं। मुख्य रूप से इसका उत्तरदायित्व कारखानों और मोटर वाहनों पर है। इन स्रोतों से 1850 से लेकर अब तक लगभग 150 अरब टन कार्बन डाइआक्साइड वायुमंडल में पहुंच चुकी है। औद्योगीकरण में वृद्धि होने के साथ-साथ वायुमंडल में कार्बन डाइआक्साइड की मात्रा में भी वृद्धि होती जा रही है। ईंधन के रूप में लकड़ी कोयला जलाने से भी पर्याप्त मात्रा में कार्बन डाइआक्साइड वायुमंडल में पहुंच रही है। ईंधन के कारण प्रतिवर्ष लगभग 6 अरब टन कार्बन डाइआक्साइड वायु में पहुंचती है। इससे प्रतिवर्ष 4 प्रतिशत की वृद्धि हो रही है। वनों की अंधाधुंध कटाई से भी कुछ सीमा तक कार्बन डाइआक्साइड बढ़ रही है। पेड़ों की कटाई से प्रतिवर्ष 2 से 4 अरब टन कार्बन डाइआक्साइड वायु में पहुंचती है।

वायुमंडल में अब तक 36 लाख टन कार्बन डाइआक्साइड गैस की वृद्धि हो चुकी है। भू-विज्ञान वेत्ताओं ने भविष्यवाणी की है कि यदि वर्तमान प्रवृत्ति अगले तीन चार

दशक तक जारी रही तो पृथ्वी का औसत तापक्रम 5^0 से.ग्रे. बढ़ सकता है। इसके अनेक दुष्परिणाम होंगे। विश्व की कृषि के गंभीर परिणाम होंगे। मौसम में परिवर्तन आ सकते हैं। शीतोष्ण क्षेत्र मरुस्थल में बदल सकते हैं। ध्रुवों की बर्फ पिघलेगी जिससे समुद्र तल कई मीटर ऊंचा हो जाएगा। ऐसी स्थिति में निचले भाग डूब जाएंगे। मुंबई, कलकत्ता, चेन्नई, पणजी, विशाखापट्टनम, कोचीन, त्रिवेन्द्रम जैसे तटीय नगरों का अस्तित्व समाप्त हो जाएगा। विश्व का अस्तित्व ही इस प्राकृतिक असंतुलन के कारण खतरे में पड़ जाएगा।

ओजोन : ओजोन आक्सीजन का एक रूप है जिसमें आक्सीजन के तीन परमाणु होते हैं। इसका निर्माण वायुमंडल की ऊपरी परत में पराबैंगनी प्रकाश द्वारा आक्सीजन गैस के टूटने से होता है। वायुमंडल में वायु की अनेक परतें होती हैं, उनमें से एक में मेसोस्फीयर या ओजोन मंडल है। यह समताप मंडल के ऊपर धरातल से 30 से 60 किलोमीटर के मध्य होता है। यह परत सूर्य की पराबैंगनी किरणों का अधिकांश भाग ग्रहण कर लेती है, ये किरणें मानव के लिए घातक हैं। पराबैंगनी किरणों को सोखने से इस परत का तापमान बढ़ जाता है और यह पृथ्वी को गर्म होने से बचाती है। ओजोन एक उच्च क्रियाशील यौगिक है जो सूर्य प्रकाश की उपस्थिति में कोयले एवं पेट्रोलियम उत्पादों के ज्वलन से प्राप्त होती है मुख्य रूप से वाहनों से निकलने वाले धुंए में। आक्सीजन युक्त अणुओं जैसे SO_2, NO_2 और एल्डिहाइड के अल्ट्रा वायॅलेट विकिरणों के अवशोषण से इसकी उत्पत्ति होती है।

सल्फर डाइआक्साइड : गंधक जीवाश्म ईंधन के दहन से सल्फर डाइआक्साइड गैस उत्पन्न होती है जो मुख्य वायु-प्रदूषकों में एक है। सल्फर डाइआक्साइड गैस पानी से संयोग कर सल्फ्यूरिक अम्ल का तनु विलयन बनाती है। जो "अम्लीय वर्षा" का मुख्य कारक है। अम्लीय वर्षा पादप जीवन, मछली एवं अन्य जलीय जीवों के लिए विषाक्त है। हाल के वर्षों में पश्चिमी यूरोप और उत्तरी अमेरिका के विशाल वन क्षेत्रों को इससे हानि हुई है। मनुष्यों में अम्लीय वर्षा के प्रभाव से फेफड़े संबंधी रोग, आंखों के रोग आदि होते हैं। सल्फर डाइआक्साइड के प्रमुख स्त्रोत कोयला एवं पेट्रोलियम ईंधन, सल्फ्यूरिक अम्ल बनाने के संयंत्र, ताप विद्युत गृह, पेपर एवं लुगदी उद्योग हैं।

केन्द्रीय प्रदूषण नियंत्रण बोर्ड के अनुसार वायु में सल्फर डाइआक्साइड की अधिकतम मात्रा औद्योगिक क्षेत्रों में, 120 माइक्रो ग्राम प्रति घन मीटर, आवासीय क्षेत्रों में 80 और संवेदनशील क्षेत्रों में 30 माइक्रो ग्राम प्रतिघन मीटर से अधिक नहीं होनी चाहिए।

वायु में सल्फर डाइआक्साइड शीघ्र की सल्फर ट्राइआक्साइड में बदल जाती है जो सल्फर डाइआक्साइड की तुलना में अधिक हानिकारक होती है। सल्फर ट्राइआक्साइड वायु में विद्यमान पानी की भाप से शीघ्र संयोग करके गंधक के तेजाब

में बदल जाती है जिसका प्रभाव, त्वचा, आंख, नाक, फेफड़ों और अन्य नाजुक अंगों पर पड़ता है।

अमोनिया : यह एक तीखी गंध वाली गैस है जो पानी में अत्यधिक घुलनशील है। विस्फोटकों, उर्वरकों, कृत्रिम रेशों और विभिन्न रसायनों के निर्माण में बड़े पैमाने पर इसका उपयोग होता है। यदि इसकी मात्रा वायु में 53 भाग प्रति 10 लाख से अधिक हो जाती है तो वायु हानिकारक हो जाती है। अमोनिया से हमारी श्वास नली को हानि पहुंच सकती है और दम घुटने लगता है।

फास्जीन : फास्जीन एक अत्यंत जहरीली गैस है जिसकी हवा में अनुमेय मात्रा 1 भाग प्रति 10 लाख भाग है। फास्जीन की मात्रा बढ़ जाने से आंखों में जलन उत्पन्न हो जाती है और पानी बहने लगता है, सांस में रुकावट उत्पन्न हो जाती है और फेफड़ों में पानी जमा होने लगता है जिससे मनुष्य की मृत्यु तक हो सकती है। इसका उपयोग अनेक क ैनिक यौगिकों, विशेष रूप से आइसोसायनेट, पीलीयूरेथीन, कार्बोमेट, आदि के संश्लेषण में तथा पीड़कनाशियों, बूटीनाशियों तथा रंजकों के निर्माण में होता है। भोपाल गैस कांड मुख्य रूप से मेथिल आइसोसाइनेट और फास्जीन गैसों के मिश्रण के कारण हुआ था।

मेथिल आइसोसाइनेट : यह वायु से भारी होती है और इस कारण धरातल के सतह के समीप ही रह जाती है, ऊपर नहीं उठ पाती। इस कारण हवा में इसकी मिलावट पर्याप्त समय तक रह जाती है। यह अत्यंत जहरीली एवं प्राणघातक गैस है। वायु में इसकी मिलावट से सांस लेने में तकलीफ होती है, फेफड़े फूल जाते हैं उनमें पानी भर जाता है एवं मस्तिष्क में रक्त नहीं पहुंच पाता। यदि पहुंचता है तो भी उसमें आक्सीजन की कमी हो जाती है। इस गैस के विषैले प्रभाव से भोपाल में हुई दुर्घटना में 3 दिसम्बर, 1984 को 10,000 से अधिक व्यक्ति काल कलवित हुए थे।

नाइट्रोजन के आक्साइड : ये उच्च ताप पर आक्सीजन एवं नाइट्रोजन के दहन से प्राप्त होते हैं। इनके प्रमुख स्रोत खनिज एवं पेट्रोलियम ईंधन आदि हैं। वाहनों से निकलने वाला धुंआ इसके प्राथमिक स्रोत हैं। नाइट्रोजन के आक्साइड नाइट्रेट्स, नाइट्राइट्स विद्युत तूफान, भारी ऊर्जा वाले तूफानों के जैव वैज्ञानिक तथा गैर-जीवविज्ञानी क्रियाओं से होती है। प्राकृतिक गैसों के दहन वाले उत्पाद में 50 पी॰पी॰एम॰ से अधिक नाइट्रोजन होती है।

नमी की दशाओं में नाइट्रोजन गैसों के आक्साइड पानी से क्रिया कर नाइट्रिक एसिड का हल्का घोल बनाते हैं, जिससे अम्लीय वर्षा होती है। इससे मानव में फेफड़े एवं आंख के रोग होते हैं। इसके घातक परिणाम कार्बन मोनोआक्साइड से अधिक होते हैं।

हाइड्रोक्लोरिक एसिड गैस : यह एक रंगहीन गैस है जो पानी में अत्यधिक

घुलनशील है। इसका जलीय घोल ही हाइड्रोक्लोरिक एसिड है जो अनेक उद्योगों में बड़े पैमाने पर प्रयुक्त होता है। यदि इस गैस की मात्रा वायु में 5 भाग प्रति 10 लाख भाग से अधिक हो जाती है तो श्वास लेने में कठिनाई होती है, आंखों में जलन होती है।

फार्मेल्डिहाइड : यह तीखी, रंगहीन गैस है। इसके प्रमुख स्रोत भवन निर्माण और विद्युत रोधी उपकरण, फर्नीचर तथा अनेक उपभोक्ता उत्पाद हैं। इसका उपयोग भवन निर्माण सामग्रियों, यूरिया पृथक्करण बोर्ड, टेक्सटाइल, प्लाइवुड, चिपकाने वाले पदार्थों में होता है। वातावरण में इसकी मात्रा 0.05 पी०पी०एम० से 05 पी०पी०एम० होने पर आंखों में जलन एवं ऊपरी श्वसन मार्ग में रुकावट आ सकती है। यह वातावरण की दशाओं जैसे ताप, आद्रता आदि पर निर्भर करता है। इसके अलावा कफ, छाती में अवरोध आदि भी हो सकते हैं।

लेड के यौगिक : वाहनों से निकलने वाले धुएं में लेड होता है जो एक घातक प्रदूषक है। वाहनों में वृद्धि होने से लेड का अनुपात बढ़ा है। लेड के यौगिक पौधों के लिए हानिकारक हैं। इसका उच्च सांद्रता जानवरों को भी नुकसान पहुंचाता है। इससे महिलाओं में गर्भपात, मनोवैकल्प आदि प्रभाव होते हैं।

हाइड्रोजन सल्फाइड : हाइड्रोजन सल्फाइड गैस के प्रमुख स्रोत विभिन्न रासायनिक उद्योगों जैसे – रेयन उद्योग, पेपर एवं लुगदी उद्योग, पेट्रोलियम शोधन उद्योग आदि हैं। इसकी सूक्ष्म मात्रा भी हानिकारक होती है। इससे आंख, गुर्दे की बीमारियां, जी मचलाना, आदि रोग होते हैं।

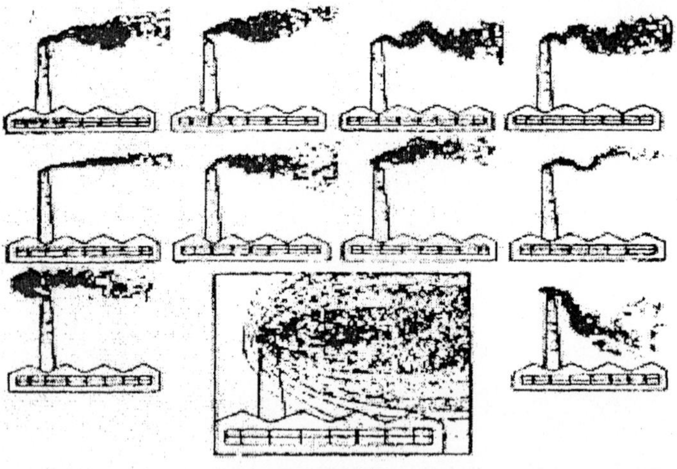

आरेख 6.1: वातावरण में धुएं फैलने के विभिन्न तरीके।

हाइड्रोजन फ्लोराइड : एल्यूमीनियम उद्योगों में, इलेक्ट्रोप्लेटिंग एवं अन्य रासायनिक उद्योगों में हाइड्रोजन गैस निकलती है। ये गंभीर रूप से मानव स्वास्थ्य को प्रभावित करते हैं। फ्लोराइड की सूक्ष्म सांद्रता (0.001 पी॰पी॰एम॰* से 0.1 पी॰पी॰बी॰**) कुछ पौधों पर विषैला प्रभाव डालती है। यह पौधों की पत्तियों में संचित हो जाती है, इसलिए जानवर एवं मनुष्य भी अप्रत्यक्ष रूप से प्रभावित होते हैं। इसलिए एल्यूमीनियम उद्योगों को कृषि इकाइयों से दूर स्थापित करने की सलाह दी जाती है।

वायु प्रदूषण नियंत्रण के उपाय : निम्नलिखित उपायों द्वारा वायु प्रदूषण को नियंत्रित किया जा सकता है --

1. उद्योगों में कच्चे माल की क्रियाविधियों एवं सिस्टम कंट्रोल में समुचित परिवर्तन कर वायुमंडल में फैलने वाले प्रदूषकों के उत्सर्जन में कमी लाई जा सकती है।
2. प्रदूषण फैलाने वाले मुख्य स्रोत का पता लगाना चाहिए।
3. कोई भी कारखाना स्थापित करने से पूर्व उसका डिजाइन इस तरीके से तैयार करना पड़ेगा कि कारखाने से उत्पन्न होने वाले हानिकारक उपजातों को वायुमंडल में छोड़ने से पहले उपचारित किया जाए। इस संबंध में कठोर कानून बनाए जाने चाहिए।
4. सड़क के किनारे, घरों की बाड़ में, कारखानों के निकट तथा खाली स्थानों पर पेड़ लगाने चाहिएं।
5. परमाणु बमों के परीक्षण बंद कर देने चाहिएं एवं परमाणु बिजलीघरों में रेडियोधर्मी विकिरणों को बाहर जाने से रोकने के उपाय किए जाने चाहिए।
6. सड़ी-गली वस्तुओं और मृत पशुओं को भली-भांति शीघ्र ही ठिकाने लगा देना चाहिए।
7. गंदे नालों की नियमित रूप से सफाई की जानी चाहिए।
8. सौर आधारित ऊर्जा का उपयोग किया जाना चाहिए। जीवाश्म ईंधन के प्रयोग को कम किया जाना चाहिए।
9. विद्युत शवदाह गृहों का उपयोग किया जाना चाहिए।
10. रासायनिक उर्वरकों एवं कीटनाशकों का संतुलित उपयोग होना चाहिए।
11. नये परिवहन नेटवर्क एवं नगरों को नवीन योजना द्वारा बसाना चाहिए।
12. भूमि एवं पूंजी का पुनः वितरण।
13. वाहनों का उपयोग सीमित किया जाना चाहिए।
14. वाहनों में लेड रहित पेट्रोल का उपयोग किया जाना चाहिए।
15. फ्लोरीन युक्त फ्लुओस्पार के स्थान पर बाक्साइड फ्लक्स का उपयोग किया जाना चाहिए।
16. NO_2 के उत्सर्जन को कम करने के लिए दो चरणों में दहन की प्रक्रिया की जानी चाहिए।

17. वाहनों को विद्युत या हाइड्रोजन, मीथेन आदि ऊर्जा स्रोतों द्वारा चलाया जाना चाहिए।

अम्लीय वर्षा

अम्लीय वर्षा वायु प्रदूषण का विनाशक परिणाम है। इसकी खोज 1852 में राबर्ट अंगुस स्मिथ ने मैनचेस्टर में की थी। वर्तमान में यह देश "अम्लीय वर्षा" सूचना स्थल (ए॰आर॰आई॰सी॰) के नाम से भी जाना जाता है। इस स्थल की स्थापना 1984 में हुई थी। स्कैंनेडेनेवियन देशों के लिए अम्लीय वर्षा सबसे बड़ी समस्या है।

प्राय: वर्षा का जल थोड़ा अम्लीय होता है। इसका कारण वायुमंडल में कार्बन डाइआक्साइड का पानी में घुल जाना है। अम्लीय वर्षा में अम्लों का प्रतिशत इतना बढ़ जाता है कि वह पेड़-पौधों, इमारतों को गंभीर नुकसान पहुंचाने लगता है। और वर्तमान समय में औद्योगिक प्रगति के साथ-साथ यातायात और ऊर्जा उत्पादन के साधनों का उपयोग बहुत बढ़ गया है। इन सभी स्थानों पर जीवाश्म ईंधन अर्थात् पेट्रोलियम पदार्थों और कोयला का उपयोग बहुत बढ़ गया है। दैनिक जीवन में जीवाश्म ईंधन के जलाने से सल्फर डाइआक्साइड और नाइट्रोजन डाइआक्साइड की मात्रा बढ़ती है। यह क्रम वर्षों से चल रहा है। वर्तमान में वायुमंडल में सल्फर के आक्साइडों की 60 प्रतिशत और नाइट्रोजन के आक्साइडों की 30 प्रतिशत मात्रा केवल ताप विद्युतघरों से उत्पन्न होती है। वातावरण की नमी के संपर्क में आने पर ये गैसें क्रमश: सल्फ्यूरिक अम्ल और नाइट्रिक अम्ल बनाती हैं, जो वर्षा के रूप में पृथ्वी पर गिरती हैं। यह क्रिया अम्लीकरण कहलाती है। अम्ल बनने की क्रिया दो स्तरों पर होती है। 1. गैस स्तर पर, 2. तरल स्तर पर। दोनों स्तरों की रासायनिक क्रियाओं सल्फर और नाइट्रोजन के आक्साइड विभिन्न स्थितियों से गुजरते हैं। इसमें सूर्य प्रकाश और दूसरे तत्व जैसे मैंगनीज आदि उत्प्रेरक का कार्य करते हैं। इसके परिणामस्वरूप अम्ल बनने की क्रिया तेज होती है।

अम्लीय वर्षा के दुष्परिणाम : अम्लीय वर्षा के पर्यावरण पर पड़ने वाले परिणाम गंभीर एवं दूरगामी होते हैं। इसका प्रभाव इस बात पर निर्भर करता है कि अम्लीय वर्षा कैसे, कहां और किस रूप में हो रही है। सूखी अवस्था में अर्थात् जब अम्ल पानी के साथ बरसकर वायुमंडल में सूखे रूप में रहते हैं तो वे मकानों तथा इमारतों को प्रभावित करते हैं। इनके प्रभाव से चूना, लोहा, आदि कमजोर हो जाते हैं।

गैस की अम्लीय अवस्था में रहने पर इनका प्रत्यक्ष प्रभाव पेड़-पौधों पर पड़ता है। पत्ते पीले पड़ जाते हैं। उनकी क्लोरोफिल बनाने की प्रक्रिया प्रभावित होती है जिससे वे अपना भोजन नहीं बना पाती तथा मर जाते हैं। मिट्टी की उपजाऊ क्षमता पर विपरीत प्रभाव पड़ता है। तरल अवस्था में पानी के साथ-साथ गिरने पर यह वर्षा नदी, तालाब, झीलों के पानी का अम्लीय प्रतिशत बढाती है। इसके परिणामस्वरूप पानी में

रहने वाले जीवों की मृत्यु हो जाती है। मछलियां, एल्गी, बैक्टीरिया अर्थात् बड़े जीवों से लेकर एक कोशीय जीव सभी की मृत्यु हो जाती है तथा संपूर्ण जलीय व्यवस्था समाप्त हो जाती है।

अम्लीय वर्षा के लिए केवल सल्फर डाइआक्साइड तथा नाइट्रोजन डाइआक्साइड ही उत्तरदायी नहीं है वरन् प्राकृतिक कारण जैसे सदाबहार वन आदि भी इस दुष्प्रभाव में सम्मिलित हैं। उदाहरण के लिए स्वीडन में पाइन्स की पत्तियां (नीडिल्स) सड़कर बैक्टीरिया की क्रिया से अम्ल बनाती हैं।

अम्लीय वर्षा का दुष्प्रभाव विशेष रूप से वनों पर पड़ता है, स्वीडन, उत्तरी अमेरिका, पश्चिमी जर्मनी एवं चेकोस्लोवाकिया के जंगल द्रुत गति से नष्ट हो रहे हैं। स्वीडन के एक सर्वेक्षण के अनुसार कुल 244 नष्ट होने वाले जंगलों में से 137 जंगल अम्लीय वर्षा से नष्ट हो गए हैं। 1982 में स्वीडन के लगभग 34 प्रतिशत वृक्ष नष्ट हो गए थे। ब्रिटेन के पर्यावरण विशेषज्ञों के अनुसार यह सल्फ्यूरिक अम्ल वायु के साथ पश्चिमी यूरोप तक जाता है। यह वायु जीव-जंतुओं पर हानिकारक प्रभाव डालती है। पश्चिमी जर्मनी में नाइट्रोजन के आक्साइड की अधिकता के कारण ओजोन तह पतली हो रही है, साथ ही अम्लीय वर्षा के बुरे प्रभाव भी देखे गए हैं। स्वीडन की झीलों के पानी की अम्लीयता संपूर्ण वर्ष (1988 में) लगभग 5.5 पी०एच० आंकी गई यह सामान्य बिन्दु के लगभग 1.5 कम है। यही कारण है कि स्वीडन की झीलों में मछलियों की संख्या तेजी से कम हो रही है। कभी-कभी तो पानी की अम्लीयता 5 पी०एच० तक पहुंच जाती है। 1985 में स्वीडन में हुए एक सर्वेक्षण के अनुसार वहां की 85,000 झीलों

झील में अम्ल प्रवाह से मछलियों पर प्रभाव

आरेख 6.2: अम्लीय वर्षा का प्रभाव।

में से 15,000 झीलें वायु प्रदूषण के द्वारा अम्लीय हो गई हैं। अम्लीय वर्षा पर शोधरत वैज्ञानिकों के अनुसार वाहनों की गति बढ़ने के साथ ही नाइट्रोजन के आक्साइडस भी बढ़ने लगते हैं।

भोपाल गैस त्रासदी

'भोपाल गैस त्रासदी' प्राणघातक गैसों से उत्पन्न वायु प्रदूषण की एक हृदय विदारक घटना थी। यह घटना 3 दिसंबर, 1984 में भोपाल स्थित यूनियन कार्बाइड इंडिया (लिमिटेड) के कारखाने से एक संयंत्र से असावधानीवश निकली जहरीली मिक गैस (मिथाइल आइसो साइनाइट) के अचानक फूट निकलने के कारण कुछ घंटे में हज़ारों व्यक्ति काल-कलवित हो गए। असंख्य व्यक्ति विभिन्न व्याधियों एवं दुष्प्रभावों के शिकार हो गए।

भोपाल स्थित इस अमेरिकी यूनियन कार्बाइड कारखाने में कीटनाशक उत्पाद (सीवान) बनाने हेतु मिथाइल आइसो साइनेट तथा फास्जीन का उपयोग किया जाता है। इसका भण्डारण भूमिगत कन्टेनरों में किया जाता है। इन्हीं कन्टेनरों से मिक गैस का रिसाव प्रारंभ हुआ जो 40 मिनट तक चलता रहा। इसका कारण दाब की अधिकता से स्टोरेज टंकी के सुरक्षा वाल्ब द्वारा बाहर निकलना है। इस रिसाव को तत्काल निष्प्रभावी करना संभव नहीं हो पाया था। भोपाल एक गैस चेम्बिर की भांति हो गया था। सरकारी आंकड़ों के अनुसार 2500 तथा गैर-सरकारी आंकड़ों के अनुसार लगभग 5000 व्यक्ति काल-कलवित हुए।

इस घटना से लोग तड़फ-तड़फ कर मर रहे थे हजारों जानवरों ने प्राण त्याग दिए। पेड़-पौधों, मिट्टियों, पेय-जल, जलाशयों पर भी इसका दुष्प्रभाव पड़ा। चिकित्सकों ने मृत्यु के दो प्रमुख कारण बतालाए – प्रथम श्वसन प्रक्रिया में बाधा और द्वितीय गैस द्वारा उत्पन्न आंतरिक स्त्रोतों का फेफड़ों में भर जाना। कुछ व्यक्तियों में गैस के प्रभाव से श्वासनली का अनियंत्रित संकुचन प्रारंभ हो गया, जो मृत्यु का कारण बना। कारखाने से कुछ दूरी (3 कि॰मी॰ से 7 कि॰मी॰ तक) स्थित जनसंख्या में व्यक्तियों ने आंख, नाक, गले में जलन की शिकायत की। कुछ व्यक्तियों की आंखों के कोर्निया पर घाव बन गए तथा वे तत्काल अंधे हो गए।

"भोपाल गैस त्रासदी" विश्व की औद्योगिक दुर्घटनाओं की भीषण दुर्घटना है। इस दुर्घटना ने भारत के अलावा विश्व के अनेक वैज्ञानिकों का ध्यान आकर्षित किया है।

जल प्रदूषण

जल मानव तथा अन्य समस्त जीवधारियों की एक आधारभूत आवश्यकता है। वैज्ञानिकों की मान्यता है कि अब से लगभग 5700 लाख वर्ष पूर्व पृथ्वी पर जल की उत्पत्ति हुई। पारिस्थतिकी के निर्माण में जल प्रमुख कारक है। हमारे दैनिक जीवन के सभी

क्रियाकलाप जल के द्वारा ही सम्पन्न होते हैं। मानव शरीर के रक्त का मुख्य तत्व जल ही है। शरीर के तापक्रम को उचित बनाए रखने का कार्य जल द्वारा ही होता है। मानव शरीर में उत्पन्न होने वाले विजातीय तत्वों का विसर्जन कार्य भी जल के माध्यम से होता है। अत: मनुष्य के लिए शुद्ध जल अनिवार्य आवश्यकता है। वनस्पति, जीव-जंतु पोषक तत्व जल के द्वारा ही करते हैं। आधुनिक समय में तकनीकी विकास के कारण जल का प्रचुर उपयोग सिंचाई, जल विद्युत उत्पादन, मत्स्य पालन, जल-यातायात तथा उद्योग आदि के लिए किया जा रहा है। स्पष्ट है कि चर अचर सभी के लिए स्वच्छ जल प्राप्त करना जन्मसिद्ध अधिकार है क्योंकि यह प्रकृति का उपहार है। गुणवत्ता के आधार पर जल को निम्नलिखित प्रकारों में विभक्त किया जा सकता है –

1. *सुरक्षित जल* : सुरक्षित जल में किसी अशुद्ध पदार्थ के मिलने की संभावना नहीं रहती। इसके लिए इसे उपचारित किया जाता है।

2. *शुद्ध जल* : इस जल में अवांछनीय पदार्थ नहीं मिला होता। पृथ्वी का तीन चौथाई भाग पानी से आच्छादित है, लेकिन मात्र 0.3 प्रतिशत जल ही पीने योग्य है जबकि मीठे पानी की वार्षिक आवश्यकता निरन्तर बढ़ रही है। व्यक्ति के अच्छे स्वास्थ्य के लिए शुद्ध जल आवश्यक है।

3. *संदूषित जल* : सूक्ष्म कीटाणु युक्त जल संदूषित जल कहलाता है।

4. *प्रदूषित जल* : इस जल में विभिन्न पदार्थ मिले रहते हैं। जब जल में हाइड्रोजन के सान्द्रण का मान घट कर 6.5 पी०एच० से कम या बढ़ कर 9.2 पी०एच० से अधिक हो जाता है तो उसे दूषित जल कहा जाता है।

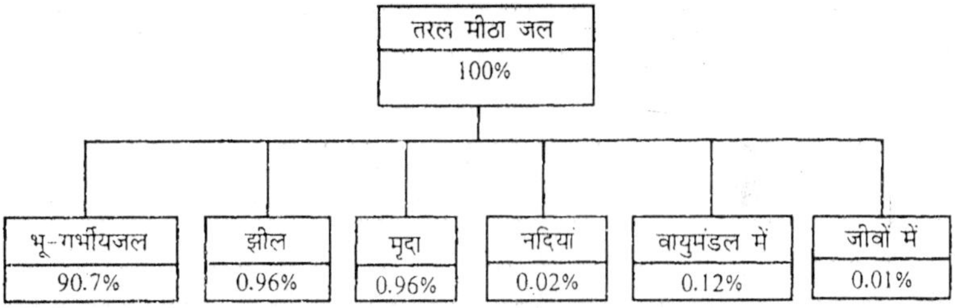

आरेख 6.3 : पृथ्वी पर उपलब्ध मीठा जल।

जल प्रदूषण का अर्थ : वर्तमान समय में जल की गुणवत्ता में भारी गिरावट आ रही है। प्रकृति द्वारा प्रदत्त शुद्ध जल मानव के विभिन्न असंयत क्रियाकलापों, औद्योगीकरण आदि के कारण प्रदूषित होता जा रहा है। नदियों, जलाशयों आदि के जल में मृत जीव-जन्तु, मल-मूत्र, कूड़ा-करकट, नहाने एवं कपड़ा धोने के साबुन युक्त जल, औद्योगिक अवशिष्ट पदार्थ, रासायनिक पदार्थ कीटनाशक पदार्थ आदि मिलते रहते हैं, जिससे जल की शुद्धता का स्तर निरन्तर घट रहा है। यद्यपि जल में स्वयं

शुद्धीकरण की क्षमता होती है परंतु जब प्राकृतिक या मानव-जनित स्त्रोतों से उत्पन्न प्रदूषकों का जल में इतना अधिक जमाव हो जाता है कि वह जल की सहन शक्ति या स्वयं शुद्धिकरण की क्षमता से अधिक हो जाता है तो जल प्रदूषित हो जाता है। पी॰ विवियर के अनुसार "प्राकृतिक या मानव-जनित कारणों से जल की गुणवत्ता में ऐसे परिवर्तनों को प्रदूषण कहा जाता है जो आहार, मानव एवं जानवरों के स्वास्थ्य, कृषि, मत्स्य या आमोद-प्रमोद के लिए अनुपयुक्त या खतरनाक होते हैं। सी.एम. साउथविक के अनुसार "मानव क्रियाकलापों या प्राकृतिक (जलीय) प्रक्रियाओं द्वारा जल के रासायनिक भौतिक तथा जैविक गुणों में परिवर्तन को जल प्रदूषण कहते हैं।"

जल प्रदूषण का निर्धारण : निर्धारक कारकों के आधार पर जल प्रदूषण निम्नलिखित प्रकार का होता है –

1. भौतिक, 2. रासायनिक, 3. जैविक, 4. रेडियोधर्मी।

1. ***जल का भौतिक प्रदूषण*** : भौतिक प्रदूषण के अंतर्गत निम्न कारक उत्तरदायी होते हैं।

(क) *तापमान* : थर्मल पावर स्टेशनों और उद्योगों द्वारा जब गर्म जल नदियों एवं विभिन्न जल स्त्रोतों में प्रवाहित किया जाता है तो जल का तापमान बढ़ जाता है। उच्च ताप पर जैव जीवन स्पमिद्ध की वृद्धि तीव्र हो जाती है और उन्हें आक्सीजन की अधिक मात्रा की आवश्यकता होती है। इस प्रकार पानी में घुली आक्सीजन कम हो जाती है क्योंकि जैव आक्सीजन मांग में वृद्धि हो जाती है।

(ख) ***स्वाद और सुगंध*** : तीव्र गंधयुक्त रासायनिक पदार्थ वाले औद्योगिक अवशिष्ट जब जल स्त्रोतों में प्रवाहित किए जाते हैं तो जल भी स्वाद एवं गंधयुक्त हो जाता है। गंधयुक्त पदार्थ शैवाल द्वारा भी उत्पन्न किए जाते हैं। इस प्रदूषण का मानव स्वास्थ्य पर हानिकारक प्रभाव पड़ता है। इसके अलावा मछलियां तथा अन्य जलीय जीवों को हानि होती है।

(ग) ***रंग*** : रंग भौतिक प्रदूषण फैलाने में बहुत महत्वपूर्ण है। जल में रंग मिलना प्राकृतिक या कृत्रिम स्त्रोतों द्वारा हो सकता है। विश्व में विभिन्न रंगों का उत्पादन होता है। इनमें से लगभग 56 प्रतिशत रंग कपड़ा मिलों में प्रयोग किया जाता है। इन मिलों में 8 लाख मीट्रिक टन प्रयास के बाद भी अनुमानत: 10 से 20 प्रतिशत रंग जो पुन: उपयोग में नहीं लाया जा सकता उसे वातारण में विसर्जित कर दिया जाता है। इस प्रकार विश्व में कपड़ा मिलें प्रतिवर्ष लगभग 50 हजार टन अथवा प्रतिदिन 136 मीट्रिक टन रंग जल स्त्रोतों के माध्यम से वातावरण में विसर्जित करती हैं। भारत में लगभग 7 हजार टन रंग प्रतिवर्ष विसर्जित किया जाता है।

(घ) ***गंदलापन*** : जल में निलम्बित पदार्थ, कोलाइडल पदार्थों आयरन एवं मैंगनीज के आक्सीकृत साल्ट, सीवेज और कुछ औद्योगिक व्यर्थ पदार्थों के कारण जल

में गंदलापन आ जाता है और वह प्रदूषित हो जाता है। इसके अलावा मिट्टी आदि के साथ बह कर जल में मिलने से भी वह गंदला हो जाता है।

(ङ) *निलम्बित ठोस पदार्थ* : विभिन्न प्रकार के निलम्बित ठोस पदार्थ (कार्बनिक या अकार्बनिक) जल को प्रदूषित करते हैं। इससे पौधों की सामान्य वृद्धि प्रभावित होती है और मछलियों को हानि होती है।

जल प्रदूषण के स्त्रोत : जल प्रदूषण के प्रमुख स्त्रोत निम्नलिखित हैं –

(क) औद्योगिक अपशिष्ट

(ख) कृषि अपशिष्ट

(ग) अनुपचारित मल-जल

(घ) अन्य प्रदूषण कारक

(क) *औद्योगिक अपशिष्ट* : औद्योगिक क्षेत्रों में जहां बड़े उद्योग स्थापित होते हैं, औद्योगिक अपशिष्ट फैलाते हैं। यह अवशिष्ट कार्बनिक, अकार्बनिक दोनों प्रकार के होते हैं। कारखानों से निकलने वाले गंदे अपशिष्ट जल, ठोस एवं घुले रासायनिक प्रदूषक तथा अनेक प्रकार के धात्विक पदार्थ नदियों, झीलों एवं तटीय सागर के जल को प्रदूषित करते हैं। समुद्र में खनिज तेल के उत्पादन से, खुदाई से एवं अन्य विभिन्न दुर्घटनाओं से जल में तेल का फैलाव बढ़ता जा रहा है तथा समुद्री जल प्रदूषित हो रहा है। प्रदूषण फैलाने वाले प्रमुख उद्योग चीनी उद्योग, वस्त्र उद्योग, औषधी उद्योग, आदि हैं। इन अशुद्धियों से जल के पी०एच० मान में परिवर्तन के साथ-साथ पौधों एवं जंतुओं में विषैला प्रभाव होता है। उदाहरण – अलवर के तिजारा में स्थित श्री राम फाइवर्स से निकली जहरीली गैस एवं विषैले पानी ने आसपास के अनेक गांवों की फसलों को नष्ट कर दिया।

(ख) *कृषि अपशिष्ट* : कृषि क्षेत्रों में रासायनिक उर्वरकों, कीटनाशी, रोगनाशी एवं शाकनाशी, कृत्रिम रसायनों आदि से जल का प्रदूषण होता है। वास्तव में वर्षा के समय खेतों से धरातलीय जल इन रसायनों को बहा कर पास स्थित झीलों, तालाबों तथा नदियों में पहुंचा देता है जिससे इनका जल प्रदूषित हो जाता है। ये रसायन जल के साथ भूमि में रिसकर नीचे पहुंच जाते हैं तथा भूमिगत जल को भी प्रदूषित करते हैं। बहुचर्चित 'पेस्टिसाइड इंडिया लिमिटेड' के प्रदूषण के कारण सैकड़ों व्यक्ति अनेक प्रकार की बीमारियों के शिकार हो गए हैं तथा करोड़ों रुपयों की फसल नष्ट हो गई। उदयपुर जिले के बीछड़ी गांव में कैंसर जैसी घातक बीमारियां फैलने की संभावनाएं बढ़ गई हैं। चैम्बूर स्थित उर्वरक तथा अन्य कल कारखानों द्वारा विसर्जित किए दूषित जल से हजारों मछलियां मर चुकी हैं तथा वहां उगाई गई सब्जियों में विषैला प्रभाव आ गया है।

(ग) *अनुपचारित मल-जल* : जनसंख्या वृद्धि के साथ-साथ उत्सर्जित व्यर्थ जल

की मात्रा भी बढ़ रही है। मल-जल की मात्रा में वृद्धि हो रही है। इस व्यर्थ जल में Na, K, Ca, Mn, Cl_2, HeO_3, SO_4 आदि तत्व मिले रहते हैं। इसके अलावा फेटी एसिडस, ईस्टर, अमीनो-अम्ल, साबुन, डिटर्जेन्ट, आदि रहते हैं। इस प्रकार का सीवेज मानव स्वास्थ्य के लिए घातक है।

(घ) अन्य प्रदूषण कारक

1. सांस्कृतिक एवं धार्मिक सम्मेलनों में एकत्रित जन-समूह द्वारा जल स्त्रोतों में सामूहिक स्नान द्वारा भी जल प्रदूषित किया जाता है।
2. गांवों और शहरों में कहीं-कहीं शवों को बिना जलाए या अध-जले शवों को एवं लकड़ियों को नदियों में प्रवाहित कर दिया जाता है तथा मृत जीव-जन्तु जल में छोड़ दिए जाते हैं जिससे जल प्रदूषित होता है।
3. ग्रामीण क्षेत्रों तथा शहरों की मलिन बस्तियों में शौचालयों के अभाव में भी जल प्रदूषित होता है।
4. मृदा अपरदन, भूस्खलन, ज्वालामुखी, उद्गार तथा पौधों एवं जन्तुओं के विघटन एवं नियोजन द्वारा भी जल प्रदूषण होता है। मृदा अपरदन के कारण उत्पन्न अवसादों से नदियों के अवसाद भार में वृद्धि हो जाती है। इससे जल का गंदलापन बढ़ जाता है।
5. उपचारित पेय जल को ले जाने वाले पाइपों में क्रेक्स होने से जल प्रदूषित हो जाता है।
6. आण्विक एवं नाभिकीय ऊर्जा के प्रयोग से रेडियो सक्रिय पदार्थ जल को प्रदूषित कर देते हैं।

जल प्रदूषण का वर्गीकरण

जल स्त्रोतों एवं भण्डारों के अनुसार जल प्रदूषण विभिन्न प्रकार का होता है : (1) भूमिगत जल प्रदूषण, (2) धरातलीय जल प्रदूषण, (3) समुद्री जल प्रदूषण।

1. ***भूमिगत जल प्रदूषण*** : भूमिगत जल प्रदूषण कच्चे सेप्टिक टैंकों, प्रदूषित तालाबों, अपशिष्ट पदार्थों के भूमि में रिसाव, औद्योगिक अवशिष्टों, कीटनाशकों, रासायनिक उर्वरक, आदि के द्वारा होता है। घरेलू व्यवहार में आने वाले डिटर्जेंट भी पानी में घुल कर जमीन के अंदर के जल स्त्रोतों को विषैला बनाते हैं। सागर के समीपवर्ती कुंओं से जब अधिक मात्रा में जल निकाला जाता है तो कुंए की सतह पर केविटी बन जाती है जिससे सागर का खारा जल रिसकर कुंए के जल को प्रदूषित कर देता है। भूमिगत जल का प्रदूषण नगरीय कल-कारखानों वाले क्षेत्रों में अधिक पाया जाता है। उद्योग-धंधों, नालियों से डाला गया गंदा जल भूमिगत जल को प्रदूषित कर देता है। भारत में केवल 15 प्रतिशत गांवों में शौचालयों का उपयोग किया जाता है। खुले स्थान पर मल त्याग करने से वर्षा के समय भूमि में रिसकर प्रदूषण फैलाता है।

भूमिगत जल प्रदूषण निम्नलिखित दशाओं में अधिक होता है:

(1) भुरभुरी, बलुही मिट्टी वाले क्षेत्रों में जहां अवशिष्ट पदार्थ आसानी से रिसकर पहुंच जाते हैं।

(2) अधिक वर्षा वाले क्षेत्रों में इस प्रकार का प्रदूषण अधिक होता है क्योंकि पानी के भूमि में अधिक रिसने से अपशिष्ट पदार्थ भूमि के भीतरी भाग में पहुंच जाते हैं

(3) जहां भूमिगत जल स्तर काफी ऊंचा है।

यूरोपीय देशों में भूमिगत जल का प्रदूषण अधिक है। पश्चिमी बंगाल के बाकुड़ा जिले में भूमिगत जल के प्रदूषण से संपूर्ण ग्रामीण क्षेत्र में हड्डी का रोग व्याप्त है। इंडियन ट्राक्सीकोलाजिकल रिसर्च सेंटर तथा के॰जी॰ मेडिकल कालेज लखनऊ के उन्नाव जिले के कुछ ऊंचे जल स्तर वाले कुंओं के जल परीक्षण से यह सिद्ध किया है कि इसमें मैगनीज की मात्रा अधिक है जिससे व्यक्ति लकवे का शिकार आसानी से हो जाता है। काम्बे शहर के आसपास के क्षेत्रों में भूमिगत जल में लेड की मात्रा अधिकतम निर्धारित सीमा से आठ गुनी अधिक है। यही स्थिति मुम्बई के आसपास के क्षेत्रों की है। 1982 में उदयपुर के नंदवेल गांव के चार बच्चे प्रदूषित कुंए के जल पीने के कारण मर गए। इसका प्रमुख कारण यह था कि हिन्दुस्तान जिंक लिमिटेड कारखाना गंदा जल बरची नदी में उड़ेलता था जिससे आसपास का भूमिगत जल विषैले खनिज पदार्थों के कारण प्रदूषित हो गया था। आवश्यकता इस बात की है कि उन सभी क्षेत्रों में जहां भूमिगत जल स्तर ऊंचा है जल का रासायनिक विश्लेषण कर व्यक्तियों को उपलब्ध कराया जाए।

2. *धरातलीय जल प्रदूषण* : ग्रामीण क्षेत्रों में प्रधानतः धरातलीय जल प्रदूषण अधिक होता है। ऐसे जल में नदी, तालाब और झील का जल समाहित है। इन स्रोतों का प्रदूषण मानवीय एवं प्राकृतिक दोनों कारणों से होता है। धरातलीय जल में कीटनाशक, रासायनिक उर्वरक, आवासीय गंदगी, औद्योगिक अपशिष्ट और अन्य व्याज्य सामग्री घुल-मिल कर जल की गुणवत्ता को नष्ट करते हैं। जल में गंदगी के कारण कीटाणु भी उत्पन्न होते हैं जिसे संदूषित जल कहते हैं।

(अ) *नदी जल प्रदूषण* : देश में 14 बड़ी, मध्यम तथा अनेकों छोटी नदियां हैं। इन नदियों में लगभग 1,645 घन किलोमीटर जल प्रतिवर्ष प्रवाहित होता है। लगभग सभी नदियां प्रदूषण की चपेट में आ गई हैं। योजना आयोग के अनुसार उत्तर की डल झील से लेकर दक्षिण की पेरियार और चालियार नदी तक, पूर्व में दामोदर और हुगली नदी से लेकर पश्चिम की ठाणा उपनदी तक जल के प्रदूषण की स्थिति एक-सी भयानक है। गंगा जैसी सदा स्वच्छ बहने वाली नदी भी अत्यधिक प्रदूषित हो रही है। अकेले गंगा के 2,500 किलोमीटर मार्ग में ही 19.79 लाख कि॰ग्रा॰ कचरा प्रतिदिन

मिलाया जाता है, जिससे विषैले तत्व पानी में मिश्रित हो जाते हैं। सोडियम, पोटाशियम, क्लोराइड, सल्फेट एवं बोरान आदि का भूमि में अनुपात बिगड़ जाने से उसकी उर्वरा शक्ति पर प्रतिकूल प्रभाव पड़ता है। तेल एवं ग्रीस की उपस्थिति में जल की ऊपरी सतह पर एक परत बन जाने के कारण सूर्य का प्रकाश पानी की निचली सतह तक नहीं पहुंच पाता है, जिससे जल में विषाणुओं को पनपने का अवसर मिलता है।

नदियों में प्रदूषण तुलनात्मक रूप से अधिक हुआ है क्योंकि इनके किनारों पर बड़े-बड़े नगर एवं उद्योग-धंधों का विकास अधिक हुआ है। नदियों में प्रदूषण विभिन्न कारणों से फैलता है:–

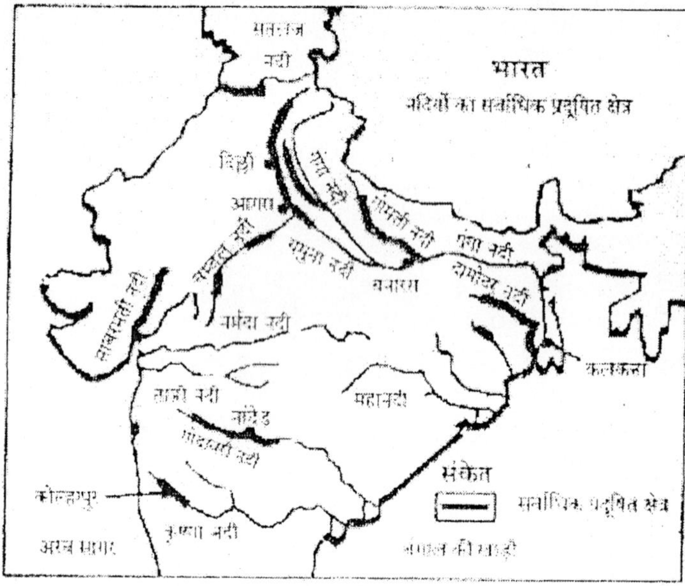

आरेख 6.4 : भारत में नदियों के सर्वाधिक प्रदूषित क्षेत्र।

1. कारखानों से निकले गंदे अपशिष्ट जल, ठोस एवं घुले रासायनिक प्रदूषक तथा धात्विक पदार्थों को नदियों में बहाने से।
2. मृत जीव-जन्तु, अध-जले शवों को बहाने से।
3. शौचालयों के अभाव से।
4. मृदा अपरदन के कारण नदियों के अवसादों में वृद्धि हो जाती है।
5. धार्मिक स्थानों में स्नान के अलावा घी, दूध, अन्न, फल, फूल, पत्तियां तथा

पूजा-पाठ और हवन सामग्री पानी में डाल दी जाती है। इससे कार्बनिक पदार्थों के सड़ने की क्रिया में काफी मात्रा में आक्सीजन का उपयोग होता है जो मछली आदि के लिए आवश्यक होती है। अत: जैव रासायनिक मांग अधिक होती है। सामूहिक स्नान के दौरान प्रति व्यक्ति 3 से 22 ग्राम तक कार्बनिक पदार्थों की पानी में वृद्धि करता है। अनेक स्थानों में स्नान के बाद जैव रासायनिक मांग में दस गुणा वृद्धि पाई गई है। प्रति व्यक्ति 5 से 11 ग्राम क्लोराइड नहाने के दौरान पानी में मिलाता है।

(ब) *झील के जल का प्रदूषण* : झीलों में जल का निकास नहीं होता। इसलिए प्रदूषण का स्तर बहुत बढ़ जाता है। यह प्रदूषण प्राकृतिक भी हो सकता है और मानव द्वारा भी होता है। खारे पानी की तुलना में मीठे जल की झीलों में प्रदूषण अधिक होता है। झीलों के पास बसे नगरों तथा उद्योगों के अवशिष्ट पदार्थ तथा मल-जल आदि के द्वारा प्रदूषण होता है। मृदा अपरदन से अत्यधिक अवसाद एकत्र हो जाने से भी झीलें प्रदूषित हो जाती हैं। नैनीताल की नैना झील इसका प्रमुख उदाहरण है। अम्ल वर्षा से झीलों का जैविक रूप समाप्त हो जाता है। संयुक्त राज्य अमेरिका राष्ट्र संघ, नार्वे, स्वीडन, सोवियत संघ की झीलें अधिक प्रदूषित हुई हैं। प्रदूषित जल के उपयोग से फेफड़े का कैंसर तथा अन्य रोगों में वृद्धि हुई है। झील का पारिस्थितिकीय तंत्र भी असंतुलित हो जाता है।

(स) *तालाब के जल का प्रदूषण* : तालाब का जल स्थिर होने के कारण अधिक प्रदूषित होता है। अपशिष्ट पदार्थों के तालाब में नहाने से इसका जल प्रदूषित हो जाता है। तालाब के किनारे कपड़े धोने, शौच करने, सामूहिक स्नान से इसका जल प्रदूषित हो जाता है। कुरूक्षेत्र के ब्रह्म और सन्निहित सरोवरों में 1987 के सितम्बर माह में सूर्यग्रहण के दौरान केन्द्रीय प्रदूषण नियंत्रण बोर्ड, नई दिल्ली द्वारा किए गए अध्ययन से ज्ञात होता है कि वहां सरोवरों का पानी जीवाणुओं के संदर्भ में नहाने लायक नहीं था। सामूहिक स्नान के दौरान अनेक अवसरों पर लाखों लोग तालाब के इर्द-गिर्द कुछ दिनों तक साथ-साथ रहने के साथ-साथ खाना बनाना, बर्तन साफ करना, शौच, आदि करते हैं, जिससे इनका कुछ भाग पानी में जाकर उसे प्रदूषित करता है। इस प्रकार के स्नान के बाद पेचिश, हैजा, खुजली, चर्मरोग सामान्य हैं। ऐसे व्यक्तियों को आंख, नाक, कान और गले की बीमारियों का भी खतरा रहता है। सामूहिक स्नान के प्रदूषण से लोगों के स्वास्थ्य की रक्षा के लिए आवश्यक है कि ऐसे अवसरों पर संबंधित अधिकारी जल की गुणवत्ता का विशेष रूप से ध्यान रखें। जीवाणुओं की संख्या को कम करने हेतु ब्लीचिंग पाउडर का उपयोग करें। इसका उचित मात्रा में उपयोग अनिवार्य है। लोगों के मल-मूत्र उत्सर्जन की व्यवस्था करनी चाहिए। व्यक्तियों को प्रदूषण के विषय में शिक्षित करने तथा उसके प्रभाव बताने की आवश्यकता है।

3. *समुद्री जल प्रदूषण* : वर्तमान समय में समुद्री प्रदूषण तीव्र गति से बढ़ रहा है। विभिन्न वैज्ञानिकों ने इस संबंध में शोध कार्य किए हैं। भारत में समुद्र तट रेखा लगभग 7,500 कि॰मी॰ लम्बी है। देश की 25 प्रतिशत जनसंख्या तटवर्ती क्षेत्रों में निवास करती है। अनेक प्रमुख महानगर कलकत्ता, चेन्नई, मुम्बई, आदि समुद्री तटों पर बसे हैं। इसके साथ ही भारत में 11 प्रमुख, 16 मध्यम एवं 78 छोटे बंदरगाह हैं। भारत विश्व के आर्द्र वाले देशों में से एक है। यहां वार्षिक औसत वर्षा 1000 मि॰मी॰ है। देश में 14 प्रमुख, 44 मध्यम और 162 छोटी नदियां हैं। जिनका औसत वार्षिक प्रवाह 1645 कि॰मी॰ है। यद्यपि सभी नदियां समुद्र में नहीं गिरती हैं। लगभग 500 मिलियन टन तलछट प्रतिवर्ष भारत द्वारा समुद्र में जाता है। भारतीय समुद्रों के लिए यहां का मानसून अनुकूल है।

जल प्रदूषण का प्रभाव

जल प्रदूषण के कारण मानव एवं पौधों सहित समस्त जन्तु समुदाय को अकथनीय तथा असाध्य क्षति का सामना करना पड़ता है। जल-प्रदूषण के सबसे अधिक शिकार मनुष्य एवं सूक्ष्म जीव होते हैं, जैसे :–

1. प्रदूषित जल का सेवन करने से संक्रामक रोगों तथा अनेक प्रकार के खतरनाक रोगों जैसे, हैजा, पीलिया, टायफाइड, अतिसार, पेचिश, फेफड़ों का कैंसर तथा पेट के रोग आदि का आविर्भाव होता है। विश्व स्वास्थ्य संगठन के अनुसार प्रतिवर्ष 5 लाख बच्चे जल प्रदूषण के शिकार होते हैं। भारत में 30 प्रतिशत से 40 प्रतिशत व्यक्तियों की मृत्यु प्रदूषित जल के कारण होती है।
2. विषाक्त रसायनों से प्रदूषित जल के कारण जलीय पौधों एवं जीव-जन्तुओं की मृत्यु हो जाती है।
3. नदियों, झीलों, तालाबों एवं अन्य जलाशयों के प्रदूषित जल द्वारा सिंचाई करने से फसलें नष्ट हो जाती हैं।
4. अत्यधिक प्रदूषित जल के कारण मिट्टियों का भी प्रदूषण हो जाता है, उनकी उर्वरता घट जाती है तथा उपयोगी मृदावासी सूक्ष्म जीव तथा बैक्टीरिया मर जाते हैं। फलतः कृषि उत्पादन में कमी आ जाती है।
5. नदियों, झीलों तथा जलाशयों के जल में अजैविक तथा जैविक पोषक तत्वों के सान्द्रण में वृद्धि होने से युट्रोफिकेशन हो जाता है जिससे जलीय भागों में पौधों तथा जन्तुओं की संख्या में नियंत्रण-सीमा से भी अधिक भरमार हो जाती है।
6. जल में विषाक्त रसायनों तथा भारी धात्विक पदार्थों के सान्द्रण में वृद्धि से पौधे एवं जन्तु नष्ट हो जाते हैं।
7. सागर के तटवर्ती जलीय भागों में खनिज तेल के रिसाव से उत्पन्न आयल स्लिक्स

तथा कारखानों से विषाक्त अपशिष्ट के विसर्जन के कारण अधिकांश सागरीय जीव मर जाते हैं। फलतः पारिस्थितिकी विनाश की स्थिति पैदा हो जाती है।

जल प्रदूषण नियंत्रण

जल जीवनदायी है लेकिन प्रदूषण के कारण यह मृत्यु का कारण बनता जा रहा है। अतएव इसे दूषित होने से बचाना है जिसके लिए निम्न उपाय अपेक्षित हैं :–

1. आम व्यक्तियों के घरों से निकलने वाले कचरे को निर्धारित स्थानों के अलावा अन्यत्र न फेंकने के लिए जागरूक किया जाए।
2. कस्बों, नगरों तथा महानगरों में शौचालयों की स्थापना की जाए।
3. विद्युत शवदाह गृहों की स्थापना की जाए जिससे बिना जले, अध-जले शव एवं कार्बनिक पदार्थ नदियों में प्रवाहित न हों।
4. मृतक पशुओं के जलाशयों में विसर्जन पर पूर्ण प्रतिबंध लगाया जाए।
5. औद्योगिक इकाइयों को इस बात के लिए मजबूर किया जाए कि वे कारखानों से निकलने वाले अपशिष्टों एवं मल-जल को बिना शोधित किए नदियों, झीलों या तालाबों में विसर्जित न करें।
6. नगरपालिकाओं को सीवर शोधन संयंत्रों की व्यवस्था करनी चाहिए।
7. देश में इस प्रकार की टेक्नोलाजी का विकास किया जाए कि उत्पादकता को प्रभावित किए बिना जल के उपयोग को कम किया जा सके। इससे गंदे पानी के बहाव की समस्या अवश्य कम होगी जिससे प्रदूषित जल का प्रयोग कम मात्रा में संभव हो सकेगा।
8. सरकार को जल-प्रदूषण के नियंत्रण से संबंधित उपयोगी एवं कारगर नियम एवं कानून भी बनाने चाहिएं। व्यक्तियों, समुदायों, सामाजिक संगठनों, व्यापारिक प्रतिष्ठानों के कर्मचारियों, सरकारी अधिकारियों तथा मिल-मालिकों को इन नियमों एवं कानूनों का सख्ती से पालन करना होगा। इन नियमों एवं कानूनों का उल्लंघन करने वालों को कठोर सजा मिलनी चाहिए एवं उनसे भारी आर्थिक दण्ड वसूल किया जाना चाहिए।

भारत की प्रमुख नदियों में जल प्रदूषण

पृथ्वी पर जीवन सुरक्षित रखने के लिए जल अत्यंत आवश्यक है और नदियां इसका प्रमुख स्रोत हैं। वर्षों से बढ़ती मानव गतिविधियों और 80 के दशक तक उद्योगों के अनियमित विकास के कारण भारत में नदियों पर अधिक दबाव पड़ा तथा वे दूषित हो गईं। यह समस्या इस बात से और बढ़ गई है कि एक तो देश में पानी समय और स्थान दोनों ही दृष्टियों से निरंतर उपलब्ध नहीं हैं और दूसरे, नदियों के ऊपरी भागों से सिंचाई हेतु बहुत-सा जल पहले ही निकाल लिया जाता है।

गंगा सफाई अभियान

भारत में 14 नदियों में से अधिकांश किसी न किसी स्थान पर प्रदूषण का शिकार होती हैं। गंगा को सर्वाधिक प्रदूषित नदी माना गया है।

प्रदूषण के कारण : केन्द्रीय प्रदूषण नियंत्रण संघ द्वारा वर्ष 1984 में किए गए एक अध्ययन में पाया गया है कि नदियों में 75 प्रतिशत प्रदूषण नदी किनारे स्थित छोटे-बड़े शहरों से निस्सृत अनुपचारित मल-जल से होता है और शेष 25 प्रतिशत औद्योगिक अपशिष्ट से, जो संसाधित/असंसाधित दोनों प्रकार का हो सकता है। अध्ययन में प्रदूषण के कतिपय गैर-बिन्दु स्रोतों का भी उल्लेख है जैसे खुले स्थानों पर पड़ा मल-मूत्र, कचरे के ढेर, कृषि कार्य में आने वाले खेत, बिना जले अथवा अध-जले शव और पशु कंकाल आदि हैं। यद्यपि इन स्रोतों से होने वाले प्रदूषण की मात्रा निर्धारित नहीं की जा सकी है।

गंगा के मैदानों में भारत की एक-तिहाई जनसंख्या निवास करती है। गंगा हिमालय क्षेत्र में गंगोत्री में अपने उद्‌गम से निकल कर बंगाल की खाड़ी में गिरने तक 2,525 कि०मी० की दूरी तय करती है। यह देश के तीन सबसे अधिक जनसंख्या वाले राज्यों उत्तरप्रदेश, बिहार और पश्चिमी बंगाल से होकर समुद्र में गिरती है। गंगा के किनारे 692 नगर बसे हैं इनमें से 25 नगरों की जनसंख्या 1 लाख या उससे अधिक है। इनमें से उत्तर प्रदेश में 6, बिहार में 4 और पश्चिम बंगाल में 15 है। वास्तव में गंगा में अधिकांश प्रदूषण इन नगरों का जल-मल गिरने से होता है। गंगा के किनारे स्थित छोटे-बड़े नगरों में अनेक कल-कारखाने हैं। इन कारखानों में से 68 कारखानों का दूषित और जहरीला जल, कचरा और गंदगी गंगा में गिरती है।

गंगा के किनारे हिन्दुओं के अनेक प्रसिद्ध तीर्थ हैं। हरिद्वार, प्रयाग और हरिद्वार में छः और बारह वर्ष में कुंभ आयोजित किया जाता है। कुंभ के दौरान इन नगरों में लाखों तीर्थयात्री स्नान हेतु एकत्र होते हैं जो विभिन्न रूपों में प्रदूषण फैलाते हैं।

जनसंख्या विस्फोट, तटवर्ती नगरों का जल-मल गिरने, कारखानों से निकले दूषित और जहरीले पानी के मिलने और अध-जले मनुष्यों की लाश बहा देने से गंगा बहुत प्रदूषित हो गई थी।

गंगा प्रदूषण नियंत्रण : भारत में नदियों की सफाई का अभियान वर्ष 1985 में पूर्व प्रधानमंत्री स्व. श्री राजीव गांधी द्वारा गंगा कार्य योजना से प्रारंभ हुआ। यह भारत सरकार के वन और पर्यावरण मंत्रालय के अंतर्गत आने वाली पूर्णतः केन्द्र द्वारा वित्तपोषित योजना थी। वर्तमान में इसे राष्ट्रीय नदी संरक्षण योजना के अन्तर्गत देश की अन्य प्रदूषित नदियों पर भी लागू कर दिया गया है।

गंगा कार्य योजना का उद्देश्य : गंगा कार्य योजना के मुख्य उद्देश्य इस प्रकार हैं –

1. गंगा नदी में हो रहे प्रदूषण को रोकना और उसकी गुणवत्ता में सुधार लाना।
2. गंगा नदी में जैव विविधता की रक्षा करना और उसकी उत्पादकता बढ़ाने के लिए विकास और अनुसंधान करना।
3. अन्य नदियों में हो रहे प्रदूषण को रोकने के लिए एक उदाहरण प्रस्तुत करना।
4. जैव तथा अजैव व्यवस्था के बीच पारस्परिक क्रिया द्वारा नदी-नालों के विकास का दृष्टिकोण विकसित करना।

कार्य योजना : केन्द्रीय प्रदूषण नियंत्रण संघ द्वारा नामित गुणवत्ता की विभिन्न श्रेणियों में गंगा के जल की गुणवत्ता 'स्नान श्रेणी' निर्धारित की गई है जिसका अर्थ है कि उसमें जैव-रासायनिक आक्सीजन मांग (बी ओ डी) 3 मि०ग्रा०/1 (अधिकतम) और सांद्रित आक्सीजन स्तर (डी ओ) 5 मि०ग्रा०/1 (न्यूनतम) होना आवश्यक है।

कार्य योजना के अंतर्गत प्रदूषण नियंत्रण का कार्य प्रथम श्रेणी (1985 में एक लाख से अधि॰ जनसंख्या वाले) के 25 नगरों में प्रारंभ किया गया है जिनमें से 6 उत्तर प्रदेश में, 2 बिहार में एवं शेष 15 पश्चिम बंगाल में स्थित हैं। योजना का प्रमुख उद्देश्य इन 25 शहरों से निकलने वाले 1340 मिलियन लीटर प्रतिदिन नगरीय सीवेज (1985 के आंकड़ों पर) में से कम से कम 840 मिलियन लीटर प्रतिदिन गंगा में गिरने से रोकना एवं उसकी दिशा बदलना है। गंगा को दूषित करने में कल-कारखानों से निकलने वाले कचरे और दूषित जल को शुद्ध करने के संयंत्र लगाने के लिए बाध्य किया गया। शेष जल का उपचार योजना के दूसरे चरण के लिए निर्धारित किया गया। योजना के अन्तर्गत गैर-बिन्दु स्रोतों जैसे खुले क्षेत्रों में पड़ा मल-मूत्र, अध-जले शव, ठोस अपशिष्ट, आदि से होने वाले प्रदूषण की रोकथाम का काम भी हाथ में लिया गया है। स्नानघाटों की मरम्मत और उनके निर्माण का कार्य भी प्रारंभ किया गया है जिससे नदी-जल दूषित न हो। पर्यावरण कानूनों के अंतर्गत अत्यधिक प्रदूषणकारी औद्योगिक इकाइयों पर भी नियंत्रण लगाया गया है।

नगरीय गतिविधियों से होने वाले प्रदूषण की रोकथाम की 261 परियोजनाओं को कार्य योजना के अंतर्गत स्वीकृत किया जा चुका है। इनमें से 88 परियोजनाएं जलस्राव रोकने और उसकी दिशा बदलने से संबद्ध हैं, 35 सीवेज उपचार, 43 सुलभ शौचालयों, 28 बिजली शवदाहगृहों, 35 नदी घाटों के विकास और 32 अन्य परियोजनाएं हैं।

गंगा कार्य योजना के लिए 462.04 करोड़ रुपये की राशि स्वीकृत की गई है। योजना का पूरा व्यय केन्द्र सरकार द्वारा वहन किया जाएगा। स्वीकृत राशि में 1.5 करोड़ डालर की विश्व बैंक सहायता और 5 करोड़ डच गिल्डर की नीदरलैंड सरकार की सहायता सम्मिलित है। योजना के लिए स्वीकृत 440.23 करोड़ रुपये व्यय किए जा चुके हैं।

अभी तक 250 योजनाएं पूर्ण हो चुकी हैं। शेष 10 योजनाओं में से एक उत्तर प्रदेश, 4 बिहार एवं 5 पश्चिम बंगाल में कार्यान्वयनाधीन हैं। कार्य योजना में कुल 35 सीवेज उपचार संयंत्रों का निर्माण किया जाना है। इनमें से 28 पर कार्य पूरा हो चुका है और शेष 7 पर भी कार्य अंतिम चरण में है। इन संयंत्रों की वर्तमान जल उपचार क्षमता 683 एम॰एल॰डी॰ है। यद्यपि इलाहाबाद स्थित उपचार संयंत्र पर काम पूरा नहीं हुआ है, परंतु इसके लिए निर्धारित 60 एम॰एल॰डी॰ सीवेज की दिशा बदल कर उसका उपयोग कृषि हेतु किया जा रहा है। गंगा कार्य योजना को 31 मार्च, 1997 तक पूर्ण करने का लक्ष्य रखा गया था किन्तु तीन राज्यों में चल रही शेष 10 परियोजनाओं पर कार्य 1998 के अंत तक पूर्ण करने का प्रावधान था।

मृदा एवं स्थल प्रदूषण

मिट्टी में विभिन्न प्रकार के खनिज तत्व, लवण, कार्बनिक, पदार्थ, गैस एवं जल एक निश्चिम अनुपात में पाए जाते हैं। मिट्टी में पौधे अपनी जड़ें जमा कर स्थिर रहते हैं तथा पोषक तत्वों को ग्रहण करते हैं। मिट्टी में उपर्युक्त सभी पदार्थों की मात्रा एवं अनुपात में विभिन्न कारणों से हुआ परिवर्तन 'मृदा प्रदूषण' कहलाता है। मिट्टी प्रदूषण में बाह्य स्रोतों से स्वयं मिल जाते हैं जो मानव और अन्य जीवधारियों के स्वास्थ्य पर प्रतिकूल प्रभाव डालते हैं। अतः प्रदूषित मिट्टी स्थलीय जैव श्रृंखला को भी प्रभावित करती है। अतः मिट्टी पर किया गया आक्रमण वास्तव में समस्त जैव अस्तित्व पर आक्रमण होता है।

जनसंख्या के बढ़ते दबाव, बढ़ते नगरीयकरण, मनुष्य की बढ़ती हुई कृत्रिम आवश्यकताओं की पूर्ति हेतु प्राकृतिक स्रोतों के अंधाधुंध उपयोग ने भूमि पर भारी दबाव डाला है। परिणामस्वरूप मृदा सभी प्रकार के 'अपशिष्टों की रद्दी की टोकरी' या 'ग्राहिका' बनी हुई है। बढ़ती जनसंख्या के साथ ही उसके लिए भोजन की आवश्यकता में भी वृद्धि हुई है। अतः आधुनिक कृषि में कीटनाशकों एवं उर्वरकों का अधिकाधिक प्रयोग हो रहा है, जिसमें भूमि की अवशोषण एवं शुद्धिकरण क्षमता का तेजी से ह्रास हुआ है।

मिट्टी प्रदूषण के कारणों में भू-क्षरण, वन विनाश, सिंचाई, गहन खेती, जल भराव, क्षरीयकरण, भू-स्खलन रासायनिक उर्वरकों एवं कीटनाशक दवाओं का प्रयोग प्रमुख है। वनों के कटने से भारत में प्रतिवर्ष 7 करोड़ टन मिट्टी का क्षरण हो रहा है, इससे 51 लाख टन नाइट्रोजन, 31 लाख टन के लगभग पोटाशियम की खाद होती है। वनों के अभाव में देश में लगभग 40 करोड़ टन गोबर जलाया जा रहा है, जिससे भूमि से मिलने वाले तत्व राख हो रहे हैं।

जल ग्रहण क्षेत्रों में वनस्पतिविहीन ढलानों पर वर्षा की बौछारों से तीव्र गति से बहता जल भूमि कटाव की प्रक्रिया को बढ़ाता है, फलस्वरूप भूस्खलन, अपरदन बढ़

रहे हैं। मैदानी क्षेत्रों में नदियों के तल में अत्यधिक साद जमा हो रही है और नदियों के तल उथले होने से बाढ़ का प्रकोप बढ़ रहा है। कभी-कभी पहाड़ी क्षेत्रों में भूस्खलन एवं चट्टानों के खिसकनें से नदी का प्रवाह रुक जाता है और बांध टूटने पर उपजाऊ घाटियां बालू के ढेर में बदल जाती हैं जिससे सिंचाई व्यवस्था प्रभावित होती है। भू-क्षरण द्वारा 1200 करोड़ टन मिट्टी प्रतिवर्ष वर्षा में समुद्र में बह जाती है, जबकि इस ऊपरी सतह का निर्माण 500-600 वर्षों में होता है।

मृदा प्रदूषण अनेक प्रकार का होता है। इनमें मुख्य कारक इस प्रकार हैं –

1. ***जैविक प्रदूषण*** : मानव सहित अनेक अन्य जीवधारियों द्वारा उत्पन्न किया गया मृदा प्रदूषण जैविक प्रदूषण कहलाता है। मानव, कुत्ते, बिल्ली, चूहों, सुअर, घोड़ा तथा गाय, भैंस आदि का मल-मूत्र जब जमीन पर गिरता है तो मिट्टी में विभिन्न प्रकार के हानिकारक परजीवी, कीड़े, लार्वा, जीवाणु मिल जाते हैं जो विभिन्न जीव-जन्तुओं में अनेक बीमारियों को जन्म देते हैं।

शहरी आबादी द्वारा उत्सर्जित किया जाने वाला मल-जल भी निपटन की दृष्टि से एक बड़ी पर्यावरणीय समस्या है। मल-जल में जितनी गंदगी होगी मिट्टी के संपर्क में आने पर वह अपने विघटन के लिए मिट्टी से उतनी ही अधिक आक्सीजन ग्रहण करेगी। अत: मृदा के वायुमंडल में आक्सीजन की कमी हो सकती है जिससे बीजों के अंकुरण से लेकर अन्य क्रियायें एवं नाइट्रोजन जैसी कुछ सूक्ष्मजीवी क्रियाएं प्रभावित होंगी।

2. ***घरेलू व्यर्थ पदार्थों से मिट्टी प्रदूषण*** : बढ़ती आबादी एवं 'इस्तेमाल करो और फेंको' की तेजी से पनपती संस्कृति के कारण अधिकतर महानगर कचरों के ढेर में बदलते जा रहे हैं। कचरे की मात्रा बढ़ने के साथ-साथ इसका स्वरूप भी अधिक हानिकारक और जहरीला होता जा रहा है। घरों में बड़ी मात्रा में ठोस कूड़ा-करकट निकलता है। एक सर्वेक्षण के अनुसार एक शहरी नागरिक प्रतिदिन 300 से 1000 ग्राम कचरा उत्पन्न करता है। इस प्रकार भारत के दिल्ली महानगर में 4000 हजार टन, बैंगलूर में 850 टन और अहमदाबाद में 1280 टन, कलकत्ता में 3150 टन और मुंबई में 6050 टन, कचरा प्रतिदिन निकलता है। कचरे की इतनी विशाल मात्रा का सुरक्षित निपटान एक विकट समस्या है। घरेलू पदार्थों में दहनशील व्यर्थ पदार्थ जैसे कपड़ा, कागज, लकड़ी, चमड़ा, बगीचे के व्यर्थ पदार्थ तथा गैर-दहनशील पदार्थ जैसे पत्थर, धातु, धूल, कुछ रसायन, कांच, मिट्टी के बर्तन, आदि होते हैं। शहरी कचरे में प्लास्टिक, कागज, धातु और कांच की मात्रा 15 प्रतिशत तक पाई गई है। जलाने योग्य सामग्री 40 प्रतिशत तक होती है। शेष व्यर्थ पदार्थ होता है जिसे उपयोग में नहीं लाया जा सकता। यह व्यर्थ पदार्थ कचरे का ढेर बन जाता है, जिन स्थानों पर इसका सही ढंग से निपटान नहीं होता वे बैक्टीरिया, चूहों, मक्खियों तथा मच्छरों के घर बन जाते

हैं। इससे प्लेग डायरिया एवं अन्य बीमारियां फैलती हैं। इस कचरे का सही निपटान नहीं किया जाए तो पर्यावरण एवं बढ़ती जनसंख्या के लिए घातक है। भारत में कुछ वर्ष पूर्व प्लेग की महामारी से संपूर्ण देश आतंकित था तथा स्थान-स्थान पर एकत्र कचरे के ढेर से प्रदूषण का खतरा और अधिक बढ़ रहा है।

3. *कृषि अवशेषों द्वारा मृदा प्रदूषण* : भारत में प्रतिवर्ष लगभग 27.33 करोड़ टन कृषि अवशेषों का उत्पादन होता है। ये अवशेष प्राय: अनाज, दलहन, तिलहन, रेशेदार फसल तथा फल एवं सब्जियों से प्राप्त होते हैं, इन अवशेषों का उपयोग अनेक उपयोगी कार्यों जैसे चारा बनाने, छत बनाने, झोपड़ी बनाने एवं कागज मिलों आदि में किया जाता है। इन सभी अवशेषों के उपयोग के अतिरिक्त लगभग 4 करोड़ टन कृषि अवशेष अनुपयुक्त रह जाते हैं और सड़ कर नष्ट हो जाते हैं। इस प्रकार ये प्रदूषण में योगदान करते हैं अत: इन अवशेषों का उचित उपयोग करना परमावश्यक है। इन अवशेषों को प्राकृतिक रूप से उपयोग करने में कुछ समस्याएं जैसे इन अवशेषों का कम घनत्व होना, प्रति इकाई आयतन लघु ऊष्मा उत्पादन अधिक ढुलाई लागत तथा इनके भण्डारण की अधिक कीमत आदि है।

4. *रासायन द्वारा मृदा प्रदूषण* : मिट्टी में विभिन्न प्रकार के रसायन विभिन्न स्त्रोतों से आकर मिलने से होने वाला प्रदूषण रासायनिक प्रदूषण कहलाता है। वर्तमान समय में भूमि पर रासायनिक पदार्थों को मिलाया जाना या छिड़काव एक सामान्य प्रक्रिया है। इससे तत्काल मानव लाभ तो प्राप्त कर लेता है लेकिन इसके दीर्घकालीन प्रभाव अति गंभीर होते हैं। विश्व भर में संश्लेषित कार्बनिक रसायनों का उत्पादन पिछले दशक में चौगुना हो गया है। वर्तमान में नये-नये संश्लेषित रसायनों की बाढ़-सी आ गई है। एक ताजा अनुमान के अनुसार अब तक 40 लाख से अधिक रसायन प्राकृतिक पदार्थों से पृथक् या संश्लेषित किए जा चुके हैं। इनमें से लगभग 60,000 से अधिक रसायनों का प्रयोग हमारे दैनिक जीवन में होता है, लगभग 1,500 रसायन कीटनाशियों में सक्रिय घटक के रूप में 4,000 औषधियों और अर्द्ध-औषधियों के रूप में तथा 5,500 खाद्य योजकों के रूप में प्रयुक्त होते हैं। शेष 49,000 का वर्गीकरण मोटे तौर पर औद्योगिक और कृषि रसायनों, ईंधन और रोगन, सीमेंट, सौन्दर्य प्रसाधन, प्लास्टिक तथा रेशों जैसे – उपभोक्ता उत्पादकों के रूप में किया जाता है।

रासायनिक उर्वरकों का अंधाधुंध प्रयोग मिट्टी को प्रदूषित कर उसके भौतिक, रासायनिक तथा जैविक गुणों पर विपरीत प्रभाव डाल सकता है। एक सर्वेक्षण के अनुसार भारत में प्रति हेक्टेयर जमीन में कीटनाशक दवाओं का लगभग 300 ग्राम जहर एकत्र हो चुका है। उदाहरण के लिए अमोनियम सल्फेट के लगातार प्रयोग से अमोनिया तो फसल द्वारा प्रयुक्त होता रहता है और सल्फेट आयन धीरे-धीरे मिट्टी में बढ़ते जाते हैं और मिट्टी को अम्लीय बना देते हैं इसी प्रकार सोडियम नाइट्रेट और

पोटाशियम नाइट्रेट के लगातार उपयोग से भी ऐसा ही हो सकता है। नाइट्रेट तत्व फसल द्वारा सोख लिया जाता है सोडियम तथा पोटाशियम की मात्रा मिट्टी में बढ़ती रहती है। फलस्वरूप मिट्टी की संरचना का प्रतिकूल प्रभाव पड़ता है। पौधे उर्वरकों के नाइट्रेट तत्वों के कुछ भाग ही उपयोग में ला पाते हैं और इन तत्वों का एक बड़ा हिस्सा मिट्टी में एकत्र होता रहता है जो वर्षा के पानी के साथ रिसकर पृथ्वी के भीतर जाकर भूमिगत जल में नाइट्रेट आयनों की सांद्रता में वृद्धि करता है। इस जल के उपयोग से नवजात शिशुओं में "हीमोग्लोबीनीमिया" या "ब्लू बेबी डिजीज" नामक बीमारी की संभावना बढ़ जाती है।

5. *औद्योगिक व्यर्थ पदार्थों द्वारा मृदा प्रदूषण* : विभिन्न उद्योग जैसे कागज एवं गत्ता मिलें, तेल शोधन कारखाने, रासायनिक एवं उर्वरक उद्योग, चीनी उद्योग, ताप विद्युत गृह, आदि भूमि प्रदूषण के मुख्य स्रोत हैं। इनसे निकले औद्योगिक व्यर्थ पदार्थों में विषैली धातुएं होती हैं। इन औद्योगिक व्यर्थ पदार्थों का निपटारा एक कठिन समस्या है। कल-कारखानों के अवसाद, टीन एवं कांच के टुकड़े, पोलिथीन के थैले, प्लास्टिक की वस्तुएं आसानी से विघटित नहीं होतीं और आसपास की भूमि को कुछ समय के बाद अनुपयोगी बना देती हैं। औद्योगिक अपशिष्टों में भारी वस्तुएं (कैडमियम लेड क्रोमियम, निकेल, जिंक, ताम्र, आदि) अधिशोषित रहती हैं जिससे कुछ समय बाद जब खेती की जाती है तो ये तब अधिक मात्रा में उपस्थित होने से अंकुरण से लेकर बीज निर्माण तक को प्रभावित करती हैं। जब इन अन्नों, सब्जियों एवं फलों को ग्रहण किया जाता है तो स्वास्थ्य पर प्रतिकूल प्रभाव पड़ता है। भारत में कैडमियम बैटरी बनाने वाले उद्योगों में प्रदूषण के कारण 4000 व्यक्तियों की मृत्यु हो चुकी है।

6. *धातु गलन एवं खनन गतिविधियों द्वारा मृदा प्रदूषण* : धातु गलन एवं खनन कार्यों में भारी धातुएं जैसे कैडमियम, जिंक, लेड, कापर आर्सेनिक निकल आदि धातु धातुएंमुक्त होती हैं जो आसपास के वातावरण को विषाक्त करती हैं। धातुएं मानव के लिए अत्यंत विषैली हैं। ये भारी विषैली धातुएं हमारे शरीर में भोजन, पीने के पानी एवं श्वास के द्वारा प्रवेश करती हैं। कुछ कार्बधात्विक यौगिक जैसे मेथिल मरकरी और टेट्रायथिल लेड बहुत अधिक विषैले होते हैं। इनकी सूक्ष्म मात्रा जीव जगत के लिए घातक एवं विषाक्त होती हैं। ल्यूब्रिकेटिंग आइल, गैल्वेनाइज्ड धातु एवं उर्वरकों के प्रयोग के समय कैडमियम के साथ जिंग मुक्त होते हैं एवं वातावरण को प्रदूषित करते हैं। ये विषैली धातुएं पौधों को विषाक्त करती हैं जिसके उपयोग से मानव एवं पशु दुष्प्रभावित होते हैं।

खनन के कारण भूमि के स्वरूप एवं दशा में परिवर्तन होता है। वनों के विनाश से पेड़-पौधों एवं जीव-जंतुओं को नुकसान होता है। भूमि कटाव, धूल और नमक भूमि के स्वरूप को परिवर्तित कर देते हैं। अनुपचारित कचरे का ढेर भूमि में प्रदूषण फैलाता है, साथ ही क्षेत्र की सुंदरता को नष्ट करता है।

7. ***रेडियोधर्मी विकिरण द्वारा मृदा प्रदूषण*** : मानव द्वारा विभिन्न रेडियोधर्मी पदार्थों के उपयोग से अनेक प्रकार के रेडियोधर्मी विकिरण निकलते हैं जो मानवीय स्वास्थ्य के लिए हानिकारक होते हैं। स्ट्रांशियम 90 नामक रेडियोधर्मी विकिरण स्थानीय पौधों द्वारा अवशोषित कर लिया जाता है जो मानवीय स्वास्थ्य के लिए बहुत अधिक हानिकारक है। वर्तमान में संपूर्ण पृथ्वी को अणु, परमाणु हाइड्रोजन बमों के परीक्षणों, नाभिकीय संस्थानों, रेडियोधर्मी अवशिष्ट पदार्थों, रेडियो आइसोटेप्स, आदि से होने वाले विकिरण के भयंकर प्रदूषण से ग्रसित होना पड़ रहा है। रेडियोधर्मी विकिरण न तो दिखाई देता है और न ही इसमें किसी प्रकार की गंध होती है किन्तु शरीर पर इसका घातक प्रभाव तुरंत पड़ने लगता है। रेडियोधर्मी प्रदूषण से वनस्पति समूल नष्ट हो जाती है, भूमि की उर्वरा शक्ति बुरी तरह प्रभावित होती है, त्वचा जल जाती है, वातावरण विषैला हो जाता है। हिरोशिमा और नागासाकी इसके ज्वलंत उदाहरण हैं।

मिट्टी प्रदूषण नियंत्रण के उपाय

(1) मानवीय बस्तियों से दूर स्थित निचले भू-भागों को समतल बनाने के लिए कूड़े-कचरे को इस प्रकार सुव्यवस्थित ढंग से जमा किया जाए कि इससे मानवीय स्वास्थ्य पर प्रतिकूल प्रभाव न पड़े। निचले स्थानों पर कूड़े-कचरे को बीच-बीच में मिट्टी की परतें बिछाते जाना चाहिए तथा समय-समय पर कीटनाशक पदार्थ छिड़कते रहना चाहिए एवं बुल्डोजर से कूड़े-कचरे को एकत्रित करते जाना चाहिए।

(2) गतिशील जाली वाले भट्ठों में कूड़े-कचरे का भस्मीकरण कर देना चाहिए साथ ही भस्मीकरण से निकलने वाली हानिकारक गैसों को वायुमंडल में नहीं मिलने देना चाहिए।

(3) कूड़े-कचरे के ताप से एक प्रकार का तेलीय द्रव, ईंधन गैस तथा तारकोल प्राप्त किया जा सकता है। वर्तमान में ताप अपघटन की नवीन विधि से एक टन कूड़े-कचरे से लगभग 70 गैलन पेट्रोलियम या लगभग 400 कि॰ग्रा॰ कोयले के बराबर ऊष्मा उत्पन्न की जा सकती है।

(4) कूड़े-कचरे को निश्चित स्थानों पर कुछ अवधि के लिए जमा कर देना चाहिए तथा उच्चताप पर इस कचरे को उलट-पलट कर हानिकारक जीवाणुओं को नष्ट कर देना चाहिए। बाद में 21 से 30 दिनों तक उस स्थान पर इस कूड़े-कचरे को जमा रहने दिया जाना चाहिए जिससे यह कूड़ा-करकट लाभदायक कम्पोस्ट खाद में परिवर्तित हो जाए।

(5) व्यर्थ पदार्थों को पुनर्चक्रीय प्रक्रिया द्वारा उपयोगी स्वरूपों में परिवर्तित किया जा सकता है।

(6) कीटनाशी, शाकनाशी तथा अन्य रसायनों का प्रयोग सीमित स्तर पर करना चाहिए।

(7) अपशिष्ट मल-मूत्र के निपटान और एकत्र करने के लिए समुचित वैज्ञानिक व्यवस्था होना आवश्यक है।

(8) बस्तियों में बड़े-बड़े कूड़ेदान उचित स्थानों पर स्थापित किए जाने चाहिएं।

(9) नाभिकीय विस्फोटों पर अंतर्राष्ट्रीय प्रतिबंध लगा कर मिट्टी को रेडियोधर्मी प्रदूषण से बचाया जा सकता है।

ध्वनि प्रदूषण

ध्वनि प्रदूषण से आशय पर्यावरण में उत्पन्न होने वाले उस असहनीय एवं अप्रिय शोरगुल से है जिसका स्वास्थ्य तथा जीवन यापन पर प्रतिकूल प्रभाव पड़ता है। दैनिक जीवन में अपरिहार्य साधारण आवाजों से अधिक ऊंची आवाजें 'शोर' कहलाती हैं। दूसरे शब्दों में अनावश्यक, असुविधाजनक और निरर्थक आवाज ही ध्वनि प्रदूषण है।

मनुष्य के कानों में ध्वनि को सुगमतापूर्वक सुनने की प्रकृति द्वारा एक निर्धारित निश्चित सीमा होती है। जब ध्वनि इस निश्चित सीमा को पार कर शरीर पर प्रतिकूल प्रभाव डालने लगती है तो वह ध्वनि-प्रदूषण या शोर की श्रेणी में आ जाती है। अर्थात् जब कोई ध्वनि मंद होती है, तो मधुर एवं कर्णप्रिय होती है। परंतु तेज होने पर वह शोर में बदल कर कर्णपटु बन जाती है। किसी भी व्यक्ति पर शोर का प्रभाव इस बात पर निर्भर करता है कि ध्वनि का स्रोत क्या है और उसकी तीव्रता कितनी है।

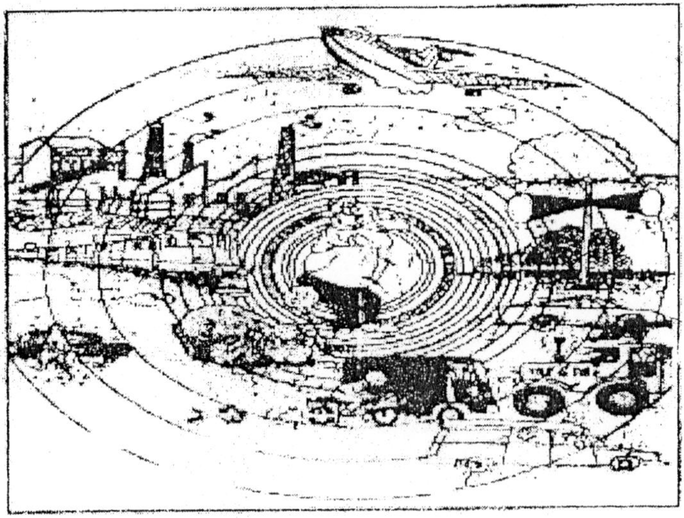

आरेख 6.5 : ध्वनि प्रदूषण में वृद्धि के स्रोत।

ध्वनि स्तर का मापन

ध्वनि तीव्रता को मापने की इकाई 'डेसीबल' कहलाती है। इसे संक्षेप में 'डी०बी०' कहा जाता है। डेसीबल महसूस किए जाने वाले ध्वनि दबाव और रेफरेन्स दबाव (जहां सुनाई देने की सीमा का प्रारंभ होता है) के लागोरिथम का अनुपात होता है। इसे शून्य से 130 के पैमाने पर नापते हैं। शून्य का अर्थ न्यूनतम श्रवणीय ध्वनि से जबकि 130 डेसीबल का अर्थ कष्टदायक ध्वनि तीव्रता से है जो असह्य हो। डेसीबल के स्तर पर आंशिक वृद्धि का अर्थ है ध्वनि दबाव में कई गुना वृद्धि। 120 डेसीबल पर ध्वनि दबाव 80 डेसीबल के ध्वनि दबाव से 100 गुना अधिक होता है। 'डेसीबल' ध्वनि का सूक्ष्मतम नाप 0.0002 डाइन प्रति क्यूबिक सेन्टीमीटर होता है। एक डाइन वातावरण के दबाव का दस लाख वां हिस्सा होता है। अत: यदि 80 डेसीबल शोर है तो इसका अर्थ है कि डाइन से 80 डेसीबल अधिक है। एक सामान्य माइक्रोफोन ध्वनि को विद्युत शक्ति में परिवर्तित कर देता है। इसी आधार पर शोर मापन यंत्र बनाए जाते हैं जो डेसीबल में पाठ्यांक प्रदर्शित करते हैं।

डेसीबल में वार्तालाप की ध्वनि 60 डेसीबल आंकी गई है। एक सौ डेसीबल की ध्वनि अत्यधिक तीव्र ध्वनि की श्रेणी में आ जाती है।

विभिन्न ध्वनियों की तीव्रता डेसीबल पैमाने पर इस प्रकार है :

डेसीबल 150 - असल पीड़ा

डेसीबल 140 - पीड़ा आरंभ

डेसीबल 130 - संवेदना आरंभ

डेसीबल 110 - मोटर हार्न

अंतर्राष्ट्रीय मानक संस्थान (आई०एस०ओ०) एंव संयुक्त राज्य अमरीका का व्यावसायिक सुरक्षा एवं स्वास्थ्य प्रबंध संस्थान (ओ०एस०एच०ए०) दोनों ने ही शोर की अधिकतम सुरक्षित सीमा 90 डेसीबल निश्चित की है। इनमें 90 डेसीबल से ज्यादा शोर होने पर आई०एस०ओ० अधिक दृढ़ है। भारत ने कुछ सामान्य हेर-फेर के बाद इन्हीं मानकों को स्वीकारा है।

ध्वनि दबाव एवं उनके अनुरूप डेसीबल के कुछ शोरमान उदाहरण सारणी 6.3 में दर्शाए गए हैं।

ध्वनि प्रदूषण के स्रोत

वातावरण में ध्वनि प्रदूषण के दो मुख्य स्रोत प्राकृतिक स्रोत और कृत्रिम या मानव-जनित स्रोत हैं।

प्राकृतिक स्रोत : प्राकृतिक स्रोतों द्वारा उत्पन्न शोर घातक नहीं होता है क्योंकि इसकी प्रकृति अस्थायी एवं प्रभाव क्षेत्र व्यापक होता है। प्राकृतिक स्रोतों के रूप में ध्वनि प्रदूषण बादलों की गर्जना, बिजली की कड़क, तीव्र हवाएं, ऊंचे स्थान से गिरते हुए जल, ज्वालामुखी, भूकम्प तथा अन्य क्रियाओं से होता है।

सारणी 6.3
ध्वनि के कुछ शोरमान

शोर का दबाव (माइक्रोबार में)	*शोर की मात्रा (डेसीबल में)*		*उदाहरण*
0.0002	0	:	शोर सुनाई देना प्रारंभ होता है
0.00063	10 बहुत धीमा	:	पत्तियों की खड़खड़हाट
0.002	20 धीमा	:	धीमी फुसफुसाहट
0.0063	30 धीमा	:	शांत घर, प्राइवेट आफिस
0.02	40	:	साधारण बातचीत
0.063	50 मध्यम	:	गांवों का शांत वातावरण
0.2	60	:	सामान्य शोर वाला घर
0.63	70	:	सामान्य कारखाना या साधारण आवाज में रेडियो
1.0	74	:	औसत सड़क का शोर, दफ्तरों की आवाजें
2.0	80 शोर	:	तांगा, रिक्शा, कस्बे का बाजार, पुलिस की सीटी, रेस्तरां का भीड़भाड़ का शोर।
6.3	90	:	शोर वाला कारखाना, छपाई मशीन, भारी यातायात – कारों, बसों की भीड़वाली व्यस्त सड़क।
20	100 ज्यादा शोर	:	बाइलर फैक्ट्री, हवाई अड्डे के निकट की बस्ती
63	110	:	मोटर ट्रकों के चीखते हार्न, लाउडस्पीकर, हथोड़े से धातु की चद्दर पीटना।
200	120 बहरा बनाने वाला	:	तूफान, तोप
2000	140 अंतिम सहन सीमा	:	जैट विमान
2,00,000	180	:	राकेट शुरू करने की जगह

कृत्रिम या मानव-जनित स्त्रोत : कृत्रिम या मानव-जनित स्त्रोत एक विषाक्त पारिस्थतिकी है, जिसका बुरा असर स्वयं मानव के ऊपर पड़ रहा है। मानव-जनित स्त्रोतों के रूप में कल-कारखानों द्वारा होने वाले शोर, यातायात के साधनों से होने वाले शोर, मनोरंजन के साधनों एवं सामाजिक क्रियाकलापों द्वारा उत्पन्न होने वाले शोर को सम्मिलित किया जा सकता है।

कृत्रिम शोर उत्पन्न करने वाले स्त्रोतों को दो उपवर्गों में विभक्त किया जा सकता है:–

(1) औद्योगिक स्त्रोत, (2) गैर-औद्योगिक स्त्रोत।

औद्योगिक स्त्रोत : विगत दो-तीन दशकों में औद्योगिक विकास के साथ-साथ कल-कारखानों की संख्या में वृद्धि हुई है। इससे जहां एक ओर औद्योगिक उत्पादन बढ़ा है और लोगों का आर्थिक आधार सुदृढ़ हुआ है, वहीं दूसरी ओर अवशिष्ट पदार्थों एवं तेज. ध्वनियों द्वारा वातावरण में जल, वायु एवं शोर जैसी प्रदूषण की नवीन समस्याएं

भी उत्पन्न हो गई हैं। इन कल-कारखानों में कार्यरत विशालकाय मशीनों तथा निर्माण की प्रक्रियाओं द्वारा गौण उत्पादन के रूप में भारी मात्रा में अवांछित ध्वनियां उत्पन्न होती हैं, जो ध्वनि प्रदूषण का कारण बनती हैं। अन्य स्रोतों से उत्पन्न शोर की अपेक्षा शोर अधिक घातक होता है, क्योंकि यह क्षणिक न होकर चिरस्थायी होता है। इसका प्रभाव क्षेत्र भी सीमित रहता है जिससे इसके प्रभाव की गहनता और भी अधिक होती है।

गैर-औद्योगिक स्रोत – शोर उत्पादक गैर-औद्योगिक स्रोत कई प्रकार के होते हैं जैसे –

स्थलीय एवं वायु परिवहन के साधन : स्थलीय परिवहन के साधनों में सड़क यातायात वाहनों तथा रेलगाड़ियों का प्रमुख स्थान है। सड़क यातायात में प्रायः यह देखा जाता है कि विभिन्न वाहनों के चालक बिना यातायात के नियमों का पालन किए हुए दोषपूर्ण हार्नों तथा दोषपूर्ण साइलेन्सरों का प्रयोग करते हैं। कभी-कभी तो कुछ गैर-जिम्मेदार चालकों द्वारा साइलेन्सररहित वाहनों तथा बहुध्वनि उत्पन्न करने वाले हार्नों को मनमानी गति से चलाया जाता है जिससे अवांछित मात्रा में पर्याप्त ध्वनि उत्पन्न होती है। भारतीय रेलों में अधिकांशतः डीजल तथा वाष्प चालित इंजनों का प्रयोग होता है। स्वयं इनसे तथा पटरियों की रगड़ से पर्याप्त मात्रा में शोर उत्पन्न होता है।

वायु परिवहन के साधनों में वायुयान, जेट विमान, सुपर सोनिक विमान, आदि प्रमुख शोर उत्पादक हैं। इनकी गति जितनी तेज होती है, उतना ही अधिक शोर इनसे उत्पन्न होता है। सुपर सोनिक विमानों से कभी-कभी इतना तेज धमाका होता है कि मकानों की खिड़कियों के शीशे टूट जाते हैं, छतें हिल जाती हैं तथा दीवारों में दरारें पड़ जाती हैं। विभिन्न विकसित तथा विकासशील देशों द्वारा किया जाने वाला सेटेलाइट प्रक्षेपण भी आज शोर उत्पादक स्रोतों में एक नया स्रोत जुड़ा है। इनका प्रक्षेपण अति शक्तिशाली राकेटों द्वारा किया जाता है जिनसे कानों को बहरा तक करने वाला शोर उत्पन्न होता है।

मनोरंजन के साधन तथा सामाजिक, धार्मिक एवं राजनैतिक क्रियाकलाप – मनोरंजन के साधनों में लाउडस्पीकर, रेडियो, टेलीविजन, वीडियो, आदि महत्वपूर्ण शोर उत्पादक स्रोत हैं। आज ऐसा कोई धार्मिक, सामाजिक और राजनैतिक आयोजन नहीं है जिसमें लाउडस्पीकर का प्रयोग किसी पड़ोसी की असुविधाओं की चिन्ता किए बिना न किया जाता हो। इन कार्यों में इसका प्रयोग एक तरह से अनावश्यक होते हुए भी अनिवार्य हो जाता है। इसी तरह दशहरा, दीपावली, आदि त्यौहारों पर छोड़े जाने वाले पटाखों से उत्पन्न आवाजें भी ध्वनि प्रदूषण का कारण होती हैं।

सैन्य अभ्यास एवं अन्य कार्यों हेतु किए गए विस्फोट : सैन्य अभ्यास, तोपों की आवाज, खानों में किए गए विस्फोट भी ध्वनि प्रदूषण फैलाते हैं।

ध्वनि प्रदूषण के प्रभाव – शोर स्वास्थ्य के लिए अभिशाप है। इसे भी अन्य प्रदूषणों की भांति धीमी गति वाला विष माना गया है। ध्वनि प्रदूषण के प्रभावों का अध्ययन दो वर्गों में किया जा सकता है – जीवधारियों पर पड़ने वाला प्रभाव और निर्जीव वस्तुओं पर पड़ने वाला प्रभाव।

जीवधारियों पर पड़ने वाला प्रभाव – जीवधारियों पर पड़ने वाले प्रभाव के अंतर्गत मानव एवं पशु–पक्षी दोनों पर शोर प्रदूषण का विपरीत प्रभाव अनुभव किया गया है। अधिक समय तेज ध्वनि में लगातार रहने के कारण मानव एवं पशु–पक्षियों की सभी शारीरिक एवं वैज्ञानिक क्रियाएं प्रभावित होती हैं तथा इनके आचार–व्यवहार में परिवर्तन हो जाता है। उच्च शोर से मानवीय जगत पर पड़ने वाले दुष्प्रभाव इस प्रकार हैं :

1. *श्रवण शक्ति का ह्रास* : मानव मस्तिष्क की 12 नसों में से एक नस सुनने की होती है। इसे 'स्वर तंत्रिका' कहते हैं। स्वर तंत्रिका के दो भाग होते हैं – कर्णावर्त तंत्रिका व प्रमाण तंत्रिका। इनमें कर्णावर्त तंत्रिका ध्वनि तरंगों को कान से मस्तिष्क तक पहुंचाती है। तीव्र शोर का परिणाम इस नस पर कभी–कभी इतना घातक होता है कि श्रवण सामर्थ्य थोड़ी या बहुत या पूर्णतया भी समाप्त हो सकती है। प्राय: अधिक ध्वनि का अभ्यस्त हो जाने पर धीमी आवाजों को सुनने की क्षमता कम हो जाती है। श्रवण ह्रास की मात्रा निम्न घटकों से प्रभावित होती है: (1) शोर की आवृत्ति और तीव्रता, (2) शोर की बैंड चौड़ाई, (3) एक दिन में शोर से प्रभावन समय, तथा (4) प्रभावन दिनों का कुल वर्ष। 80 डेसीबल से अधिक शोर होने पर मानव किसी न किसी प्रकार की ध्वनि का शिकार होता है। एक प्रयोग में, 175 डेसीबल पर चूहों को रखने पर सारे चूहे मर गए। ध्वनि दाब स्तर की एक विशेष बात यह है कि डेसीबल में जरा–सा भी परिवर्तन अधिक गंभीर प्रभाव उत्पन्न करता है यथा 120 डेसीबल की ध्वनि 80 डेसीबल ध्वनि से 100 गुना अधिक तीव्र एवं खतरनाक है। शोर का सर्वाधिक प्रभाव फैक्ट्री में काम करने वालों पर पड़ता है। औद्योगिक क्षेत्रों में 54 प्रतिशत व्यक्ति बहरेपन के शिकार पाए गए। एक अन्य अध्ययन विभिन्न स्कूलों और कालेजों के 5000 छात्रों पर किया गया। ये सब या तो तेज भन्नाटेदार संगीत के शौकीन थे या मोटर साईकिल की घरघराहट के लगातार संपर्क में रहते थे। ये सभी युवक अपनी पचास प्रतिशत श्रवण शक्ति खो चुके थे। पूना में किए गए एक पर्यावरणीय अध्ययन के परिणाम बताते हैं कि ट्रैफिक से जुड़े 80 प्रतिशत व्यक्ति श्रवणेन्द्रियों संबंधी परेशानियों के शिकार हैं। 160 डेसीबल के शोर से कान के परदे फट सकते हैं।

2. *नींद में बाधा* : तीव्र ध्वनि से नींद में बाधा उत्पन्न होती है एवं मानव शरीर पर बुरा प्रभाव पड़ता है। अच्छी तरह शारीरिक एवं मानसिक कार्य करने के लिए पूरी व गहरी नींद आवश्यक है। नींद हरण से या अचानक नींद में शोर से जगाने से व्यक्ति

सारणी 6.4
परिमित शोर स्तर एवं उच्चतम दैनिक प्रभावन

स्रोत	शोर स्तर (डेसीबल)	उच्चतम सुरक्षित प्रभावन समय
डिस्को	90	8 घंटे
मोटरगाड़ी	95	2.5 घंटे
आटा चक्की	96	2 घंटे
अर्थ मूवर गाड़ी	97	1.5 घंटे
पॉप संगीत दल	100	48 घंटे
वैद्युत शक्ति टरबाइन हॉल	100'	< 48 मिनट
समाचार पत्र प्रेस	100'	< 48 मिनट
डीज़ल इंजन	104	20 मिनट
स्टील रोलिंग मिल	110	5 मिनट
घुमावदार आरा	115	5 मिनट
रॉक ड्रिलिंग डीजल इंजन	120	30 सेकंड
डीजल इंजन परीक्षण	120	30 सेकंड

स्रोत: नॉइज हैंड बुक, संपादक: टेम्पेस्ट, एकैडमिक प्रेस, लंदन।

चिड़चिड़ा हो जाता है। उसके हृदय की धड़कन बढ़ जाती है। व्यक्ति क्लांत, व्याकुल, क्रोधी हो जाता है। मानसिक रोगी अधिक परेशान हो जाते हैं।

3. *एकाग्रता में कमी* : एकाग्र होकर पढ़ने या कोई अन्य कार्य करने में शोर बहुत बाधक है। शोर मनुष्य की विचारधारा को छिन्न-भिन्न करके उसकी कार्यक्षमता को कम कर देता है जिससे तनाव उत्पन्न होता है एवं उत्पादकता में कमी आती है।

4. *हृदय एवं रक्त संबंधी दोष* : कानों को प्रभावित करने के बाद शोर मस्तिष्क पर प्रभाव डालता है। शोर से खून में कालेस्टेरॉल की मात्रा बढ़ जाती है जिससे ब्लड प्रेशर बढ़ सकता है। साधारण ध्वनि से भी खून की छोटी नली अवरुद्ध हो सकती है जिससे थकान एवं नाड़ी मंडल में कमजोरी आ जाती है।

5. *शरीर तंत्र पर प्रभाव* : उच्च शोर के कारण मानव की तंत्रिकाएं प्रभावित होती हैं, इनमें विशेषकर महिलाओं की। उच्च स्तर के शोर को आकस्मिक रूप से सुनने पर उनमें गर्भपात तक की घटनाएं देखी गई हैं। मानव की पाचन ग्रंथियां शिथिल हो जाती हैं। कभी-कभी उनमें फोड़े तथा घाव हो जाने की आशंकाएं हो जाती हैं।

अनेक शारीरिक एवं अन्य रासायनिक परिवर्तन होते देखे गए हैं जिनके कारण हार्मोन्स की कमी, रक्त वाहिनियों में संकुचन, हृदय गति में बढ़ोत्तरी, रक्तचाप में परिवर्तन, आहर नली में गड़बड़ी, मांसपेशियों में तनाव, आदि परिलक्षित होते हैं।

6. *आचार-व्यवहार में परिवर्तन* : मानवीय आचार एवं व्यवहार पर ध्वनि प्रभावों की प्रकृति व्यक्ति से संबंधित होती है, जिससे उसका स्पष्ट अनुभव किया जाना यद्यपि

जटिल है फिर भी यह निर्विवाद सत्य है कि उच्च ध्वनि में लगातार रहने के कारण 1. मानवीय व्यवहार में परिवर्तन हो जाता है। यह परिवर्तन गर्भस्थ शिशु व्यवहारों में भी देखा गया है, इस संदर्भ में डॉ. लोविस सोन्टेग का मत है कि "अजन्मे शिशु पर भी ध्वनि के अति भयंकर प्रभाव हो सकते हैं। प्रबल तीखे शोर द्वारा अजन्मे भ्रूण का संपूर्ण आचार तथा भावी जीवन की रूपरेखा तक परिवर्तित हो सकती है।" 2. मानसिक उत्तेजना बढ़ जाती है जिससे छोटी-छोटी साधारण बातों पर परस्पर लड़ाई-झगड़े, मानसिक अस्थिरता एवं तनाव की स्थितियां उत्पन्न हो जाती हैं। 3. निद्रा में व्यवधान होने से कार्यदक्षता प्रभावित होती है। 4. तीव्र आकस्मिक शोर से मानव अनियंत्रित हो जाता है, फलतः दुर्घटनाओं के घटित होने की आशंकाएं बढ़ जाती हैं।

7. ***पशु-पक्षियों एवं वनस्पतियों पर प्रभाव*** : ध्वनि प्रदूषण से पशु-पक्षी एवं वनस्पतियां भी प्रभावित होती हैं। उच्च ध्वनि के कारण पक्षी अपने निवास स्थान बदल लेते हैं। वनस्पतियों का विकास अवरुद्ध हो जाता है। तेज ध्वनि तरंगों के कारण अंडा देने वाले पक्षी कभी-कभी अंडा देना बंद कर देते हैं।

8. ***निर्जीव वस्तुओं पर प्रभाव*** : ध्वनि प्रदूषण का प्रभाव निर्जीव वस्तुओं पर भी अनुभव किया गया है। इससे प्राकृतिक सम्पदा को भी हानि होती है। अमरीका के सुपरमैगनक जैट विमान से उठने वाली तरंगें केन्योक की प्राचीन गुफाओं में दरारें उत्पन्न कर चुकी हैं। बढ़ता शोर प्राणियों को पराबैंगनी किरणों से बचाने वाली ओजोन पट्टी को कमजोर कर रहा है। तेज शोर तथा विस्फोट हनित तीव्र ध्वनि के कारण कभी-कभी बड़ी-बड़ी इमारतों की खिड़कियों के शीशे टूट जाते हैं, छतें हिल जाती हैं तथा दीवारों में दरारें पड़ जाती हैं।

ध्वनि प्रदूषण को रोकने के प्रभाव : ध्वनि प्रदूषण का नियंत्रण इस भौतिकवादी युग में योजना बनाने की तरह आसान कार्य नहीं है। इसके लिए हमें अपनी भौतिकवादी जीवन शैली का त्याग करना पड़ेगा। इसके लिए व्यक्तिगत से लेकर सामुदायिक एवं सरकारी स्तर पर प्रयास करना होगा। विश्व के प्रायः सभी विकसित देशों में ध्वनि नियंत्रण संबंधी कानून बने हुए हैं पर दुर्भाग्यवश भारत में ऐसा कोई ठोस कानून राष्ट्रीय स्तर पर विद्यमान नहीं है। फलस्वरूप देश में 20 वर्षों से शोर आठ गुना बढ़ गया है।

शोर प्रदूषण को रोकने अथवा कम करने के लिए निम्न उपाय काम में लाए जा सकते हैं :

1. वाहनों में प्रेशर हार्न या तीव्र ध्वनि वाले हार्नों पर प्रतिबंध लगाना जाना चहिए।
2. शोर करने वाले प्रमुख स्रोतों जैसे लाउडस्पीकरों, रेडियो आदि के प्रयोग को सीमित करना चाहिए तथा आवश्यकता होने पर इन्हें धीमी आवाज़ में ही बाजाया जाना चाहिए।
3. भारी ट्रकों के आवासी कालोनियों में प्रवेश पर प्रतिबंध लगाना चाहिए।

4. वाहनों के रख-रखाव एवं इंजनों की समय-समय पर मरम्मत करनी चाहिए एवं घटिया किस्म के ईंधन का वाहनों में उपयोग नहीं करना चाहिए।
5. शोर-शराबा करने वाले संयंत्रों को आवासीय क्षेत्रों से काफी दूर स्थापित किया जाना चाहिए तथा इन्हें फेरों कंक्रीट की दीवारों से घेरा जाना चाहिए।
6. अधिक शोर करने वाले वाहनों, जनरेटरों, आदि में साइलेंसर का प्रयोग करना चाहिए।
7. विभिन्न आयोजनों जैसे विवाह, रैली, चुनाव, आदि में अधिक शोर-शराबा करने पर प्रतिबंध लगाना चाहिए।
8. शिक्षण संस्थानों, अस्पतालों, आवासी कालोनियों, आदि क्षेत्रों में कृत्रिम शोरगुल पर प्रतिबंध लगाया जाना चाहिए।
9. अधिक भीड़भाड़ वाली सड़कों एवं कल-कारखानों में ध्वनि मापक यंत्र लगाए जाने चाहिएं ताकि यह सुनिश्चित किया जा सके कि 100 डेसीबल से अधिक ध्वनि हमारे कानों तक नहीं पहुंच सके।
10. श्रमिकों के लिए एअर प्लग या कर्ण बंदकों का प्रयोग अनिवार्य कर दिया जाना चाहिए।
11. ध्वनि की तीव्रता को कम करने में पेड़-पौधे सहायक होते हैं। अतः घरों, अस्पतालों, कारखानों एवं सड़कों पर यथासंभव वृक्ष लगाने चाहिएं। यह तथ्य उल्लेखनीय है कि वृक्षों से ध्वनि की तीव्रता में 10 डेसीबल तक कमी की जा सकती है।
12. जन सामान्य को ध्वनि प्रदूषण के दुष्प्रभावों के बारे में बताया जाना चाहिए एवं इस दिशा में जन-चेतना आवश्यक है।
13. स्कूलों, कालेजों में ध्वनि प्रदूषण की शिक्षा व्यवस्था हो।

7

नगरीयकरण एवम् सामाजिक परिवर्तन

प्रथम पंचवर्षीय योजना के समय से स्पष्ट रूप से विविधीकृत औद्योगिक संरचना की स्थापना पर जोर दिया गया है। बुनियादी और भारी उद्योगों के क्षेत्र में विशाल धनराशि नियोजित की गई है। भारत में बढ़ते हुए आर्थिक और औद्योगिक दृश्य के साथ, औद्योगीकरण का नया चरण शुरू हो गया है। सातवीं पंचवर्षीय योजना में लागू किए गए आत्मनिर्भरता के उद्देश्य को प्राप्त करने के लिए प्रयत्न जारी थे और यह संभव है कि आठवीं तथा नवीं पंचवर्षीय योजना में इन्हें ज्यादा गति प्राप्त हुई। इस उद्देश्य के लिए भारतीय औद्योगिक अर्थव्यवस्था में उल्लेखनीय रूप से परिवर्तन वांछनीय है। इसे सुगम बनाने के लिए टेक्नोलोजी और प्रबन्धन को उच्च स्तरीय बनाना जरूरी है। इस तरह गुणात्मक परिवर्तन लाने के लिए राज्य की तरफ से हस्तक्षेप पूरी तौर पर आवश्यक है। राज्य को बुनियादी उद्योगों की ओर ध्यान देने के अलावा सामूहिक उपभोग की वस्तुओं के उत्पादन के औद्योगीकरण और निर्यातोन्मुखी उद्योगों की गति तेज करने पर प्रमुख रूप से जोर देना होगा।

चुनौतियों का सामना करने के लिए विकास योजनाओं में उच्च तकनीक वाले अनेक उद्योगों को शामिल करना होगा। इससे विशाल श्रमिक समुदाय के लिए रोजगार सुनिश्चित होगा। इन सब बातों का परिणाम होगा तेजी से नगरीकरण।

नगरीकरण

भारत में इस बात के स्पष्ट प्रमाण हैं कि अनियोजित नगरीकरण की वजह से जीवन की गुणवता का ह्रास हुआ है। अत: नगरीय विकास की प्रगति का अवलोकन करना उचित होगा।

छठी पंचवर्षीय योजना में यह संकेत दिया गया था कि योजना में नगरीय जनसंख्या को मिलने वाला हिस्सा जनसंख्या के अनुपात में 20 प्रतिशत से कुछ अधिक है। बहरहाल, परिशुद्ध आंकड़ों के अनुसार 1971 में यह आबादी 10 करोड़ 70 लाख थी। 1971–81 के दशक में नगरीय आबादी का प्रतिशत 20.22 से बढ़ कर 23.77 हो गया।

परिशुद्ध आंकड़ों के अनुसार 1981 में नगरीय आबादी 15 करोड़ 60 लाख आंकी गई है। पंजीयक, जनसंख्या द्वारा प्रस्तुत नवीनतम आंकड़ों के अनुसार नगरीय आबादी 16 करोड़ होगी।

जबकि नगरीय आबादी की वृद्धि कुल मिला कर 3.86 प्रतिशत थी, प्रथम श्रेणी के नगर 4.6 प्रतिशत दर से बढ़े और द्वितीय श्रेणी के नगर 4.2 प्रतिशत से बढ़े। 1971 में नगरों की संख्या 2583 थी जो 1981 में बढ़ कर 3245 हो गई। देश के बारह सबसे बड़े नगरों में देश की कुल नगरीय आबादी का 2.7 प्रतिशत हिस्सा रहता है।

अति बड़े महानगरों जैसे दिल्ली, कलकत्ता, चैन्नई, बैंगलोर, अहमदाबाद और हैदराबाद आदि में जनसंख्या में 1971-81 के दशक में बहुत वृद्धि हुई है। नगरीय जनसंख्या की वृद्धि का आकार इतना विशाल है कि पर्यावरण नीतियों की दृष्टि से उस पर गहन विचार आवश्यक है। वर्ष 2000 की कल्पना निराशाजनक है। यह अनुमान है कि उस वक्त नगरीय आबादी 31 करोड़ 50 लाख अर्थात् कुल जनसंख्या का 32 प्रतिशत होगी। जहाँ 1901 से 1981 के दौरान नगरीय आबादी 500 प्रतिशत बढ़ी, वहीं बस्तियों की संख्या कुल 77 प्रतिशत बढ़ी। इस तरह मुख्य रूप से वृद्धि वर्तमान नगरों के बढ़ने से ही हुई।

नगरीय क्षेत्रों में बेहद भीड़ हो गई है, अत: नियोजनकर्त्ताओं को नगर की ओर जाने वाली जनसंख्या को कहीं और ले जाने, रोजगार बढ़ाने वाली नीतियों, नगरीकरण नीतियों, नगरीय वित्त योजनाओं तथा औद्योगिक और यातायात नीतियों पर गम्भीर रूप से विचार करना होगा। वर्तमान महानगरों को विकसित करने की लागत निषेधकारी है। इस दृष्टि से दस लाख से ऊपर आबादी वाले शहरों को सुधारने की नीति में जोर देना होगा।

आर्थिक रूप से प्रगत क्षेत्र और औद्योगीकरण के विकास की एक विशेषता है, विशाल नगरीय जनसंख्या। आर्थिक रूप से कम प्रगत और औद्योगीकृत क्षेत्रों में तुलनात्मक रूप से नगरीकरण की दर नीची रही है। 1950 में विश्व जनसंख्या का 41 प्रतिशत हिस्सा 20 हजार और उससे अधिक आबादी वाले शहरों में था। दूसरी ओर एशिया, लेटिन अमेरिका और अफ्रीका के उपर्युक्त आकार के शहरों में केवल 45 प्रतिशत विश्व जनसंख्या थी।

1950 में लगभग 50 करोड़ 20 लाख व्यक्ति 20 हजार तथा उससे अधिक आबादी वाले शहरों में रहते थे। यदि 1900 से 1950 के दौरान हुए नगरीकरण की दर बनी रहती है तो उपर्युक्त आकार वाले शहरों में रहने वाली नगरीय आबादी 1975 तक दुगुनी हो जाती। इसी तरह 1975 तक विश्व आबादी का 30 प्रतिशत 20 हजार और उससे अधिक आबादी वाले शहरों में रहने लगता। विश्व की नगरीय आबादी के बड़े हिस्से में बढ़ोतरी आर्थिक रूप से अल्प-विकसित देशों में होगी। 1900 से 1975 के बीच हुई बढ़ोत्तरी का आधा हिस्सा एशिया में ही होगा।

तेज गति से नगरीकरण में परिवर्तन

पूर्व नगरीय से नगरीय जीवन शैली में रूपान्तरण की प्रक्रिया में मतभेद और संघर्ष सामाजिक और वैयक्तिक दोनों प्रकार की समस्याएँ निर्मित करता है। यह रूपान्तरण व्यवस्थित ढंग से सम्पन्न नहीं होता है। आर्थिक रूप से प्रगत और आर्थिक रूप से अर्ध-विकसित क्षेत्रों में तेज गति से नगरीकरण की समस्याएँ पूरी तौर पर अलग-अलग हैं।

आर्थिक रूप से प्रगत क्षेत्रों में जीवन के उच्च स्तर के फलस्वरूप नगरीकरण हुआ है। श्रम और विशेषज्ञ में विभाजन, टेक्नोलोजी, कौशल और उत्पादकता में जबरदस्त बढ़ोत्तरी की वजह से यह संभव हुआ है और यह उसका ही एक अभिव्यक्त रूप है। कृषि, वाणिज्यिक और औद्योगिक क्रान्तियों के बाद ही यूरोप में बड़े नगरों का अस्तित्व में आना संभव हुआ। 19वीं शताब्दी की शुरुआत तक 10 लाख या उससे अधिक गबादी वाले शहर बन नहीं पाए थे। लगातार तकनीकी और संगठन सम्बन्धी विकास ने आर्थिक गतिविधियों के पहले से बड़े पुंज संभव किए और यूरोप और उत्तर अमेरिका में 19वीं सदी के आरंभ में तीव्र नगरीकरण को प्रोत्साहित किया।

आर्थिक रूप से अल्प-विकसित क्षेत्रों में ये ही विशेषताएं सर्व सामान्य रूप से नहीं पाई जाती। इन क्षेत्रों में वे ग्रामीण क्षेत्रों से किसी नगरीय दृश्य में अल्प-रोजगार व गरीबी के स्थानान्तरण को अधिक प्रतिपादित करते हैं। अल्प-विकसित क्षेत्रों में नगरीकरण की प्रक्रिया को ही भूमि जनसंख्या के निम्न अनुपात द्वारा और विश्व युद्धों के द्वारा उत्पन्न विश्रृंखलता और विघटन की वजह से और नगरीय अस्तित्व के आकर्षण की वजह से प्रोत्साहन मिला। आर्थिक अवसर की उपलब्धता शायद इस स्थानान्तरण के लिए एक सहयोगी अतिरिक्त कारण था। इस तरह विश्व के अल्प-विकसित क्षेत्र इस अर्थ में अतिनगरीकृत हो गए हैं कि उनकी आबादी के बड़े हिस्से नगरीय क्षेत्रों में रह रहे हैं जितने कि आर्थिक विकास की दृष्टि से जरूरी सिद्ध होते। अति नगरीकरण के बिना भी नगरों में बढ़ रहे रोजगार के अवसरों से कहीं अधिक स्थानान्तरण होने के कारण गन्दी बस्तियां नगरीय जीवन की लगभग एक विश्व स्तरीय विशेषता बन गई है। विश्व युद्ध के बाद की स्थिति में अल्प-विकसित क्षेत्रों में नगरीकरण की दर आर्थिक विकास की दर से कहीं ज्यादा तेज हो रही है। अत: नगरीकरण की निरन्तर तेज दर वर्तमान नगरीय गरीबी और कष्ट को बजाए कम करने के शायद बढ़ाएगी ही।

प्राय: सभी अल्प-विकसित देशों ने आर्थिक विकास के लिए महत्वाकांक्षी योजनाएं तैयार की हैं। इन योजनाओं के केन्द्रबिन्दु के रूप में औद्योगीकरण बढ़ाने की योजनाएं आमतौर पर शामिल हैं। उत्पादकता और बचत की वर्तमान दरों पर, अर्थव्यवस्था के कृषि और औद्योगिक क्षेत्रों के बीच विकास के लिए स्रोतों का आबंटन करना एक प्रमुख समस्या है। कृषि और औद्योगिक विकास के बीच उपयुक्त संतुलन प्राप्त करना

एक प्रमुख कठिनाई है, जिसका सामना लगभग सभी अल्प-विकसित देशों को करना पड़ता है।

दूसरी समस्या "सामाजिक निवेश" और "उत्पादक निवेश" के दुर्लभ स्रोतों का का बंटवारा करने की है। यह समस्या ग्रामीण क्षेत्रों की बजाए नगरीय क्षेत्रों में और भी ज्यादा जटिल है, यद्यपि यह समस्या ग्रामीण क्षेत्रों में भी है। अपर्याप्त संरचनात्मक विकास नगरीय क्षेत्रों की एक विशेषता है। नल से पानी का प्रदाय, मल प्रवाह व्यवस्था, बेहतर आवास व्यवस्था, आदि के सम्बन्ध में बहुत बड़ी मांगें हैं और इन मांगों के कारण दुर्लभ स्रोतों को सामाजिक परियोजना में निवेशित करने का आकर्षण रहता है। इस तरह का निवेश अक्सर ऊर्जा उत्पादन में, कारखानों में अथवा खाद आदि के उत्पादन में उत्पादक निवेश किए जाने की कीमत पर होता है, जबकि उक्त क्षेत्र उत्पादकता बढ़ाने के लिए आकल्पित है।

अल्प-विकसित क्षेत्रों में नगरीकरण की तीसरी समस्या उद्योग को लगाए जाने वाले स्थान से संबंधित है। आर्थिक रूप से विकसित देशों में उद्योग लगाए जाने का स्थान विपणन शक्तियों के आधार पर निर्धारित होता है। अन्य विचार (सामाजिक, सांस्कृतिक अथवा राजनीतिक) निर्णय लिए जाने की प्रक्रिया में वास्तव में आते ही नहीं। दूसरी ओर अल्प-विकसित देशों में उद्योग लगाए जाने के स्थान के सम्बन्ध में निर्णय क्षेत्रीय अथवा राष्ट्रीय स्तर पर शीर्षस्थ नेतृत्व द्वारा विभिन्न विचारों के आधार पर लिया जाता है। इस तरह किसी उद्योग को लगाए जाने के लिए स्थान तय करने के मामले में कच्चे माल की उपलब्धता, उपभोक्ता बाजार, केन्द्रीकरण अथवा विकेन्द्रीकरण के सम्बन्ध में राष्ट्रीय नीति, क्षेत्रवार विकास, राष्ट्रीय अथवा क्षेत्रीय स्तर सत्ता में बने हुए राजनीतिक दल ऐसे विचार हैं जो उद्योग स्थापन का स्थान तय करते समय ध्यान में रखे जाते हैं। नगरीय क्षेत्रों में अथवा उसके निकट उद्योग लगाने के लिए श्रम की उपलब्धता बाजार और नगरीय क्षेत्रों में उन सेवाओं की विविधता जैसे कुछ कारण हो सकते हैं। सुदूर अथवा किसी एकांत स्थान में इन सुविधाओं को फिर से निर्मित करने में फिजूल खर्च हो सकता है और अंत में इससे उत्पादन की लागत बढ़ सकती है। नगरीकरण की एक अन्य समस्या आय, जीवन स्तर, बचत और पूँजी निर्माण पर प्रभाव से संबंधित है। अल्प-विकसित क्षेत्रों में नगरीय जनसंख्या आमतौर पर गैर-कृषि व्यवसायों में लगी रहती है। मुद्रा-स्तर-आय ग्रामीण क्षेत्रों की बजाए नगरीय क्षेत्रों में अधिक है। इसमें शक है कि क्या नगरीय यथार्थ आय ग्रामीण यथार्थ आय की तुलना में ज्यादा है। किन्तु निश्चय ही नगरीय-मुद्रा-आय लोगों को शहरों में स्थानान्तरण के लिए आकर्षित करने के कारकों में एक है। नगरीकरण रहने के ढंग में परिवर्तन भी लाता है। जहाँ खाने की मद पर किए जाने वाले व्यय के कम हो जाने की प्रवृत्ति है, वहीं मनोरंजन, यातायात, शिक्षा, कपड़े, किराए, आदि के व्यय बढ़ाने की प्रवृत्ति है। यद्यपि निश्चयात्मक रूप

से यह नहीं कहा जा सकता कि नगर में रहने वालों से गाँव में गरीब हैं, फिर भी कुछ निश्चयात्मकता से यह कहा जा सकता है कि शहर में रहने वालों की सीमांत उत्पादकता कुछ बेहतर है और शहर में रहने वालों की क्रय शक्ति कुछ अधिक है।

भौतिक परिवर्तन

अति नगरीकरण और तीव्र वृद्धि का एक सर्वाधिक स्पष्ट परिणाम है, अल्प-विकसित क्षेत्रों में पर्यावरण के स्तर का घट जाना। इस तरह के नगरीय क्षेत्र की कुछ अलग किन्तु सर्वसामान्य विशेषताएं होती हैं। झुग्गी झोपड़ी, बस्ती, जल प्रदाय, मल निवारण जैसी नगरीय सेवाओं की कमी, अनियन्त्रित भूमि उपयोग, आबादी की अति सघनता, शैक्षणिक एवम् मनोरंजन सुविधाओं की कमी और अन्य वाणिज्यिक एवम् विपणन सेवाएँ। किसी अल्प-विकसित देश में नगर-नियोजक को अनेक कठिनाइयों का सामना करना पड़ता है। ये समस्याएँ निम्न आय स्तर, तीव्र जनसंख्या वृद्धि और अपर्याप्त रचनात्मक विकास से मुख्य रूप से उत्पन्न हुई होती हैं।

सामाजिक परिवर्तन

नगरीकरण की प्रक्रिया और उसका प्रभाव समाज के अलग-अलग क्षेत्रों में अलग गति से पड़ता है। ग्रामीण से नगरीय क्षेत्र में स्थानान्तरित होने वाले लोग आमतौर पर एक सामान्जस्यपूर्ण जीवन शैली के आदी होते हैं। उनका समाज सुगठित और छोटा होता है। समाज में उनके संपर्क ज्यादा निजी और घनिष्ठ होते हैं। नगरीय क्षेत्र में इस तरह स्थानान्तरित हुए व्यक्ति को विशलता और विषमता का सामना करना पड़ता है। इस तरह के स्थानान्तरित व्यक्ति को नगरीय क्षेत्र में मुद्रा अर्थव्यवस्था से तालमेल बैठाना पड़ता है। पारिवारिक जीवन की अनुपस्थिति को सहन करना पड़ता है। शहरी समाज में संविदाएँ न केवल स्वार्थपूर्ण होती हैं बल्कि सतही होती हैं। अत: इस तरह स्थानान्तरित हुए व्यक्ति को एक नये परिवेश और निर्वाह अर्थव्यवस्था से मुद्रा अर्थव्यवस्था में स्थानान्तरण और व्यवस्था के लिए रोजगार अथवा नौकरी पर आश्रित होने से अपने आपको परिवर्तित करना पड़ता है। ऐसे लोगों की बस्ती में अपराध, वेश्यावृत्ति, मद्यपान, ड्रग उपयोग, मानसिक बीमारी, आदि समस्याओं का सामना करना पड़ता है।

साक्षरता बढ़ाने और शहरी रोजगार के लिए न्यूनतम व्यावसायिक प्रशिक्षण देने की आवश्यकता अल्प-विकसित देशों की एक जटिल सामाजिक समस्या है। अक्सर यह कहा जाता है कि दीर्घ अवधि में तेजी से होने वाला नगरीकरण जनसंख्या समस्या को हल करने में योगदान कर सकता है क्योंकि नगरीकरण साक्षरता की सक्रिय प्रक्रिया को तेज कर सकता है और परिवार को सीमित करने के लिए जनता को मानसिक रूप से तैयार कर सकता है। बहरहाल, अनुभव आश्रित आंकड़ों की अनुपस्थिति में यह जोर देकर कहना कठिन है कि नगरीकरण के कारण ये लाभ प्राप्त हुए हैं।

नगरीकरण की तीव्र दर कानून और व्यवस्था की अन्य सामाजिक समस्याएँ, राजनीतिक आन्दोलन और असंतोष और जनता की तकलीफ तथा अस्थायी जीवन परिस्थितियों के कारण शासन की अस्थिरता जैसी समस्याएँ भी निर्मित करती है। साधन सम्पन्न और साधनहीनों के स्पष्ट वर्ग हैं। साधनहीन वर्ग एक फूटने वाले किन्तु अब तक न फूटे हुए बम पर स्थायी रूप से बैठा हुआ है। इस वर्ग को अपनी आकांक्षाओं को बढ़ाने के लिए अवसर तथा नेता की जरूरत है।

ग्रामीण युवाओं के शहरों की ओर पलायन की प्रवृत्ति पर अंकुश लगाने के लिए यह आवश्यक है कि गाँवों की समस्याओं का समाधान स्थानीय और स्थायी रूप से ढूंढा जाए। निश्चित रूप से इसके लिए ग्रामीण अर्थव्यवस्था को आत्मनिर्भर बनाने के विकल्प ढूंढने होंगे और कृषिगत समस्याओं का समाधान तलाशना होगा। गाँवों से पलायन करने वाले ये मजदूर और अन्य छोटे-बड़े किसान ग्रामीण अर्थव्यवस्था के अनुपूरक क्षेत्रों में काम करने वाले व्यवसायी थे। शिक्षा व नौकरी की तलाश में शहर भागने वाले विद्यार्थियों को स्थानीय रूप से बांध कर रखना अधिक जरूरी है। इस संदर्भ में गांधीजी के 'ग्राम स्वराज' की अवधारण को अधिकाधिक व्यावहारिक स्वरूप देना ज्यादा प्रांसगिक हो गया है अत: यह आवश्यक है कि आर्थिक विकास का केन्द्रबिन्दु बड़े शहरों को बनाने के बजाए विकेन्द्रित आर्थिक विकास की ओर अधिक ध्यान दिया जाए ताकि शहरों की ओर होने वाला पलायन रुक सके। दूसरे शब्दों में शहरों के लिए गाँवों का आर्थिक विकास जरूरी हो गया है।

प्रवजन या पलायन

देश में इस समय लोगों के गाँव छोड़ कर शहर जाने की प्रवृत्ति है। यदि यह प्रवृत्ति जारी रही तो एक ओर गाँवों के साधनों का पूरा उपयोग नहीं हो पाएगा और दूसरी तरफ शहरों की व्यवस्था चरमर्रा जाएगी। सरकार ने गाँवों की स्थिति सुधारने के लिए समय-समय पर अनेक कार्यक्रम और योजनाएं लागू की हैं। परन्तु इन सबसे उतना लाभ नहीं मिला, जितना अपेक्षित था। हाल ही में सरकार ने 73वां संविधान संशोधन अधिनियम लागू करके पंचायती राज व्यवस्था के माध्यम से ग्रामीण क्षेत्रों में विकास कार्यों में लोगों की भागीदारी प्राप्त करने का प्रयास किया है। इसका परिणाम अभी आना बाकी है। गाँवों से शहरों की ओर पलायन की इस प्रवृत्ति के कारण क्या हैं और इस प्रवृत्ति पर कैसे रोक लगाई जा सकती है, इस समस्या ने सभी को परेशान कर रखा है।

किसी समुदाय की जनसंख्या में वृद्धि दो प्रकार से संभव है – या तो उस समुदाय में जन्म बढ़े अथवा बाहर से व्यक्ति आकर वहाँ रहने लगें। इसी प्रकार समुदाय में जनसंख्या की कमी भी दो प्रकार से संभव है – एक तो समाज में मरने वालों की संख्या में वृद्धि हो अथवा उस समुदाय में कुछ व्यक्ति बाहर जाकर रहने लगें। किसी

समाज में बाहर से व्यक्तियों का आगमन अथवा उस समुदाय से बहिर्गमन को ही संक्षेप में प्रवजन कहा जाता है। किसी जनसंख्या का प्रत्येक सदस्य देश या विदेश में कहीं न कहीं निवास करता है। उसके निवास स्थान में होने वाले परिवर्तन को गतिशीलता कहते हैं।

प्रवजन को दो भागों में बाँटा जाता है –

1. ***आन्तरिक देशान्तरण*** – इसका अर्थ किसी राष्ट्र विशेष के अन्दर होने वाले आवागमन से है जैसे बिहार से, मध्य प्रदेश या भारतवर्ष के अन्य राज्य के बीच होने वाला आवागमन है। आन्तरिक देशान्तरण को हम पुनः चार भागों में बाँट सकते हैं – (क) गाँवों से नगरों की ओर, (ख) एक गाँव से दूसरे गाँव की ओर, (ग) एक नगर से दूसरे नगर की ओर, (घ) नगरों से गाँवों की ओर।

2. ***अन्तर्राष्ट्रीय देशान्तरण*** – इसमें व्यक्ति एक भौगोलिक राजनैतिक सीमा से दूसरी भौगोलिक राजनीतिक सीमा में जाता है। जैसे भारत से जाने वाले वैज्ञानिक, डॉक्टर्स एवम् इन्जीनियर्स जो अमेरिका या अन्य राष्ट्रों में अच्छे अवसरों को प्राप्त करने के लिए बस जाते हैं। इस प्रकार जीवन स्तर की ऊँचाइयों को छूने या पाने के लिए वहीं के नागरिक बन जाते हैं।

देशान्तरण अथवा पलायन की कई प्रमुख विशेषताएँ हैं जो निम्नलिखित हैं –

1. ***सामाजिक परिवर्तन का लक्षण*** – देशान्तरण या पलायन सामाजिक परिवर्तन का प्रमुख लक्षण है। जिन राष्ट्रों में औद्योगीकरण होता है वहाँ जनसंख्या की वृद्धि होना आवश्यक है। उदाहरण के लिए यूरोप एवम् अमेरिका में औद्योगिक क्रान्ति गाँवों से नगरों को होने वाले पलायन में तीव्र वृद्धि हुई बल्कि विदेशों से भी वैज्ञानिक व श्रमिक काफी मात्रा में वहाँ कार्य की तलाश में पहुँच गए। औद्योगीकरण के कारण सामाजिक परिवर्तन तेजी से हुआ। संस्कृति, खान-पान व वेशभूषा में परिवर्तन हुआ। आर्थिक उन्नति होने के फलस्वरूप जीवन स्तर में वृद्धि होने लगी।

2. ***पलायन या देशान्तरण का उदय*** – पलायन किसी भी देश की प्रमुख घटना है। प्राकृतिक, क्षेत्रीय या राष्ट्रीय समस्याओं के कारण पलायन होता है। प्राकृतिक प्रकोप जैसे अकाल, बाढ़, भूकम्प, युद्ध, बीमारियों, आदि के कारण व्यक्ति एक स्थान को छोड़ कर दूसरे स्थान पर चला जाता है। पलायन के कारण जनसंख्या में वृद्धि एवम् कमी दोनों ही संभव हैं।

3. ***सांस्कृतिक प्रसारण का साधन*** – देशान्तरण सांस्कृतिक प्रसारण और सांस्कृतिक एकता का महत्वपूर्ण स्थान है एक व्यक्ति जो समुदाय से जाता है वह अपने में दो संस्कृतियों के तत्वों को समन्वित करता है। इस प्रकार देशान्तरण से लड़के-लड़कियों की शादी भी एक समुदाय से दूसरे समुदाय में होना संभव होती है, जिससे समुदाय के पैतृक गुणों का विकास होता है। कभी-कभी यह तनाव का कारण

भी बन जाते हैं जैसे मुगलों ने राजपूत लड़कियों से जबरदस्ती शदियां एवम् हिन्दुओं को मुसलमान बनाया। यह तनाव कई पीढ़ियों तक चलता है और जिसके फलस्वरूप देश में अशान्ति की स्थिति निर्मित हो जाती है। कभी-कभी इसके अच्छे परिणाम भी देखने को मिलते हैं।

4. *विशिष्ट योग्यता वाले व्यक्तियों का सदुपयोग* – विशिष्ट योग्यता वाले इन्जीन्यिर या डॉक्टर अपनी योग्यता के कारण विदशों में अपनी प्रतिभा का प्रदर्शन करके विदेशों से धन कमा कर देश में लाते हैं जो कि देश की आर्थिक उन्नति में सहायक होता है। देश की तरक्की करने में योग्य व्यक्ति योगदान देते हैं।

5. ***जनसंख्या समायोजन का आवश्यक तत्व*** – देश-विदेश में पलायन से जनसंख्या में संतुलन स्थापित होता है। लाभप्रद रोजगार के अवसर प्राप्त होने से बेरोजगारी की समस्या भी हल हो जाती है। बच्चों की शिक्षा और उन्नति के अच्छे अवसर सुलभ हो जाते हैं। विदेशी मुद्रा से देशों की आर्थिक उन्नति एवम् तकनीकी शिक्षा में वृद्धि होने से नागरिकों में नवचेतना जाग्रत होती है।

6. ***बहुमुखी समायोजन की समस्या*** – विस्थापितों को कई कठिनाइयों का सामना भी करना पड़ता है सर्वप्रथम तो आवास व रोजगार की समस्या को सुलझाने में उन्हें काफी कष्टों को उठाना पड़ता है। वहाँ के रीति-रिवाजों एवम् सामाजिक समस्याओं की जटिलता से निपटने के लिए दूसरे साथियों का समर्थन आवश्यक होता है।

स्वतन्त्रता के पश्चात् 1951 में हुई जनगणना के आंकड़ों से स्पष्ट है कि 1941 से 1951 के दशक में शहरी क्षेत्रों की ओर पलायनवादी प्रवृत्ति की दर अधिक रही। इस दौरान कुल जनसंख्या का लगभग 3.4 प्रतिशत भाग ग्रामीण क्षेत्रों से पलायन करके शहरी क्षेत्रों में जा बसा। इसके बाद दो दशकों तक यह प्रवृत्ति अपेक्षाकृत कम रहने के बाद 1971 से 1981 के बीच पलायन की दर पुन: 3.4 प्रतिशत रही। कुल मिला कर 1901 में कुल जनसंख्या का 89.2 प्रतिशत भाग ग्रामीण क्षेत्रों में निवास करता था अर्थात् केवल 10.8 प्रतिशत भाग शहरी क्षेत्रों में रहता था वहां 1991 में 74.3 प्रतिशत भाग ग्रामीण अंचलों में और शेष 25.7 प्रतिशत भाग शहरी क्षेत्रों में निवास करने लगा। इस पलायनवादी प्रवृत्ति से देश की विकास गति को निंश्चित रूप से धक्का लगा है।

ग्रामीण और शहरी, दोनों ही क्षेत्रों में गरीबी और बेरोजगारी का उन्मूलन भारत की विकास की नीति का प्रमुख मुद्दा रहा है। इसमें भी अधिक बल ग्रामीण विकास पर, गाँव में रहने वाले गरीबों की आय बढ़ाने और उन्हें रोजगार दिलाने पर दिया गया है। महात्मा गांधी का कहना था कि "भारत की आत्मा गाँवों में निवास करती है जब तक देश के गाँवों की हालत नहीं सुधरती, देश का विकास संभव नहीं है"। यद्यपि सरकारी प्रयासों से ग्रामीण जीवन के कई क्षेत्रों में परिवर्तन आए हैं परन्तु ये परिवर्तन स्वतन्त्रता

के बाद की पचपन वर्ष की अवधि को देखते हुए आशानुकूल नहीं कहे जा सकते । इनमें ग्रामीण आधारभूत संरचनात्मक व्यवस्था में कोई विशेष परिवर्तन नजर नहीं आते।

हम इस तथ्य से अनभिज्ञ नहीं हैं कि सरकार द्वारा देश के शहरी और ग्रामीण दोनों ही क्षेत्रों के विकास के लिए जो प्रयत्न किए गए हैं, उनमें हमें उतनी सफलता प्राप्त नहीं हो पाई है जितनी मिलनी अपेक्षित थी। आज न तो हम देश की जनसंख्या की बाढ़ को रोक पाने में समर्थ हो पाए हैं, न देश के निर्बल वर्गों को उनकी मूलभूत आवश्यकताओं को पूरा करने के लिए साधनों को जुटाने में ही सक्षम हुए हैं। गरीब और अमीर के बीच खाई हमारी स्वतन्त्रता के पश्चात् निश्चित रूप से बढ़ी है। आज देश में एक-तिहाई लोगों को उनकी मूलभूत आवश्यकताओं का पूरा करने के लिए साधन प्राप्त नहीं हैं। गाँवों तथा शहरों में आधारभूत संरचना को मजबूत करने हेतु साधन जुटाने की बात एक दिवास्वप्न होकर रह गई है।

पिछली सरकारों द्वारा यह दावा प्रस्तुत किया गया था कि गरीबी रेखा से नीचे रहने वाली जनसंख्या, जिसका अनुपात 1987-88 में 25.49 प्रतिशत था, 1995-96 में गिर कर 19.37 प्रतिशत रह गया तथा 1991-92 के आर्थिक संकट के बावजूद आर्थिक सुधारों की प्रक्रिया अपनाने से देश में गरीबों को राहत मिली। यह स्पष्ट था कि 1987-88 में गरीबी का अनुपात 39.3 प्रतिशत था जबकि 1973-74 में यह 54.9 प्रतिशत था। परन्तु वर्तमान में इसे 19 और 19.8 प्रतिशत के आंकड़ों का प्रयोग किया जाता है।

ग्रामीण विकास के लिए केन्द्र और राज्य सरकारों ने कई कार्यक्रम प्रस्तुत किए तथा ग्रामीण क्षेत्र के निवासियों की गरीबी और बेरोजगारी दूर करने का निरन्तर प्रयास किया जा रहा है। बैंकिंग संस्थाओं द्वारा उधार प्रदान करके उत्पादक परिसंपत्तियों के हस्तान्तरण, क्षेत्र विकास कार्यक्रमों, भूमि सुधार कार्यक्रमों पर व्यय करके, ग्रामवासियों के लिए भवन, पीने का पानी और सफाई की सुविधाएँ उपलब्ध करा कर और उनकी मुख्य आजीविका, कृषि के क्षेत्र में सहायता प्रदान करके सरकार ग्रामीण क्षेत्र में रहने वालों का जीवन सुधारने तथा विकास की प्रक्रिया में इन लोगों की सक्रिय भागीदारी के अवसर प्रदान करने के लिए अनेक कार्यक्रम क्रियान्वित कर चुकी है। गरीबों की आय स्तर सुधारने की दृष्टि से समन्वित ग्रामीण विकास कार्यक्रम (आई॰आर॰डी॰पी॰), स्वरोजगार हेतु ग्रामीण युवाओं को प्रशिक्षण (ट्राइसेम), जवाहर रोजगार योजना, सुनिश्चित रोजगार योजना, आदि न जाने कितने कार्यक्रम तथा योजनाएं ग्रामीण क्षेत्रों में खुशहाली लाने के लिए क्रियान्वित की जा चुकी हैं। 2005 तक गरीबी को समूल नष्ट करने के लिए ग्रामीण क्षेत्रों में अनेक समाज कल्याण योजनाओं को लागू करने के लक्ष्य बनाए गए हैं।

सरकार ने ग्रामीण समूह बीमा योजना लागू की है जो पंचायतों के माध्यम से क्रियान्वित की गई एक सामूहिक बीमा योजना है। इसके अन्तर्गत ग्रामीण क्षेत्र के सदस्यों को 60 रु. (20-40 वर्ष के आयु वर्ग में) या 70 रु. (40 से 50 वर्ष के आयु वर्ग में) के वार्षिक प्रीमियम पर 5000 रुपये का जीवन कवच प्रदान किया है जो इस योजना के प्रवेश के समय आयु वर्ग पर निर्भर करता है। इसमें 50 प्रतिशत की सीमा तक आर्थिक सहायता प्राप्त होती है, जिसमें केन्द्र तथा राज्य की बराबर की भागीदारी होगी। इसी प्रकार 1994 में ग्रामीण विकास मन्त्रालय ने सुनिश्चित रोजगार योजना आरंभ की जिसका उद्देश्य गाँवों के उन निर्धन व्यक्तियों को प्रतिवर्ष कम से कम 100 दिनों तक हाथों से किया जाने वाला अकुशल कार्य देने की व्यवस्था करना है जो गरीबी की रेखा से नीचे रह रहे हैं तथा रोजगार के इच्छुक हैं। इस रोजगार योजना को 3206 विकास खंडों में लागू किया गया है। इस योजना की सफलता यही है कि इनमें 2.23 करोड़ से अधिक व्यक्तियों का पंजीकरण किया जा चुका है। इसके माध्यम से पिछले तीन वर्षों के औसत के अनुसार प्रतिवर्ष हजारों लोगों को रोजगार दिलाया जा रहा है।

ग्रामीण क्षेत्रों से शहरों में लगातार पलायन की प्रवृत्ति अत्यन्त हानिकारक स्थितियां उत्पन्न कर रही है और कानूनी तौर पर इसे रोक पाना संभव नहीं है। फिर हम किस प्रकार पलायनवादी प्रवृत्ति को रोक सकेंगे, आज यह ज्वलन्त प्रश्न है। देश के विकास एवम् पलायनवादी प्रवृत्ति को रोकने के लिए कुछ सुझाव इस प्रकार हैं –

• लघु एवम् सीमान्त कृषकों को अधिक से अधिक सहायता प्रदान करने के सरकारी प्रयास किए जाएं उन्हें कृषि उपकरण, कीटनाशक एवम् अन्य कृषि वस्तुओं की सस्ते मूल्यों पर उपलब्धता, कृषि उत्पाद बेचने की सुविधा, आदि सम्मिलित हों।

• ग्रामीण क्षेत्रों में आधारभूत सुविधाओं की उपलब्धता जैसे सभी गाँवों को पक्की सड़क से जोड़ना, उपयुक्त बिजली व्यवस्था, संचार व्यवस्था, स्वच्छता की व्यवस्था, बाजार व्यवस्था, आदि को पुन: आंकलित किया जाए तथा वर्तमान आधारभूत ढांचे में आवश्यक परिवर्तन किए जाएं।

• ग्रामीण क्षेत्रों में सामाजिक सुरक्षा उपायों पर ईमानदारी से अमल किए जाएं तथा ऐसा वातावरण तैयार किया जाए कि ग्रामवासी सामाजिक सुरक्षा उपायों से संतुष्ट हो सकें।

• ग्रामीण क्षेत्रों में परिवहन व्यवस्था में क्रांतिकारी परिवर्तन किए जाएं ताकि गाँव में रहने वाले व्यक्तियों को शहर आने-जाने में कठिनाई नहीं हो और वे गाँव छोड़ कर शहर में बसने की बात न सोंचे।

• ग्रामीण क्षेत्रों में पुलिस व अन्य सुरक्षा बलों की तैनाती अधिक संख्या में की जाए ताकि अपराध नियन्त्रित हो सके। डर की भावना निकलने से ग्रामीण क्षेत्र में महिलाएं शिक्षा तथा नौकरी के स्थलों तक बिना हिचक आ-जा सकें तथा ग्रामीण अंचलों में भयमुक्त वातावरण प्राप्त हो सके।

• सरकार को चाहिए की नौवीं पंचवर्षीय योजना से उच्च स्तरीय स्वास्थ्य सेवा केन्द्र, रोजगार कार्यालय, उच्च स्तरीय सेवा केन्द्र (स्कूल, कॉलेज, महाविद्यालय, विश्वविद्यालय और तकनीकी एवम् विज्ञान शिक्षा केन्द्र) दूरगामी ग्रामीण क्षेत्रों में स्थापित किए जाएं ताकि ग्रामीणों को शहरी क्षेत्रों में इन सुविधाओं के लिए नहीं जाना पड़े।

• ग्रामीण विकास से सम्बन्धित जितने कार्यालय, निदेशालय, विभाग अथवा संस्थागत वित्तीय संस्थाएं हैं, उनमें कुशल प्रशासनिक अधिकारियों एवम् कर्मचारियों की नियुक्ति की जाए। इन कर्मचारियों और अधिकारियों का कर्मठ, अनुशासित एवम् ईमानदार होना आवश्यक है। साथ ही भ्रष्टाचार पर सरकार द्वारा स्वनिवेश से अंकुश लगाने का प्रावधान होना चाहिए ताकि आज देशव्यापी भ्रष्टाचार का जो वातावरण पनप चुका है, उसे नष्ट किया जा सके।

महिलाओं की स्थिति-परम्परा एवम् परिवर्तन

स्वतन्त्रता प्राप्ति के पश्चात् पचास के दशक में विकास की प्राथमिकता में आर्थिक प्रगति को सर्वोच्च महत्व दिया गया। प्रति व्यक्ति आय को बढ़ाने और कृषि उत्पादन में तेजी लाने के प्रयास किए गए। लेकिन शीघ्र ही यह महसूस किया जाने लगा कि आर्थिक सुधार के साथ-साथ स्वास्थ्य, पोषण, शिक्षा, इत्यादि सामाजिक क्षेत्रों में सुधार आवश्यक है। फलत: समाज कल्याण के कार्यक्रमों को प्रारंभ किया गया। महिलाओं को सिलाई, क्राफ्ट, घरेलू कार्यों की शिक्षा दी गई। लेकिन जिन महिलाओं को रोजी-रोटी कमाने की चिन्ता थी, उन्हें इन कार्यक्रमों का कोई लाभ नहीं मिल पाया। साठ के दशक में विकास प्रक्रिया में "एकीकरण" का महत्व जाना गया। इस चरण में यह मान्यता रही थी कि विकास की प्रक्रिया प्राकृतिक रूप से नीचे तबके तक छन कर आएगी और इस प्रकार गरीब जनता को भी विकास का लाभ मिलेगा। परन्तु वास्तविक अनुभव ऐसा नहीं रहा। सत्तर के दशक में यह वैचारिक परिवर्तन आया कि जब समाज के निचले हिस्से के लोग व महिलाएं लाभन्वित होंगी तभी ठोस और स्थायी विकास संभव होगा। महिलाओं की स्थिति का आंकलन "कमेटी आन स्टेटस ऑफ वीमन इन इंडिया" द्वारा 1975 में प्रस्तुत अपनी रिपोर्ट में किया। इसमें कहा गया कि महिलाओं की समस्याएं सुलझाने के लिए संगठित प्रयास की आवश्यकता है। सातवें दशक में वैयक्तिक और सामूहिक स्तर पर महिला कार्यकर्ताओं ने महिलाओं की समस्याओं, शोषण व अत्याचार के खिलाफ आवाज उठाई। वर्ष 1975 में अंतर्राष्ट्रीय महिला वर्ष मनाए जाने के साथ अन्तर्राष्ट्रीय महिला दशक प्रारंभ हुआ। भारतीय महिलाएं भी विश्वव्यापी जागरण से प्रभावित हुईं। संयुक्त राष्ट्र संघ की साधारण सभा में 18 दिसम्बर, 1979 को महिलाओं के प्रति भेदभाव समाप्त करने हेतु एक संकल्प पारित हुआ जिसके प्रति भारत ने भी अपनी सहमति दर्शायी है। वर्ष 1985 में अन्तर्राष्ट्रीय

महिला दशक समापन पर महिला उत्थान हेतु समानता, विकास और शांति के लिए भविष्य की रणनीतियां तय की गईं। इस प्रक्रिया में भारत सहित 150 देशों ने हिस्सा लिया था। अंतर्राष्ट्रीय महिला दशक ने महिलाओं के मुद्दों को एक नई दिशा दी। इतिहास में पहली बार महिलाओं के विकास के सक्रिय भागीदार के रूप में पहचान बनी। महिलाओं में भी अधिकार और समानता के प्रति जागरूकता उत्पन्न होने लगी।

1976 में बने "नेशनल प्लान ऑफ एक्शन" में स्वास्थ्य, परिवार नियोजन, पोषण, शिक्षण एवम् रोजगार के क्षेत्र में महिलाओं की स्थिति में सुधार लाने के लिए नियोजित उपाय किए गए। छठी पंचवर्षीय योजना में "महिला कल्याण" से "महिला विकास" की ओर आया बदलाव साफ दिखाई देता है। इसी योजना में पहली बार "महिला और विकास" नाम से अध्याय जोड़ा गया। आर्थिक स्वायत्तता, शैक्षणिक प्रगति, स्वास्थ्य की देखभाल तथा परिवार नियोजन की सुलभता से विकास की रणनीतियां तय की गईं।

निरक्षर पुरुषों और महिलाओं का अनुपात 32 : 68 का है। वर्ष 1951 से 1991 के बीच जहाँ पुरुष साक्षरता का प्रतिशत 27.16 से बढ़ कर 63.68 हुआ वहीं महिलाओं का 8.86 से बढ़ कर 39.42 हुआ है। पिछले दशक में महिला साक्षरता दशक में बढ़ोत्तरी होने के बावजूद भी कुल निरक्षर महिलाओं की संख्या पुरुषों के मुकाबले दुगुने से भी अधिक है। क्षेत्रीय असमानताओं के फलस्वरूप यह भेद और भी बढ़ जाता है। ग्रामीण क्षेत्र की महिलाओं में, विशेष कर जो अनुसूचित जाति एवम् जनजाति तबके की हैं, सर्वाधिक निरक्षरता व्याप्त है।

महिलाओं की दयनीय स्थिति के लिए ऐतिहासिक घटनाएँ काफी हद तक जिम्मेदार रहीं। प्राचीन व मध्ययुगीन काल में स्त्री शिक्षा पूर्णतः उपेक्षित विषय रहा। 18वीं व 19वीं शताब्दी के समाज सुधार आन्दोलनों के दौरान पहली बार महिलाओं की शिक्षा का मुद्दा उभर कर आया। स्वाधीनता आंदोलन के दौरान महात्मा गांधी द्वारा महिलाओं की सामूहिक भागीदारी के आह्वान से इसे बल मिला। महिला समानता की उनकी पैरवी ने महिलाओं को सार्वजनिक जीवन में आगे आने के लिए प्रोत्साहित किया। इसके फलस्वरूप अखिल भारतीय महिला कांफ्रेन्स, वीमेन्स इंडिया एसोसियेशन जैसे अनेक संगठन खड़े हुए जिनके माध्यम से शिक्षित महिलाओं की एक नई पीढ़ी द्वारा महिलाओं के अधिकारों की आवाज उठाई जाने लगी। इनमें शिक्षा के समान अधिकार का मुद्दा भी शामिल था। स्वतन्त्र भारत के संविधान में 14 वर्ष से कम आयु के प्रत्येक बच्चे के लिए निःशुल्क एवम् अनिवार्य शिक्षा मार्गदर्शी सिद्धांत के रूप में स्थापित हुआ।

स्वतन्त्रता के बाद महिला शिक्षा को बढ़ावा देने के लिए निरन्तर प्रयास किए गए हैं। पंचवर्षीय योजनाओं के तहत कन्या शालाओं की स्थापना, महिला शिक्षिकाओं की संख्या में वृद्धि, बाल सेविका प्रशिक्षण कार्यक्रम, पाठ्य पुस्तक, छात्रवृति तथा कपड़ों

के वितरण का प्रावधान इत्यादि उपाय किए गए हैं। "न्यूनतम आवश्यकता कार्यक्रम" के अंतर्गत छः से ग्यारह वर्ष के 97 प्रतिशत और 11 से 14 वर्ष के 47 प्रतिशत बच्चों को शिक्षित करने की योजना बनाई गई। अंतर्राष्ट्रीय महिला वर्ष 1975 का प्रभाव भी स्त्री शिक्षा पर पड़ा। नेशनल प्लान फॉर एक्शन फॉर वूमेन 1975 में प्राथमिकता के एक क्षेत्र के रूप में शिक्षा को शामिल किया गया।

वर्ष 1986-1992 के अनुसार प्राथमिक शिक्षा के लिए भरती होने वाली बालिकाओं की सकल दर का प्रतिशत बालकों की तुलना में 75 प्रतिशत है। माध्यमिक पाठशाला तक पहुँचते-पहुँचते बालिकाओं की भरती का प्रतिशत बालकों के मुकाबले और भी कम हो जाता है। लड़कों की तुलना में लड़कियों की भरती के आंकड़े तो कम हैं, लड़कियों द्वारा शिक्षा बीच में छोड़ देने का अनुपात भी ज्यादा है। वर्ष 1989-90 के अनुसार पहली से आठवीं कक्षा तक पहुँचते-पहुँचते लगभग 68 प्रतिशत लड़कियों की शिक्षा छूट जाती है और सेकेण्डरी स्तर तक तो तीन-चौथाई लड़कियों को पढ़ाई बीच में ही छोड़ देनी पड़ती है। लड़कों के मुकाबले लड़कियों के शिक्षण संस्थाओं में कम प्रवेश और उनके द्वारा पढ़ाई बीच में छोड़ देने का अधिक अनुपात होने के कारण गरीबी, घरेलू कार्य, कम उम्र में विवाह, अभिभावकों द्वारा उपेक्षा, स्कूलों की दूरी, महिला शिक्षिकाओं की कमी, पाठशालाओं का अनाकर्षक वातावरण, पानी, श्यामपट्ट, शालाभवन, इत्यादि आवश्यक सुविधाओं का न होना है। बच्चों की गतिविधियों से अभिभावकों का व समुदाय का अलगाव भी एक महत्वपूर्ण कारण है।

उच्च शिक्षा के क्षेत्र में 1951 की तुलना में 1988 में महिलाओं की प्रवेश संख्या में तिगुनी वृद्धि हुई है। वर्तमान में तो उच्च शिक्षा में महिलाओं की संख्या बढ़ती ही जा रही है, स्नातक व स्नातकोत्तर स्तर में वाणिज्य, कला और शिक्षा विषयों में महिलाओं की भागीदारी अधिक है। परन्तु कृषि, चिकित्सा और अभियांत्रिकी जैसे विषयों में उनकी संख्या अपेक्षाकृत कम है। सातवीं पंचवर्षीय योजना के तहत सुविधाविहीन ग्रामीण इलाकों की कन्याओं की शिक्षा तथा विज्ञान और तकनीकी विषयों का लाभ महिलाओं को देने के लिए ठोस प्रयास किए गए। इसके परिणामस्वरूप उच्च शिक्षा में महिलाओं की संख्या बढ़ने लगी। परन्तु इसका लाभ शहरी क्षेत्र की महिलाओं को अधिक मिला है। महिलाओं को व्यावसायिक प्रशिक्षण देने के लिए 1977 में विशेष प्रशिक्षण केन्द्र भी स्थापित हुए हैं।

सांराश में कहा जा सकता है कि स्वतन्त्रता के उपरान्त महिला साक्षरता की ओर विशेष ध्यान दिया गया है और इसके फलस्वरूप उनकी शैक्षणिक स्थिति में निश्चित ही बड़ा परिवर्तन आया है लेकिन अभी भी पुरुषों की तुलना में वे पीछे हैं। इस क्षेत्र में चल रहे प्रयासों की गति में तेजी लाने की आवश्यकता है।

महिलाओं की स्थिति

प्रत्येक समाज की अपनी संस्कृति होती है। संस्कृति ही प्रत्येक समाज का सार होती है। संस्कृति के द्वारा ही प्रत्येक व्यक्ति की स्थिति का निर्धारण होता है, संस्कृति के द्वारा ही स्त्री तथा पुरुष के समाज में सम्बन्ध स्थापित होते हैं, संस्कृति के द्वारा ही स्त्री तथा पुरुषों की स्थिति का निर्धारण होता है। स्त्रियों की स्थिति से अभिप्राय: यह है कि किसी समाज में पुरुषों की तुलना में उसकी दशा कैसी है? जैसे – यदि पुरुष को समाज तथा परिवार के अधिक महत्वपूर्ण कार्य मिले हुए हैं तो पुरुष की स्थिति स्त्री की स्थिति से निश्चित ही बेहतर होगी। रॉयडन का कथन है कि "स्त्रियों ने पहले सभ्यता की नींव रखी तथा मानव को इधर-उधर भटकने से बचाया है।" एक फ्रांसीसी विद्वान का विचार है कि किसी समाज की सभ्यता का अनुमान उस समाज में स्त्री को दिए गए आदर से ज्ञात किया जा सकता है। वास्तव में स्त्री जीवन स्त्रोत है वह शक्ति का आदि रूप है वह सामाजिक जीवन की धुरी है। भारतीय सामाजिक संगठन में प्राचीनकाल में अत्यन्त महत्वपूर्ण स्थान दिया गया था। जहाँ तक भारत में स्त्री की दशा का प्रश्न है, देश के इतिहास में विभिन्न कालों में इनकी दशा उठती तथा गिरती रही है।

1. *वैदिक काल में भारतीय महिलाओं की स्थिति* – ऋग्वैदिक समाज यद्यपि पुरुष प्रधान समाज था, फिर भी स्त्रियों का महत्व कम नहीं था। गृहपति की स्त्री गृहस्वामिनी होती थी। घर के सभी सदस्य उसका आदर करते थे और भय खाते थे। स्त्रियाँ गृहस्वामी के संरक्षण में रहती थीं कुमारी अवस्था में पिता के संरक्षण में रहती थीं और पिता की मृत्यु के पश्चात् भाइयों पर निर्भर रहना पड़ता था। पिता अथवा भाई दहेज देकर कन्या का विवाह किसी योग्य वर से कर देता था। कभी-कभी लड़कियां अविवाहित रह जाती थीं। वे पिता के घर में ही रहती थीं और घर की देखभाल में ही लगी रहती थीं। पुत्र के अभाव में विवाहित लड़कियां भी अपने पिता के साथ ही रहती थीं उन्हें पुत्रिका कहा जाता था। पुत्र के सभी अधिकार उन्हें प्राप्त होते थे। अपने पिता की अंत्येष्टि भी इन लड़कियों को करनी पड़ती थी। स्त्रियां स्वतन्त्र रूप से वैदिक साहित्य का अध्ययन करती थीं। अपाला, घोष, विश्ववारा, आदि कई स्त्रियों ने वैदिक मन्त्रों की रचना भी की थी। घर में पत्नी का कानूनी दृष्टि से क्या स्थान था यह ऋग्वेद में स्पष्ट नहीं है। विवाह के अवसर पर कन्या को जो कुछ उपहार मिलता था वह अपने साथ ससुराल ले जाती थी। उस सम्पत्ति पर पति का पूर्ण अधिकार रहता था। पत्नी, पति के साथ यद्यपि कर्मों में भाग ले सकती थी। ऋग्वेद में विधवा का उल्लेख बहुत ही कम स्थानों पर हुआ है। उसके जीवन के कुछ अंशों पर प्रकाश डाला गया है। ऋग्वेद में सती प्रथा का उल्लेख नहीं है। साधारणतया विधवाएं, अपने परिवार के बड़े पुरुषों की अनुमति से विवाह करती थीं। पुनर्विवाह करना अथवा न करना उनकी इच्छा पर निर्भर था। इस सम्बन्ध में किसी प्रकार का प्रतिबन्ध नहीं था।

2. *उत्तर वैदिक काल* – उत्तर वैदिक काल ईसा से 600 वर्ष पहले व ईसा से 300 वर्ष बाद तक का माना जाता है। इस काल में स्त्रियों की स्थिति में ह्रास प्रारंभ हो गया था। इस काल में जैन और बौद्ध धर्मों का ह्रास होने के बाद सभी सामाजिक व्यवस्थाएं संकीर्ण बनती चली गईं। आज से लगभग 2000 वर्ष पूर्व लड़कियों का विवाह कम आयु में ही कर दिया जाता था। इसके कारण स्त्रियों में शिक्षा का स्तर नीचा हो गया। इस युग में कन्या जन्म को अच्छा नहीं समझा जाता था। पुत्र प्राप्ति की कामना इस युग में तीव्रतर होती जा रही थी। कन्या दुख का कारण मानी जाती थी और पुत्र उच्चतम वर्ग की दिव्य ज्योति था। कन्याओं का विवाह अत्यन्त आवश्यक माना जाता था। उत्तम पति की प्राप्ति के लिए देवी-देवताओं की पूजा-अर्चना की जाती थी। अविवाहित कन्याओं की स्थिति अच्छी नहीं थी। आर्यों ने द्रविड़ व अन्य प्रजाति की स्त्रियों से भी वैवाहिक सम्बन्ध स्थापित करना आरंभ कर दिए। शिक्षा की कमी के कारण वह वैदिक पाठ भी नहीं करती थीं। इसके कारण धीरे-धीरे धार्मिक कार्यों में भी हाथ बटाना निषेध समझा जाने लगा। अंत में स्त्रियों को वेद पढ़ने का अधिकार नहीं रहा वे शूद्रों के समान समझी जाने लगीं। इस युग में विधवा विवाह पर नियन्त्रण लगा दिया गया। पुरुष ने एक से अधिक स्त्रियों से विवाह करना आरंभ कर दिया और स्त्रियों के प्रमुख कार्य केवल परिवार में ही अपने दायित्वों को पूरा करना रह गया। इस प्रकार इस समय से ही स्त्रियों की सामाजिक और धार्मिक स्थिति में बहुत तेजी से ह्रास होने लगा।

3. *धर्म शास्त्र युग* – यह स्मृतियों, रामायण, महाभारत तथा सूत्रों का काल है। स्त्रियों की स्थिति पुरुषों की तुलना में बहुत दयनीय बना दी गई। इस युग में स्त्रियों को प्रत्येक स्तर पर किसी न किसी पुरुष के अधीन मान लिया गया। बचपन में स्त्रियों को पिता के संरक्षण में, युवावस्था में पति के संरक्षण में और वृद्धावस्था में पुत्र के संरक्षण में, रहना अनिवार्य कर दिया गया। बाल विवाह का प्रचलन हो गया। लड़कियों के विवाह की आयु 10 से 12 वर्ष की हो गई। उनको शिक्षा और सम्पत्ति के अधिकारों से वंचित कर दिया गया और यह विश्वास दिलाने का प्रयत्न किया गया कि स्त्रियाँ मानसिक रूप से पुरुषों से निम्न होती हैं। विधवा विवाह पर कठोर नियन्त्रण हो गया। उन्हें सम्पत्ति के अधिकार से भी वंचित कर दिया गया। स्त्रियों के द्वारा पुरुषों को देवता माने जाने लगा। विवाहित स्त्रियों को यह समझाइश दी गई कि उसका पति ही उसके लिए परमेश्वर है और उसकी आज्ञा का पालन करना उसका परम कर्तव्य है।

4. *मध्यकाल* – मध्यकाल का समय 11वीं शताब्दी से 18वीं शताब्दी के आरंभ तक माना जाता है। इस युग में स्त्रियों की स्थिति में जितना ह्रास हुआ उसको हमारा इतिहास एक कलंक के रूप में शायद कभी नहीं भूला सकेगा। स्त्री की गिरी दशा के अनेक कारण बताए जाते हैं। कुछ लोगों का विचार है कि स्त्री की दशा में इस कारण

गिरावट आई थी कि यह युग संघर्षों का युग था, क्योंकि स्त्रियाँ कोमल होती हैं इसके कारण इनके लिए यह उपर्युक्त था कि स्त्रियां बच्चों सहित घर की चारदीवारी तक ही सीमित रहें। मुगल साम्राज्य की स्थापना के बाद इनकी दशा और भी गिरती चली गई। उस समय यह डर था कि मुसलमान हिन्दुओं से शादी न करने लगें इस कारण हिन्दुओं ने वैवाहिक नियमों तथा स्त्री सम्बन्धी प्रथाओं को और भी कठोर बना दिया। स्त्रियों को घर से बाहर नहीं निकलने दिया जाता था। पर्दा प्रथा को इतना प्रोत्साहन दिया गया कि घर के अन्य पुरुष सदस्य क्या, पति भी पत्नी का मुँह न देख सके। विधवा विवाह के बारे मे सोचना भी अक्षम्य अपराध बन गया; सती प्रथा इस युग में चरम सीमा पर पहुंच गई। मुसलमानों के डर से हिन्दू लोग छोटी आयु में ही लड़कियों की शादी करने लगे। लड़कियों को सम्पत्ति के अधिकार से वंचित कर दिया। स्त्रियां अपनी आर्थिक व पारिवारिक आवश्यकताओं के लिए पूर्णतया पुरुषों पर निर्भर हो गईं। धीरे-धीरे स्त्रियां ही नहीं बल्कि सम्पूर्ण समाज स्त्रियों की इस स्थिति को भारतीय संस्कृति का अंग समझने लगा और यह एक परम्परा बन कर रह गई।

5. ***19वीं शताब्दी में स्त्रियों की स्थिति*** – इस काल में स्त्रियों की परिस्थिति में सुधार करने के काफी प्रयास किए गए। ये प्रयास देश के अनेक समाज सुधारक जैसे ईश्वरचन्द्र विद्यासागर, स्वामी दयानंद सरस्वती, राजा राम मोहन राय, श्रीमती एनी बेसेन्ट, गोपालकृष्ण गोखले, कर्वे, महात्मा गांधी, ईसाई मिशनरियों, ब्रिटिश सरकार के कानून, महिला आन्दोलन, शिक्षा के प्रसार, पाश्चात्य सभ्यता के प्रभाव, आदि द्वारा हुए हैं। इन सभी समाज सुधारकों ने स्त्रियों की रक्षा के लिए विद्यालय खोलने, कुप्रथाओं को समाप्त करने, स्त्रियों में सामाजिक चेतना उत्पन्न करने और कुरीतियों के विरुद्ध सरकार को अधिनियम बनाने के लिए तैयार करने से सम्बन्धित महत्वपूर्ण कार्य किए। इन सब प्रयत्नों का परिणाम यह हुआ कि अन्य बहुत से सुधारकों और राजनीतिज्ञों का ध्यान स्त्रियों की सामाजिक और धार्मिक स्थिति की ओर आकर्षित होने लगा। इसके उपरान्त भी व्यावहारिक रूप से स्त्रियां स्वयम् भी इन कुप्रथाओं से छुटकारा नहीं पाना चाहती थीं क्योंकि वे इन्हें धर्म का अंग मानने लगी थीं।

हिन्दू विधवाओं के पुनर्विवाह हेतु सबसे पहले 1856 में कानून बना। इसी कानून से विधवाओं को अपने मृत पति की सम्पत्ति में अधिकार मिलने लगा। सती-प्रथा लार्ड विलियम बैंटिक ने 1829 में गैर-कानूनी घोषित कर दिया और इस प्रथा में भाग लेने वाले सभी को दंड मिलने लगा। इससे यह प्रथा बन्द हो गई। परन्तु व्यावहारिक रूप से देखा जाए तो इन विनियमों का भी कोई विशेष प्रभाव नहीं हुआ। इस शताब्दी में किए गए प्रयत्नों का यह लाभ अवश्य हुआ कि भविष्य में स्त्रियों की स्थिति में उन्नति के लिए उचित वातावरण तैयार हो गया। इस प्रकार स्पष्ट होता है कि लगभग दो हजार वर्षों तक भारत में स्त्रियों का सामाजिक और आर्थिक जीवन इतना निम्न रहा कि इसके परिणामस्वरूप पूरे समाज का संगठन लगभग नष्ट-सा हो गया।

धर्मशास्त्रों में नारी की गरिमा

महिला शब्द मह+इल+आ=महिला (के योग से बना है) मह का अर्थ श्रेष्ठ या पूजा है। पूज्य, श्रेष्ठ जो है वही महिला है। लौकिक संस्कृति में आदर देने के लिए स्त्रियों के लिए 'मान्या' शब्द का प्रयोग किया जाता है। यह वस्तुत: वैदिक संस्कृति के 'मेना' शब्द से बना है। ऋग्वेद में 'मेना' शब्द नारी अर्थ का वाचक है। जहाँ तक नारी शब्द का प्रश्न है, वह नर की ही तरह नृ धातु से बना है और इसका सामान्य अर्थ है क्रियाशील रहने वाला 'नर' और क्रियाशील रहने के कारण ही नारी हुई। जो गति करे, हलचल करे वह नर एवम् नारी। किन्तु ऋग्वेद में 'नृ' का प्रयोग नेतृत्व करने, दान देने और वीरता करने के अर्थ में किया गया है। उस दृष्टि से नर और नारी में यही तीनों विशेषताएँ होनी चाहिएं।

प्राचीन ग्रन्थों में नारी के प्रति व्यक्त उद्‌गार देखें, तो स्पष्ट हो जाता है कि नारी के व्यक्तित्व के प्रति सम्मान का भाव उनमें है और उसे एक स्वतन्त्र चेतना सत्ता के रूप में ही स्मरण किया गया है। वेदों में तो नारी के गौरव का अनेक प्रकार से वर्णन है। एक स्थान पर नारी को ब्रह्मा कहा गया है। स्त्री ही ब्रह्मा बभूविथ (ऋग्वेद 8/33/19) इसका अभिप्राय यह है कि वह स्वयम् विदुषी होते हुए अपनी संतान को सुशिक्षित बनाती है। ब्रह्म ज्ञान का अधिष्ठाता है। यही यज्ञों का संचालन करता है वह ज्ञान विज्ञान में श्रेष्ठ होता है। अत: उसे यज्ञ में सर्वोच्च स्थान दिया जाता है। उसी प्रकार नारी को ज्ञान-विज्ञान में निपुण होने के कारण ब्रह्म बनाया गया है।

ऋग्वेद के दशम मंडल के 159वें सूक्त में शची का गौरव वर्णित है। शची का कथन है-

अहं केतुरहं मूर्धाडमुग्रा विवाचिनी।
ममेदनु क्रतुं पति: सेहानाया उपाचरेत।।

अर्थात् मैं ज्ञान में अग्रगण्य हूँ मैं स्त्रियों में मूर्धन्य हूँ। मैं उच्च कोटि की वक्ता हूँ। मुझ विजयिनी की इच्छानुसार ही मेरा पति आचरण करता है।

वेदों में नारी का गौरवमय स्थान इससे भी ज्ञात होता है कि नारी को ही घर कहा गया है।

जायेदस्तं मधवन्त्सेदु योनि स्तदित्वा
युक्ता हरयो वहन्तु-ऋग्वेद 3/53/4

अर्थात् घर, घर नहीं है अपितु गृहिणी ही गृह है। गृहिणी के द्वारा ही गृह का अस्तित्व है। यही भाव एक संस्कृत सुभाषित कहा गया है कि गृहिणी ही घर है 'न गृहं गृहमि त्याहु, गृहिण गृह मुच्यते।'

यही नहीं स्त्री को सरस्वती का रूप मानते हुए कहा गया है –

प्रतितिष्ट विराडसि,
विष्णु रिवेह सरस्वति।
सिनी बाली प्र, जायतां,
भगस्य सुमतावसत्।। – अथर्ववेद 14/2/15

हे नारी। तुम यहाँ प्रतिष्ठित हो। तुम तेजस्विनी हो। हे सरस्वती। तुम यहाँ विष्णु के तुल्य प्रतिष्ठित होना।

हे सौभाग्यवती नारी। तुम सन्तान को जन्म देना और सौभाग्य देवता की कृपा दृष्टि में रहना।

स्त्री की प्रतिष्ठा अपने गुणों और योग्यता के आधार पर ही है। अत: मनु का कहना है –

यत्र नार्यस्तु पूज्यन्ते, रमन्ते तत्र देवता:।
यत्रैतास्तु न पूज्यन्ते सर्वास्तत्रा फला: क्रिया:।। – मनु 3/56

अर्थात् जहाँ नारियों का सम्मान होता है वहाँ देवता निवास करते हैं। जहाँ इनका सम्मान नहीं होता, वहाँ प्रगति, उन्नति की सारी क्रियाएँ निष्फल हो जाती हैं। वेदों में यह भी कहा गया है कि –

यदि कुलोन्नयने सरसं मनो,
यदि विलास कलासु कुतूहलम।
यदि निजत्वम भीप्सित–में–कदा,
कुरू सतां श्रुतशीलवर्ती तदा।।

अर्थात् यदि तुम चाहते हो कि तुम्हारे कुल की उन्नति हो। यदि तुम्हें ललित कलाओं में रुचि है। यदि तुम अपना और अपनी संतान का कल्याण करना चाहते हो तो अपनी कन्या को विद्या, धर्म और शील से युक्त करो।

विभिन्न शास्त्रों में प्रतिपादित नारी की इस विशिष्टता का आधार उसकी अन्तर्निहित क्षमता एवम् सद्‌गुण सम्पत्ति है। जिसे प्राचीन समय में विकसित होने के पूरे अवसर थे। यही नहीं प्राचीन पूर्वजों के मन में उसके लिए भरपूर सम्मान और समता की भावना थी। यूं तो व्यावहारिक यथार्थ यही है, जिसके पास सामाजिक प्रभुता होती है, उसी का सब सम्मान करते हैं। इसलिए नारी की वर्तमान उपेक्षित स्थिति के लिए वेद, शास्त्र, पुराण, आदि को दोष देने और अर्थहीन विवाद खड़े करते रहने तथा ठोस कार्य कुछ न करने के स्थान पर जरूरत इस बात की है कि नारी को पुन: वैसा ही सक्षम, समर्थ बनाया जाए, जैसा कि प्राचीन शास्त्रों में वर्णित है।

नारी का स्वरूप बोध

नारी ब्रह्म विद्या है, श्रद्धा है, शक्ति है, कला है और सब कुछ है जो इस संसार में सर्वश्रेष्ठ के रूप में दृष्टिगोचर होता है। नारी कामधेनु है, अन्नपूर्णा है, रिद्धि है, सिद्धि

है और वह सब कुछ है जो मानव प्राणी के समस्त अभावों, कष्टों एवम् संकटों को निवारण करने में समर्थ है। यदि उसे श्रद्धासिक्त सद्भावना अर्पित की जाए तो वह विश्व के कण-कण को स्वर्गीय परिस्थितियों से ओत-प्रोत कर सकती है।

नारी का वात्सल्य पाकर हमें बोध हुआ कि नारी सनातन शक्ति है। वह आदिकाल से उन सामाजिक दायित्वों को अपने कंधों पर उठाए आ रही है, जिन्हें केवल पुरुष के कन्धों पर डाल दिया गया होता, तो वह न जाने कब लड़खड़ा गया होता, किन्तु विशाल भवनों का असह्य भार वहन करने वाली नींव के समान वह उतनी ही कर्तव्यनिष्ठा, उतने ही मनोयोग, संतोष और उतनी ही प्रसन्नता के साथ उसे आज भी ढोए चल रही है। वह मानवीय तपस्या की साकार प्रतिमा है। प्रेम नारी का जीवन है। अपनी इस निधि को वह अतीत काल से मानव पर न्यौछावर करती आई है। कभी न रुकने ले इस अमृत निर्झर ने संसार को शांति और शीतलता दी है। भावों की इस पुष्पांजली को स्वीकार करो माँ और हम पर सदा की भाँति अपने आँचल की छाया बनाए रखना।

नारी की स्थिति पहले से बेहतर

यह सही है कि आज की नारी का कार्यक्षेत्र घर की चारदीवारी के भीतर सीमित नहीं है। पुरुषों की भाँति वह काम धंधे करने लगी है। इससे उन्हें थोड़ी बहुत स्वतंत्रता जरूर मिली है और परिवार की आर्थिक स्थिति भी मजबूत हुई है, लेकिन जहाँ तक एक आम स्त्री का प्रश्न है, उसकी स्थिति जहाँ कि तहाँ है। आज भी वह शोषित, पीड़ित व उपेक्षित है।

देश के 98 प्रमुख महिला संगठनों ने बीजिंग (चीन) में हुए विश्व महिला सम्मेलन के लिए जो दस्तावेज तैयार किए थे, उससे भारतीय नारी की वर्तमान स्थिति का पता चलता है कि किस तरह उसके विरुद्ध लगातार अपराध और हिंसक घटनाएँ बढ़ती जा रही हैं।

दस्तावेज में दिए गए आंकड़े चौकाने वाले हैं। ये आंकड़े सीता, पार्वती, गीता और दुर्गा के खिलाफ हो रहे जुल्मों की दास्तान बयान करते हैं। इनके अनुसार रोजाना 17 महिलाएँ दहेज हत्याओं का शिकार होती हैं। हर 47वें मिनट में कहीं न कहीं, किसी न किसी के साथ बलात्कार होता है और हर 44वें मिनट में अपहरण की कोई घटना होती है।

जो आंकड़े उपलब्ध हैं वे नारी की सही तस्वीर पेश नहीं करते। दरअसल सामाजिक भय, माता-पिता की गरीबी, साक्ष्यों के अभाव और अन्य कारणों से बहुत से मामले सामने ही नहीं आ पाते हैं। स्टोव फटने, आग से झुलसने या जहर खाने से बहुओं की मौतों के समाचार आए दिन अखबारों में छपते रहते हैं। दहेज न लाने अथवा कम लाने के कारण ससुराल पक्ष द्वारा नवविवाहिता की पिटाई करना, उसे प्रताड़ित

करना और शोषण करना तो आम बात है, किन्तु इसका सबसे सुखद पहलू तो यह है कि ससुराल के लोग मिल कर उसे जिन्दा जला देते हैं अथवा उसे आत्महत्या के लिए बाध्य कर देते हैं।

संदिग्ध अवस्था में मरने वाली अधिकतर महिलाएँ विवाह होने के कुछ साल बाद ही मृत्यु का शिकार हो जाती हैं। ऐसी मौतों में अधिकतर नव विवाहिताएँ ही होती हैं। महिलाओं की आग से होने वाली मौतों को पुलिस प्रशासन ससुराल पक्ष के लोग खुदखुशी बता कर अपने आपको बचाते आए हैं, जबकि न्यायालय का भी मत है कि पढ़ी-लिखी और बुद्धिमान युवतियां बिना कारण खुद आग लगा कर मौत का वरण नहीं करतीं, जब तक कि ऐसे हालत पैदा नहीं कर दिए जाएं, जिनमें अपने दुखों से छुटकारा पाने के लिए उन्हें मौत का रास्ता ही अपनाना पड़े।

जो बहुएँ अपने साथ दहेज नहीं लातीं, उनसे दहेज वसूलने का तरीका बड़ा घिनौना होता है। उस पर तरह-तरह के अत्याचार किए जाते हैं, ताकि वह मजबूर होकर अपने मायके से कुछ लाए। यदि मायके वाले कुछ देने की स्थिति में नहीं हैं, तो घर के नौकर-चाकरों की छुट्टी कर दी जाती है और काम का सारा बोझ बहू के नाजुक कंधों पर डाल दिया जाता है। सास-ननद और यहां तक पति भी उसे एक खरीदी हुई दासी के रूप में घर में रखते हैं और उससे ऐसे जोखिमपूर्ण काम कराये जाते हैं जिससे उसे शारीरिक और मानसिक आघात पहुँच सकता है। यदि कोई बहू अपने हक के लिए आवाज उठाती है तो उसका सिर निर्दयतापूर्वक कुचल दिया जाता है।

महिलाओं का यौन शोषण भी खूब हो रहा है, चाहे बहला-फुसला कर या बलात्कार द्वारा। बलात्कार की शिकार महिला समाज में अपना मुँह दिखाने के बजाए आत्महत्या करने तक के अप्रिय निर्णय ले लेती है। वासना के दरिंदे महिलाओं की अस्मत से खुलेआम खेलते हैं। बलात्कार के अधिकांश प्रकरण तो पुलिस में दर्ज ही नहीं होते क्योंकि लोकलाज के भय से पीड़ित और उसके परिजन ऐसे हादसों को उजागर नहीं करना चाहते। अच्छी-भली लड़कियों को बहला-फुसलाकर वेश्याओं के कोठों पर नर्कपूर्ण जिन्दगी में धकेल दिया जाता है। जो लड़कियां बहलाने-फुसलाने में नहीं आतीं, उनका अपहरण करके उन्हें नर्क में पहुँचा दिया जाता है।

कामकाजी महिलाओं का तो यौन-शोषण उच्च अधिकारी बड़ी सरलता से कर लेते हैं। इसके लिए वे तरह-तरह के हथकंडे अपनाते हैं। यहाँ तक कि उसे ब्लैक-मेल करने में भी नहीं चूकते। विडम्बना तो यह है कि समाज भी महिलाओं को ही हीन दृष्टि से देखता है। वैसे तो हर व्यवसाय की कामकाजी महिलाओं को कुछ विकृत पुरुष मानसिकता का सामना करना पड़ता है, किन्तु नर्सें, अध्यापिकाएँ, निजी सचिव तथा घरेलू नौकरानियाँ तो पूर्णतः असुरक्षित हैं। निर्माण कार्य व ईंट उद्योग में लगी महिलाएं कामुक मालिकों की कामवासना का शिकार बन जाती हैं। घरेलू नौकरानियाँ तो पूर्णतः

अपने मालिकों की दया पर ही निर्भर रहती हैं। इसका लाभ उठा कर इनके मालिक अपना स्वार्थ पूरा करते हैं। नर्सें तो अत्यधिक असुरक्षित हैं। विरोध करने पर उन्हें शिकायत, विपरीत टिप्पणियों और यहां तक कि निलम्बन का सामना करना पड़ता है। मानो हर डॉक्टर को खुश करना उनकी ड्यूटी में शमिल हो। यही नहीं, अस्पताल के अन्य कर्मचारी तथा कभी-कभी मरीज भी अपनी हवस का शिकार बना लेते हैं। अध्यापिकाएँ, दफ्तरों में काम करनी वाली रिसेप्शनिस्ट, स्टेनोग्राफर, आपरेटर्स भी पुरुष की विकृत मानसिकता का शिकार बनती हैं।

आजकल तो कई प्रतिष्ठान बदनीयती से महिलाओं को नौकरी देने में प्राथमिकता देते हैं। उन नौकरियों में युवतियों को प्राथमिकता दी जाती है, जिससे वे अधिकारियों के अधिक निकट रहती हैं। रिसेप्शनिस्ट, स्टेनोग्राफर, सचिव और टेलीफोन आपरेटर्स जैसे पदों पर पुरुषों की बजाए खूबसूरत लड़कियों की भर्ती करना एक फैशन बन गया है। एक फर्म के प्रबन्ध निर्देशक ने नौकरी के लिए इन्टरव्यू देने आए लोगों से दबी आवाज में कहा कि उसे केवल खूबसूरत लड़कियों की तलाश है।

कामकाजी महिलाओं को उनके नियोक्ता, वरिष्ठ अधिकारी द्वारा विभिन्न तरीकों से यौन सम्बन्ध के लिए प्रेरित किया गया है। बड़ी फर्मों में बहुत ही परिष्कृत तरीका अपनाया जाता है। यहाँ आमतौर पर होटल में भोजन या शराब के आमन्त्रण से शुरू होता है। सफलता मिलने पर बात आगे बढ़ाई जाती है। इसका विराध करने वाली महिलाओं को सेवा से मुक्ति दे दी जाती है या पदोन्नति नहीं हो पाती। एक अच्छी खासी स्टेनोग्राफर को नौकरी से केवल इसलिए हाथ धोना पड़ा कि उसने बॉस के साथ एक कांफ्रेंस में कश्मीर जाने से मना कर दिया था।

समाज में आज भी स्त्री और पुरुष के लिए नैतिकता के दोहरे मानदंड कायम हैं। पत्नी की मृत्यु के तुरन्त पश्चात् विधुर का पुनर्विवाह बड़ी धूमधाम से हो जाता है और उसे सामाजिक स्वीकृति भी मिलती है। किन्तु विधवा विवाह को समाज आज भी अनैतिक दृष्टि से देखता है। समाज में विधवाओं की उपेक्षा किसी से छिपी नहीं है तथा किसी भी शुभ कार्य में उनकी उपस्थिति को अशुभ माना जाता है न तो वे अच्छा पहन सकती हैं और न ही श्रृंगार कर सकती हैं और न ही परिवार में कोई विवाह या पूजा आदि के कार्य में भाग ले सकती हैं। विधुर चाहे जहाँ उठे बैठे, आए-जाए उसे सब छूट है लेकिन विधवा ऐसा करे तो महिलाएं ही उसकी आलोचना करने बैठ जाती हैं। जीवन के प्रत्येक क्षेत्र पर प्रतिबन्ध लगे होने से वे घुटनभरी जिन्दगी जीती हैं।

पुरुष प्रधान समाज में विधवाओं का आर्थिक शोषण इस कदर होता है कि उन्हें धन सम्पत्ति से वंचित कर काशी, हरिद्वार या मथुरा बिंदावन भेज दिया जाता है कि अब उनका मन संसार के सुखों की बजाए भगवान के ध्यान में होना चाहिए। क्या पत्नी के मरने पर कोई विधुर अपनी धन-सम्पत्ति या सामाजिक जीवन त्याग कर काशी,

हरिद्वार या अन्य तीर्थ-स्थान पर भजन भाव करने व संयासी जीवन व्यतीत करने के लिए जाता है।

विधवाओं को असहाय एवम् कमजोर समझकर लोग उनकी मजबूरियों का फायदा उठाते हैं अपनी रक्षा के लिए वह जहाँ भी सहारा लेने जाती हैं, वहीं उनका शारीरिक व मानसिक शोषण होता है। हमारे समाज में स्त्री व पुरुष की शिक्षा के बारे में आज भी दोहरे मानदंड कायम हैं। लड़कों को इसलिए पढ़ाया जाता है कि आगे चल कर वे परिवार का सहारा बनेगा और लड़कियाँ को इसलिए नहीं पढ़ाया जाता है कि उसे पढ़ा-लिखा कर क्या करना है? उसे तो शादी करके पराये घर जाना है।

एक सर्वेक्षण में यह पाया गया कि 17% माता-पिता अपनी लड़कियों को शिक्षा देने के पक्ष में नही थे जब कि 77.5% व्यक्ति लड़कियों को केवल प्राथमिक शिक्षा देने के पक्ष में थे, अधिकांश पालकों का मत है कि घर चलाने के लिए ज्यादा पढ़ाने की जरूरत ही क्या है? लड़कियों का काम तो केवल घर में रह कर गृहस्थी व बच्चों का काम देखना मात्र है।

लड़कियों की उपेक्षा इस कदर होती है कि जहाँ स्कूल जाने के लिए लड़कों को बस्ता दे दिया जाता है, वहीं लड़की से रात के झूठे बर्तन मंजवाए जाते हैं। लड़कियों को घर के कार्यों में मदद करने या घर में छोटे भाई बहनों की देख-रेख के लिए ही रहना पड़ता है।

पुरुष प्रधान समाज में नौकरियों के क्षेत्र में भी लड़कियां और महिलाएं पुरुषों से नीचे हैं ऐसा नहीं कि इनमें योग्यता या प्रतिभा का अभाव है बल्कि पुरुष वर्ग इनकी योग्यताओं को स्वीकार नहीं कर पाते। परिणामस्वरूप आज भी ऊंचे पदों पर पुरुष वर्ग ही आसीन है। ऊंचे व सरकारी पदों पर पुरुषों की सामाजिक स्थिति और आर्थिक स्थिति में आज भी जमीन-आसमान का अन्तर है।

इस प्रकार हम देखते हैं कि आजादी के 50 वर्ष से ऊपर हो जाने के बाद भी हमारे देश की महिलाओं की स्थिति में कोई ऐसा व्यापक सुधार दृष्टिगोचर नहीं हुआ है जिस पर भारतीय नारी गर्व कर सकें। आज भी उसे दूसरे दर्जे का माना जा रहा है। पुरुष प्रधान समाज में आज भी महिलाओं को भोग विलास की वस्तु से अधिक कुछ नहीं समझा जाता। आखिर कब तक भारतीय नारी इस तरह घुटन भरी जिन्दगी जीने पर मजबूर होती रहेगी कब उसे समाज में पुरुषों के समान अधिकार व सम्मान प्राप्त होगा?

महिलाओं के विकास की आवश्यकता

बदलते परिवेश और शिक्षा के विकास के कारण पुरुषों के नजरिये में स्त्रियों के प्रति इतना तो जरूर परिवर्तन आया है कि वे घर की चारदीवारियों से बाहर निकल कर हर उस क्षेत्र में अपनी जगह बना रही हैं, जहाँ उनका प्रवेश निषेध था। पुरुषों को आर्थिक

सहयोग दे रही हैं, तो साथ ही राष्ट्रीय विकास में भी उनका योगदान है। पुरुषों के विचारों में आई उदारता का कारण भले ही बढ़ती महंगाई और असीमित इच्छाएँ क्यों न हो?

शैक्षणिक स्थिति

महिलाओं का शैक्षणिक स्तर पर अवलोकन करें तो पाएंगे कि जनसंख्या के लगभग आधे भाग को अपरिष्कृत साक्षरता दर एक-तिहाई से भी कम है। ग्रामीण क्षेत्रों में तो यह साक्षरता सिर्फ 25 प्रतिशत के ही लगभग है। दूसरे शब्दों में तीन-चौथाई महिलाएं निरक्षर हैं। साक्षरता के सही मापदंड को आधार मानें, तो केवल 39 प्रतिशत महिलाएं ही साक्षर हैं। सरकार ने महिलाओं और लड़कियों को शिक्षित करने के लिए भले ही कितने ही कानून बना दिए हों, पर आज भी अशिक्षा का मुख्य कारण गरीबी और भुखमरी है। एक गरीब परिवार में जन्मी लड़की को अपने परिवार के लिए एक समय की रोटी का जुगाड़ करने के लिए दूसरे के घरों में काम करना पड़ता है। माँ-बाप उन्हें होश सम्हालते ही काम पर लगा देते हैं। पढ़ाई को वे जरूरी नहीं समझते हैं। अतः आज जरूरत है ऐसी व्यावसायिक शिक्षा की, जिससे गरीबी रेखा के भी निचले स्तर पर जी रहे लोग शिक्षा के साथ शुरू से कमा भी सकें। ताकि कोई भी बच्चा कुपोषित न हो और शुरू से ही अपने पैरों पर खड़ा हो जाए। अनपढ़ होने के कारण महिलाओं को भी शोषित न किया जा सके।

आर्थिक क्षेत्र में

आर्थिक क्षेत्र में भागीदारी निभाने के लिए घर की चारदीवारी लांघने के कारण उसकी समस्याएं बढ़ी हैं, घटी नहीं। शहर और गाँव दोनों में ही महिलाएं आर्थिक क्षेत्र में भेदभाव की शिकार हैं। शहरों में कामकाजी महिलाओं को अपनी योग्यता सिद्ध करने और बेहतर परिणाम देने के लिए अधिक मेहनत करनी पड़ती है। फिर भी पुरुषों द्वारा अक्सर यही सुनने को मिलता है कि 'अरे यह तो औरत है, यह काम इसके बस का नहीं।' फिर भी अपने कार्यक्षेत्रों सड़कों, बसों में छेड़खानी, बलात्कार, आदि घटनाओं की शिकार वह ही होती हैं। भले ही कार्यालयों में महिलाओं के शोषण के खिलाफ कितने ही कानून क्यों न बना दिए गए हों लेकिन फिर भी वे कहीं न कहीं बेअसर हो जाते हैं।

ग्रामीण महिलाएं कृषि मजदूरों के रूप में खेत खलिहानों में काम करती हैं। अपने परिवार के लिए बुनियादी सुविधाएं भी जुटाती हैं। कुछ जागरूक महिलाएं स्वरोजगार भी चलाती हैं, पर कच्चा माल प्राप्त करने के लिए उन्हें उचित मेहनताना नहीं मिलता है। उन्हें ठेकेदार की कृपा पर निर्भर रहना पड़ता है। यदि ये महिलाएं अपने रोजगार विस्तार के लिए बैंक से ऋण लेना चाहें तो उन्हे गारंटी देने वाला न मिल सकने के कारण ऋण भी उपलब्ध नहीं हो पाता है।

1991 की जनगणना आंकड़ों के अनुसार कामकाजी पुरुषों की संख्या 51.61 प्रतिशत थी, जबकि कामकाजी महिलाओं की संख्या 22.77 प्रतिशत थी इससे साफ जाहिर होता है कि आर्थिक क्षेत्र में महिलाओं के काम की पहचान तो बन गई है लेकिन उनके काम का समुचित आर्थिक मूल्यांकन नहीं है।

राजनीति में

वोट डालने, चुनाव लड़ने तथा चुनाव जीतकर विधान सभा और संसद तक पहुँचने के मामलों में भी महिलाओं का प्रतिशत बहुत कम है। इस संदर्भ में सुश्री कमलादेवी चटोपाध्याय ने 1926 में भारत में पहली बार जब चुनाव लड़ा तो कहा था कि "जीत मिले या न मिले, स्त्रियों के लिए रास्ता तो खुलेगा।" आज महिलाओं के लिए रास्ता तो खुल गया है। बेशक उनके अनुपात में संसद और विधान सभाओं में उनकी संख्या बहुत कम है। आज वे तैतीस प्रतिशत आरक्षण की मांग तो कर रही हैं, पर अभी तक उन्हें मिला नहीं है।

कानूनी संरक्षण

महिलाओं की स्थिति को ऊंचा उठाने के लिए नए कानून बनाए गए हैं या उनमें रद्दोबदल किया गया है। फिर भी विचारणीय यह है कि अपराधों को रोकने के लिए कानूनी प्रावधान होने के बावजूद महिलाओं के प्रति अपराधों की संख्या में निरन्तर वृद्धि हो रही है।

सामाजिक स्थिति

महिलाओं के साथ घरेलू हिंसा पहले भी होती थी और आज भी होती है। इसी बात को मद्देनजर रखते हुए सत्तर के दशक में कई महिला संस्थाओं का उद्गम हुआ। उन्होंने इसी दशक में एकजुट होकर कई बार घरेलू हिंसा के खिलाफ आवाज उठाई। वहीं अस्सी के दशक को महिला आन्दोलन का चेतना समय कहा जा सकता है। इसी समय विभिन्न महिला संगठनों ने दहेज कानून, अपराध कानून, संपत्ति कानून, समान वेतन अधिनियम में संशोधन, विवाह कानून, पारिवारिक अदालतों की स्थापना, थाने में महिला पुलिस, महिलाओं के लिए अलग पुलिस थाना, आदि के लिए एकजुट आवाज उठाई। जिसके फलस्वरूप ही नब्बे के दशक में कानूनों में महत्वपूर्ण परिवर्तन हुए। अपराध कानून में दो बार संशोधन हुए, दहेज विरोधी अधिनियम बने, महिला अत्याचार विरोधी प्रभाग की स्थापना हुई, पारिवारिक अदालतें बनीं, पुलिस थानों में महिलाओं के साथ व्यवहार सम्बन्धी विशेष निर्देश दिए गए, महिलाओं के केस लड़ने के लिए मुफ्त कानूनी सलाहकार सेल जगह-जगह सरकारी, गैर-सरकारी स्तर पर नियुक्त हुए।

महिलाओं की सामाजिक स्थिति को ऊँचा उठाने के लिए सरकार द्वारा न्याय प्रक्रिया में बदलाव व संशोधन तो हुए पर लगता है, कागजों पर ही बन कर रह गए। यद्यपि परिवर्तन की झलक आज फैशन, पहनावे, चाल-ढाल से लेकर रसोई घर तक में दिखाई देने लगी है, लेकिन इसी संदर्भ में एक खास बात यह है कि जिस तरह अर्थव्यवस्था, प्रौद्योगिकी, विज्ञान, औद्योगिक क्षेत्रों में उपलब्धियां हमने पचपन वर्षों में हासिल की हैं वह सिर्फ शहरी क्षेत्रों में सिमट कर रह गई हैं। ठीक उसी प्रकार औरतों की स्थिति में जो कुछ भी बदलाव आया है, वह मात्र शहरी समाज तक ही सिमटा है। ग्रामीण समाज में कोई दर्शनीय परिवर्तन आज भी नहीं मिलते हैं। जबकि कुल आबादी के दो-तिहाई से अधिक जनसंख्या गाँव से जुड़ी है। स्वाधीनता के पाँच दशक बीत जाने के बाद महिलाओं ने कुछ तो हासिल किया है, परन्तु जितना चाहिए था उतना नहीं। आधी आबादी में सकारात्मक बदलाव की शुरुआत तो कर दी है, पर जरूरी है उसे आगे बढ़ाए आत्मविश्वास के साथ और अपने मूल उद्देश्यों से भटक न जाएं।

महिला कर्मचारी

जहाँ तक शिक्षा के सरोकार का प्रश्न है यह महिला कर्मचारियों की संख्या से सीधा जुड़ा हुआ है। यदि हम विगत कुछ वर्षों के केन्द्र सरकार के महिला कर्मचारियों की संख्या देखें तो वह पुरुष समाज से काफी पीछे है। मसलन केन्द्र सरकार में महिला कर्मचारियों की संख्या वर्ष 1991 में कुल संख्या की केवल 7.58 प्रतिशत थी, लेकिन 1971 की तुलना में यह लगभग तीन गुना थी। इससे स्पष्ट है कि विश्वविद्यालयों, कालेजों और स्कूलों में जिस तादाद में लड़कियाँ पढ़ रही हैं, उस तादाद में वे नौकरियों में प्रवेश नहीं कर रही हैं।

शिक्षा के अनुपात में यदि भारत में प्रशासकीय एवम् प्रबन्धकीय पदों पर कार्यरत महिलाओं के आंकड़े देखें तो वह भी अन्य विकासशील देशों से काफी कम हैं। भारत में उच्च पदों पर कार्यरत महिलाओं का प्रतिशत केवल 2.3 है जो अन्य विकासशील देशों की तुलना में काफी कम है। यह प्रतिशत पाकिस्तान में 3.4, बांग्लादेश में 5.1 और चीन में 11.5 है। विकसित देशों में जैसे अमरीका और कनाडा में यह अपेक्षाकृत कहीं अधिक अर्थात् 42.0 एवम् 42.2 है।

जहाँ तक भारत की कुल श्रम-शक्ति में महिला श्रमिकों की संख्या का सवाल है, वह भी रोजगार के स्तर और गुणवत्ता को देखते हुए वे पुरुषों से काफी नीचे है। भारत की जनगणना के अनुसार महिला श्रमिकों की संख्या 22.73 प्रतिशत है अर्थात् महिलाओं की कुल जनसंख्या 40.3 करोड़ में से 9 करोड़ महिलाएं श्रमिक हैं। अधिकांश श्रमिक महिलाएं ग्रामीण क्षेत्रों में लगी हुई हैं। ग्रामीण क्षेत्र में लगी महिला श्रमिकों में 87 प्रतिशत खेतिहर मजदूर हैं। शहरी क्षेत्रों की श्रमिक महिलाओं में 80 प्रतिशत महिलाएं घरेलू उद्योगों, छोटे-मोटे व्यवसायों और नौकरी तथा भवन निर्माण जैसे असंगठित क्षेत्रों

में काम कर रही हैं। 31 मार्च, 1995 को शहरी क्षेत्र की महिलाओं की रोजगार संख्या 42.3 लाख थी। यह कुल असंगठित क्षेत्र में रोजगार का 15.44% है। संगठित क्षेत्र की महिलाओं की रोजगार संख्या निजी क्षेत्र से कहीं अधिक है। संगठित क्षेत्र में कार्यरत लगभग 57 प्रतिशत महिलाएं सामुदायिक, निजी तथा सामाजिक सेवाओं में लगी हैं। 17.4 प्रतिशत महिलाएं उत्पादन कार्य में तथा 11.74 प्रतिशत महिलाएं कृषि तथा उससे सम्बन्धित अन्य कार्यों में लगी हुई हैं। फैक्ट्रियों, खानों तथा वन्य विभागों में महिला श्रमिकों की संख्या में कुल श्रमिक संख्या का क्रमश: 10 प्रतिशत, 6 प्रतिशत तथा 52 प्रतिशत है।

तालिका 7.1
केन्द्र सरकार में महिला कर्मचारी
(1971-91)

कर्मचारियों की कुल संख्या			*महिला कर्मचारी*
वर्ष	*लाखों में*	*संख्या*	*प्रतिशत (कुल में)*
1	2	3	4
1971	26.99	67369	2.51
1972	27.51	70874	2.58
1973	28.58	72879	2.55
1974	29.12	80371	2.76
1975	29.70	84051	2.83
1976	30.45	99272	3.26
1977	31.01	102321	3.30
1979	31.71	107172	3.38
1980	33.21	117139	3.64
1981	34.07	124032	3.64
1982	34.78	132010	3.80
1983	35.42	136598	3.86
1984	36.14	142011	3.93
1988	36.99	238984	6.46
1989	37.48	247158	6.60
1990	37.74	283380	7.52
1991	38.13	288999	7.58

स्रोत : भारत में महिलाएं एक सांख्यिकीय विवरण 1997

कुल जनसंख्या के हिसाब से यह प्रगति अपने लक्ष्य से काफी पीछे है। लेकिन ऐसा भी नहीं है कि सरकार द्वारा इनकी प्रगति के लिए कोई ठोस उपाय रोजगार दिलाने के लिए नहीं किए। सरकार ने महिलाओं को भी रोजगार दिलाने हेतु कई योजनाएं

चलाई हैं जिनमें राष्ट्रीय महिला कोष, समन्वित ग्रामीण विकास योजना (आई॰आर॰डी॰पी॰), सिड़बी, ड्वाकरा, कपार्ट, स्टेप एवम् नोराड, इंदिरा गांधी योजना, महिला समृद्धि योजना प्रमुख हैं। फिर भी योजनाओं और प्रयासों की सार्थकता तभी है, जब इन्हें विकास के लिए निचले स्तर पर लागू किया जाए। सच बात तो यह है कि बख्शीशों, योजनाओं और अनुदानों के प्रदान कर देने मात्र से कोई योजना सफल नहीं हो जाती इसके लिए जरूरी है कि सभी बालिकाओं के लिए शिक्षा अनिवार्य बनाने के साथ-साथ शिक्षा सुलभ कराने के लिए भवनों तथा विद्यालयों या महाविद्यालयों के बनवाने जैसी बुनियादी आवश्यकताएं पूरी की जाएँ। फिर शिक्षा सामाजिक जागरूकता के द्वारा लोगों का दृष्टिकोण बदला जाए अन्यथा महिला प्रगति की सार्थकता संभव नहीं है।

दहेज प्रथा - आत्महत्या का कारण

समाज में लड़की की शादी के लिए दहेज एक परम्परा बन गई है। लड़की कितनी भी शिक्षित एवम् गृहकार्य में कुशल क्यों न हो, वर पक्ष की मांग के अनुसार दहेज देना पड़ता है। पर्याप्त दहेज न मिलने पर वर पक्ष द्वारा उसे शारीरिक या मानसिक रूप से प्रताड़ित किया जाता है और उसे मजबूर होकर आत्महत्या का सहारा लेना पड़ता है। कुछ वर्ष पूर्व एक घटना हुई जिसमें तीन बहनों द्वारा पिता की कमजोर स्थिति तथा पर्याप्त धन न जुटा पाने के कारण तीनों बहनों ने फांसी लगा कर आत्महत्या कर ली।

आत्महत्याओं को दो भागों में विभाजित किया जा सकता है : (1) मानसिक, (2) समाजिक। महिलाओं में आत्महत्या की दर लगभग 45 प्रतिशत है, इनमें से आधी 10 से 15 साल के बीच की लड़कियां होती हैं। परीक्षाओं में असफल होना, ससुराल के दुर्व्यवहार, विवाह के पूर्व गर्भवती होना, बलात्कार, प्रेम में असफलताएं, आदि आत्महत्या के प्रमुख कारण हैं। समाजशास्त्रियों का कहना है कि संयुक्त परिवार की प्रथा भी महिलाओं को आत्महत्या के लिए प्रोत्साहित करती है।

महिलाओं के आत्महत्या करने में दहेज प्रथा का हाथ सबसे अधिक है, लेकिन महिलाएं प्रेम में असफल होने पर भी आत्महत्या कर लेती हैं। ये यथार्थ के धरातल से काफी दूर रहती हैं और जब उनकी आंखें खुलती हैं तो वे वास्तविकता से समझौता नहीं कर पातीं जिसका परिणाम आत्महत्या होती है। वे यह भूल जाती हैं कि मानव जीवन विशेषकर महिलाओं का जीवन तो एक चुनौती है जिसे स्वीकार कर, अपना सब कुछ न्यौछावर करके ही सुख प्राप्त किया जा सकता है न कि अपनी जिम्मेदारियों से मुख मोड़कर जीवन को समाप्त करके।

सामाजिक कुरीतियां भी आत्महत्या के लिए मजबूर करती हैं। भारत में दहेज, मृत्युभोज, विधवा विवाह का अभाव, आदि कुरीतियां आत्महत्या को जन्म देती हैं। जब तक पिता अपनी बेटी के लिए दहेज जुटाने में असमर्थ होता है और अपनी लड़की

का विवाह नहीं कर पाता है तो मानसिक चिन्ता से ग्रस्त हो जाता है, जिससे मुक्ति पाने के लिए वह आत्महत्या कर लेता है। कई लड़कियों को अपने ससुराल में अधिक से अधिक दहेज लाने के लिए तंग किया जाता है, उनके साथ दुर्व्यवहार किया जाता है, तब वे आत्महत्या कर लेती हैं। कई विधवा स्त्रियां पुनर्विवाह के अभाव में अनैतिक यौन सम्बध स्थापित कर लेती हैं यदि वे गर्भवती हो जाती हैं तो बदनामी से बचने के लिए आत्महत्या कर लेती हैं। इसी प्रकार से मृत्युभोज एवम् आडम्बरयुक्त रीति-रिवाजों की शर्त के लिए व्यक्ति को ऋण लेना पड़ता है जिसे पुनः न चुका सकने की दशा में तंग आकर आत्महत्या कर लेता है।

सौतेली माँ का बच्चों के प्रति भेदभावपूर्ण व्यवहार, सास का बहू के प्रति दुर्व्यवहार, पति का इन्तजार न करने और उसके साथ अमानवीय व्यवहार करने आदि स्थितियां भी आत्महत्या के लिए उत्तरदायी हैं।

जब परिवार के सदस्य परस्पर संघर्षरत हैं तो इसका अन्य सदस्यों पर बुरा प्रभाव पड़ता है कभी-कभी रोजाना के कलह से छुटकारा आत्महत्या करके प्राप्त किया जाता है। पति-पत्नी में से कोई भी एक दूसरे से सामंजस्य स्थापित नहीं कर पाने की स्थिति में मानसिक तनाव, घृणा, क्रूरता, क्रोध, आदि से ग्रसित रहता है जिससे छुटकारा आत्महत्या करके प्राप्त किया जाता है।

दहेज प्रथा

दहेज प्रथा किसी न किसी रूप में प्राचीन काल से ही रही है किन्तु उस समय यह पारस्परिक सौहार्द्र एवम् सद्भावना का प्रतीक था, किन्तु दहेज आज परिवारों के बीच आर्थिक मापदंड के रूप में प्रयुक्त हो रहा है। आज दहेज के समर्थकों का कहना है कि दहेज से आर्थिक क्षमता आंकी जाती है। यदि दहेज की प्रथा समाप्त हो जाएगी तब तो कोई साधारण व्यक्ति भी किसी करोड़पति के पास पहुँचने से नहीं हिचकेगा। किन्तु धन को प्राथमिकता देने से ही यह विकृति समाज में फैल रही है। आज के युग में दहेज के दुष्परिणाम के कारण ही गरीब बाप अपनी योग्य कन्या को योग्य वर के हाथ नहीं सौंप पाता है। यदि साहस करके धोखाधड़ी एवम् झूठे वादे द्वारा अपनी लड़की को किसी सम्पन्न परिवार में ब्याहता भी है तो विवाह के बाद उसे पाई-पाई धनराशि चुकानी पड़ती है, नहीं तो उसकी कन्या को जीवन भर घुटन भरी जिन्दगी बितानी पड़ती है। सास-ससुर, देवरानी, ननद, आदि सबके ताने सुनने पड़ते हैं और जो पत्नी अपने पति के लिए अपना तन, मन, धन सब कुछ न्यौछावर करने के लिए तैयार रहती है, जो मरते दम तक पति का साथ नहीं छोड़ती ऐसी पत्नी को दहेज के कारण मौत दे देना कितना जघन्य अपराध है।

तालिका 7.2 के अवलोकन से स्पष्ट है कि 1987-1991 के दौरान देश में दहेज हत्याओं में 169.7 प्रतिशत की वृद्धि हुई, जबकि उड़ीसा, पश्चिम बंगाल, केरल,

तालिका 7.2

भारत के विभिन्न राज्यों में हुई दहेज हत्याएँ

	दहेज हत्यायें		
राज्य	*1987*	*1991*	*प्रतिशत वृद्धि*
भारत	1912	5157	169.7
आन्ध्र प्रदेश	98	411	319.4
अरुणाचल प्रदेश	–	–	–
आसाम	3	14	366.7
बिहार	120	263	119.2
गोवा	–	–	–
गुजरात	23	103	347.8
हरियाणा	133	144	8.3
हिमाचल प्रदेश	4	30	680.00
जम्मू-कश्मीर	10	9	10.00
कर्नाटक	83	227	173.5
केरल	2	13	550.0
मध्य प्रदेश	220	423	92.3
महाराष्ट्र	250	823	231.2
मणिपुर	–	–	–
मेघालय	–	–	–
मिजोरम	–	–	–
नागालैण्ड	–	–	–
उड़ीसा	2	63	3050.0
पंजाब	70	99	41.4
राजस्थान	133	152	34.5
सिक्किम	–	–	–
तमिलनाडु	49	97	98.0
त्रिपुरा	3	7	133.3
उत्तर प्रदेश	553	1597	188.8
पश्चिम बंगाल	97	538	454.6
अंडमान निकोबार द्वीप समूह	–	–	–
दादर नगर हवेली	–	–	5
चंडीगढ़	–	2	–
दमन और दीव	–	–	–
दिल्ली	79	133	68.4
लक्ष्यद्वीप	–	–	–
पांडेचेरी	–	4	–

महाराष्ट्र, असम, आन्ध्र प्रदेश, गुजरात, हिमाचल प्रदेश, कर्नाटक एवम् उत्तर प्रदेश में

दहेज हत्याओं में उक्त अवधि में क्रमशः 3050.0, 454.6, 550.0, 231.2, 366.7, 319.4, 347.8, 650.0, 173.5 एवम् 188.8 प्रतिशत की अप्रत्याशित वृद्धि हुई है।

इस प्रकार स्पष्ट है कि दहेज रूपी दानव समाज में गठिया रोग की तरह फैला है, जो दवा से धीमा तो पड़ सकता है किन्तु जड़ से नष्ट नहीं हो सकता। यह प्रथा हमारे समाज में इतनी गहराई तक प्रवेश कर चुकी है कि अब दहेज के बिना विवाह सोचना प्रायः असंभव-सी बात है। लड़की के जन्म से ही माता-पिता को लड़की के लिए शादी में दहेज जुटाने की चिन्ता लग जाती है।

मोटे शब्दों में हम यह कह सकते हैं कि दहेज एक व्यापार बन गया है। परिवार में लड़की के जन्म का मतलब ही है कि उसके माँ-बाप की सम्पत्ति का समापन।

आज के अर्थ प्रधान युग में आत्मा और परिवार की खड़ी बिक्री होती है। कन्या पक्ष वाले के पास यदि धन प्रचुर मात्रा में है तो वह अपनी कन्या के लिए योग्य वर खरीद सकता है, किन्तु यदि उसके पास धन का अभाव है तो वह अपनी सुन्दर, सुशिक्षित व सुशील कन्या के लिए भी योग्य वर नहीं प्राप्त कर सकता। इस युग में दहेज मात्र भेंट या उपहार नहीं वरन् वर पक्ष की श्रेष्ठता का मानदंड माना जा रहा है: आज "दहेज" वर पक्ष को शादी करने से राजी करने के लिए साधन है और कन्या पक्ष के लिए भारी मात्रा में दहेज जुटाना एक कठिन साध्य कार्य है।

तालिका 7.3

भारत में दहेज की प्रताड़ना से हुई आत्महत्याएं

आत्महत्या का स्वरूप या कारण	*आत्महत्याओं की संख्या*		*प्रतिशत*	
	1991	*1990*		
ससुराल पक्ष के साथ लड़ाई-झगड़ा	5319	4592	6.9	6.2
पति पत्नी के बीच तनाव	9518	4312	5.8	5.8
दहेज विवाद	1360	1405	1.7	1.9

स्रोत : एक्सीडेंटल डेट्स ऐंड स्यूसाईडस इन इण्डिया 1991

दहेज की मांग वर पक्ष की ओर से आर्थिक वर्ग एवम् दूल्हे की प्रथम श्रेणी, द्वितीय श्रेणी एवम् तृतीय श्रेणी की सर्विस के बलबूते पर की जाती है। कहीं-कहीं तो यह भी देखने को मिलता है कि वर पक्ष दहेज की एक लम्बी-चौड़ी लिस्ट कन्या पक्ष वालों को थमा देता है जिसमें सारे खर्चों के साथ नगद, कपड़े, बर्तन, फर्नीचर के साथ ऐशोआराम की वस्तुओं की भी मांग की जाती है। यदि कन्या पक्ष किसी कारणवश तय धनराशि नहीं दे पाता है तो उनकी बेटियों को इतना परेशान किया जाता है कि वे आत्महत्या को बाध्य हो जाती हैं, जो तालिका 7.4 से स्पष्ट है।

तालिका 7.4

भारत के राज्यों में दहेज को लेकर वधुओं के पतियों एवम् संबंधियों द्वारा किए गए जुल्म

	दहेज जुल्म		
राज्य	*1987*	*1991*	*प्रतिशत वृद्धि*
भारत	11603	15949	37.5
आन्ध्र प्रदेश	1133	144	27.4
अरुणाचल प्रदेश	1	—	100.0
आसाम	172	199	15.7
बिहार	90	315	250.0
गोवा	8	13	62.5
गुजरात	811	1106	36.4
हरियाणा	163	185	13.5
हिमाचल प्रदेश	52	87	67.3
जम्मू-कश्मीर	10	3	−70.0
कर्नाटक	469	826	76.1
केरल	72	249	236.1
मध्य प्रदेश	515	1409	170.6
महाराष्ट्र	4295	5396	25.6
मणिपुर	1	—	−100.0
मेघालय	1	—	−100.0
मिजोरम	—	—	—
नागालैण्ड	—	—	—
उड़ीसा	183	245	33.9
पंजाब	63	27	−57.1
राजस्थान	733	1033	40.9
सिक्किम	—	—	—
तमिलनाडु	285	222	22.1
त्रिपुरा	30	41	36.1
उत्तर प्रदेश	987	1415	51.0
पश्चिम बंगाल	1258	1608	27.8
अंडमान निकोबार द्वीप समूह	2	3	50.0
दादर नगर हवेली	10	9	−10.0
चंडीगढ़	—	2	—
दमन और दीव	4	3	−25.0
दिल्ली	297	112	−62.3
लक्ष्यद्वीप	—	—	—
पांडेचेरी	8	4	−50.0

अपने देश में 1987 में पतियों या उसके परिवारजनों द्वारा दहेज को लेकर वधुओं पर किए गए जुल्म के 11,606 मामले प्रकाश में आए। जबकि 1991 में यह संख्या बढ़ कर 15,949 हो गई। इस तरह इन तीन वर्षों में ही जुल्म में 37.5 प्रतिशत की वृद्धि हो गई।

दहेज प्रताड़ना के सबसे अधिक जुल्म महाराष्ट्र में हुए जो 1987 में 4295 एवम् 1991 में 5,396 रहा, जबकि मिजोरम, नागालैंड एवम् सिक्किम में जुल्म के एक भी मामले प्रकाश में नहीं आए हैं। तालिका 7.4 के अवलोकन से सबसे दिलचस्प बात यह सामने आती है कि जितने भी विकसित एवम् शिक्षित राज्य हैं, उनमें दहेज सम्बन्धी जुल्म अधिक हो रहे हैं। जैसे महाराष्ट्र, आन्ध्र प्रदेश, गुजरात, कर्नाटक, केरल, मध्य प्रदेश, उड़ीसा, राजस्थान, तमिलनाडु, उत्तर प्रदेश, पश्चिम बंगाल, दिल्ली, आदि में वधुओं पर दहेज जुल्म अधिक हो रहे हैं। यही नहीं महानगरों में भी दहेज जुल्म अपनी चरम सीमा पर हैं। वाराणसी में प्रतिदिन एक महिला जलती है। यातनाओं का सफर जलने या जलाने तक ही खत्म नहीं होता है। परिवार की असंतोष परिस्थितियों, सबुह से रात तक प्रताड़ित करने का सिलसिला उनके सब्र के बांध को तोड़ देता है और वे कोई खतरनाक मार्ग ढूंढ़कर जीवन को समाप्त करने को मजबूर हो जाती हैं।

अपने देश में 1987 में 1,912 दहेज हत्याएं हुईं जो 1991 में बढ़ कर 5,157 हो गई। इस तरह इन तीन वर्षों के दौरान दहेज हत्याओं में 169.7 प्रतिशत की वृद्धि हुई। दहेज जुल्म की तरह ही महाराष्ट्र, मध्य प्रदेश, आंध्रप्रदेश, बिहार, हरियाणा, राजस्थान, पश्चिम बंगाल, उत्तर प्रदेश एवम् दिल्ली में दहेज हत्याएं अधिक हुई हैं। इन राज्यों में क्रमशः 828, 823, 411, 263, 144, 152, 538, 1597 एवम् 133 दहेज हत्याएं हुई हैं।

महिलाओं का यौन शोषण

महिलाओं का यौन शोषण एक सार्वभौमिक समस्या है। चाहे अतीत की बात करें अथवा वर्तमान की, दुनिया का कोई भी कोना इस समस्या से अछूता नहीं है। अविकसित कहे जाने वाले समाजों में भी महिलाओं के यौन-उत्पीड़न की घटनाएं सुनने में आती हैं जबकि विकसित समाजों में तो इसके अनेकानेक प्रकरण देखे जा सकते हैं। कभी कामुकता के कारण स्वेच्छा से, कभी प्रलोभन में आकर, कभी जोर-जबरदस्ती से तो कभी जालसाजों के चंगुल में पड़ कर महिलाएं पुरुष की हवस का शिकार होती रही हैं। भारत में यह समस्या आदिकाल से रही है। भारतीय सहित्य, यहां तक कि धर्म-शास्त्रियों में भी गाणिका, रूपजीवा, भोग्या, देवदासी, आदि महिलाओं को सम्बोधित किया गया है। वेदों, पुराणों, महाकाव्यों एवम् कामसूत्र तक में वेश्यावृत्ति के उल्लेख मिलते हैं। राजाओं, महाराजाओं, बादशाहों, नवाबों, सामन्तों एवम् जागीरदारों के हरम महिलाओं के यौन शोषण के बड़े केन्द्र बन गए थे। इतना ही नहीं, धर्म की आड़ में मन्दिरों की

देवी-देवताओं की सेवा में अर्पित की गई देवदासियां वास्तव में धर्म गुरुओं तथा मठाधीशों की रखैल बनने को बाध्य की गईं। इस प्रकार महिलाएं यौन-शोषण का शिकार बनती रहीं।

यह बात भी ध्यान देने योग्य है कि देवदासी प्रथा तथा बाल वेश्यावृत्ति में भी काफी पुराना सम्बन्ध है। देवदासी को "भगवान की सेविका" के रूप में प्रचारित किया जाता है। यह कितनी त्रासदीपूर्ण परम्परा है कि 'भगवान की सेविका' कह कर इन बच्चियों का यौन शोषण किया जाता है। यह एक सामाजिक विडम्बना है कि महाराष्ट्र तथा कर्नाटक में आज भी पूर्णिमा की रात सैकड़ों बालाओं को देवी येलम्मा के पवित्र नाम पर समर्पित करने के बहाने परोक्ष रूप से वेश्यावृत्ति के अपवित्र धंधे में मजबूरन लगा दिया जाता है। इन असहाय देवदासियों का कौमार्य भंग करने का तथाकथित पवित्र कृत्य करने की जिम्मेदारी प्रथमतः स्थानीय सामंत, मंदिर के महन्त तथा दूसरे प्रभावशाली लोग निभाते हैं।

बाल वेश्यावृत्ति की समस्या अंतर्राष्ट्रीय स्तर पर पहुंच गई है। खास करके विकासशील देशों की जनता अपनी अज्ञानता, निर्धनता तथा आर्थिक जरूरत की वजह से लाभ के मायाजाल में फंसती जाती है। फलस्वरूप विकासशील देशों के बच्चे ही इस प्रकार के यौन अत्याचारों का शिकार होते हैं तथा इससे पीड़ित रहते हैं। बच्चों से वेश्यावृत्ति कराने, अश्लील सहित्य के निर्माण में उनका प्रयोग करने तथा उनके साथ अप्राकृतिक यौन कृत्य करने के मामले में आजकल थाईलैंड, फिलीपींस, सिंगापुर, नेपाल, मलेशिया तथा श्रीलंका जैसे देश सबसे आगे हैं। भारत से भी गोवा, चेन्नई तथा उड़ीसा के समुद्री तटीय क्षेत्र काफी अरसे से सैक्स पर्यटन स्थल में बदल चुके हैं। हमारे देश में यह समस्या निरन्तर बढ़ रही है। पारिवारिक एवम् सामाजिक मूल्यों में गिरावट, अश्लील सहित्य, दूरदर्शन एवम् सिनेमा, पारिवारिक नियन्त्रण का ढीला होना, अपराधी गिरोहों के षड़यन्त्र तथा निर्धनता ने महिलाओं के यौन शोषण की घटनाओं में व्यापक तौर पर वृद्धि की है। इसके अतिरिक्त भौतिकता की चकाचौंध ने लड़कियों को अंधा बना दिया है और उनमें कम से कम समय में अधिक से अधिक विलासिता की वस्तुएं जैसे कार, फ्रीज, टी०वी०, फेशनेबल कपड़े, होटलों का बिल, घूमना-फिरना, शराब की लत एवम् शरीर को सुख देने वाली विलासिता की सभी प्रकार की वस्तुएं एकत्र कर लेने की होड़-सी लग गई है जिसके लिए वे देह का सौदा तक करने में नहीं चूकतीं।

मादा भ्रूण हत्या

'यत्र नारी पूज्यते रमयन्ते तत्र देवता' अर्थात् जहाँ नारी की पूजा होती है, वहाँ देवता निवास करते हैं, जैसी युक्तियां केवल किताबों में ही सही हैं। वास्तविक जीवन में नारी को घृणा, तिरस्कार और अपमान के अलावा कुछ नहीं मिलता। इसका कारण यह है कि आर्थिक गतिविधियां ज्यादातर पुरुषों पर रही हैं। परिवार के आय के मुख्य स्रोत

पुरुष ही माने जाते रहे हैं। औरतें आरंभ से ही घर के कामकाज करती हैं जिसे आय उपार्जन का साधन नहीं माना जाता है। इन कारणों से महिलाएं आर्थिक तौर पर और साथ ही सामाजिक तौर पर भी पुरुषों पर निर्भर हो जाती हैं।

दहेज प्रथा के कारण तो लड़कियों को बोझ ही समझा जाने लगा है। इसी प्रथा के कारण लड़कों के जन्म पर शहनाइयां बजती हैं लेकिन लड़कियों के जन्म पर घर में मातम छा जाता है। लड़की के जन्म होने के बाद ही माँ-बाप दहेज की चिन्ता में डूब जाते हैं। बढ़ते दहेज के कारण गरीब माँ-बाप दहेज का इंतजाम या तो नहीं कर पाते हैं या उन्हें कर्ज में डूबना पड़ता है। इन्हीं सब कारणों से बेटियों को भार या बोझ समझा जाता है और कई माँ-बाप उससे मुक्ति के उपाय सोचने लगते हैं और यही नारी भ्रूण हत्या कारण बनता है।

एक अनुमान के अनुसार उत्तर और पश्चिमी भारत के प्रमुख शहरों में प्रतिवर्ष लगभग एक लाख कन्या भ्रूण गर्भपात के द्वारा नष्ट कर दी जाती हैं। मुम्बई में किए गए एक सर्वेक्षण से पता चलता है कि वहां के एक अस्पताल में हुए गर्भपात के एक हजार मामलों में से 999 गर्भपात नारी-भ्रूण के थे। दिल्ली, मुम्बई, कलकत्ता, चेन्नई, चंडीगढ़, अहमदाबाद, आदि शहरों में ऐसे क्लिनिकों की बाढ़ आई हुई है, जिनमें गर्भ परीक्षण और गर्भपात द्वारा भ्रूण नष्ट करने की सुविधा है। ऐसे क्लिनिकों में लोग सिर्फ नारी भ्रूणों की हत्या के लिए ही जाते हैं। गर्भ परीक्षण के बाद पुरुष भ्रूण हत्या माता-पिता आमतौर पर नहीं कराते हैं, भले ही उनके पहले से ही पुत्र क्यों न हो।

अगर सरकार वास्तव में भ्रूण हत्या को रोकना चाहती है तो देश भर में इस कानून को सख्ती से लागू करना होगा तथा इसमें शामिल न केवल डॉक्टरों व अन्य लोगों को कड़ी सजा देने का प्रावधान करना चाहिए, बल्कि समाज में महिलाओं के प्रति गलत मानसिकता का भी बदलाव किया जाना जरूरी है। महिलाओं और महिला संगठनों को भी इसके लिए आगे आना होगा अन्यथा एक दिन महिलाओं का अस्तित्व ही खतरे में पड़ जाएगा।

8

भारत में परिवार नियोजन

परिवार नियोजन का अर्थ

किसी चीज की योजना बनाना हमारे लिए कोई नई बात नहीं है। खेत बोने से पहले हम उसकी योजना बनाते हैं कि हमें खेतों में क्या बोना चाहिए। ठीक उसी प्रकार परिवार नियोजन से हम इस बात की योजना बनाते हैं कि हमें कितने बच्चे चाहिए ताकि हम उनकी अच्छी तरह परवरिश कर सकें। हमारे बच्चे और हम सुखी, स्वस्थ एवम् प्रसन्न रहें अर्थात् परिवार नियोजन मुख्यत: नियोजित मातृत्व पितृत्व है। इस प्रकार परिवार नियोजन से हमारा अभिप्राय है कि बच्चों का जन्म हमारी इच्छा के ऊपर निर्भर रहे, केवल संयोग पर नहीं। इसका अर्थ विवेकपूर्ण सन्तानोत्पादन है। इसका उद्देश्य परिवार को इच्छानुसार जानबूझकर सीमित करना, अदूरदर्शी मातृत्व को रोकना और सन्तति को उचित काल नियमन करना है।

परिवार नियोजन का अभिप्राय है समाज में उपलब्ध साधनों तथा सामाजिक स्वास्थ्य को बनाए रखने के लिए प्राप्त सुविधाओं के अनुकूल परिवार के आकार का नियोजन करना।

परिवार नियोजन तथा संतति निग्रह में अन्तर

परिवार नियोजन तथा संतति निग्रह में अन्तर है। सन्तति निग्रह में कृत्रिम साधनों के प्रयोग से गर्भधारण को रोकने या टालने पर अत्यधिक महत्व दिया जाता है, उसमें नैतिक या आध्यात्मिक या आर्थिक या शारीरिक पहलुओं पर उतना या नहीं के बराबर महत्व दिया जाता है। इसके विपरीत परिवार कल्याण नियोजन में सन्तति निग्रह पर उतना बल नहीं दिया जाता और कृत्रिम साधनों के प्रयोग पर बल दिया जाता है। इसमें तो इस बात पर विशेष महत्व दिया जाता है कि प्रत्येक परिवार अपनी आर्थिक स्थिति को देखते हुए तथा बच्चों के स्वास्थ्य, उनकी माता का स्वास्थ्य, उनके पोषण के लिए आवश्यक साधनों को देखते हुए दो बच्चों के बीच की अवधि का विचारपूर्वक निर्णय

किया जाए। वह यह भी निश्चित करे कि समाज तथा परिवार की दृष्टि से उसके परिवार का उपयुक्त आकार क्या हो और उसी आकार को प्राप्त करने का प्रयास करे।

परिवार नियोजन की पद्धतियाँ

परिवार नियोजन की अनेक पद्धतियाँ हैं। जिनमें से व्यक्ति अपनी इच्छा के अनुसार कोई भी पद्धति अपना सकता है। यहाँ पर हम कुछ प्रमुख पद्धतियों का उल्लेख करेंगे।

1. ***आत्म संयम का प्राकृतिक मार्ग*** – यह मार्ग सर्वोत्तम और प्रशंसा के योग्य है। अनेक विद्वानों का विचार है कि लोगों को अपनी कामेच्छा पर अंकुश लगा कर ब्रह्मचर्य का जीवन व्यतीत करना चाहिए। जनसंख्या की वृद्धि को रोकने का यह एक पवित्र एवम् श्रेष्ठ उपाय है और संसार के सभी धर्म विचार इसका समर्थन करते हैं। यही नहीं, संयम का आचरण जनसंख्या को अधिक शक्तिशाली, प्रतापी, गुणवान और चरित्र सम्पन्न बनाता है। किन्तु यह उपाय अव्यावहारिक है। कामेच्छा का दमन करना न केवल असंभव है बल्कि शारीरिक दृष्टि से भी हानिकारक है। अतः इस मार्ग से जनसंख्या की वृद्धि रुक जाने में संदेह है।

2. ***गर्भ-निरोधक उपाय*** – गर्भ-निरोध के अनेक तरीके हैं। इनमें से किसी को भी अपनी सुविधानुसार अपनाया जा सकता है। इन तरीकों में से कुछ पुरुषों के लिए हैं और कुछ महिलाओं के लिए। इनमें से कुछ का प्रभाव अस्थायी होता है और अन्य का अपेक्षाकृत स्थायी।

(i) व्यवहार आधारित तरीके

(अ) ***सम्भोग व्यवधान*** – यह तरीका अपनाने से पुरुष का वीर्य स्त्री योनि में प्रवेश नहीं कर पाता। इसमें कुछ आत्मसंयम की आवश्यकता होती है तथा दूसरे पति-पत्नी के बीच भावनात्मक तनाव भी पैदा हो सकता है अतः अधिकतर मामलों में यह व्यावहारिक नहीं है।

(ब) ***सुरक्षित काल*** – मासिक धर्म शुरू होने से एक सप्ताह पहले और बाद का काल सुरक्षित काल कहलाता है। इस अवधि में सम्भोग करने से गर्भाधान की गुन्जाइश बहुत कम रहती है। अनियमित रूप से मासिक धर्म शुरू होने और सम्भोग के समय पति-पत्नी की मनोदशा इस तरीके के उपयुक्त न होने की स्थिति में यह तरीका वांछनीय नहीं है।

(ii) कृत्रिम उपाय

पुरुषों के लिए निरोध एक सुरक्षित और कम खर्चीला तरीका है। स्त्रियां डायफ्रम तथा सर्विकल केप लगा सकती हैं।

आई॰यू॰डी॰ गर्भाशय में पुरुष वीर्य को जाने से रोक देता है जिससे गर्भधान नहीं हो पाता। इसके अन्तर्गत योनि या गर्भाशय में कोई बाह्य वस्तु लगा दी जाती है। लूप

इसका उपयुक्त उदाहरण है। कुछ महिलाएँ इन साधनों के उपयोग के कारण रजोधर्म में अनियमितता व कमर के निचले भाग में दर्द की शिकायत करती हैं। इन साधनों को लगाने के लिए डॉक्टरों की जरूरत होती है। बच्चों के जन्म में अन्तराल लाने के लिए यह एक बहुत ही उपयुक्त साधन है और इससे सामान्य लैंगिक प्रक्रिया में कोई बाधा नहीं पड़ती।

रासायनिक तत्व पुरुष के शुक्राणुओं को स्त्री के डिम्ब में प्रवेश नहीं करने देते जिससे गर्भाधान की गुंजाइश नहीं रहती। इसके अन्तर्गत गोलियां, जेली, पेस्ट और क्रीम आदि आते हैं जो बाजार में उपलब्ध हैं आमतौर पर ये तरीके डायफ्राम और निरोध के साथ उपयोग किए जाते हैं। इस कोटि के अंतर्गत स्त्रियों के हार्मोन से बनी कई दवाइयां हैं। मासिक धर्म और गर्भाधान में इनका बड़ा महत्व है।

खाने की दवाएँ – औरतों के लिए गर्भनिरोध का यह सबसे उपयुक्त साधन है। व्यक्ति विशेष की आवश्यकताएँ पूरी करने के लिए विभिन्न प्रकार की गोलियाँ बाजार में उपलब्ध हैं। इन गोलियों के हानिकारक प्रभावों को रोकने के लिए स्त्री को नियमित रूप से डॉक्टरी चिकित्सा करानी चाहिए। शिक्षित स्त्रियों में यह तरीका सबसे अधिक लोकप्रिय है।

(iii) संतति निग्रह

डॉक्टरी सहायता से संतति निग्रह के लिए परिवर्तनीय एवम् अपरिवर्तनीय विधियों को आवश्यकतानुसार अपना सकते हैं।

1. ***परिवर्तनीय विधि*** – दो बच्चों के जन्म में लगभग 3-5 वर्ष के समयान्तर के लिए पोलीथेलीन का लिपेस लूप 27.3 एमएम और 'कॉपर टी' 200 का प्रयोग किया जाता है। समयान्तर माँ और बच्चे के दीर्घजीवी तथा स्वास्थ्य के लिए आवश्यक है। डॉक्टरी सहायता से एक बार ये उपकरण स्त्री के गर्भाशय में प्रवेश करा दिए जाते हैं, फिर दो तीन वर्ष के लिए फुरसत हो जाती है। इनको धारण करने के लिए उपयुक्त समय माहवारी के बाद अथवा बच्चे के जन्म से डेढ़ माह बाद है। यह हानिरहित, सरल और विश्वसनीय तरीका है।

2. ***अपरिवर्तनीय विधि*** – परिवार नियोजन के लक्ष्य को पुरुष नसबन्दी और महिला नसबन्दी के माध्यम से भी प्राप्त किया जा सकता है।

वन्ध्याकरण और स्टरलाइजेशन (नसबन्दी) आपरेशन में अन्तर है। बन्ध्याकरण में 'सेक्स ग्रन्थि' को बाहर निकाल देते हैं। इसके विपरीत स्टरलाइजेशन आपरेशन में कुछ भी नहीं निकालते। बस शुक्राणुओं अथवा डिम्ब का मार्ग अवरुद्ध कर देते हैं। शारीरिक प्रक्रिया अथवा सेक्स ग्रन्थियों के कार्य में कोई विपरीत प्रभाव नहीं पड़ता। केवल प्रजनन की दृष्टि से जिस पुरुष या स्त्री का आपरेशन हुआ है, वह बाह्य रूप से बीजमुक्त रहता है। पुरुष के आपरेशन को 'वासेक्टमी' और स्त्री के आपरेशन को 'टयूबेक्टमी' कहते हैं।

(क) ***वासेक्टमी*** – अण्डकोश की ऊपरी त्वचा सुन्न कर देते हैं। एक छोटे से चीरे द्वारा शुक्राणुवाहिनी नलिका बाहर निकाल कर दो सिरों पर बाँध कर बीच में विभक्त कर देते हैं इसमें ने तो बेहोशी की जरूरत है और न ही अस्पताल में भर्ती होना पड़ता है। शुक्राणुओं के निर्माण में व्यय होने वाली 'प्रोटीन' को उत्सर्जित करने की बजाए संचित करता है। स्टरलाइजेशन के बाद शुक्राणुओं को छोड़ कर अन्य ग्रन्थियों का तरल पदार्थ-पूर्ववत् निकलता है। शुक्राणु भी अन्य कोशिकाओं की तरह बनते-बिगड़ते रहते हैं जैसे रक्त कण। आवश्यकता पड़ने पर स्त्री की अपेक्षा पुरुष की नस जोड़ना अधिक आसान है।

(ख) ***ट्यूबेक्टमी*** – नाभी के नीचे पेट में दो इंच का चीरा लगा कर डिम्बवाहिनी नालिका को बाहर निकाल कर विभक्त कर लेते हैं। अब ओवरी से डिम्ब की गर्भाशय तक की यात्रा का मार्ग अवरुद्ध हो जाता है। इस आपरेशन में स्त्री को एक सप्ताह तक अस्पताल में रहना पड़ता है। प्रसव के बाद 36 घंटे के अन्दर सुविधाजनक है उस समय ट्यूब भी ऊपर रहते हैं तथा अस्पताल में ठहरने की अवधि भी लगभग यही रहती है।

(ग) ***लेप्रोस्कोपिक विधि*** – यह दूरबीन विधि के नाम से प्रसिद्ध है। समय की बचत से लोक मानव में लोकप्रिय है। इस आप्रेशन में नाभी के नीचे सुन्न कर पेट में गैस भर देते हैं। दो सेंटीमीटर की चीरा लगा कर लेप्रोस्कोप पेट के अन्दर ले जाकर डिम्बवाहिनी नलिका को पहचान कर सेलिस्टिकरिंक पहना देते हैं। यह उपकरण बांसुरी की तरह खोखला होता है जिसमें प्रकाश व्यवस्था रहती है। डिम्बवाहिनी नालिका में अंगूठी की तरह का छल्ला लिपट जाता है। इस विधि में न कोई कांट-छांट और न बेहोशी। छः घंटे बाद अस्पताल से छुट्टी हो जाती है।

प्रजनन नियंत्रण की नई और प्रभावकारी विधियां खोजने के लिए निरन्तर अनुसंधान किए जा रहे हैं। पुरुषों के लिए एक ऐसा तरीका खोज निकाला गया है जिससे शुक्राणुओं का प्रभाव रुक जाता है। इसके अंतर्गत शुक्रवाहिका नली को शल्य चिकित्सा में काम आने वाले सिल्क, तांबे या जस्ते के तन्तुओं से बन्द किया जाता है। प्रारंभिक परीक्षण उत्साहवर्धक रहे हैं।

परिवार नियोजन ही एकमात्र ऐसा उपाय है जिससे पूर्ण रूप से परिवार कल्याण संभव है। इसकी कई विधियां उपलब्ध हैं जिनसे कोई भी मनपसन्द चुनाव कर सकता है। इन सभी में से नसबन्दी को सर्वाधिक प्रभावशाली कहा जा सकता है।

गर्भपात

कानूनी तौर पर गर्भपात को वैद्य घोषित कर दिया गया है। निम्नलिखित परिस्थितियों में गर्भपात कानून सम्मत है:-

(i) जब गर्भ के कारण माँ को खतरा हो।

(ii) जब इस बात की जरा भी आशंका हो कि गर्भस्थ शिशु मानसिक अथवा शारीरिक रूप से विकलांग हो।

(iii) जब गर्भधारण बलात्कार के कारण हुआ हो।

(iv) जब आर्थिक या सामाजिक दृष्टि से किसी प्रकार की हानि होने की सम्भावना हो।

(v) जब गर्भ-निरोधक दवाओं के फेल हो जाने पर गर्भ रह गया हो।

गर्भपात कराने के लिए सबसे अच्छा समय बारह सप्ताह का है। यूँ तो अधिक समय तक भी गर्भ गिराया जा सकता है, पर वह खतरे से खाली नहीं होता। बारह सप्ताह अर्थात् तीन माह के गर्भपात में कोई परेशानी नहीं होती। गर्भपात करने में गलती न हो, इसके लिए कानून में व्यवस्था है कि गर्भपात उन्हीं मंजूरशुदा सरकारी अस्पतालों में कराया जाए जहाँ इसके लिए पूरे प्रबंध हों। सभी डॉक्टर इस प्रकार के आपरेशन करने के अधिकारी नहीं हैं।

"चिकित्सकीय गर्भ समापन सेवा अधिनियम, 1971" में संसद द्वारा पास किया गया और 1 अप्रैल, 1972 से लागू किया गया। 1975 में इस अधिनियम में काफी परिवर्तन किए गए। इस अधिनियम के अंतर्गत समस्त सरकारी अस्पताल चिकित्सकीय गर्भ समापन के लिए अधिकृत कर दिए गए हैं। गैर-सरकारी संस्थाएँ भी जिला मुख्य चिकित्सा अधिकारी से लाइसेंस प्राप्त कर ऐसा कर सकती हैं।

परिवार नियोजन कार्यक्रम का महत्व

यदि मानव को आगे बढ़ना है तथा सुख समृद्धि को घर-घर पहुँचाना है तो सुरसा के मुँह की भाँति बढ़ती जनसंख्या को नियन्त्रित करना ही पड़ेगा। परिवार नियोजन न केवल राष्ट्र कल्याण की दृष्टि से बल्कि पारिवारिक सुख और शांति की दृष्टि से भी महत्वपूर्ण है।

जनसंख्या वृद्धि की हानि से बचने के लिए परिवार नियोजन आवश्यक है। जनसंख्या अधिक बढ़ जाने से देश में खाद्य पदार्थों की तथा अन्य जीवनोपयोगी वस्तुओं की कमी पड़ जाती है जिससे महंगाई तथा भुखमरी बढ़ती है। काम कम तथा करने वाले अधिक होने से बेरोजगारी बढ़ती है, मजदूरी की दर घटती है तथा शोषण बढ़ता है। भारत में जनसंख्या की वृद्धि चरम सीमा पर पहुँच गई है, जिसके कारण आज देश में महँगाई, बेरोजगारी और भुखमरी बढ़ती जा रही है, योजनाएँ अपने लक्ष्य की पूर्ति में असफल रही हैं।

मनोवैज्ञानिक कहते हैं, चारों ओर बढ़ती भीड़ का मनुष्य के मन पर एक अनजाना भार पड़ता है। अधिक भीड़ से मानसिक तनाव बढ़ता है, विवेक नष्ट होता है, जीवन कलहपूर्ण तथा अशान्त रहता है। आदमी जितने बढ़ते हैं, व्यक्तित्व उतना ही कम हो जाता है। अगर पृथ्वी पर भीड़ बढ़ती गई तो 'व्यक्ति' विदा हो जाएंगे, भीड़ रह जाएगी।

जनसंख्या वृद्धि से उपर्युक्त हानियां तो हैं ही, पर सबसे बड़ा खतरा मनुष्य के विनाश का है। यदि मानव को जीवित रखना है तो जनसंख्या वृद्धि को रोकना होगा। जनसंख्या वृद्धि को रोकने का एकमात्र उपाय है – जन्मदर कम करना अर्थात् गर्भ निरोध के साधन अपना कर कम सन्तान उत्पन्न करना। यह तभी होगा जब हम सभी परिवार नियोजन के तरीकों को अपना लें।

संसार के सभी प्राणी अपने जीवन को सुखी और शांत बनाना चाहते हैं। परन्तु यह तभी संभव हो सकता है जबकि हमारा व्यय हमारी आय के अनुसार हो। हमारे आश्रितों की संख्या, जिनके भरण-पोषण, पढ़ाई-लिखाई और सुख-सुविधा का भार हमारे ऊपर है, इतना सीमित हो कि हम उसे आसानी से संभाल सकें। कम आय वाले व्यक्ति पर यदि अधिक लोग आश्रित होंगे तो उसका जीवन स्तर निम्न होगा तथा वह अपने परिवार के आश्रितों की सुख-सुविधा के लिए सामग्री एकत्रित करने में असमर्थ होगा। इसलिए जीवन को सुखी बनाने के लिए परिवार नियोजन को अपनाना परम आवश्यक है।

हम सभी जानते हैं कि जिस व्यक्ति के ऊपर जितना अधिक उत्तरदायित्व होगा वह उतना ही अधिक चिंतित होगा उसकी मानसिक व आर्थिक दशा उतनी ही अधिक निम्न स्तर की होगी। बच्चों की शिक्षा-दीक्षा उनके भावी जीवन के पथ निर्माण का उत्तरदायित्व माता-पिता पर ही होता है। इसलिए जिस व्यक्ति के जितने अधिक बच्चे होंगे उतना ही अधिक उसे कष्ट और चिंताएँ होंगी। अतः मानसिक शांति की दृष्टि से भी परिवार नियोजन का महत्व कम नहीं है।

परिवार नियोजन से केवल एक व्यक्ति का, एक परिवार का ही उद्धार नहीं होता, बल्कि उससे देश, समाज और मानवता का भी हित होता है। राष्ट्र की सामाजिक व आर्थिक स्थिति सुदृढ़ होने से विश्व के अन्य राष्ट्रों की दृष्टि में उसका मान होता है। दुर्भाग्य से एक तो निर्धनता भारत का पीछा नहीं छोड़ रही है जिसका अन्त करने में हम जुटे हुए हैं।

दूसरे जनसंख्या इतनी तीव्र गति से बढ़ती जा रही है कि उसको रोकना अत्यन्त आवश्यक है तभी हम भारतीय अर्थव्यवस्था को दृढ़ और सुव्यवस्थित बना सकते हैं। इन सबके लिए परिवार नियोजन अत्यन्त आवश्यक है।

परिवार नियोजन से मनुष्य को अत्यन्त लाभ होते हैं। वह अपना जीवन सुखी

स्वस्थ और शांत रूप से व्यतीत कर सकता है। उसके रहन-सहन का स्तर भी ऊंचा होगा। समाज, परिवार एवम् देश में उसका आदर होगा। सदैव सबके सामने प्रतिष्ठा बनी रहेगी। वह अपने आश्रितों की प्रत्येक आवश्यकता की पूर्ति करता हुआ उन्हें अधिक सुख दे सकेगा।

परिवार नियोजन प्रस्तावना

चीन के बाद, दुनिया का सबसे अधिक आबादी वाला देश भारत है। दुनिया की कुल जनसंख्या का 15 प्रतिशत भाग हमारे देश में है, जबकि क्षेत्रफल के हिसाब से संसार की कुल भूमि के 2.5 प्रतिशत से भी कम भाग हमारे पास है। 1921 के बाद की जनसंख्या में जिस तेजी से वृद्धि हुई उस तेजी से विकास कार्य नहीं हो सका। चूँकि विकास और समाज कल्याण की समस्त योजनायें जनसंख्या की वृद्धि पर रोक लगाना आज के भारत की सबसे महत्वपूर्ण आवश्यकता है। परिवार नियोजन कार्यक्रम को सामाजिक कार्यक्रम का रूप देकर उसे अधिक से अधिक सफल और जन ग्राह्य बनाने का प्रयत्न कई वर्षों से हमारे साथी करते आ रहे हैं परन्तु उनके प्रयत्नों के बावजूद हमारे लक्ष्य निर्धारित सीमा तक पूरे नहीं हो रहे हैं।

भारत में परिवार नियोजन कार्यक्रम

संसार के जिन थोड़े से देशों की सरकारों ने 1952 में परिवार नियोजन को अपनी राष्ट्रीय नीति के रूप में अपनाया था, उसमें भारत का स्थान सर्वप्रथम था। शुरू-शुरू में (1951-56) कार्यक्रम की गति सामान्य थी और बहुत हद तक इसका उद्देश्य सम्भावनाओं का पता लगाना था। कुछ सेवा क्लिनिक खोले गए थे। मुख्य उद्देश्य सरकारी अस्पतालों और नए चिकित्सालयों के जरिये इच्छुक लोगों को परिवार नियोजन के बारे में सलाह देना और सीमित पैमाने पर परिवार नियोजन के विभिन्न पहलुओं-चिकित्सकीय, तकनीकी और प्रेरणात्मक अनुसंधान करना था। अगले पाँच (1956-61) वर्षों में सेवा चिकित्सकों की संख्या 147 से बढ़ा कर 4,165 कर दी गई। अनुसंधान कार्य अधिक अर्थपूर्ण और व्यापक हो गया और इसमें जीव चिकित्सा के अतिरिक्त अन्य विषय भी शामिल कर लिए गए, जैसे जनांकिकी, संचार और जनधारणाएं। कुछ राज्यों में स्वैच्छिक नसबन्दी की सुविधाएँ भी उपलब्ध कर दी गईं।

1966 में स्वास्थ्य, परिवार नियोजन तथा नगर विकास मन्त्रालय में पूर्णरूपेण परिवार नियोजन विभाग बनाया गया। तीनों एक वर्षीय योजनाओं (1966-69) के अंतर्गत परिवार नियोजन कार्यक्रम की, जिसको कि सर्वोच्च प्राथमिकता दी गई, काफी अधिक निधि देकर लक्ष्य निर्धारित किए गए और लक्ष्यों को पूरा करने की अवधि भी निश्चित कर दी गई। चौथी पंचवर्षीय योजना में भी इस कार्य को सर्वोच्च प्राथमिकता दी गई।

पाँचवी योजना के दौरान परिवार कल्याण सेवाओं को स्वस्थ जच्चा और बच्चा

की देखभाल और पोषण सम्बन्धी सेवाओं के साथ अधिकाधिक समान्वित करने का प्रयास किया गया है। परिवार कल्याण कर्मचारियों को इस प्रकार बहुउद्देशीय कर्मचारियों के रूप में परिणित कर दिया गया ताकि वे परिवार कल्याण के उद्देश्यों और सेवाओं को पूरा करने की ओर विशेष ध्यान देने में समर्थ हों। छठी योजना में इस कार्यक्रम को प्रमुख प्राथमिकता दी गई है, जिसकी जिम्मेदारी केन्द्रीय सरकार की है। इसका उद्देश्य कुल जन्मदर को 1996 तक एक तक लाना था।

इस कार्यक्रम के लिए छठी योजना के दौरान 1,010 करोड़ रु. की व्यवस्था की गई थी। जबकि प्रथम, द्वितीय, तृतीय पंचवर्षीय, तीन वार्षिक और चतुर्थ पंचवर्षीय योजनाओं में यह राशि क्रमश: 14.50 लाख, 2.16 करोड़, 24.86 करोड़, 70.46 करोड़, 284.41 करोड़ थी और पांचवी योजना (1974-79) में यह राशि 408.98 करोड़ थी। 1982-83 के लिए 245 करोड़ रुपये की राशि स्वीकृत की गई।

छठी पंचवर्षीय योजना 1980-85 में लोगों को समझा-बुझा कर छोटे परिवार की बात कर अमल करने व इस प्रकार जनसंख्या को स्थिर रखने की दीर्घकालीन नीतियों पर जोर दिया गया है। इसके साथ ही परिवार नियोजन के विभिन्न साधनों और उपायों को सुलभ कराने और इस सम्बन्ध में सेवाएँ करने की समुचित व्यवस्था का प्रावधान किया गया।

परिवार नियोजन की जो दीर्घकालीन योजना निर्धारित की गई है, उसके अंतर्गत 2000 तक जन्म दर 21 प्रति हजार और मृत्यु 9 प्रति हजार तक लाने का लक्ष्य रखा गया था। अभी शिशु मृत्यु दर 125 प्रति हजार है जिसे 60 प्रति हजार तक लाने का लक्ष्य था। यदि इन लक्ष्यों की प्राप्ति कर ली जाए तो शुद्ध प्रजनन दर 'एक' पर लाना संभव हो सकेगा और इस प्रकार धीरे-धीरे शवीं शताब्दी के मध्य तक (2030 ई.) शून्य वृद्धि दर को प्राप्त किया जा सकता है। इसके लिए स्वास्थ्य सेवाओं में बड़े पैमाने पर सुधार की अपेक्षा है ताकि मृत्यु दर और शिशु मृत्यु दर घटाई जा सके और 2000 तक 60 प्रतिशत लक्ष्य दम्पत्तियों को परिवार नियोजन के किसी न किसी उपायों पर अमल कराया जा सके। यह लक्ष्य बड़ा हो सकता है, लेकिन असंभव नहीं है। पिछले दो वर्ष की उपलब्धियों ने परिवार नियोजन कार्यक्रमों को व केवल पुन: गति प्रदान की है बल्कि काफी तेजी भी आई है और भविष्य के लिए आशावादी सम्भावनाएँ बनी हैं।

परिवार नियोजन कार्यक्रम का संचालन

परिवार नियोजन कार्यक्रम राज्य सरकारों के माध्यम से क्रियान्वित किया जाता है जिसके लिए शत-प्रतिशत केन्द्रीय सहायता दी जाती है। ग्रामीण क्षेत्रों में कार्यक्रम का और विस्तार किया जाएगा, ताकि वह दूर क्षेत्रों तक पहुँच सके। इसका प्रसार, प्राथमिक स्वास्थ्य केन्द्रों तथा उपकेन्द्रों के द्वारा किया जाएगा। 1980-85 की अवधि के दौरान छठी योजना में 40,000 अतिरिक्त उपकेन्द्र स्थापित किए। परिवार कल्याण सामग्री, बाल

स्वास्थ्य तथा प्रतिरोधीकरण का कार्यक्रम भी परिवार कल्याण कार्यक्रम का ही एक अंग है।

केन्द्रीय परिवार कल्याण परिषद् राष्ट्रीय स्तर पर परिवार कल्याण कार्यक्रमों के सम्बन्ध में सलाह देती है। अनुसंधान कार्यों की प्रगति का अध्ययन करने के लिए अनुसंधान समन्वय समिति जैसी कई केन्द्रीय समितियां स्थापित की गई हैं।

सर्वोत्तम परिणामों के लिए उपलब्ध साधनों का अधिकतम उपयोग करने के लिए स्वैच्छिक संगठनों तथा गैर-सरकारी चिकित्सकों को भी कार्यक्रम से सम्बद्ध किया गया है। यह कार्यक्रम 3428 ग्रामीण, 1766 शहरी परिवार कल्याण केन्द्रों तथा 57,638 उपकेन्द्रों द्वारा क्रियान्वित किया जाता है। इसके अतिरिक्त 5780 अन्य संस्थाएँ भी सेवा प्रदान कर रही हैं।

निष्पादन

बंध्याकरण तथा लूप – कार्यक्रम शुरू होने से 31 मार्च, 1983 तक 402.4 लाख बंध्याकरण किए गए और 106 लाख लूप लगाए गए। इस प्रकार उपरोक्त तिथि तक कुल जनसंख्या में बंध्याकरण तथा लूप की दर क्रमश: 56.5 तथा 14.9 प्रति हजार रही।

निरोध – अप्रैल 1982 से 1983 तक की अवधि में 24.12 करोड़ निरोध बेचे गए। मुफ्त वितरण परियोजना के अंतर्गत इसी अवधि के दौरान 17.28 करोड़ निरोध, 938 डायफ्राम, 42291 जैली तथा क्रीम ट्यूब और 9,270 फोम की टिकिया वितरित की गई।

खाने की गर्भ निरोधक गोलियां – खाने की गर्भ निरोधक गोलियों के कार्यक्रम का सभी शहरी केन्द्रों में जिनमें स्थानीय स्वायत्त और स्वैच्छिक संस्थाओं द्वारा चलाए जाने वाले केन्द्र भी सम्मिलित हैं तथा उन प्राथमिक स्वास्थ्य केन्द्रों में, जहाँ इस कार्यक्रम का मूल्यांकन किया जा सका और लोगों ने इसका पालन किया, विस्तार किया गया।

चिकित्सकीय गर्भपात – 1982-83 में 4,09,296 गर्भपात किए गए। अब तक चिकित्सा कालेजों व जिला अस्पतालों के 60 वरिष्ठ प्रजनन विशेषज्ञों को विश्व स्वास्थ्य संगठन द्वारा आयोजित चिकित्सकीय गर्भपात की आधुनिक तकनीकों का प्रशिक्षण विदेशों में दिया गया है। विभिन्न जिला अस्पतालों तथा प्राथमिक स्वास्थ केन्द्रों से बुलाए डॉक्टरों को चिकित्सकीय गर्भपात की आधुनिकतम तकनीकों का प्रशिक्षण देने के लिए 166 अस्पताल अनुमोदित किए गए हैं। विश्व स्वास्थ्य संगठन की सहायता से भारतीय चिकित्सा अनुसंधान परिषद् ने भारत भर में 16 केन्द्रों में समय से पूर्व गर्भपात की पेचीदगियों पर अनुसंधान आरंभ किया है। इनमें से 11 केन्द्र चिकित्सकीय गर्भपात तथा बन्धाकरण की आधुनिक तकनीकों का प्रशिक्षण साथ के राज्यों के प्रजनन विशेषज्ञों

को देंगे। आने वाले वर्षों में इन सब उपायों से इस कार्यक्रम के और अधिक सफल होने की आशा है।

प्रेरणा तथा शिक्षा – भारत में परिवार कल्याण कार्यक्रम पूर्णरूपेण स्वैच्छिक है। शहरों तथा दूर गाँवों में रहने वाले लगभग 12.00 करोड़ पढ़े-लिखे तथा अनपढ़ प्रजनन वय दम्पत्तियों तक पहुँचाने के लिए एक व्यापक जनशिक्षण तथा प्ररेणा कार्यक्रम चलाया गया है। इसके अतिरिक्त समाचार पत्र, फिल्म, रेडियो, दूरदर्शन, आदि जनसंचार माध्यमों, गीत तथा नाटक मंडली आदि मौखिक तथा दृश्य संचार माध्यमों तथा शिक्षा कार्यकर्त्ताओं के व्यक्तिगत संचार माध्यम का व्यापक तौर पर इस्तेमाल किया जाता है। स्कूलों के पाठ्यक्रमों में भी जनसंख्या शिक्षण जोड़ा जा रहा है। स्कूलों के बाहर वयस्कों को भी शिक्षा कक्षाओं के माध्यम से इस बारे में बताया जा रहा है। बहुप्रचार साधनों और वैयक्तिक सम्पर्क के प्रभावशाली तरीके द्वारा छोटे परिवार की धारणाओं के सम्बन्ध में जागरूकता और जानकारी देने के लिए गहन प्रयास किए जा रहे हैं।

सभी स्तरों पर लोगों के चुने हुए प्रतिनिधियों, निम्न स्तरों पर ग्रामीण संगठनों, स्वैच्छिक संगठनों, आदि को इस कार्यक्रम के सभी घनिष्ट रूप से जोड़ा जा रहा है और उन्हें पूरा-पूरा प्रोत्साहन और सहयोग दिया जा रहा है। लड़कियों और लड़कों के विवाह की न्यनूतम आयु सम्बन्धी कानून को प्रभावकारी ढंग से लागू किया जाएगा।

परिवार नियोजन की असफलता के कारण

भारत में परिवार नियोजन कार्यक्रम की सफलता में अनेक कठिनाइयां हैं। जब तक इन कठिनाइयों को दूर नहीं किया जाता तब तक परिवार नियोजन का कोई भी आंदोलन सफल नहीं हो सकता, परिवार नियोजन की असफलता के लिए निम्नलिखित कारण उत्तरदायी हैं।

1. ***जनता का अज्ञान व अशिक्षित होना*** – भारत की अधिकांश जनता परिवार नियोजन की आवश्यकता, महत्व और विधियों से पूर्णतया अनभिज्ञ है। इसके कई कारण हैं जैसे – (i) देश में प्रचलित धार्मिक तथा सामाजिक विचार, (ii) लोगों की निरक्षरता एवम् भाग्यवादिता, (iii) उनकी निर्धनता, (iv) देश में प्रचलित संयुक्त परिवार प्रणाली, आदि।

2. ***यौन सम्बन्धी जानकारी का आभाव*** – आज भी अनेक युवक-युवतियां ऐसे हैं, जिन्हें यौन और प्रजनन के सम्बन्ध में कोई जानकारी नहीं है। शिक्षण संस्थाएं, माता-पिता तथा अन्य सलाहकार उन्हें पूर्ण जानकारी नहीं दे पाते, जिसके फलस्वरूप उनके मन में अनेक भ्रम उत्पन्न हो जाते हैं। चिकित्सा सामाजिक कार्यकर्त्ताओं और अनुसंधानकर्त्ताओं ने अपनी खोजों के आधार पर यह पता लगाया है कि जिस दम्पति को विवाह के समय सेक्स एनाटामी और प्रजनन प्रक्रिया का ज्ञान नहीं होता या वे

विवाहित जीवन के आरंभिक काल में इन बुनियादी तथ्यों को जानने की परवाह नहीं करते, वे परिवार नियोजन को अपनाने में असफल रहते हैं।

3. ***संतति-निरोध की आदर्श विधि का अभाव*** – संतति निरोध के लिए परिवार नियोजन कार्यक्रम में अनेक विधियों को अपनाया जाता है जैसे दवाइयों का प्रयोग, कंडोम का प्रयोग, लूपविधि, बंध्याकरण विधि आदि, इनमें से कोई भी विधि ऐसी नहीं है जिसे आदर्श विधि कहा जा सके। आदर्श सन्तति निग्रह की आदर्श विधि सप्रभावी, विश्वसनीय, सस्ती, सुरुचिपूर्ण, सरल, नैतिक एवम् धार्मिक दृष्टि से ग्राह्य होनी चाहिए जिससे कि जन साधारण को किसी भी प्रकार की कठिनाई का अनुभव न हो।

4. ***लगातार लड़कियों का जन्म*** – लगातार लड़कियों का जन्म भी एक लड़के की आशा में अनेक परिवारों के आकार को न चाहते हुए भी बढ़ा देता है। इस प्रकार के अनेक परिवारों को देखा जा सकता है जहाँ एक के बाद एक इस तरह लोगों के 4 से 10 तक लड़कियां लगातार होती गईं और इस आशा से शायद अगली बार लड़का हो जाए परिवार नियोजन का कोई तरीका काम में नहीं लाया गया। यद्यपि यह स्थिति निस्संदेह ही ऐसी है जिसमें शिक्षित और समझदार दम्पत्ति भी चक्कर खा जाते हैं। उनका नियोजित परिवार का स्वप्न साकार नहीं हो पाता क्योंकि पति और पत्नी दोनों में से एक पुत्र उत्पत्ति के लिए प्रयत्नशील रहता है।

5. ***सभी वर्गों पर समान रूप से लागू नहीं किया गया*** – परिवार नियोजन कार्यक्रम देश के सभी वर्गों पर प्रभावी रूप से लागू नहीं किया जा रहा है। उदाहरणार्थ – भारत का मुस्लिम वर्ग इससे व्यवहार में लगभग अछूता-सा है। इसलिए स्थिति यह है कि मुस्लिम जनसंख्या का अनुपात देश में तेजी से बढ़ रहा है और बहुत से क्षेत्रों में यह आशंका व्यक्त की जाती है कि वह समय दूर नहीं जब भारत में हिन्दुओं और मुसलमानों की संख्या में विशेष अन्तर नहीं रहेगा।

6. ***आवास समस्या*** – देश में आवास समस्या बहुत ही गंभीर है और अधिकांश लोग ऐसी परिस्थितियों में रहते हैं कि उनके लिए एकांत स्थान का प्राय: अभाव होता है और वे परिवार नियोजन साधनों का समुचित उपयोग नहीं कर पाते।

7. ***ब्रिटिश शासन द्वारा अवहेलना*** – ब्रिटिश शासन काल में जनसंख्या की समस्या का समाधान या जन्म निरोध कार्यक्रम को चलाने के लिए उचित वातावरण नहीं था। इस समस्या व कार्यक्रम की ब्रिटिश सरकार ने हमेशा ही अवहेलना की। यदि यह कार्यक्रम 1935 से ही मजबूत बना दिया जाता तो आज यह कार्यक्रम सफल होता।

8. ***परिवार नियोजन साधन को अपनाने में हिचक*** – अनेक व्यक्ति परिवार नियोजन के साधन अपनाना तो चाहते हैं, लेकिन इस ढंग से कि दूसरे लोग उनके इस 'रहस्य' को न जान जाएं। ऐसे लोगों के सामने समस्या यह होती है कि वे परिवार नियोजन के साधन कहाँ से उपलब्ध करें, क्योंकि वे न तो अस्पतालों में जाना चाहते हैं और न दुकानों से ही साधन खरीदना चाहते हैं।

9. *वित्तीय कठिनाइयाँ* – देश में परिवार नियोजन कार्यक्रम को व्यापक रूप से चलाने हेतु अत्यधिक श्रम की आवश्यकता है। इस क्षेत्र में आवश्यकता इस बात की है कि नवीन परिवार नियोजन केन्द्रों की स्थापना की जाए और जनता को शिक्षित किया जाए। परन्तु ये समस्त कार्य धन की कमी के कारण पूरे नहीं किए जा सकते। यद्यपि भारत सरकार इस क्षेत्र में अधिक से अधिक धनराशि व्यय करने का प्रयास कर रही है, परन्तु अभी तक हम इतना धन नहीं जुटा सके हैं कि परिवार नियोजन आन्दोलन घर-घर पहुँचा सकें।

परिवार नियोजन कार्यक्रम को सफल बनाने हेतु सुझाव

परिवार नियोजन कार्यक्रम में इस समय अनेक गम्भीर बाधाएँ हैं। परिवार नियोजन कार्यक्रम को सफल बनाने के उद्देश्य से विभिन्न सुझाव देने के लिए एक आदर्श लघु परिवार समिति की स्थापना की गई जिसके अध्यक्ष केन्द्रीय स्वास्थ्य सचिव श्री गोविन्दनारायण थे। समिति की प्रमुख सिफारिश निम्नलिखित हैं --

1. *विस्तृत प्रोत्साहन कार्यक्रम एवम् गर्भ निरोधकों की उपलब्धि* – आदर्श लघु परिवार समिति ने अपने प्रतिवेदन में कहा है कि औद्योगिक श्रमिकों में परिवार नियोजन कार्यक्रम को सफल बनाने के लिए एक विस्तृत प्रोत्साहन कार्यक्रम और गर्भ निरोधकों के वितरण आदि की व्यापक एवम् प्रभावकारी व्यवस्था करना आवश्यक है।

2. *बोनस* – समिति ने सरकार और मालिकों के विचारार्थ यह भी सिफारिश की है कि अगर एक निश्चित वेतन वर्ग और आयु सीमा से कम की कोई महिला दूसरा बच्चा होने के बाद आपरेशन कराए तो उसे एक माह का वेतन बोनस के रूप में दिया जाए। लेकिन यदि वे तीसरे बच्चे के बाद आपरेशन कराए तो उसे आधे माह का वेतन बोनस के रूप में दिया जाए।

3. *कर्मचारी राज्य बीमा योजना में सुधार* – कर्मचारी राज्य बीमा के अंतर्गत अन्य सुविधाओं के अतिरिक्त बीमित कर्मचारियों को प्रत्येक बच्चे के जन्म पर 30 रु. दिए जाते हैं। समिति ने सिफारिश की है कि कर्मचारी राज्य बीमा योजना में कुछ ऐसी व्यवस्था करनी चाहिए जिनके अन्तर्गत तीन से अधिक बच्चे होने पर इस तरह का प्रोत्साहन न दिया जाए। समिति ने यह सिफारिश की है कि जो व्यक्ति दो या तीन बच्चों के बाद आपरेशन करा लें, उन्हें स्वास्थ्य, समाज कल्याण तथा दूसरी सुविधाएं देते समय विशेष ध्यान दिया जाए।

4. *शिक्षा शुल्क* – समिति ने सिफारिश की है कि तीन से अधिक जीवित बच्चे होने पर शिक्षा की शुल्क की रियायत न दी जाए। इस समय जिन लोगों को यह सुविधा मिल रही है उन्हें वर्तमान बच्चों पर सुविधा मिलती रहे किन्तु शर्त यह है कि इस योजना के एक वर्ष होने के बाद उनके फिर कोई बच्चा न हो।

5. ***आयकर कानून की व्यवस्था*** – समिति का मत है कि देश की वर्तमान कर व्यवस्था परिवार नियोजन के सम्बन्ध में घोषित नीति के अनुरूप नहीं है अत: उसने सुझाव दिया है कि अविवाहित व्यक्तियों से उसी दर से आयकर लिया जाए जो बिना बच्चों वाले विवाहित व्यक्तियों पर लागू है। उन व्यक्तियों को जिनके तीन बच्चे हैं, आयकर में वर्तमान छूट मिलती रहे। किन्तु जिनके तीन से अधिक बच्चे हों, उन पर उसी दर से आयकर लिया जाए, जिस दर पर बिना बच्चों वाले अविवाहित व्यक्ति पर लगता है।

6. ***विवाह की न्यूनतम आयु एवम् गर्भपात की उदार शर्तें*** – समिति का मत है कि विवाह की न्यनूतम आयु बढ़ाई जानी चाहिए। अब गर्भपात को भी कानूनी रूप दे दिया गया है।

7. ***जीवन बीमा*** – जो व्यक्ति दो या तीन बच्चों के बाद आपरेशन करा ले, उसको जीवन बीमा की किश्त पर कुछ छूट दी जानी चाहिए।

8. ***नौकरी के लिए भरती के नियम*** – यह सिफारिश की गई है कि नौकरी के लिए भरती के नियम इस प्रकार बनाए जाने चाहिए कि नौकरी में प्रवेश करने वाले अपने परिवार को छोटा रखें।

9. ***अस्पताल और नर्सिंग होम*** – देश के अस्पतालों में प्रति वर्ष करीब 40 लाख बच्चे पैदा होते हैं। अत: समिति ने सुझाव दिया है कि अस्पतालों और नर्सिंग होम में माताओं को परिवार नियोजन की शिक्षा देने के कारगर कदम उठाए जाएं।

10. ***शैक्षणिक फिल्मों एवम् पुस्तकों को पुरस्कार दिया जाए*** – समिति ने सिफारिश की है कि लघु परिवार के विचार को प्रचलित करने वाली फिल्मों तथा पुस्तकों को पुरस्कृत किया जाए।

11. ***विविध उपाय*** – अविवेकी मातृत्व पर रोक, स्वास्थ्य सम्बन्धी समस्याओं को सुलझाना, जनसंख्या सम्बन्धी अनुसंधान, अध्ययन एवम् प्रशिक्षण, परिवार नियोजन केन्द्रों में वृद्धि करना, बहु विवाह पर रोक लगाना, अनिवार्य शल्य चिकित्सा, आदि भी जनसंख्या वृद्धि की समस्या के हल में सहायक होंगे।

अत: हम कह सकते हैं कि परिवार नियोजन अथवा परिवार कल्याण कार्यक्रम उस समय तक सफल नहीं हो सकते जब तक कि सामाजिक शिक्षा के माध्यम से जनमानस के मस्तिष्क से इस बात को न निकाल दिया जाए कि सन्तान एवम् ईश्वर के मध्य कोई सीधा रिश्ता नहीं है। लालच एवम् आतंक से केवल अस्थायी रोक लगाई जा सकती है अत: योजना के विकास हेतु जनता के समक्ष जनसंख्या एवम् खाद्यान्न की समस्याओं को स्पष्ट किया जाए तथा उनके मध्य अनुपात कायम करने के लिए जनता से अनुरोध किया जाए। जनता को आदतों में परिवर्तन करने के लिए जनसंचार केवल संकेत दे सकता है। अत: परिवार नियोजन कार्यक्रमों के उद्देश्यों को समझने के

लिए व्यक्तिगत संचार की सहायता ली जाए तथा शासकीय, अर्द्ध-शासकीय एवम् जागरूक नागरिकों की सहायता से युद्ध स्तरीय प्रयास किए जाएं। जनता को अनौपचारिक शिक्षण इस संदर्भ में दिया जाए।

परिवार नियोजन अनिवार्य रूप से एक जन आन्दोलन है। लोग अब छोटे परिवार के लोगों को समझने लगे हैं। सरकार का काम लोगों का सन्तति निरोध की विधियों की जानकारी देना है ताकि वे स्वयम् ही परिवार नियोजन का कोई एक उपाय अपना लें। लोगों को शिक्षित और प्रेरित करने के लिए देश के सभी ग्रामीण और शहरी मेडिकल संस्थाओं में प्रशिक्षित सरकारी कर्मचारी नियुक्त कर दिए गए हैं। ग्रामीण और शहरी क्षेत्रों में गर्भ-निरोधों का वितरण और सेवा सुविधाएँ बढ़ाई जा रही हैं, ताकि लोग नसबन्दी, लूप, परम्परागत निरोधी उपाय या पिल्स समेत कोई भी उपाय अपनी मर्जी से अपना लें।

9

नगरीय ग्राम : नवीन प्रवृत्तियाँ, तनाव एवं संघर्ष

नगरों के विभिन्न विकास के सन्दर्भों के अन्तर्गत जहाँ नगरों का विकास और शहरी जीवन आधुनिकरण से सम्बन्धित है वहीं हम जनसंख्या, संचार, यातायात, उद्योग, व्यवसाय, आदि क्षेत्रों में परिवर्तन देखते हैं।

शहर एक विस्तृत स्थायी तथा अत्यधिक जनसंख्या घनत्व वाला स्थान है। इनके विकास में दो पक्ष महत्वपूर्ण हैं। स्पेन्सर के अनुसार शहर समवृत्ति क्षेत्रों पर खाद्यपूर्ति तथा अन्य साधनों पर आश्रित रहते हैं। दूसरा औद्योगिक क्षेत्रों तथा पूर्व औद्योगिक क्षेत्र भिन्न होते हैं। इस प्रकार से स्पष्ट होता है कि औद्योगिक विकास जो आधुनिकरण का अभिन्न अंग है, नगरों के जनजीवन को प्रभावित करता है।

गिडन सजबर्ग ने शहरों का संबंध उनके विस्तार तथा शासन की परिस्थितियों में परिवर्तन के साथ बताया है।

नोरटेक के अनुसार अधिकतर अभिजात शहर के लोग होते हैं। इस तरह से इतिहास के निर्माण में तथा राजनैतिक, बौद्धिक तथा धार्मिक जीवन में उनका प्रबल नेतृत्व होता है। आधुनिकरण तथा औद्योगिक विकास में भी शहर का प्रभाव अधिक होता है। प्राय: समाज सुधार आन्दोलन भी नगरीय व्यवस्था की देन है। आन्दोलन संबंधी विचार पहले नगरीय अभिजात वर्ग में उभरे और उसके बाद ही ग्रामीण क्षेत्रों में इनका विस्तार हुआ।

जिन्सबर्ग ने शहर तथा आधुनिकरण के सन्दर्भ में यह दृष्टिकोण प्रस्तुत किया है कि शहर के लोग स्वयं ऐसी परिस्थितियाँ उत्पन्न करते हैं जिनसे कि शहर का विकास संभव हो। ऐसा करने के लिए (1) वे आसपास के कृषकों से अधिक उत्पादन के लिए कठिन श्रम करवाते हैं। (2) वे तकनीकी नवाचारों को अधिक उत्पादन में उपलब्ध करवाते हैं। जिन्सबर्ग के इस दृष्टिकोण के द्वारा शहर उत्पादन वृद्धि के साथ-साथ नवीन प्रवृत्तियों का विकास भी करते हैं।

शहर के अन्तर्गत अत्यधिक संचार सुविधाओं की सम्भावनाएं हैं। पहले के समय में शहर के चारों ओर परकोटा होता था। इस परकोटे के अन्दर विभिन्न प्रकार की व्यापारिक परिस्थितियाँ पनप सकती थीं। राजनैतिक, शैक्षणिक एवं धार्मिक नेता आपस में विचार-विमर्श कर सामाजिक शक्ति को प्रभावी रूप प्रदान करते थे। ऐसे सामाजिक संगठन में व्यक्तिगत तथा मौखिक संचार की सम्भावनाएं थीं। शहर के केन्द्र में सभी प्रकार के नेता इकट्ठे होकर विभिन्न मुद्दों पर चर्चा कर सकते थे।

इस प्रकार के पूर्व औद्योगिक शहरों में भी विभिन्न प्रकार के आकर्षण थे जिनसे कि शहर का विकास हो सकता था। आधुनिक औद्योगिक शहरों में विकास परकोटे से बाहर योजनाबद्ध तरीके से होना शुरू हुआ। विस्तार के साथ विभिन्न प्रकार के ग्राम जो शहर से दूर थे उसमें सम्मिलित होने लगे। आधुनिक संचार व्यवस्थाओं ने ऐसी प्रवृत्तियों को अत्यधिक सहयोग प्रदान किया।

नगरीकरण की प्रक्रिया सामान्यत: ग्रामीण लोगों का शहरों की ओर जाना अथवा छोटे शहरों से बड़े शहरों की ओर जाने के दृष्टिकोण को प्रस्तुत करती है। इस प्रक्रिया में प्रवास को बढ़ावा मिलता है। फिर भी इसका दूसरी ओर शहर के क्षेत्र के विस्तार के साथ-साथ प्राचीन ग्रामों का इनमें सम्मिलित होना एवं इन ग्रामीण जन जीवन में नगरीय आधारों का विकसित होना नगरीकरण की प्रक्रिया का महत्वपूर्ण आधार होना चाहिए।

शहरों के विकास से सम्बन्धित उपनगरीकरण की प्रक्रिया जुड़ी हुई है। उपनगरीयकरण के द्वारा शहर के लोग, शहर के केन्द्रीय स्थानों से निकल कर, छोटे समुदायों में, शहर के आसपास के क्षेत्रों में बसना शुरू कर देते हैं। विकसित देशों में कई पूँजीपति एवं उच्च आय वर्ग के लोग शहर की भीड़ से दूर, स्वच्छ एवं आधुनिक नियोजित विकसित क्षेत्र में रहना चाहते हैं। उपनगरीय विकास का दूसरा आधार शहर में अधिक जनसंख्या के समावेश की सम्भावनाएं सीमित होने के फलस्वरूप लोगों का शहर से बाहर निकलना तथा उपनगरीय क्षेत्रों में बसना आवश्यक हो जाता है।

शहर जहाँ अपने आप में विकास की सम्भावनाएं प्रस्तुत करता है वहीं शहरों के विकास के लिए उपनगरीय क्षेत्रों का विकास भी शहर के विकास की आवश्यकता के साथ जुड़ा हुआ है। आधुनिक संचार, यातायात, शिक्षा, चिकित्सा, मनोरंजन, व्यापारिक केन्द्र, जब उपनगरीय क्षेत्रों में योजनाबद्ध तरीकों से उपलब्ध होना शुरू हो जाते हैं तो उपनगरीय क्षेत्रों का विकास तीव्रता से होता है। ऐसे उपनगरीय स्थानों में जीवन के रहन-सहन का स्तर सामान्यत: केन्द्रीय शहर से अच्छा हो सकता है। कम भीड़, बड़े मकान तथा बड़े रास्ते उपनगरीय आकर्षण हैं।

शहर के विकास में उपनगरीय विकास की प्रक्रिया को संबंधित करते हुए यह स्पष्ट होता है कि उपनगरीय क्षेत्र आगे चल कर, पहले से स्थापित ग्रामों तक पहुँच

जाते हैं। जहाँ पहले केवल शहर अपनी आवश्यकताओं की पूर्ति के लिए इन ग्रामों से सम्बन्धित थे अब उपनगरीय क्षेत्र भी इन ग्रामों पर निर्भर होना शुरू हो जाते हैं। जब ग्राम नगरीय प्रवृत्तियों से प्रभावित होते हैं तो ग्रामों की आवश्यकताएं भी परिवर्तित होने लगती हैं। ऐसी परिस्थिति में ग्राम अपनी आधुनिक आवश्यकताओं की पूर्ति के लिए शहर की ओर देखते हैं। इस अन्तर्निर्भरता की प्रक्रिया में शहर अनाज, सब्जियाँ, दूध, पशु, माँस, आदि के लिए ग्राम पर आश्रित होते हैं तो दूसरी ओर ग्राम आधुनिक वस्त्र, ट्रांजिस्टर एवं आधुनिक घरेलू उपकरणों के लिए शहर पर आश्रित होते हैं। इसके साथ ही शिक्षा, औद्योगिक व्यवसाय, मनोरंजन और तकनीकी के लिए भी शहर पर आश्रित रहते हैं।

नगरीकरण की प्रक्रिया में जहाँ नगर विकास की सम्भावनाएं प्रस्तुत करते हैं वहीं उपनगरीय विकास ग्राम को शहर के नजदीक ला देता है। विशेष रूप से शहरी सीमा के ग्राम गरीय जीवन से अधिक प्रभावित हो सकते हैं।

आधुनिकीकरण – नगरों के विकास की प्रक्रिया के साथ नगर विकास की योजनाएं प्रारम्भ हो जाती हैं। यह संदर्भ समाजशस्त्रियों के लिए विशेष रूप से महत्वपूर्ण है। इसके द्वारा सामाजिक संरचनाओं में परिवर्तनों का विश्लेषण भी आवश्यक हो जाता है। भारत में आधुनिकरण के अध्ययन से यह स्पष्ट होता है कि आधुनिकरण नगरीकरण का एक घटक तथा परिणाम है। भारतीय नगरों में परम्परागत मूल्यों की निरन्तरता को बनाए रखने के प्रयासों के बावजूद भी इन नगरों में नई सांस्कृतिक प्रवृत्तियां उभर रही हैं, जिनमें कि भौतिक परिस्थितियां जैसे जाति के बजाए वर्ग के आधार पर बस्तियों का अलग होना विशेष रूप से दिखाई पड़ता है।

आधुनिकरण का आयाम औद्योगिकरण से भी सम्बन्धित है। एल्टन मेयो ने अपने अध्ययनों में औद्योगिक सभ्यता से सम्बन्धित मानवीय सम्बन्धों को विश्लेषित किया है। उनके अनुसार औद्योगिकरण में समाज की पारिवारिक संरचना, धर्म संस्थाएं, शैक्षणिक व्यवस्थाएं, सामाजिक मूल्य, राजनैतिक तथा धार्मिक संरचना व उद्योग ने मानवीय सम्बन्धों को प्रभावित किया है। औद्योगिकरण के परिणामस्वरूप जहाँ एक स्थान पर श्रमिकों की अधिकता हो जाती है वहीं दूसरी ओर आवास तथा अन्य मूल वस्तुओं से सम्बन्धित समस्याएं उत्पन्न होती हैं। जिन परिस्थितियों में कामगार कार्य करते हैं उसका प्रभाव वातावरण पर दिखाई पड़ता है। तकनीकी में परिवर्तन के कारण कई श्रमिक बेरोजगार हो जातें हैं अथवा इन्हें अपना कार्य परिवर्तित करना पड़ता है। उद्योग में महिलाओं के कार्य करने से उनके पारिवारिक जीवन में परिवर्तन आ जाता है।

नेल्स एण्डरसन ने औद्योगिक नगरीय सभ्यता का विश्लेषण करते हुए औद्योगिकरण तथा नगरीयकरण के सम्बन्धों को स्पष्ट किया है। औद्योगिकरण ने नई कार्य पद्धतियों का विकास किया है। इनमें नवीन तथा निरन्तर परिवर्तन, श्रम विभाजन

तथा नवीन कार्य के मानक सम्मिलित हैं। ऐसे नवाचार बाह्य क्षेत्रों तक भी पहुँचते हैं। बिजली की सुविधाएं विभिन्न क्षेत्रों तक पहुँचने पर कारखानों की स्थापना हो सकती है। जैसे-जैसे नगर का आकार विस्तृत होता है, औद्योगिक विकास में विभिन्नता बढ़ती है। एण्डरसन के इस विश्लेषण से यह भी स्पष्ट होता है कि औद्योगिक विकास और विभिन्नता का परिणाम समाज के विभिन्न कार्यों में होने वाले कार्यों में देखा जा सकता है। ऐसे परिवर्तन सामाजिक संस्थाओं में आधुनिक प्रवृत्तियों को दर्शाते हैं।

आधुनिकरण तथा सामाजिक संरचनात्मक परिवर्तन

नगरों के विस्तार एवं विकास के साथ जो प्रवृत्तियाँ सामाजिक संस्थाओं में दिखाई पड़ती हैं इनके द्वारा इन संस्थाओं का मूल स्वरूप तो परिवर्तित नहीं होता है लेकिन एक ट्रांसफोरमेशन का आधार होता है। इसका अर्थ यह है कि इन संस्थाओं का वैकल्पिक आधार अभी विकसित नहीं हुआ है फिर भी परिस्थितिनुसार कुछ परम्परागत आधारों के स्थान पर नवाचार पनप रहे हैं।

सामाजिक संरचना में जाति अब भी आधारभूत संस्था है। नगरों में अन्तर्जातीय सम्बन्धों में तथा अन्तर्जातीय क्रमागत स्तर में कुछ परिवर्तन होते हैं। अन्तर्जातीय विवाह के सभी उदाहरण उपलब्ध होते हैं। शिक्षित लोग परम्परागत आधार पर सम्पर्कों में प्रतिबन्धों को कम मानते हैं। इस प्रकार विभिन्न व्यवसायों में जो सम्पर्क समूह निर्मित होते हैं इनका आधार जातिगत न होकर व्यावसायिक होता जा रहा है। अन्तत: (1972) ने विभिन्न जातियों की गतिशीलता की ओर प्रकाश डाला है। उनके अनुसार उच्च जातियों को अपना निवास परिवर्तित करने का अधिक विकल्प एवं स्वतन्त्रता है। मध्यम स्तर की जातियों को भी अपना स्थान परिवर्तित करने की स्वतन्त्रता है लेकिन ये अपने स्थान में ही बने रहना चाहते हैं। यह कारक उनकी व्यावसायिक परिस्थिति पर निर्भर है। जहाँ तक अस्पृश्य जातियों का प्रश्न है उनके सम्बन्ध में भेदभावात्मक दृष्टिकोण अब भी बना हुआ है। ऐसी परिस्थिति में निम्न स्तर की जातियाँ अपने पुराने आवासों में नगर की बाहरी परिधि के आसपास रहती हैं। अन्तत: इस अवलोकन से यह प्रकट होता है कि उच्च जातियाँ अधिक गतिशील होती हैं और निम्न स्तर की जातियों में इसकी सम्भावनाएं कम हैं। हमारे अवलोकन से यह तथ्य सामने आया है कि नगरों के विकास के कारण अनुसूचित जातियों की कुछ बस्तियां जो पहले से स्थापित हैं अब नगर के बीच में आ गई हैं, फिर भी ऐसी जातियों की एक साथ एक स्थान पर रहने की सम्भावनाएं अधिक हैं। अर्थात् उच्च जातियों में निवास जहाँ वर्ग के आधार पर दिखाई पड़ता है, वहीं पर निम्न जातियों में निवास जातिगत आधार पर है।

सामाजिक संरचना के विश्लेषण में दूसरा आधार परिवार से सम्बन्धित है। भारत में परिवार का अर्थ संयुक्त परिवार की अवधारणा से सम्बन्धित है। संयुक्त परिवार में तीन पीढ़ियों या उससे अधिक सदस्य एक साथ रहते हैं और सम्पत्ति में सहभागिता

होती है। आधुनिकरण और औद्योगिकरण के फलस्वरूप नई अवधारणा तथा मूल्यों ने संयुक्त परिवारों को कुछ झकझोर दिया है फिर भी आधुनिक परिवार में अब भी संयुक्तता के कई मनोवैज्ञानिक आधार हैं जो परिवार के सदस्यों को एक जुट (रमा मेहता, 1970) में बांध कर रखते हैं। जो परिवर्तन पारिवारिक संरचना में दिखाई पड़ते हैं वे केवल संयुक्त परिवार या एकाकी परिवार से संबंधित नहीं हैं। सामाजिक रूपान्तरण के दृष्टिकोण से नगरों में विवाह उपरान्त जहाँ अलग रहने की आकांक्षा दिखाई पड़ती है वहीं परिवार के वृद्ध सदस्यों को साथ रखने की मजबूरी भी हो सकती है। जहाँ कहीं पति-पत्नी दोनों काम पर जाते हैं तो दादा-दादी बच्चों की देख-रेख कर सकते हैं। इसके अलावा अलग से आवास उपलब्धि की भी समस्याएं होती हैं। जो लोग ग्राम से शहरों में आते हैं तथा स्थानान्तरण के उपरान्त प्रवासियन बन कर शहर में आते हैं उनकी एकाकी परिवारों में रहने की सम्भावनाएं अधिक हैं। सामान्यतया यह कहा जा सकता है कि अलग निवास की जहाँ आकांक्षा है वहीं पर प्रकार्यात्मक रूप से संयुक्तता सहायक सिद्ध होती है।

जो परिवर्तन आधुनिकरण के फलस्वरूप आ रहे हैं वह संयुक्तता को तोड़ नहीं सकते, केवल सामूहिक परिस्थितिवश एकाकी स्वरूप प्रदान कर सकते हैं। इस प्रकार सामाजिक संरचना में परिवार की संयुक्तता का आधार अब भी बना हुआ है।

सामाजिक संरचना में वैवाहिक संस्थागत आधार का विश्लेषण करते हुए कानन ने बताया है कि पहले भी अन्तर्जातीय विवाह बहुत कम होते थे क्योंकि एक कृषक समाज में जातिगत व्यवस्था का अधिक प्रभाव होता है और एक पुरुष तथा स्त्री के लिए जाति से बाहर विवाह करना कठिन होता है। लेकिन अन्तर्जातीय विवाहों की सम्भावनाएं उच्च शिक्षा के साथ-साथ बढ़ती जा रही हैं।

बाल विवाह की स्थिति का विश्लेषण करते हुए खन्ना ने यह स्पष्ट किया है कि एक कम औद्योगिक समूह में परम्परागत तथा संकीर्ण प्रवृत्तियाँ होती हैं। लेकिन महिलाओं की परिस्थितियों में निरन्तर परिवर्तन आ रहा है। नगरीय उच्च आर्थिक वर्ग के लोग अधिक जानकारी के साथ-साथ अधिक स्वतन्त्र होते जा रहे हैं और बाल विवाह कम होने की सम्भावनाएं बढ़ रही हैं।

विवाह से सम्बन्धित कुछ समस्याएं हैं, जिनमें दहेज, तलाक का विशेष उल्लेख किया जा सकता है। जब अपनी जाति में दहेज अधिक होता है और स्थिति एवं योग्यतानुसार विवाह की सम्भावनाएं कम होती हैं, तब अन्तर्जातीय विवाह की ओर ध्यान जाता है। आधुनिक परिस्थितियों में जहाँ लोग जाति में विवाह करना चाहते हैं, वहीं बेमेल विवाह से भी बचना चाहते हैं।

इस तरह से अधिकतर जाति में विवाह का प्रचलन बना हुआ है लेकिन शिक्षित उच्च आय या कार्यरत महिलाओं में अन्तर्जातीय विवाह के उदाहरण मिलते हैं।

बाल विवाह जहाँ कानूनी रूप से अपराध है वहीं हजारों बाल विवाह होते हैं, जहाँ शिक्षा का प्रसार अधिक है, वहीं बाल विवाह की स्थिति उत्पन्न होती है। नगरों में बाल विवाह ग्राम की तुलना में कम होते हैं।

आधुनिकरण और व्यवसाय की स्थिति को नेल्स एण्डरसन ने कार्य के विभिन्न आयामों का विश्लेषण करते हुए प्रस्तुत किया है कि उद्योग ने कई प्रकार के व्यावासायिक विकल्प प्रस्तुत किए हैं। शक्ति के नये स्त्रोतों तथा वैज्ञानिक विकास के साथ-साथ जहाँ नये कार्य बढ़े हैं, वहीं महिलाओं के कार्य करने की स्थितियाँ बढ़ती जा रही हैं। सरिता कामरा ने महिलाओं के व्यवसाय से सम्बन्धित विश्लेषण में यह स्पष्ट किया है कि इनका प्रतिशत बढ़ता जा रहा है। कुछ ऐसे कार्य हैं जो केवल पुरुष करते थे लेकिन अब इनमें महिलाओं का अनुपात बढ़ता जा रहा है।

ग्रामीण क्षेत्रों में जहाँ कई सदियों से खेत में महिलाएं काम करती आ रही हैं अब वे अपने पतियों के साथ नगरों में निवास करती हैं तथा नये काम करने की या अपनाने की कोशिश करती हैं।

उपर्युक्त अध्ययनों से दिखाई पड़ता है कि नगर में परिवर्तनों के विश्लेषण के लिए परिवार, जाति, विवाह के नये परिवेशों का अध्ययन आवश्यक है।

परिवर्तन में सहायक तत्व : नगरों में सामाजिक परिवर्तनों में शिक्षा तथा जनसंचार के माध्यमों का मूल स्थान है। रमा मेहता ने महिलाओं की शिक्षा की ओर संकेत करते हुए यह कहा है कि इनकी शिक्षा का उद्देश्य मूल रूप से आर्थिक समृद्धि नहीं है। अभिभावक अब भी लड़कियों के विवाह को मूल उद्देश्य मानते हैं। जहाँ रमा मेहता लड़कियों की शिक्षा को विवाह तथा अप्रत्याशित कारकों से सम्बन्धित कर रही हैं वहीं समाज में लड़कियों के शिक्षित होने के अनुपात में वृद्धि हो रही है।

हर्ष त्रिवेदी जनसंचार के माध्यमों को सामाजिक, राजनैतिक, आर्थिक जीवन से सम्बन्धित करते हैं। इन माध्यमों का केवल मनोरंजनात्मक आधार नहीं है। इससे नई प्रवृत्तियों को विकसित होने की सम्भावनाएं हैं। जन संचार के अन्य अध्ययनों से भी समाज में जागृति तथा नये आचरणों को अपनाने की स्थितियाँ स्पष्ट की गई हैं। अर्थात् इसको अध्ययन का एक महत्वपूर्ण आधार माना जा सकता है। पिछले कुछ वर्षों में टेलीविजन का प्रचलन बढ़ रहा है और इस कारण इसको जन संचार के माध्यमों में एक महत्वपूर्ण स्थान मिल रहा है।

आधुनिक यातायात के साधन जहाँ नगरीय विकास में सहायक होते हैं, वहीं परिवर्तन में भी इनका योगदान है। बहुत-सी महिलाएं घर से दूर यातायात के साधनों का उपयोग करते हुए सफर करती हैं और अन्य लोगों से सम्पर्क के विस्तार की स्थिति दिखाई पड़ती है। परिवर्तन को प्रभावित करने वाले तत्वों में आधुनिक परिवार नियोजन तथा जनसंख्या नियन्त्रण के तत्व भी विशेष स्थान प्राप्त कर रहे हैं। नगरों में स्त्री-पुरुष सम्बन्धों में इनका प्रभाव देखा जा रहा है।

आधुनिकीकरण और सामाजिक रूपान्तरण की परिस्थितियों के विश्लेषण के उपरान्त तीन पहलू दिखाई पड़ते हैं।

(1) सामाजिक संस्थाएं – परिवार, जाति, विवाह और व्यवसाय।

(2) परिवर्तन के तत्व – शिक्षा, जन संचार, यातायात, परिवार नियोजन।

(3) नवीन दृष्टिकोण – आधुनिकरण और सामाजिक रूपान्तरण।

अध्यहित ग्रामों में देखी गई नई-नई प्रवृत्तियां

कारक और उसके परिणाम विभिन्न अध्ययनों में चाहे जो भी हों, अध्यहित ग्रामों में निश्चित ही नगरीय प्रसार के कारण कुछ नई प्रवृत्तियां दिखाई देने लगी हैं। ये नई प्रवृत्तियां बहुआयामी हैं और जीवन के विभिन्न पक्षों को छूती हैं। इन नई प्रवृत्तियों की विवेचनाएं हम एक-एक कर निम्न रूपों में कर सकते हैं।

1. ***जन संचार साधनों का प्रसार*** – यह माना जाता है कि इन ग्रामों में पहले की अपेक्षा आधुनिक जन संचार के साधनों का उपभोग बढ़ा है। जन संचार के साधन किसी भी समाज में तीन प्रकार के कार्य करते हैं। पहला, मनोरंजन करते हैं। दूसरा, सूचनादाता का कार्य करते हैं। तीसरा, एक विशिष्ट चिन्तन का प्रसार एवं प्रचार करते हैं। अध्यहित ग्रामों में तीन साधनों की प्रमुखता को देखा गया। पहला, रेडियो अथवा ट्रांजिस्टर; दूसरा, अखबार; तीसरा, टेलिविजन। ये ऐसे साधन थे जो ग्राम में ही उपलब्ध थे। किसी भी अध्यहित ग्राम में या उनके छः किलोमीटर के आसपास कोई भी सिनेमा घर नहीं था। सिनेमा जाना इन ग्रामवासियों के लिए शहर के मध्य जाने के बराबर था। इन चारों साधनों में सर्वाधिक प्रयोग किया जाने वाला साधन रेडियो तथा ट्रांजिस्टर था। इन साधनों को इन ग्रामों के लिए सामान्य व्यक्तियों का संचार साधन कह सकते हैं। अखबार का सम्बन्ध क्योंकि साक्षर लोगों से है, अतः इसका प्रसार मात्र पढ़े-लिखे लोगों से ही सम्बन्धित है। बिना पढ़े-लिखे लोग भी पढ़े-लिखे लोगों से समाचार जानने के लिए उत्सुक रहते थे। टेलीविजन का प्रयोग धनाढ्य लोगों तक सीमित है। यद्यपि आसपास के गरीब लोग भी टेलीविजन को देख सकते थे। सिनेमा का प्रसार निरन्तर नगरीय क्षेत्रों में जाने वालों के लिए अधिक है।

संचार साधनों के बारे में पूछे जाने पर उत्तरदाताओं ने जो मत व्यक्त किया उसके अनुसार संचार साधन का उपयोग मुख्यतः मनोरंजन के लिए था। दूसरा योगदान सूचनाओं की प्राप्ति के लिए था। यह माना गया कि ये सारी सूचनाएं एक विशेष हित के लिए थीं। उत्तरदाताओं ने यह भी माना कि यह आवश्यक नहीं कि जन संचार साधनों का असर पड़ता ही हो। बहुत से ऐसे पारम्परिक तत्व हैं जो नवाचारों और व्यक्त विचारों का विरोध करते हैं। अतः यह कहना कठिन है कि ये संचार के साधन प्रत्यक्ष या अप्रत्यक्ष रूप में किन्हीं प्रयत्नों को प्रभावित कर पाए हैं। पर निश्चित ही

इन ग्रामवासियों में समाज की घटनाओं के बारे में चैतन्यता जरूर विकसित की है और लोग उन सन्देशों को थोड़ा-बहुत गंभीरता से लेने लगे हैं, जो ये संचार साधन अपने श्रोताओं और दर्शकों को प्रेरित करते हैं।

2. ***उपभोक्ता सामानों में नई प्रवृत्तियाँ*** – एक दूसरा परिवर्तन जो इन ग्रामों में दिखाई देता है वह पहले ग्रामों में स्वीकृत उपभोक्ता वस्तुओं के स्थान पर व्यापारिक प्रतिष्ठानों द्वारा तैयार की गई सामग्रियों का उपयोग है। कई कार्यों में पहले ग्रामवासी अपने ही क्षेत्र में उपलब्ध साधनों का प्रयोग करते थे। नये तरह के साबुन, तेल और शरीर पर लगने वाली क्रीम आदि इस उपभोक्ता दर्शन के नये आयाम हैं। सम्पर्क में आने के कारण इन क्षेत्रों में पहले दुकानें जिन वस्तुओं को अपने तरीके से खुले रूप से बेचते थे वहाँ अब मसाले व ऐसी ही चीजें सीलबन्द पोलिथिन के थैलों में उपलब्ध कराई जाती हैं। ग्रामवासी चीजों के ब्रान्डनाम से परिचित होने लगे हैं और गृह कार्य की बहुत-सी आवश्यकताओं की पूर्ति इन्हीं ब्रान्ड की वस्तुओं द्वारा की जाने लगी है। वस्तुतः यह नगर के उपभोक्तावाद का ही प्रसार है। जो आवश्यकताएं स्थानीय साधनों से पूरी हो जाती थीं, वे आवश्यकताएं अब बाहर प्राप्त साधनों से ही पूरी होती हैं। परिणामस्वरूप ग्राम में बहुत से काम होने बन्द हो गए हैं। पर इसका अर्थ यह नहीं है कि पहले किए जाने वाले कार्य की बिल्कुल ही समाप्ति हो गई है। ग्राम में भैंस पालन, कृषि व्यवसाय के कारण अभी भी बहुत-सी वस्तुएं घर के लिए उत्पादित होती हैं और वहीं उनकी खपत होती है पर निश्चित ही नगरवासियों की तरह उपभोक्ता का नया सन्दर्भ इन ग्रामों में आने लगा है।

3. ***गृह तथा जीवन स्तर का परिवर्तन*** – नगरवाद एक विशिष्ट जीवन शैली को जन्म देता है। नगरीय ग्राम नगरवाद की इस शैली से बचे हुए नहीं हैं। कच्चे झौपड़े पक्के मकानों को स्थान देने लगे हैं। इन मकानों की शैलियाँ विशद ग्रामीण नहीं हैं बल्कि नगरों की शैली से प्रभावित हैं। अब बैठक को जीवन शैली का अनिवार्य अंग बना लिया गया है अर्थात् सत्कार भी नगरीय शैली में उपलब्ध है। सस्ता फर्नीचर जो नगरीय जीवन शैली से मेल खाता है, घरों का भाग हो गया है। नगरवाद की इस शैली का प्रभाव उन जातियों के सदस्यों पर अधिक देखा जा सकता है जो धनाढ्य हैं और जो इस शैली को स्वीकार कर सकते हैं। जो लोग धनाढ्य नहीं हैं, उनकी जीवन शैली अभी भी पूर्ववत् है। अति निम्न जातियाँ नगरवाद की शैली को उसी स्थिति में स्वीकार कर पाई हैं जिन स्थितियों में सरकारी या अन्य प्रकार की नौकरी के कारण उन्हें व्यावसायिक गतिशीलता का अवसर मिला है।

4. ***शिक्षा*** – एक अन्य प्रवृत्ति जो इन ग्रामों के लिए नई है और वह है बच्चों की शिक्षा। पहले इन ग्रामों में शिक्षा का समुचित प्रबन्ध ही नहीं था। अतः ग्राम के

अभिभावकों के पास बच्चों को स्कूल न भेजने के सिवाए कोई और विकल्प नहीं था। विकास की प्रक्रिया के साथ इन ग्रामीण क्षेत्रों में व इन ग्रामीण क्षेत्रों के आसपास जो स्कूल खुले उनमें इन बच्चों को स्कूल भेजने के लिए प्रेरित किया। विशेष रूप से लड़कियों को अधिक से अधिक संख्या में स्कूल भेजने की प्रवृत्ति इन ग्रामों के लिए एकदम नई है। वैसे भी प्राचीन मान्यताओं के अनुसार लड़कियों को शिक्षा देना अच्छा नहीं समझा जाता था। लेकिन अब यह प्रवृत्ति स्पष्टत: देखी जा सकती है।

5. *विभिन्न अवसरों पर तड़क-भड़क और वैभव का प्रदर्शन* – नगरवाद की एक झलक के रूप में इन ग्रामों में वे प्रवृत्तियां भी दिखाई देने लगी हैं, जिनका सम्बन्ध नगरीय जीवन की तड़क-भड़क से है। शादी-विवाह तथा अन्य अवसरों पर रोशनी, लाउड स्पीकर का उपयोग तथा बड़ी दावतें इस प्रवृत्ति के प्रदर्शक हैं। पर यह सब कुछ अभिजात्य वर्ग की जीवन शैली की नकल है। पर एक प्रवृत्ति के रूप में इसे भली-भांति स्वीकारा जा सकता है।

6. *श्रम सम्बन्ध* – नगरीय समीपता के कारण इन ग्रामों की श्रमिक जनसंख्या को भी विस्तृत आधार मिला है। "पहले" श्रमिक वर्ग अपने ही स्थानीय स्रोतों के साथ जुड़ा हुआ था, पर "अब" नगरीय आवश्यकता की पूर्ति के लिए नगर में काम मिलने लगा है और ग्रामीण श्रमिक कुशल व अकुशल दोनों ही श्रेणी के नगरीय श्रमिक जनसंख्या में आ गए हैं। स्थानीय स्तर पर इसका असर उन सेवाओं पर पड़ा है, जो इन पर आश्रित थीं, जैसे कृषि सम्बधी सहायताएं। अब कृषकों को श्रमिक ढूंढने में दिक्कत होने लगी है। यह कहा जा सकता है कि एक ओर जहाँ इन श्रमिकों को विस्तृत बाजार मिला वहीं दूसरी ओर ग्रामीण व्यवसायों में श्रमिकों की कमी आई।

7. *संघर्षों में निर्णय की प्रक्रिया* – एक और प्रवृत्ति जो इन ग्रामों में दिखाई देती है, वह है अधिक्र से अधिक अपने विवादों के निर्णय के लिए अदालतों में जाना। ग्राम के अन्तर्गत किसी भी विवाद को निपटाने के लिए दो प्रकार की व्यवस्थाएं थी। पहली पारिवारिक, दूसरी जाति पंचायतें एवं ग्राम पंचायतें। अदालतों की समीपता ने इन दोनों ही प्रकार की व्यवस्थाओं को समाप्त कर दिया है। पारिवारिक संघर्षों को अब अदालतों के माध्यम से सुलझाया जाने लगा है। इसी प्रकार से ग्राम में पड़ौस के वाद-विवाद भी अदालतों में निपटाए जाने लगे हैं। पारिवारिक एवं जाति पंचायतों के प्रबन्ध मूल रूप में ग्राम को जोड़ने वाली व्यवस्थाएं थीं और इन व्यवस्थाओं के माध्यम से अनौपचारिक तरीके से विवाद को संतोषजनक रूप में निपटाया जा सकता है पर अब ऐसा होना संभव नहीं है। इन अदालती मुकदमों में पारस्परिक सम्बन्धों को अत्यन्त औपचारिक बना दिया है और वंशानुगत पुट को भी जन्म दिया है।

कुछ अन्य विशिष्ट प्रवृत्तियां जो अध्ययन के दौरान देखने में आईं वे निम्न हैं –

1. ***महिलाओं की नौकरी*** – महिलाओं को नौकरी नहीं करने दिया जाता था। बहुत कम महिलाएं ऐसी थीं जो काम पर जाती थीं, जिससे परिवार, जाति, ग्राम बहुत कम प्रभावित थे। अब महिलाएं अधिक से अधिक नौकरी पर जाती हैं। ऐसी परिस्थिति में परिवार और ग्राम से अधिक जाति को प्रभावित किया है (मीन परिवार .70, जाति .71, ग्राम .68)। ऐसा देखने में आता है कि पारिवारिक स्तर पर पहले महिलाएं नौकरी पर कम जाती थीं तो प्रेम विवाह, अन्तर्जातीय विवाह, लड़के-लड़कियों की मित्रता होने की बहुत कम सम्भावनाएं थीं, लेकिन आधुनिक आयामों से परिवर्तन की सम्भावनाएं आ सकती हैं। विभिन्न जातियों में नवीन प्रवृत्तियाँ विकसित होती हैं। अब महिलाएं नौकरी पर अधिक से अधिक जाने लगी हैं, जिसने महिलाओं के स्तर, सिनेमा देखना, प्रेम विवाह, अन्तर्जातीय विवाह, आधुनिक खेल, टेलीविजन, लड़के-लड़कियों की मित्रता, नये प्रकार के व्यवसाय, आदि सब आयामों को बढ़ावा दिया है और आधुनिकरण की सम्भवानाएं बढ़ी हैं।

2. ***प्रेम विवाह*** – प्रेम विवाह का प्रचलन बढ़ा है। पहले प्रेम विवाह बहुत कम होते थे। उस परिस्थिति में प्रेम विवाह ने परिवार तथा सम्पूर्ण ग्राम से अधिक जाति को प्रभावित किया है (मीन परिवार, .12, जाति .29, ग्राम .20)। ऐसा प्रतीत होता है कि पहले महिलाओं का निम्न स्तर बना हुआ था। प्रेम विवाह प्रभावी संचार सुविधाओं और यातायात के अभाव में कम थे। लड़के-लड़कियों की मित्रता की कम सम्भावनाएं थीं, लेकिन बाल विवाह का प्रचलन अधिक था। नये प्रकार के व्यवसायों का सम्पर्क कम था। ऐसी परिस्थिति में विकास सीमित होने से महिलाओं के परिवार से बाहर पारिवारिक स्तर पर प्रेम विवाह कम होने की सम्भावनाएं थी। अब जातिगत स्तर पर विभिन्नता का विकास, महिलाओं की नौकरी, लड़के-लड़कियों की मित्रता, बस सुविधा, लड़कियों की शिक्षा तथा नये प्रकार के व्यवसाय आदि बढ़ने की सम्भावनाएं अधिक हैं, जिसके फलस्वरूप नगरीय ग्राम में प्रेम विवाह तथा अन्तर्जातीय विवाह होने की सम्भावनाएं अधिक दिखाई पड़ती हैं। इससे स्पष्ट होता है कि प्रेम विवाह आधुनिकरण में सहायक हो सकता है।

3. ***बाल विवाह*** – बाल विवाह का प्रचलन धीरे-धीरे कम हो रहा है। स्वतन्त्रता पूर्व बाल विवाह का अधिक प्रचलन था जिसने परिवार, जाति, ग्राम को प्रभावित किया है। धीरे-धीरे इस पर रोक लगने की सफलता के कारण अब बाल विवाह में कमी देखी जाती है। बाल विवाह ने अब की परिस्थिति में जबकि बाल-विवाह में कमी आई है, परिवार तथा जाति से अधिक ग्राम को प्रभावित किया है (मीन परिवार .27, जाति .03, ग्राम .28)। ऐसा प्रतीत होता है कि पारिवारिक स्तर पर पहले बाल विवाह अधिक होने

से बड़े परिवार, प्रेम विवाह तथा लड़के-लड़कियों की मित्रता पर नियन्त्रण तथा शिक्षा की कम सम्भावनाएं थीं तथा महिलाओं का स्तर निम्न बना रहता था और नये प्रकार के व्यवसायों का विकास सीमित था। वर्तमान परिस्थिति में जातिगत स्तर पर बाल विवाह में कमी आने पर कुछ समस्याओं का समाधान होने की सम्भावनाएं हैं। ऐसी स्थिति में महिलाओं का उच्च स्तर, लड़कियों की शिक्षा, उच्च शिक्षा, सिनेमा देखना, अखबार पढ़ना, पति-पत्नी का घूमना, आदि के प्रचलन बढ़ने की सम्भावनाएं हैं। साथ ही नगरीय ग्रामों में परिवार नियोजन को भी बढ़ावा मिल सकता है जिससे कि सीमित परिवार हो सकेंगे तथा नये प्रकार के व्यवसायों को भी बढ़ावा मिलेगा। इससे स्पष्ट है कि बाल विवाह में कमी होने के कारण आधुनिकरण के आयामों को बढ़ावा मिलने की सम्भावनाएं हैं।

4. ***महिलाओं का स्तर*** – महिलाओं का स्तर उच्च होता जा रहा है। स्वतंत्रता पूर्व महिलाओं का निम्न स्तर था, उनको निम्न दृष्टि से देखा जाता था, जिसके कारण परिवार, जाति, ग्राम प्रभावित नहीं थे। अब की परिस्थिति में जबकि महिलाओं का स्तर ऊँचा होता जा रहा है, जिसके कारण जाति तथा ग्राम से अधिक परिवार प्रभावित हुआ है। (मीन परिवार .63, जाति .54, ग्राम .55)। ऐसा देखने में आता है कि पारिवारिक स्तर पर पहले महिलाओं का निम्न स्तर होने के कारण बाल विवाह, लड़कियों की शिक्षा, लड़के-लड़कियों की मित्रता कम, जैसी समस्याएं उत्पन्न होती हैं। संयुक्त परिवार, कृषि व्यवसाय बने रहते हैं।

पहले आधुनिक खेल, प्रेम विवाह, उच्च शिक्षा की सम्भावनाएं कम थीं लेकिन अब परिवर्तन के आधार पर जातिगत स्तर पर आधुनिकरण दिखाई देता है। महिलाओं का स्तर ऊँचा होता जा रहा है, जिसके प्रभाव के कारण महिलाएं नौकरी करने लगी हैं। लड़कियों की शिक्षा, उच्च शिक्षा, अन्तर्जातीय विवाह, बाल विवाह पर रोक, अखबार पढ़ना तथा पति-पत्नी के साथ घूमने आदि के प्रचलन को बढ़ने की संभावनाएं हैं। नगरीय ग्रामों को आधुनिक आयामों ने प्रभावित किया है जिसके द्वारा नये व्यवसाय के विकास की संभावनाएं दिखाई देती हैं। महिलाओं का स्तर ऊँचा होना आधुनिकरण में सहायक हो सकता है।

5. ***कृषि कार्य*** – अब कृषि कार्य में कमी होती जा रही है। लोग नये-नये प्रकार के व्यवसाय, सरकारी नौकरी को अधिक महत्व देने लगे हैं। पहले अधिकांश लोग कृषि कार्य को अधिक महत्व देते थे। इस कारण परिवार, जाति, ग्राम कम प्रभावित थे। अब कृषि कार्य में कमी होने से परिवार, जाति ग्राम प्रभावित हुए हैं। जाति तथा ग्राम से अधिक परिवार प्रभावित हुए हैं (मीन परिवार .80, जाति .59, ग्राम .65)। ऐसा प्रतीत होता है कि पारिवारिक स्तर पर पहले अधिक लोग कृषि कार्य करते थे क्योंकि संचार

के माध्यम कम होने, यातायात में कमी, महिलाओं का निम्न स्तर तथा लड़कों की शिक्षा, संयुक्त परिवार ऐसी कई समस्याएं थी जिसके कारण कृषि कार्य को प्रोत्साहन मिलता था लेकिन जातिगत स्तर पर आधुनिकरण से परिवर्तन आ सकता है। अब कृषि कार्य कम व अन्य व्यवसाय, सरकारी नौकरी अधिक होने लगी है।

संचार के माध्यम, यातायात के साधन, महिलाओं का स्तर ऊँचा होने तथा उच्च शिक्षा आदि की सम्भावनाएं बढ़ रही हैं। अब नगरीय ग्रामों में बाल-विवाह, कृषि कार्य में कमी ने अन्तर्जातीयता को भी प्रभावित किया है। नगरीय ग्रामों में कृषि कार्य में कमी होने से व नये प्रकार के व्यवसाय बढ़ने से आधुनिकरण को काफी हद तक सहायता मिल सकती है।

6. ***लड़कियों की शिक्षा*** – लड़कियों की शिक्षा का प्रचलन बढ़ रहा है। पहले लड़कियो को शिक्षा के लिए बहुत कम भेजा जाता था जिसके कारण परिवार, जाति, ग्राम प्रभावित नहीं होते थे। अब शिक्षा का प्रचलन बढ़ रहा है, जिसके कारण परिवार, जाति तथा ग्राम प्रभावित हो रहे हैं (मीन परिवार 1.0, जाति 1.3, ग्राम 1.3)। ऐसी स्थिति में परिवार से अधिक जाति तथा ग्राम अधिक प्रभावित हो रहे हैं। ऐसा प्रतीत होता है कि पहले परिवार में लड़कियों को शिक्षा के लिए कम भेजते थे तथा बाहरी सम्पर्क नहीं होता था। जिसके कारण महिलाओं का निम्न स्तर बना रहता था व बाल-विवाह, महिलाओं को नौकरी पर न भेजने जैसी समस्याएं उत्पन्न होती थीं। लेकिन अब पारिवारिक व जातिगत स्तर पर लड़कियों की शिक्षा को प्रोत्साहन मिला जिसके कारण महिलाओं का स्तर ऊँचा हुआ जिससे महिलाएं घर से बाहर आकर सम्पर्क बढ़ा सकीं। यातायात के साधन बढ़ने से लड़के-लड़कियों की मित्रता बढ़ने की अधिक संभावनाएं हैं। अब नगरीय ग्रामों में शिक्षा ने पारिवारिक तथा जातिगत स्तर पर परिवार नियोजन, आधुनिक खेल, बाल-विवाह पर रोक, अखबार पढ़ना, उच्च शिक्षा, नये प्रकार के व्यवसाय, आदि को प्रभावित किया है। लड़कियों की शिक्षा आधुनिकरण में बहुत हद तक सहायक है।

7. ***उच्च शिक्षा*** – उच्च शिक्षा का अब काफी प्रचलन है। स्वतन्त्रता पूर्व उच्च शिक्षा न होने के कारण परिवार, जाति तथा ग्राम पर किसी प्रकार का प्रभाव नहीं था क्योंकि लड़कों को थोड़ी-बहुत शिक्षा दिलाई जाती थी तथा लड़कियों को शिक्षा के लिए नहीं भेजते थे। लेकिन आधुनिक परिस्थिति में उच्च शिक्षा का प्रचलन बढ़ता जा रहा है। जिसके कारण परिवार व जाति से अधिक सम्पूर्ण ग्राम प्रभावित हुआ है (मीन परिवार 1.1, जाति 1.35, ग्राम 1.36)। ऐसा प्रतीत होता है कि पारिवारिक स्तर पर संचार के माध्यम, यातायात के साधन उपलब्ध होने से उच्च शिक्षा को बढ़ावा मिला है। जातिगत स्तर पर भी उच्च शिक्षा परिवर्तन ला सकती है। विभिन्न प्रवृत्तियां विकसित होने की

सम्भावनाएं हैं। उच्च शिक्षा से महिलाओं का स्तर अब नगरीय ग्रामों में लड़कियों की शिक्षा, आधुनिक खेल, सिनेमा, लड़के-लड़कियों की मित्रता बढ़ने की संभावनाएं हैं। उच्च शिक्षा ने परिवार नियोजन को भी प्रभावित किया है जिसके कारण सीमित परिवार को बढ़ावा मिल रहा है। उच्च शिक्षा भी आधुनिकरण में बहुत सहायक है।

8. *अन्तर्धर्म स्नेह* – अन्तर्धर्म स्नेह का प्रचलन अब कम होता जा रहा है। स्वतन्त्रता पूर्व इसका प्रचलन अधिक था। अन्तर्धर्म स्नेह ने परिवार, जाति व सम्पूर्ण ग्राम को प्रभावित किया है। अन्तर्धर्म स्नेह ने जाति तथा ग्राम से अधिक परिवार को प्रभावित किया है। (मीन परिवार 1.47, जाति 1.35, ग्राम .28)। ऐसा प्रतीत होता है कि पहले पारिवारिक स्तर पर अन्तर्धर्म स्नेह का प्रचलन अधिक था, लेकिन अब जातिगत स्तर पर कम होता जा रहा है। इन आधुनिक आयामों से जातिगत स्तर पर परिवर्तन आ सकता है, जिसके द्वारा विभिन्न जातियों में नवीन प्रवृत्तियों का विकास होने की संभावनाएं आती हैं। अब नगरीय ग्रामों में अन्तर्धर्म स्नेह में कमी आती जा रही है।

तनाव और संघर्ष

नगरीय ग्रामों में पूर्ण नगरीय व्यवस्था का अर्थ नये तनाव और संघर्षों की सृष्टि भी रही है। ग्रामों के आसपास नये लोगों का बसाव बढ़ा है और उस क्षेत्र से बाहर से आकर लोग यहाँ रहने लगे हैं। इससे सबसे पहली समस्या सामंजस्यता की जाग्रत हुई है। प्रायः इन ग्रामों के पास वे लोग आकर बसे हैं जो मध्यम वर्गीय हैं, जिनके पास सुविधाएं अधिक हैं और जो ग्राम के मूल निवासियों को उनके ग्राम के होने के कारण उन्हें निम्न समझते हैं। ऐसे लोग ग्रामवासियों से कोई सम्बन्ध नहीं रखना चाहते और न ही उनके जीवन में प्रविष्ट होना चाहते हैं। दूसरी ओर ग्रामवासी इन निवासियों को बाहरी व्यक्ति मानते हैं और अवसर पड़ने पर भी उन्हें स्वीकार नहीं करना चाहते। यह तनाव का प्रथम स्त्रोत है।

इस नये बसाव ने स्वयं ग्रामीणजनों में तनाव प्रस्तुत किए हैं। नये बसाव की आबादी के साथ कृषि भूमि के दाम बढ़े हैं और कृषि योग्य भूमि के स्थान पर उसे आवास के लिए बेचने का दबाव भी। इसी दबाव ने परिवार में मत वैभिन्नता भी प्रस्तुत की है और जमीन को जबरदस्ती बेचे जाने पर पारिवारिक तनाव को जन्म दिया है। कृषि जमीन के एकमुश्त दाम का लालच इतना अधिक रहा है कि कृषि भूमि के मालिकों ने जमीन बेच कर मजदूरी अपना लेना उचित माना। इस परिस्थिति ने व्यापक तनाव प्रस्तुत किए हैं। सौदों का लेन-देन बिचोलियों के हाथ चला गया है और वे इन सौदों का लाभ अर्जित करते हैं। इसी कारण कृषि जमीन बेचने वालों और खरीदने वालों के बीच नये तनावों की सृष्टि हुई है। ये तनाव वस्तुतः इन परिवर्तनों के तनाव हैं जो इन ग्रामों में नगरीय व्यवस्थाओं के आने के कारण आए। पारस्परिक तनावों की यह

भूमिका कई अन्य संदर्भों में भी समझी जा सकती है। ग्रामीण क्षेत्रों में पशुपालन एक मुख्य तथा गौण व्यवसाय है। नये बंगलों के बनने के साथ नगरीय फुलवारी का प्रचलन भी बढ़ा है। दूसरी ओर ग्राम में पशुओं के चरने के स्थान कम हुए हैं। पालतू पशु उन फुलवारियों पर मुँह मारने लगे हैं जो बंगलों के स्वामियों की हैं। परिणामस्वरूप पशुपालकों और मकानों के मालिकों में संघर्ष बढ़ा है। ऐसे अवसरों पर न केवल सम्बन्ध बिगड़े हैं बल्कि फौजदारी की नौबत भी आई है। सेवाओं के सम्बन्ध में भी तनावों के नये स्रोत देखे जा सकते हैं। बाहर से आने वाले लोगों को सफाई तथा अन्य कार्यों के लिए सेवाएं चाहिए जो वे उच्च जातियों से पूरी करना चाहते हैं। उच्च जातियां धन के अभाव में इन कार्यों को करती अवश्य हैं पर अपनी जाति के बोध के कारण ऐसा कर नहीं पातीं। परिणामस्वरूप काम को लेकर तनावों की उत्पत्ति होती है। वैसे भी ग्राम के पुराने निवासी नये निवासियों से प्रश्न नहीं करते हैं। विशेष रूप से वह पारम्परिक नेतृत्व जो नई बस्ती में कोई स्थान नहीं रखता। धन प्रतिष्ठा और शक्ति तीनों में ही नई बस्तियों के लोग अधिक सम्पन्न हैं और इसलिए धीरे-धीरे ग्राम के पुरातन नेतृत्व जिनका स्रोत या तो आयु था या परिवार की पारम्परिक दृष्टि, इसे नये नेतृत्व के सामने ठहर नहीं पाता। नई बस्तियों के लोग उत्सव स्वयं मनाते हैं, पुराने ग्रामवासियों को कोई स्थान नहीं देते। परिणामस्वरूप दोनों ही प्रकारों में नये तनाव व संघर्ष की उत्पत्ति हुई है।

अध्यहित ग्रामों में व्याप्त तनाव और संघर्ष इन ग्रामों की एक विशिष्ट स्थिति का परिचायक है। ऐसी स्थिति जिसमें पहले से रहते आ रहे ग्रामनिवासी और नये निवासियों के बीच में अर्थ, प्रतिष्ठा और शक्ति की नई सम्भावनाएं बनी हैं और इन सम्भावनाओं ने कुछ ऐसे तनावों एवं संघर्षों को जन्म दिया है जो वहाँ पहले से मौजूद नहीं थे।

हम यह कह सकते हैं कि ये तनाव व संघर्ष सतही हैं, क्योंकि ये गम्भीरता से कभी भी विस्फोटित नहीं हुए हैं। समय-समय पर छोटे-मोटे झगड़े अवश्य रहे हैं, परन्तु इन्होंने कभी किसी विवाद का रूप नहीं लिया है। इन तनावों एवं संघर्षों का मुख्य कार्य वस्तुतः नई वर्ग संरचना के निर्माण का ही रहा है। निश्चित ही इस नई वर्ग संरचना में कृषिहर लोगों का स्थान नीचा हो गया है और नौकरीपेशा तथा अन्य वेतनभोगी सेवाएं प्रमुख रूप से उभर कर आई हैं। इस सम्बन्ध में अभी और व्यापक शोध की आवश्यकता है।

10

नगरीय ग्राम : परिवर्तन के कुछ पक्ष

पिछले अध्यायों में अध्यहित ग्रामों में विवाह, परिवार और जाति, उभरते हुए नवीन तथ्यों, तनावों और संघर्षों की विवेचना की गई थी, प्रश्न इतना स्वाभाविक है कि इन ग्रामों में परिवर्तन के विभिन्न पक्ष क्या हैं। पिछले अध्यायों में यद्यपि परिवर्तनों की ओर संकेत किया गया पर परिवर्तन के विभिन्न पक्षों को संजोया नहीं गया था। आवश्यक है कि उन परिस्थितियों को देखते हुए परिवर्तन के उन पक्षों को देखने का प्रयास किया जाए तो अध्ययन के दौरान ग्रामों में दिखाई पड़े।

जयपुर तथा उदयपुर के नगरीय ग्रामों में सामाजिक संस्थागत आधारों में परिवर्तन के विश्लेषण से यह दर्शित हुआ कि इन ग्रामों में कुछ परिवर्तन आ रहे हैं। ऐसे परिवर्तन विशेष रूप से आर्थिक परिस्थितियों में पविर्तन के फलस्वरूप प्रारम्भ हुए हैं। इन नगरों के विकास के कारण कृषि योग्य भूमि नगर विकास में सम्मिलित होती गई है और जो लोग पहले कृषि को मूल व्यवसाय मानते थे इनमें से कई ग्राम छोड़ कर चले गए हैं। वस्तुत: यह दबाव नगरीय विस्तार का ही है। यदि कृषकों को अवसर मिलता तो यह कदापि भी अपनी भूमि को नहीं बेचते। यह ग्रामवासी इसलिए अपनी जमीन छोड़ कर गए हैं क्योंकि या तो सरकार ने इन्हें अवाप्त कर लिया या उस जमीन के लिए इतने धन का लालच दिया गया है कि कृषकों को खेती के स्थान पर धन प्राप्त करना अधिक हितकर लगा। इसलिए कृषि भूमि बिकी और पहले भूमि के मालिक अब बेदखल हो गए, जो शेष रहे गए हैं वे अन्य व्यवसाय करने के प्रयास कर रहे हैं। आर्थिक परिस्थितियों के परिवर्तन का प्रभाव सामाजिक पक्षों पर भी देखा जा रहा है। लेकिन फिर भी मूल ग्रामीण भावनाएँ परम्परागत सामाजिक आधारों पर आश्रित हैं। जयपुर नगर में विकास अधिक हुआ है इस कारण वहाँ के ग्रामों में परिवर्तन का स्तर कुछ अधिक है। उदयपुर के ग्रामों में भी परिवर्तन की दिशा समान है लेकिन परिवर्तन का स्तर कुछ कम है। भविष्य में विकास के परिणामस्वरूप इन ग्रामों की परिस्थितियाँ समान हो सकती हैं।

सामाजिक परिवर्तन से सम्बन्धित कई चर हो सकते हैं। यह परिवर्तन तकनीकी विकास, आर्थिक विकास, शिक्षा, नये प्रकार के व्यवसायों से प्रभावित हो सकते हैं। ऐसे परिवर्तनों की अन्तर्क्रिया का विश्लेषण आवश्यक है। इस अध्याय में संचार माध्यमों, नये व्यवसायों, महिलाओं की भूमिका, विवाह, मित्रता, परिवार, जाति तथा धर्म पर ये परिवर्तन देखे जा सकते हैं।

प्राप्त तथ्यों के विश्लेषण

अध्ययन विश्लेषण के लिए सर्वप्रथम सामाजिक वातावरण से सम्बन्धित चर लिए गए थे। निर्णायकों के मत तथा उत्तरों की विभिन्नता के आधार पर 20 महत्वपूर्ण चरों का चयन किया गया। इन चरों पर उत्तरदाताओं की प्रतिक्रियाएँ तीन सन्दर्भों-परिवार, जाति और ग्राम में ली गई। प्रत्येक सन्दर्भ में स्वतन्त्रता से पहले और स्वतन्त्रता के बाद (अब) की परिस्थितियों की तुलना की गई। प्रतिक्रियाएँ तीन बिन्दु पैमाने (0 = नहीं, 1 = कम, 2 = अधिक) पर लिए गए हैं। सांख्यिकीय विश्लेषण के लिए मीन, एस०डी० और इन्टर कोरिलेशन की गणना की गई। इस प्रकार के सांख्यिकीय विश्लेषण द्वारा हर चर पर प्रचलन का स्तर, विचलन और मुख्य रूप से प्रभाव डालने वाले चरों की स्थिति का ज्ञान होता है। इसी प्रकार के सांख्यिकी परीक्षण के लिए अध्ययन के चारों नगरीय ग्रामों को सम्मिलित रूप से लिया गया है। निदर्शन में सम्मिलित कुल 200 उत्तरदाताओं की सम्मिलित प्रतिक्रिया के रूप में नगरीय ग्रामों के सामाजिक वातावरण एवं अन्त:क्रियाओं का विश्लेषण प्रस्तुत किया जा रहा है।

नगरीय ग्रामों में परिवार

नगरीय ग्रामों में निदर्शित उत्तरदाताओं से सर्वप्रथम उनके परिवार में होने वाले परिवर्तनों की जानकारी प्राप्त की गई। ग्राम सामाजिक परिवर्तन परिमाप पर उनके द्वारा प्रदान किए गए अंकों के आधार पर परिवार में पहले और अब की स्थिति पर मीन, एस०डी० की गणना की गई और मीन का अन्तर निकाला गया।

सामाजिक रूपान्तरण का परिवार पर प्रभाव

नगर के विकास और तकनीकी सुविधाओं, संचार व्यवस्थाओं, आर्थिक परिवर्तन, शिक्षा आदि के फलस्वरूप नगरीय ग्रामों का सामाजिक वातावरण प्रभावित हो सकता है। इस सन्दर्भ के उत्तरों का विश्लेषण (मीन, एस०डी०) सारणी 10.1 में प्रस्तुत किया गया है।

सारणी 10.1 से यह बात ज्ञात होता है कि इन ग्रामों में पहले बाल विवाह का प्रचलन अधिक था, महिलाओं का स्तर निम्न था, अधिकतर लोग कृषि करते थे। विभिन्न धर्मों के बीच स्नेह था, अधिकतर लोग संयुक्त परिवार में रहते थे और लड़कियों से लड़कों की शिक्षा पर अधिक ध्यान दिया जाता था।

सारणी 10.1
सामाजिक रूपान्तरण का परिवार पर प्रभाव

क्र. सं.	चर	पहले मीन	पहले एस॰डी॰	अब मीन	अब एस॰डी॰	अन्तर मीन अन्तर
1.	वीडियो एवं टी.वी.	0.000	(0.327)	0.830	(0.710)	0.830
2.	परिवार नियोजन	0.245	(0.638)	1.645	(0.657)	1.400
3.	बस सुविधा	0.080	(0.323)	1.005	(0.964)	0.925
4.	आधुनिक खेल	0.335	(0.689)	0.500	(0.665)	0.165
5.	सिनेमा देखना	0.875	(0.783)	0.965	(0.605)	0.090
6.	महिलाओं की नौकरी	0.395	(0.657)	0.700	(0.699)	0.305
7.	प्रेम विवाह	0.115	(0.403)	0.125	(0.413)	0.010
8.	अन्तर्जातीय विवाह	0.100	(0.425)	0.115	(0.415)	0.015
9.	बाल-विवाह	1.215	(0.890)	0.270	(0.528)	0.945
10.	महिलाओं का स्तर	1.100	(0.885)	0.635	(0.745)	0.465
11.	लड़के-लड़कियों की मित्रता	0.075	(0.361)	0.165	(0.408)	0.090
12.	नये प्रकार का व्यवसाय	0.265	(0.601)	0.975	(0.801)	0.710
13.	कृषि कार्य	1.300	(0.874)	0.805	(0.901)	0.495
14.	पति-पत्नी का साथ घूमना	0.675	(0.722)	0.805	(0.735)	0.130
15.	लड़कियों की शिक्षा	0.735	(0.792)	1.065	(0.764)	0.330
16.	अखबार पढ़ना	1.090	(0.758)	1.150	(0.707)	0.060
17.	उच्च शिक्षा	0.950	(0.923)	1.115	(0.751)	0.165
18.	अन्त:धर्म स्नेह	1.555	(0.685)	1.470	(0.557)	0.085
19.	संयुक्त परिवार	1.750	(0.478)	1.640	(0.492)	0.110
20.	लड़कों की शिक्षा	1.325	(0.593)	1.865	(0.371)	0.540
	स्कोर :	2 अधिक		1 कम		0 नहीं

अब की स्थिति में विश्लेषण के द्वारा यह दिखाई पड़ रहा है कि अब यहाँ पर बस सुविधाओं का विकास हुआ है। लड़के-लड़कियों की शिक्षा पर ध्यान दिया जा रहा है। अधिकतर लोग अखबार पढ़ने लगे हैं और कई लोग टी॰वी॰ अथवा वीडियो देखते हैं। इसके प्रभावस्वरूप परिवार नियोजन का प्रचलन बढ़ा है, लोग नये प्रकार के व्यवसायों को अपनाना शुरू कर रहे हैं। संयुक्त परिवार का प्रचलन अब भी है और अन्त:धर्म स्नेह का स्तर भी ऊँचा है।

पहले तथा अब की स्थिति में अन्तर देखते हुए यह स्पष्ट होता है कि सबसे पहले परिवर्तन परिवार नियोजन व बाल-विवाह में हुआ है। पहले की तुलना में अब अधिकतर लोग परिवार नियोजन को अपनाने लगे हैं, बाल-विवाह का प्रचलन अब कम हुआ है। परिवहन सुविधाओं में बहुत ही विकास हुआ है। सामाजिक वातावरण में परिवर्तन का प्रेम विवाह, अन्तर्जातीय विवाह और अन्त:धर्म स्नेह पर बहुत कम प्रभाव

सारणी 10.2
परिवार (पहले)
विभिन्न चरों के बीच सार्थक सह-सम्बन्ध

वा. न.	1	2	3	4	5	6	7	8	9	10	11	12	13	14	15	16	17	18	19	20
1.	–																			
2.	.36	–																		
3.	.00	.07	–																	
4.	.08	.26	.26	–																
5.	.08	.26	.01	.28	–															
6.	.12	.16	.06	.09	.14	–														
7.	.32	.28	.19	.15	.10	.41	–													
8.	.17	.15	.27	.22	.02	.30	.46	–												
9.	.23	.42	.13	.28	.06	.04	.29	.07	–											
10.	.22	.37	.15	.30	.08	.10	.18	.12	.39	–										
11.	.34	.40	.03	.06	.05	.21	.52	.31	.22	.22	–									
12.	.21	.55	.04	.29	.02	.13	.35	.22	.33	.27	.42	–								
13.	.13	.12	.02	.00	.05	.06	.14	.02	.08	.07	.00	.04	–							
14.	.08	.03	.02	.02	.02	.09	.02	.08	.09	.18	.09	.05	.14	–						
15.	.13	.46	.08	.27	.02	.14	.14	.15	.48	.34	.15	.38	.15	.11	–					
16.	.65	.30	.13	.21	.09	.05	.21	.15	.34	.33	.15	.37	.01	.15	.54	–				
17.	.20	.34	.14	.23	.06	.02	.08	.06	.43	.33	.14	.31	.15	.45	.46	.51	–			
18.	.11	.22	.04	.07	.06	.04	.09	.01	.18	.01	.05	.10	.18	.14	.17	.16	.12	–		
19.	.06	.07	.00	.00	.04	.04	.11	.02	.12	.24	.10	.03	.03	.23	.00	.28	.21	.19	–	
20.	.15	.37	.05	.05	.11	.02	.00	.13	.06	.33	.22	.23	.26	.02	.17	.18	.15	.11	.18	–

सारणी 10.3
परिवार (अब)
विभिन्न चरों के बीच सार्थक सह-सम्बन्ध

चा. न.	*1*	*2*	*3*	*4*	*5*	*6*	*7*	*8*	*9*	*10*	*11*	*12*	*13*	*14*	*15*	*16*	*17*	*18*	*19*	*20*
1.	—																			
2.	.15	—																		
3.	.08	.01	—																	
4.	.24	.10	.06	—																
5.	.22	.10	.63	.35	—															
6.	.12	.01	.07	.14	.17	—														
7.	.14	.02	.62	.11	.07	.33	—													
8.	.11	.08	.00	.04	.03	.34	.79	—												
9.	.01	.09	.14	.15	.03	.15	.05	.04	—											
10.	.16	.11	.39	.13	.15	.12	.11	.20	.11	—										
11.	.20	.05	.06	.25	.11	.10	.24	.15	.08	.10	—									
12.	.14	.06	.03	.00	.08	.28	.04	.02	.07	.10	.16	—								
13.	.20	.08	.40	.05	.05	.10	.10	.02	.02	.32	.03	.31	—							
14.	.09	.11	.04	.13	.13	.07	.18	.15	.10	.08	.32	.35	.18	—						
15.	.20	.08	.27	.10	.03	.05	.00	.00	.03	.20	.29	.39	.24	.38	—					
16.	.14	.02	.06	.07	.11	.16	.03	.09	.10	.18	.32	.31	.04	.30	.39	—				
17.	.18	.12	.17	.15	.00	.12	.01	.10	.10	.28	.32	.39	.30	.39	.60	.44	—			
18.	.02	.00	.42	.02	.03	.04	.13	.20	.10	.10	.14	.24	.15	.17	.01	.19	.02	—		
19.	.10	.03	.53	.07	.02	.00	.02	.08	.10	.22	.10	.03	.28	.15	.11	.08	.06	.34	—	
20.	.10	.11	.04	.09	.02	.15	.21	.22	.03	.28	.10	.20	.06	.05	.31	.26	.29	.03	.07	—

देखा गया है। इस तरह से यह स्पष्ट होता है कि नगरीय ग्रामों में विवाह, परिवार, धर्म के आधारों में परिवर्तन कम है और संचार, परिवहन, व्यवसाय और महिलाओं के स्तर में परिवर्तन अधिक है।

पारिवारिक चरों में सह-सम्बन्ध

नगरीय ग्रामों में सामाजिक वातावरण से सम्बन्धित 20 चरों के अन्त:सम्बन्धों को स्वतन्त्रता से पहले और स्वतन्त्रता के उपरान्त (अब) की परिस्थितियों में विश्लेषित किया है। पहले की परिस्थिति के अन्त:सह-सम्बन्ध सारणी 10.2 तथा अब की परिस्थिति के अन्त:सह-सम्बन्ध सारणी 10.3 में दिए गए हैं। इन सम्बन्धों की सार्थकता .01 स्तर पर देखी गई है और इसकी सारणी 10.4 (पहले) और सारणी 10.5 (अब) में दर्शाया गया है।

सारणी 10.4
परिवार (पहले)
विभिन्न चरों में सार्थक सह-सम्बन्ध (.01 स्तर)

क्र. सं. चर												
1. वीडियो एवं टी.वी.	2	7	9	10	11	12	18					
2. परिवार नियोजन	1	4	5	7	9	11	12	15	16	18	20	
3. बस सुविधा	4	7	8									
4. आधुनिक खेल	2	3	5	8	9	10	12	15	16	17		
5. सिनेमा देखना	2	4										
6. महिलाओं की नौकरी	7	8	11									
7. प्रेम विवाह	1	2	3	6	8	9	10	12	16			
8. अन्तर्जातीय विवाह	3	4	6	7	11	12						
9. बाल-विवाह	1	2	4	7	10	11	12	15	16	17	18	20
10. महिलाओं का स्तर	1	4	7	9	11	12	13	15	16	17	19	20
11. लड़के-लड़कियों की मित्रता	2	6	7	8	9	12	21					
12. नये प्रकार का व्यवसाय	1	2	4	7	8	9	10	11	15	16	20	
13. कृषि व्यवसाय	18											
14. पति-पत्नी का घूमना	10	16	19									
15. लड़कियों की शिक्षा	2	4	9	10	12	16	17	20				
16. अखबार पढ़ना	2	4	7	9	11	12	14	15	17	19		
17. उच्च शिक्षा	1	4	9	10	15	16	19					
18. अन्त:धर्म स्नेह	2	9	13	19								
19. संयुक्त परिवार	10	16	17	18	20							
20. लड़कों की शिक्षा	2	9	10	11	12	14	19					

सारणी 10.4 में विभिन्न चरों के सार्थक सह-सम्बन्ध देखने से यह विदित होता है कि बाल विवाह, महिलाओं का स्तर, परिवार नियोजन तथा व्यवसाय अत्यधिक

महत्वपूर्ण चर हैं। ये परिवार में पहले की परिस्थिति को अत्यधिक प्रभावित कर रहे हैं। आर्थिक आधार पर यह कहा जा सकता है कि नये प्रकार के व्यवसायों से महिलाओं की स्थिति परिवर्तित होती है। उनका स्तर ऊँचा होता है और परिवार नियोजन अपनाने की सम्भावनाएँ बढ़ती हैं और बाल विवाह कम होते हैं। जबकि पहले परम्परागत व्यवसाय की परिस्थिति अधिक थी। बाल विवाह के अधिक प्रचलन तथा महिलाओं के निम्न स्तर की सम्भावनाएँ अधिक थीं और परिवार नियोजन का प्रचलन कम था।

सारणी 10.5 में नगरीय ग्रामों में अब के सामाजिक वातावरण, विभिन्न चरों के सह-सम्बन्धों से लड़कियों की शिक्षा, महिलाओं का स्तर, अखबार, उच्च शिक्षा तथा अन्त:धर्म स्नेह चर अत्यधिक महत्त्वपूर्ण दिखाई दे रहे हैं। आधुनिक परिस्थितियों में महिलाओं की शिक्षा, उच्च शिक्षा तथा संचार साधनों के विकास के फलस्वरूप महिलाओं के स्तर के ऊँचा होने की सम्भावनाएँ स्पष्ट हो रही हैं।

सारणी 10.5
परिवार (अब)
विभिन्न चरों में सार्थक सह-सम्बन्ध (.01 स्तर)

क्र. सं. चर										
1. वीडियो एवं टी.वी.	2	5	11	13	15	17				
2. परिवार नियोजन	1	4								
3. बस सुविधा	10	13	15	17	18	19				
4. आधुनिक खेल	2	5	11							
5. सिनेमा देखना	1	4								
6. महिलाओं की नौकरी	7	8	12							
7. प्रेम विवाह	6	8	11	20						
8. अन्तर्जातीय विवाह	7	10	18	20						
9. बाल-विवाह										
10. महिलाओं का स्तर	3	8	13	15	16	17	18	19	20	
11. लड़के-लड़कियों की मित्रता	1	4	7	15	16	17	18	20		
12. नये प्रकार का व्यवसाय	6	14	15	16	17	18				
13. कृषि व्यवसाय	1	3	14	15	17					
14. पति-पत्नी का घूमना	12	13	15	16	17					
15. लड़कियों की शिक्षा	1	3	10	11	12	13	14	16	17	20
16. अखबार पढ़ना	10	11	12	14	15	17	18	19	20	
17. उच्च शिक्षा	1	3	10	11	12	13	14	15	16	
18. अन्त:धर्म स्नेह	3	8	10	12	16					
19. संयुक्त परिवार	3	10	16							
20. लड़कों की शिक्षा	7	8	10	11	15	16				

तुलनात्मक आधार पर जहाँ पहले परम्परागत व्यवसाय ग्रामों में संरचनात्मक आधार पर महत्त्वपूर्ण था अब महिलाओं की शिक्षा और उच्च शिक्षा परिवार की संचरना को प्रभावित करने में आधारभूत भूमिका निभा सकते हैं। जहाँ पहले बाल विवाह पारिवारिक संरचना का मूल आधार दिखाई पड़ता था अब बाल विवाह का प्रचलन कम होने से इसका प्रभाव परिवार के अन्य पक्षों पर नगण्य है।

नगरीय ग्रामों में जाति

नगरीय ग्रामों की पारिवारिक संरचना में विभिन्न प्रभावित चरों की स्थिति विश्लेषण के उपरान्त हम दूसरे संस्थागत आधार, जाति की ओर अग्रसर होते हैं। निदर्शित उत्तरदाताओं से प्रभाव में सम्मिलित 20 चरों पर उनके द्वारा जाति में देखे गए परिवर्तनों को विश्लेषित किया गया है। सारणी 10.6 में सामाजिक वातावरण में जाति में हो रहे परिवर्तन को प्रस्तुत किया गया है।

सारणी 10.6
रूपान्तरण का जाति पर प्रभाव

क्र. सं.	चर	पहले		अब		अन्तर
		मीन	एस.डी.	मीन	एस.डी.	मीन अन्तर
1.	वीडियो एवं टी.वी.	0.000	(0.000)	0.970	(0.530)	0.970
2.	परिवार नियोजन	0.245	(0.638)	1.560	(0.639)	1.315
3.	बस सुविधा	0.070	(0.292)	0.950	(0.934)	0.880
4.	आधुनिक खेल	0.245	(0.622)	0.295	(0.583)	0.050
5.	सिनेमा देखना	0.565	(0.691)	0.785	(0.633)	0.220
6.	महिलाओं की नौकरी	0.360	(0.634)	0.715	(0.690)	0.335
7.	प्रेम विवाह	0.070	(0.292)	0.215	(0.500)	0.145
8.	अन्तर्जातीय विवाह	0.070	(0.355)	0.195	(0.478)	0.125
9.	बाल-विवाह	0.285	(0.865)	0.035	(0.448)	1.250
10.	महिलाओं का स्तर	1.240	(0.816)	0.540	(0.729)	0.700
11.	लड़के-लड़कियों की मित्रता	0.025	(0.186)	0.245	(0.496)	0.220
12.	नये प्रकार का व्यवसाय	0.550	(0.622)	1.260	(0.683)	0.710
13.	कृषि कार्य	1.120	(0.954)	0.590	(0.771)	0.530
14.	पति-पत्नी का साथ घूमना	0.640	(0.777)	0.880	(0.780)	0.240
15.	लड़कियों की शिक्षा	0.595	(0.764)	1.370	(0.629)	0.775
16.	अखबार पढ़ना	0.945	(0.803)	1.315	(0.654)	0.370
17.	उच्च शिक्षा	0.650	(0.794)	1.355	(0.672)	0.705
18.	अन्त:धर्म स्नेह	1.650	(0.591)	1.350	(0.556)	0.300
19.	संयुक्त परिवार	1.945	(0.250)	1.405	(0.585)	0.540
20.	लड़कों की शिक्षा	1.535	(0.539)	1.970	(0.171)	0.435
	स्कोर :	2 अधिक		1 कम		0 नहीं

सारणी 10.6 से यह प्रदर्शित होता है कि नगरीय ग्रामों की जातिगत संरचना में पहले महिलाओं का निम्न स्तर था, अन्त:धर्म-स्नेह अधिक था, संयुक्त परिवार की परम्परा थी और लड़कों की शिक्षा का ध्यान दिया जाता था, कुछ लोग अखबार पढ़ते थे और कुछ जातियों में उच्च शिक्षा का प्रचलन था।

विकास के परिणास्वरूप इन ग्रामों की जातिगत परिस्थितियाँ कुछ परिवर्तित हुई हैं, परिवार की तरह जाति के अन्तर्गत भी नये व्यवसाय, लड़कियों की शिक्षा, अखबार पढ़ना, उच्च शिक्षा और अन्त:धर्म स्नेह के प्रतिमान दिखते हैं। सबसे अधिक महत्त्व लड़कों की शिक्षा और परिवार नियोजन कों दिया जा रहा है।

पहले और अब की परिस्थितियों में जातिगत संरचना में अन्तर ज्ञात करने के लिए मीन के बीच अन्तर देखा गया। सबसे अधिक अन्तर परिवार नियोजन अपनाने, बाल विवाह कम होना, सिनेमा देखना, टी॰वी॰ तथा वीडियो में पाया गया। इसके विपरीत सबसे कम अन्तर्विवाह की स्थिति में आया है। विशेष रूप से अन्तर्विवाह तथा प्रेम विवाह के प्रतिबन्ध अब भी प्रभावशाली हैं।

उत्तरदाताओं द्वारा जातिगत संरचना में नवीन प्रतिमानों को सम्मिलित करने में अब भी संकुचित दृष्टिकोण है। जहाँ पहले जातिगत संरचना में संयुक्त परिवार, बाल विवाह और महिलाओं के निम्न स्तर के प्रतिमान अधिक प्रचलित थे अब नये व्यवसायों को अपनाने के साथ-साथ शिक्षा, संचार के साधनों का प्रभाव बढ़ गया है। विशेष परिवर्तन संचार के साधनों और छोटे परिवार के प्रतिमान के सन्दर्भ में है।

जाति परिवर्तन चरों में सह-सम्बन्ध

नगरीय ग्रामों में जातिगत संरचना में अन्त:सम्बन्धों की सांख्यिकीय गणना की गई। पहले की परिस्थिति के अन्त:सह-सम्बन्ध सारणी 10.7 तथा अब की परिस्थिति के अन्त:सह-सम्बन्ध सारणी 10.8 में दिए गए हैं। इन सम्बन्धों की सार्थकता ज्ञात की गई जो चर आपस में अत्यधिक सह-सम्बन्धित (.01 स्तर) थे उनकी परिस्थिति का विश्लेषण सारणी 10.9 (पहले) और सारणी 10.10 (अब) में दिया गया है।

सारणी 10.9 के सार्थकता सम्बन्धों को देखने से यह स्पष्ट होता है कि कुछ चर अत्यधिक महत्त्वपूर्ण हैं और कुछ कम। जातिगत संरचना में पति-पत्नी का साथ घूमना, आधुनिक खेल, अखबार पढ़ना, परिवार नियोजन और उच्च शिक्षा परिवर्तन के लिए अधिक उत्तरदायी हो सकते थे। इसके प्रचलन के स्तर कम होने पर जाति का परम्परागत आधार बना रह सकता है।

जातिगत संरचना की तत्कालीन परिस्थिति में विभिन्न चरों के सह-सम्बन्धों से स्पष्ट हो रहा है कि परिवार नियोजन, आधुनिक खेल और उच्च शिक्षा आधुनिक परिवर्तन के लिए अधिक उत्तरदायी हैं। यह तथ्य महत्त्वपूर्ण है कि इन पक्षों का प्रचलन होने से जाति का परम्परागत आधार बना रह सकता है और इनके प्रचलन के द्वारा

सारणी 10.7
परिवार (पहले)
विभिन्न चरों के बीच सार्थक सह-सम्बन्ध

वा. न.	1	2	3	4	5	6	7	8	9	10	11	12	13	14	15	16	17	18	19	20
1.	—																			
2.	.41	—																		
3.	.02	.01	—																	
4.	.15	.45	.37	—																
5.	.23	.24	.17	.41	—															
6.	.17	.14	.10	.19	.04	—														
7.	.07	.12	.35	.23	.12	.35	—													
8.	.06	.03	.38	.19	.00	.37	.43	—												
9.	.23	.51	.17	.39	.29	.05	.07	.03	—											
10.	.10	.44	.13	.34	.35	.07	.15	.00	.47	—										
11.	.06	.03	.15	.12	.07	.10	.42	.00	.07	.14	—									
12.	.28	.59	.10	.40	.25	.05	.01	.00	.65	.35	.06	—								
13.	.03	.10	.10	.15	.10	.01	.24	.20	.20	.26	.10	.16	—							
14.	.18	.40	.20	.36	.25	.13	.17	.10	.51	.35	.04	.53	.27	—						
15.	.20	.47	.68	.38	.19	.12	.15	.02	.47	.21	.07	.50	.18	.59	—					
16.	.13	.40	.14	.34	.37	.10	.12	.01	.35	.30	.00	.44	.18	.41	.52	—				
17.	.28	.59	.01	.40	.31	.05	.12	.01	.57	.40	.02	.60	.22	.53	.55	.56	—			
18.	.10	.20	.11	.15	.00	.08	.04	.11	.13	.02	.10	.20	.06	.22	.19	.20	.14	—		
19.	.03	.02	.08	.10	.08	.06	.05	.04	.02	.06	.02	.02	.19	.00	.03	.10	.02	.17	—	
20.	.14	.33	.01	.25	.31	.12	.04	.03	.38	.30	.11	.43	.19	.33	.43	.48	.42	.13	.11	—

सारणी 10.8
जाति (अब)
विभिन्न चरों के बीच सार्थक सह-सम्बन्ध

चा. नं.	*1*	*2*	*3*	*4*	*5*	*6*	*7*	*8*	*9*	*10*	*11*	*12*	*13*	*14*	*15*	*16*	*17*	*18*	*19*	*20*
1.	—																			
2.	.18	—																		
3.	.05	.06	—																	
4.	.17	.08	.10	—																
5.	.20	.15	.06	.39	—															
6.	.05	.02	.07	.24	.23	—														
7.	.19	.04	.03	.31	.17	.28	—													
8.	.06	.01	.05	.15	.07	.32	.70	—												
9.	.01	.12	.12	.02	.01	.18	.06	.13	—											
10.	.20	.04	.24	.03	.04	.10	.16	.28	.27	—										
11.	.16	.08	.15	.32	.20	.02	.25	.11	.13	.28	—									
12.	.02	.23	.52	.06	.13	.01	.06	.08	.16	.30	.17	—								
13.	.15	.04	.15	.01	.08	.06	.00	.01	.07	.13	.08	—	—							
14.	.01	.19	.39	.24	.33	.14	.18	.19	.10	.17	.33	.39	.10	—						
15.	.07	.19	.13	.19	.12	.15	.11	.12	.01	.17	.28	.31	.08	.36	—					
16.	.02	.15	.27	.16	.26	.08	.08	.05	.25	.10	.37	.19	.14	.38	.31	—				
17.	.12	.20	.26	.25	.18	.02	.16	.04	.07	.23	.27	.41	.03	.35	.43	.37	—			
18.	.03	.09	.16	.20	.05	.04	.08	.10	.01	.06	.23	.33	.07	.23	.15	.17	.25	—		
19.	.05	.10	.12	.13	.04	.22	.05	.15	.07	.15	.21	.14	.13	.16	.08	.19	.13	.21	—	
20.	.10	.01	.07	.03	.03	.11	.10	.05	.03	.07	.07	.06	.02	.19	.19	.17	.13	.05	.02	—

सारणी 10.9
जाति (पहले)
विभिन्न चरों में सार्थक सह-सम्बन्ध (.01 स्तर)

क्र. सं. चर											
1. वीडियो एवं टी.वी.	2	9	10	12	15	17						
2. परिवार नियोजन	4	5	9	10	12	14	15	16	17	18	20	
3. बस सुविधा	2	4	17	14								
4. आधुनिक खेल	2	3	5	7	9	10	12	14	15	16	17	20
5. सिनेमा देखना	4	9	10	12	14	16	17	20				
6. महिलाओं की नौकरी	7	8										
7. प्रेम विवाह	6	8	11	12								
8. अन्तर्जातीय विवाह	14											
9. बाल-विवाह	10	13	14	15	16	17	20					
10. महिलाओं का स्तर	9	12	13	14	15	16	17	20				
11. लड़के-लड़कियों की मित्रता	7											
12. नये प्रकार का व्यवसाय	1	2	4	5	7	10	14	16	20			
13. कृषि व्यवसाय	9	10	14	16	17	19	20					
14. पति-पत्नी का घूमना	2	3	4	5	9	10	12	13	15	16	17	18
15. लड़कियों की शिक्षा	1	2	4	10	14	16	17	18	20			
16. अखबार पढ़ना	2	4	5	9	10	12	13	14	15	17	19	20
17. उच्च शिक्षा	1	2	4	5	9	10	13	14	15	16	17	
18. अन्त:धर्म स्नेह	2	14	15	19								
19. संयुक्त परिवार	13	16	18									
20. लड़कों की शिक्षा	2	4	5	9	10	12	13	14	15	16		

जाति में आधुनिकता आ सकती है। फिर भी जाति में अन्य संस्थाओं में परिवार तथा विवाह में और इनसे सम्बन्धित दृष्टिकोण में कम अन्तर है।

ग्राम

नगरीय ग्रामों के निदर्शित उत्तरदाताओं से उनके ग्राम में होने वाले परिवर्तनों के स्तर से सम्बन्धित प्रतिक्रियाएँ ली गईं। ग्राम सामाजिक परिवर्तन परिमाप के 20 चरों पर सर्वप्रथम मीन तथा एस॰डी॰ की गणना की गई।

रूपान्तरण का ग्रामीण स्तर पर प्रभाव

दो नगरों के चार ग्रामों की सम्मिलित स्थिति का विश्लेषण मीन तथा एस॰डी॰ के आधार पर विश्लेषण सारणी 10.11 में प्रस्तुत किया गया है। इस सारणी को देखने से यह विदित होता है कि पहले की परिस्थिति में बाल विवाहों का अधिक प्रचलन था। परिवार में महिलाओं का स्तर निम्न था। अधिकतर लोग कृषि कार्य करते थे। विभिन्न धर्मों के

सारणी 10.10
जाति (अब)
विभिन्न चरों में सार्थक सह-सम्बन्ध (.01 स्तर)

क्र. सं. चर												
1. वीडियो एवं टी.वी.	2	5	7	10								
2. परिवार नियोजन	1	4	5	9	10	12	14	15	16	17	18	20
3. बस सुविधा	2	4	6	14								
4. आधुनिक खेल	3	5	7	8	10	12	14	15	16	17	20	
5. सिनेमा देखना	1	2	4	9	10	12	14	17	20			
6. महिलाओं की नौकरी	3	7	8									
7. प्रेम विवाह	3	6	8	11	12							
8. अन्तर्जातीय विवाह	4	6	7	13								
9. बाल-विवाह	2	5	10	13	14	15	16	17	20			
10. महिलाओं का स्तर	1	2	4	5	9	12	14	17	20			
11. लड़के-लड़कियों की मित्रता	7											
12. नये प्रकार का व्यवसाय	2	4	5	7	10	14	15	17	20			
13. कृषि व्यवसाय	8	9	14	16	17	20						
14. पति-पत्नी का घूमना	2	3	4	5	9	10	12	15	16	17	20	
15. लड़कियों की शिक्षा .	2	4	9	12	14	16	17	18	20			
16. अखबार पढ़ना	2	4	9	13	14	15	17	19				
17. उच्च शिक्षा	2	4	5	9	10	12	13	14	15	16	20	
18. अन्त:धर्म स्नेह	2	15	16	19								
19. संयुक्त परिवार	16	18										
20. लड़कों की शिक्षा	2	4	5	9	10	12	13	14	15	17		

बीच अधिक स्नेह था। अधिकतर संयुक्त परिवार थे। लड़कियों की शिक्षा पर कम ध्यान दिया जाता था और लड़कों की शिक्षा पर तुलनात्मक दृष्टि से अधिक बल दिया जाता था। आधुनिक परिवहन एवं संचार की सुविधाओं का अभाव था। प्रेम विवाह और अन्तर्जातीय विवाह का बहुत कम प्रचलन था।

नगरीय ग्रामों की अब की परिस्थिति के अन्तर्गत परिवार नियोजन का प्रचलन बढ़ गया है। लोग नये प्रकार के व्यवसाय अपनाने लगे हैं। लड़कियों की उच्च शिक्षा तथा लड़कों की शिक्षा का प्रचार हो रहा है। लोग आधुनिक संचार की सुविधाओं, अखबार एवं टी॰वी॰ का प्रयोग करने लगे हैं।

स्वतन्त्रता से पूर्व और अब की परिस्थिति में अन्तर विश्लेषण से यह ज्ञात होता है कि सर्वाधिक अन्तर, परिवार नियोजन के संदर्भ में है। इसके उपरान्त टी॰वी॰ तथा उच्च शिक्षा के प्रचलन में अन्तर देखा गया। अब शिक्षा का प्रभाव बढ़ रहा है। बाल विवाह कम हो रहे हैं। नये प्रकार के व्यवसायों को अपनाने की प्रवृत्ति कुछ बढ़ रही

सारणी 10.11
सामाजिक रूपान्तरण का ग्राम पर प्रभाव

क्र. सं.	चर	पहले		अब		अन्तर
		मीन	एस.डी.	मीन	एस.डी.	मीन अन्तर
1.	वीडियो एवं टी.वी.	0.000	(0.000)	0.950	(0.547)	0.950
2.	परिवार नियोजन	0.250	(0.648)	1.550	(0.640)	1.300
3.	बस सुविधा	0.070	(0.316)	0.945	(0.931)	0.875
4.	आधुनिक खेल	0.235	(0.601)	0.275	(0.575)	0.040
5.	सिनेमा देखना	0.500	(0.680)	0.730	(0.647)	0.230
6.	महिलाओं की नौकरी	0.360	(0.634)	0.680	(0.700)	0.320
7.	प्रेम विवाह	0.070	(0.309)	0.200	(0.481)	0.130
8.	अन्तर्जातीय विवाह	0.070	(0.368)	0.185	(0.492)	0.115
9.	बाल-विवाह	1.260	(0.870)	0.285	(0.474)	0.975
10.	महिलाओं का स्तर	1.555	(0.817)	1.225	(0.728)	0.670
11.	लड़के-लड़कियों की मित्रता	0.095	(0.272)	0.235	(0.606)	0.140
12.	नये प्रकार का व्यवसाय	0.545	(0.800)	1.235	(0.636)	0.690
13.	कृषि व्यवसाय	1.160	(0.959)	0.655	(0.754)	0.505
14.	पति-पत्नी का घूमना	0.660	(0.773)	0.810	(0.773)	0.150
15.	लड़कियों की शिक्षा	0.040	(0.757)	1.345	(0.654)	1.305
16.	अखबार पढ़ना	1.965	(0.779)	1.250	(0.707)	0.285
17.	उच्च शिक्षा	0.680	(0.794)	1.360	(0.688)	0.680
18.	अन्त:धर्म स्नेह	1.260	(0.567)	0.285	(0.543)	0.975
19.	संयुक्त परिवार	1.905	(0.311)	1.360	(0.585)	0.545
20.	लड़कों की शिक्षा	1.585	(0.524)	1.975	(0.157)	0.390
	स्कोर :	2 अधिक		1 कम		0 नहीं

है। महिलाओं के सम्बन्ध में एक नया दृष्टिकोण विकसित हो रहा है, उनका स्तर अब पहले जितना निम्न नहीं है और लड़कियों की शिक्षा पर थोड़ा अधिक ध्यान दिया जा रहा है। फिर भी प्रेम विवाह, अन्तर्जातीय विवाह, लड़के-लड़कियों की मित्रता, पति-पत्नी का साथ घूमना और आधुनिक खेलों के प्रयोग के सम्बन्ध में बहुत कम अन्तर आया है।

परिवर्तन चरों में सह-सम्बन्ध

ग्रामीण स्तर पर परिवर्तन के 20 चरों में सह-सम्बन्ध ज्ञात किया गया। स्वतन्त्रता से पूर्व परिस्थिति में सह-सम्बन्धों का विश्लेषण सारणी 10.12 में दिया गया है और स्वतन्त्रता के उपरान्त अब की परिस्थिति में इन चरों का सह-सम्बन्ध सारणी 10.13 में प्रस्तुत किया गया है। विभिन्न चरों के बीच .01 स्तर पर सार्थक सम्बन्धों की पहले

सारणी 10.12
ग्राम (पहले)
विभिन्न चरों के बीच सार्थक सह-सम्बन्ध

वा. न.	1	2	3	4	5	6	7	8	9	10	11	12	13	14	15	16	17	18	19	20
1.	–																			
2.	.44	–																		
3.	.11	.05	–																	
4.	.17	.46	.25	–																
5.	.23	.27	.17	.42	–															
6.	.20	.15	.14	.19	.02	–														
7.	.17	.18	.35	.23	.09	.38	–													
8.	.14	.09	.38	.19	.02	.40	.48	–												
9.	.22	.49	.18	.37	.32	.05	.10	.00	–											
10.	.03	.43	.14	.31	.33	.06	.16	.01	.23	–										
11.	.40	.44	.06	.25	.17	.17	.34	.08	.31	.19	–									
12.	.26	.57	.07	.39	.31	.03	.01	.00	.63	.37	.31	–								
13.	.06	.15	.12	.16	.07	.01	.24	.00	.20	.27	.16	.19	–							
14.	.18	.43	.18	.34	.24	.15	.16	.18	.48	.31	.30	.49	.29	–						
15.	.21	.46	.09	.37	.12	.11	.17	.12	.43	.26	.33	.39	.22	.52	–					
16.	.24	.45	.15	.31	.33	.07	.11	.02	.35	.32	.24	.44	.25	.39	.52	–				
17	.30	.58	.03	.38	.22	.03	.15	.04	.52	.34	.34	.56	.29	.53	.56	.58	–			
18.	.11	.21	.12	.16	.11	.04	.11	.12	.13	.00	.10	.20	.03	.21	.14	.21	.11	–		
19.	.05	.06	.08	.04	.08	.05	.01	.05	.01	.01	.00	.02	.25	.00	.14	.03	.04	.23	–	
20.	.14	.30	.00	.19	.26	.10	.00	.05	.35	.22	.10	.35	.16	.28	.39	.44	.41	.10	.03	–

सारणी 10.13
ग्राम (अब)
विभिन्न चरों के बीच सार्थक सह-सम्बन्ध

वा. नं.	1	2	3	4	5	6	7	8	9	10	11	12	13	14	15	16	17	18	19	20
1.	—																			
2.	.12	—																		
3.	.06	.07	—																	
4.	.03	.06	.14	—																
5.	.16	.14	.06	.37	—															
6.	.08	.04	.11	.21	.26	—														
7.	.17	.00	.02	.32	.23	.23	—													
8.	.01	.01	.04	.12	.15	.23	.55	—												
9.	.01	.18	.21	.04	.00	.13	.01	.05	—											
10.	.24	.03	.22	.01	.01	.23	.19	.28	.23	—										
11.	.15	.05	.13	.34	.24	.02	.27	.12	.16	.04	—									
12.	.02	.17	.46	.10	.14	.03	.08	.09	.21	.34	.19	—								
13.	.10	.02	.19	.00	.04	.00	.05	.01	.00	.06	.01	.07	—							
14.	.02	.21	.33	.32	.19	.39	.19	.18	.15	.19	.36	.46	.01	—						
15.	.07	.19	.18	.16	.19	.16	.08	.08	.09	.19	.30	.30	.13	.39	—					
16.	.03	.11	.29	.20	.33	.04	.14	.05	.30	.14	.34	.40	.07	.48	.36	—				
17.	.07	.17	.18	.24	.12	.09	.17	.01	.06	.23	.31	.39	.07	.35	.32	.34	—			
18.	.04	.08	.13	.17	.01	.09	.10	.06	.05	.00	.25	.26	.07	.26	.04	.06	.26	—		
19.	.11	.09	.12	.15	.08	.19	.00	.11	.11	.14	.22	.15	.05	.17	.08	.23	.15	.20	—	
20.	.04	.01	.11	.02	.06	.07	.06	.07	.17	.14	.00	.00	.03	.12	.08	.10	.13	.06	.06	—

सारणी 10.14
ग्राम (पहले)
विभिन्न चरों में सार्थक सह-सम्बन्ध (.01 स्तर)

क्र. सं. चर																
1. वीडियो एवं टी.वी.	2	4	5	6	7	9	10	11	12	14	15	16	17			
2. परिवार नियोजन	1	4	5	9	10	11	12	14	15	16	17	18	20			
3. बस सुविधा	1	5	7	8	9	14										
4. आधुनिक खेल	1	2	3	5	6	7	9	10	11	12	14	15	16	17	18	20
5. सिनेमा देखना	1	2	3	4	9	10	11	12	14	16	17	20				
6. महिलाओं की नौकरी	1	4	8	11												
7. प्रेम विवाह	1	3	4	8	11	13	15									
8. अन्तर्जातीय विवाह	3	6	7													
9. बाल-विवाह	1	2	3	4	5	10	11	12	13	14	15	16	17	20		
10. महिलाओं का स्तर	1	2	4	5	9	11	12	13	14	15	16	20				
11. लड़के-लड़कियों की मित्रता	1	2	4	5	6	7	9	10	12	13	14	15	16	17	20	
12. नये प्रकार का व्यवसाय	1	2	4	5	9	10	11	13	14	15	16	17	18	20		
13. कृषि व्यवसाय	7	9	10	12	12	14	15	17	19	20						
14. पति-पत्नी का घूमना		1	2	3	4	5	9	10	11	12	13	15	16	17	18	20
15. लड़कियों की शिक्षा	1	2	3	7	9	10	11	12	13	14	16	17	20			
16. अखबार पढ़ना	1	2	4	5	9	10	11	12	13	14	15	17	18	20		
17. उच्च शिक्षा	1	2	3	4	5	9	11	12	14	15	16	20				
18. अन्तःधर्म स्नेह	2	4	12	13	14	15	16									
19. संयुक्त परिवार	13															
20. लड़कों की शिक्षा	2	4	5	9	10	11	12	13	14	15	16	17				

की परिस्थिति सारणी 10.14 में तथा अब की परिस्थिति सारणी 10.15 में दिए गए हैं। ग्रामीण स्तर पर पहले की परिस्थिति में आधुनिक खेलों का अभाव, लड़के-लड़कियों की आपसी मित्रता की कमी, पति-पत्नी का साथ घूमना अत्यधिक प्रभाव डालने वाले चर दिखाई देते हैं। संस्थागत आधार पर बाल विवाह का प्रचलन, परम्परागत व्यवसाय (नये प्रकार के व्यवसाय का अभाव) का होना और संचार माध्यमों का अभाव प्रभावशाली चर दिखाई पड़ते हैं। इससे यह ज्ञात होता है कि परिवर्तन के लिए संचार माध्यम नये व्यवसाय और पति-पत्नी के सम्पर्क की परिस्थितियाँ, महिलाओं के स्तर, विवाह की परिस्थितियाँ और अन्य संस्थागत आधारों को प्रभावित कर सकते थे।

सारणी 10.15
ग्राम (अब)
विभिन्न चरों में सार्थक सह-सम्बन्ध (.01 स्तर)

क्र. सं. चर												
1. वीडियो एवं टी.वी.	4	7	10	11								
2. परिवार नियोजन	9	12	14									
3. बस सुविधा	9	10	11	13	14	15	16	17				
4. आधुनिक खेल	1	5	6	7	11	14	16	17	18			
5. सिनेमा देखना	4	6	12	14	16							
6. महिलाओं की नौकरी	4	5	7	8	10	19						
7. प्रेम विवाह	1	4	6	8	10	11	14					
8. अन्तर्जातीय विवाह	6	4	10	14								
9. बाल-विवाह	10	12	16									
10. महिलाओं का स्तर	1	3	6	7	8	9	12	14	15	17		
11. लड़के-लड़कियों की मित्रता	1	4	5	7	12	14	15	16	17	18		
12. नये प्रकार का व्यवसाय	2	3	9	10	11	13	14	15	16	17		
13. कृषि व्यवसाय	3											
14. पति-पत्नी का घूमना		2	3	4	5	7	8	10	11	12	15	16 17
15. लड़कियों की शिक्षा	3	10	11	12	14	16	17					
16. अखबार पढ़ना	3	4	5	9	14	15	17	18				
17. उच्च शिक्षा	3	4	10	11	12	14	15	16	18			
18. अन्तःधर्म स्नेह	4	11	16	17	18							
19. संयुक्त परिवार	6	18										
20. लड़कों की शिक्षा	—											

अब की स्थिति को सह-सम्बन्धों के आधार पर भी देखा जा रहा है कि पति-पत्नी का साथ घूमना अर्थात् उनका आपसी सम्पर्क परिवर्तन का एक महत्त्वपूर्ण चर है। आधुनिक खेलों का प्रयोग, महिलाओं के स्तर में उच्चता, लड़के लड़कियों की मित्रता, नये व्यवसाय के प्रचलन से आधुनिक ग्रामीण परिस्थितियाँ प्रभावित हो सकती हैं। विशेष रूप से स्त्री-पुरुष के बीच सम्पर्क, महिलाओं के स्तर को परिवर्तित करने में अत्यधिक योगदान दे सकते हैं। आधुनिकता का सन्दर्भ आधुनिक खेलों, परिवहन तथा संचार की सुविधाओं से भी सम्बन्धित दिखाई पड़ता है। ग्रामीण स्तर पर कृषि कार्य, परिवार नियोजन और लड़कों की शिक्षा और बाल विवाहों के प्रचलन का परिवर्तन पर बहुत कम प्रभाव दिखाई पड़ता है।

परिवार जाति और ग्राम

सामाजिक वातावरण परिमाप द्वारा प्राप्त किए गए मीन तथा अन्तर सम्बन्धों के

विश्लेषण से यह दिखाई पड़ रहा है कि कुछ परिवर्तनों को पारिवारिक स्तर पर और कुछ को जाति के स्तर पर तथा कुछ को ग्रामीण स्तर पर विश्लेषित किया जा सकता है। निदर्शित परिवारों में बाल विवाह का प्रचलन कम हुआ है, लेकिन अन्तर्जातीय विवाह और प्रेम विवाह की स्थिति में परिवर्तन नहीं आया है। जातिगत आधार पर अब भी संकुचित दृष्टिकोण है और संयुक्त परिवार तथा बाल विवाह को अच्छा माना जाता है। जाति महिलाओं को अब भी निम्न स्तर प्रदान करती है लेकिन नये व्यवसायों को अपनाने की संभावनाएँ बढ़ गई हैं। ग्रामीण स्तर पर जहाँ पहले अधिकतर लोग कृषि कार्य करते थे अब नवीन कार्यों को अपनाने लगे हैं। विभिन्न धर्मों के सद्भाव की स्थिति बनी हुई है। ग्राम के लोग आधुनिक संचार एवं परिवहन की सुविधाओं का अधिक प्रयोग करने लगे हैं और शिक्षा का महत्त्व बढ़ता जा रहा है। परिवर्तन के चरों के अन्तर्सम्बन्धों के द्वारा यह स्पष्ट होता है कि जहाँ परिवार में पहले बाल विवाह तथा महिलाओं के निम्न स्तर की परम्पराएँ प्रबल थीं अब शिक्षा के संचार माध्यमों के प्रभाव से उनकी स्थिति परिवर्तित हो रही है। जातिगत संरचना में स्त्री पुरुष सम्बन्धों में परिवर्तन, आधुनिक संचार माध्यम, परिवार नियोजन और शिक्षा के परिणामस्वरूप, संभावित है। ग्रामीण स्तर पर नवीन व्यवसाय, महिलाओं की परिवर्तित भूमिका, सामाजिक संरचनात्मक पक्षों में परिवर्तन के लिए उत्तरदायी है, लेकिन आधुनिक ग्रामीण परिस्थितियों में पति-पत्नी सम्बन्धों का अत्यधिक प्रभाव हो सकता है। ये सम्बन्ध परिवार नियोजन और विभिन्न सुविधाओं के प्रयोग को अत्यधिक प्रभावित कर सकते हैं। ऐसा प्रतीत होता है कि आधुनिक परिवर्तन का स्त्री पुरुष सम्बन्धों पर अत्यधिक प्रभाव है। फिर भी अन्तर्जातीय विवाह और प्रेम विवाह की सम्भवनाएँ कम हैं।

नगरीय ग्रामों के परिवर्तनों को दो आधारों पर विश्लेषित किया जा सकता है। (1) सामाजिक संस्थागत आधार-जिसमें परिवार, विवाह, जातिगत व्यवसाय तथा परम्परागत ग्रामीण परिस्थितियाँ सम्मिलित हैं। (2) सामाजिक-तकनीकी आधार-जो आधुनिक सामाजिक रूपान्तरण से सम्बन्धित है जिसके अन्तर्गत आधुनिक यातायात, व्यवसाय, संचार एवं परिवार नियोजन जैसी नवीन प्रवृत्तियाँ सम्मिलित हैं। नगरीय ग्रामों में अधिकतर परिवर्तन सामाजिक रूपान्तरण अर्थात् सामाजिक तकनीकी परिवेश में दिखाई पड़ते हैं। सामाजिक रूपान्तरण का बाह्य अथवा ऊपरी स्वरूप आन्तरिक बुनियादी मूल संस्थागत आधार को प्रभावित तो करता है, लेकिन पूर्ण रूप से परिवर्तित नहीं कर पाया है।

सारांश

अध्यहित ग्रामों के परिवर्तन को विश्लेषित करने के लिए तीन पक्षों की ओर विशेष रूप से ध्यान केन्द्रित किया गया था। ये तीन स्तर थे – परिवार, जाति और ग्राम। तीनों ही स्तरों में विभिन्न चरों के आधार पर यह परीक्षण करने का प्रयत्न किया गया था कि

इन चरों ने तीनों स्तरों पर कहां तक प्रभाव डाला है। निम्न परिवर्तनों को लाने में, जिन चरों ने प्रमुख भूमिका निभाई है उनमें सामाजिक-तकनीकी आधार, परिवार नियोजन, जन संचार के साधन और लड़के-लड़कियों की शिक्षा प्रमुख माने जा सकते हैं। शिक्षा के प्रसार ने दो महत्त्वपूर्ण कार्य किए हैं। नये व्यवसायों की स्थिति में सुधार हुआ है जिसके फलस्वरूप परिवार, जाति तथा ग्राम तीनों में ही नये समीकरण प्रस्तुत हुए हैं। इन्हीं नये समीकरणों में सामाजिक संरचना की व्यवस्था को भी प्रभावित किया है। ग्राम में जाति सोपान के स्वरूप की निकटता होते हुए भी वर्ग संरचना के नये प्रारूप दिखाई देने लगे हैं। यह वर्ग उन नये लोगों द्वारा निर्मित हुए हैं जो जातिगत संरचना में विशिष्ट स्थान रखे हुए भी अपने व्यवसाय व धन के कारण नवीन प्रतिष्ठा और शक्ति पद को प्राप्त कर गए। यह नवीन वर्ग इन ग्रामों की परम्परागत शक्ति संरचना से बिल्कुल अलग है।

ग्रामीण संरचना के परिवर्तनशील इन पक्षों ने निश्चित ही ग्रामीण जीवन की उन परम्परागत शैलियों पर प्रभाव डाला है जो ग्रामीण जीवन की अपनी एक विशेषता थी। परिवर्तन में नगरवाद के लक्षणों का यह समावेश ग्राम की परिस्थितियों को नये रूप में प्रस्तुत कर सका है।